JN121002

労働安全衛生規則の解説 ～化学物質の自律的な管理関係～

中央労働災害防止協会

はじめに

技術革新は歩みを止めることなく進み、新素材の開発や応用はめざましいものがあります。それにともなって職場で使用される化学物質の数も増加の一途をたどり、数万種類にのぼるとされています。

こうした化学物質の利用は、化学工業のみならず、一般製造業はもちろん、各種サービス業にいたるまで、その恩恵に浴していない職場はないといっても過言ではないでしょう。

しかし、化学物質は便益だけをもたらすわけではなく、爆発・火災や健康障害などを引き起こします。そのため、危険・有害性が明らかになった化学物質については、特別則などで物質ごとに規制されてきましたが、規制の枠外にある化学物質による災害や健康障害が続発しており、対策が求められていました。

そこで、令和４年５月に公布された労働安全衛生規則等の大改正により、物質ごとの個別規制による化学物質管理から、事業者がばく露防止措置を自ら選択して実施する「自律的な化学物質管理」へと舵が切られたのです。

本書は、労働安全衛生規則について、この自律的な管理に向けた改正条項について逐条解説したものです。また、同規則のもととなる労働安全衛生法や同施行令の関係条項のほか、自律的な管理のための関係告示や主要通達についても収録しています。

新たに選任された化学物質管理者はもちろん、安全管理者や衛生管理者、リスクアセスメント担当者など、化学物質を製造もしくは取り扱う職場の方々には、要所要所で本書により法令を確認しながら化学物質の自律的な管理を進め、安全・安心な職場を築かれることを祈念いたします。

令和６年５月

中央労働災害防止協会

■本書の記述について■

本書に収録した条文は、令和６年４月１日現在で施行されているものです。それ以降に施行される改正箇所については、別途に囲みを設けて示しています。なお、囲みについては線の太さ等により、以下のように使い分けています。

（太線の囲み）自律的な管理のための改正が行われ、施行済みの条項

（点線の囲み）令和７年以降に施行となる改正条項

（細線の囲み）今回は改正されていない化学物質管理の関連条項

目　　次

第５部　化学物質管理関係 主要通達・ガイドライン・241

附　録

重要用語索引

第１部
総　　説

第１部では、化学物質の自律的な管理を導入するに至った背景を解説するとともに、数次にわたった自律的な管理に係る法令改正について、それぞれの要点を紹介する。

第１章　化学物質の自律的な管理へ

化学物質は現代の文化的な生活に欠かせないものであるが、その一方で職業現場における深刻な労働災害も引き起こしている。古くは昭和30年代のヘップサンダル事件と呼ばれるベンゼン中毒の大量罹患、昭和40年代には８名の死亡を含む数十人が四アルキル鉛中毒に罹患したぼすとん丸事件などがあり、近年でも1,2-ジクロロプロパンによる胆管がん事案、オルト-トルイジンやMOCAによる膀胱がん事案など、深刻な災害が後を絶たない。

これらの災害の原因物質については、その後に製造禁止など個別に規制強化が図られ、一定の成果をあげてきた。しかし、危険・有害性が判明して個別に規制された物質は数百であるのに対し、国内で輸入・製造・取扱いされている化学物質は数万種類にのぼるとされ、それら未規制の物質には危険・有害性の有無が不明な物質も少なくない。そして、年間450件程度とされる化学物質による労働災害のうち、約８割がこうした未規制物質が原因となって引き起こされているという。

海外に目を向けると、欧米ではGHS分類で危険・有害性があると区分されるすべての化学物質についてラベル表示・SDS交付が義務付けられており、それによって危険・有害性を確認しながらリスクアセスメントを行い、その結果に基づいた化学物質管理がなされている。

こうしたことから厚生労働省では、化学物質による労働災害防止のため、学識経験者、労使関係者による「職場における化学物質等の管理のあり方に関する検討会」（座長 城内博氏）を立ち上げ、令和元年９月から２年近くかけて、今後の化学物質等の管理のあり方について検討を進め、令和３年７月に報告書をとりまとめた。

そこで打ち出されたのが、国による物質ごとの個別規制による化学物質管理から、国はばく露濃度等の管理基準を定め、危険性・有害性に関する情報の伝達の仕組みを整備・拡充し、事業者はその情報に基づいてリスクアセスメントを行い、ばく露防止のために講ずべき措置を自ら選択して実行することを原則とするという「自律的な化学物質管理」への転換であった。

報告書を受けて国は、令和４年５月31日に「労働安全衛生規則等の一部を改正する省令」（令和４年厚生労働省令第91号）を公布し、自律的な化学物質管理を行うための規則改正を行った。対象となったのは、労働安全衛生規則（以下「則」という）のほか、特定化学物質障害予防規則（以下「特化則」という）、有機溶剤中毒予防規則、鉛中毒予防規則、粉じん障害防止規則、四アルキル鉛中毒予防規則、石綿障害予防規則など（⇒ｐ28）。主要な改正ポイントは以下のとおりである。

〇情報伝達の強化

・ラベル表示・SDS交付が義務付けられる化学物質の拡充
・ホームページでの通知も解禁するなど通知方法等の柔軟化
・「人体に及ぼす作用」の定期確認と更新の義務付け
・重量パーセントによる成分含有量表示など通知内容の見直し
・化学物質の小分け保管時等の措置の強化
・注文者に必要な措置を義務付ける設備の範囲の拡大

〇リスクアセスメント関係の規定の整備

・リスクアセスメント結果等の記録の作成・保存の義務付け
・リスクアセスメント対象物へのばく露の程度を最小限度にすること（義務/努力義務）およびばく露の程度を濃度基準値以下とすることの義務付け
・ばく露低減措置等についての意見聴取、記録作成・保存、周知の義務付け
・健康障害を起こすおそれのある物質への直接接触の防止義務付け
・化学物質による労働災害発生事業場への労働基準監督署長による改善

指示等の規定の整備

○化学物質管理の実施体制の整備

・化学物質管理者の選任の義務化

・保護具着用管理責任者の選任の義務化

・雇入れ時教育等の教育内容の拡充

・職長等の安全衛生教育が義務付けられる業種の拡大

・衛生委員会の付議事項の追加

○健康診断関係の規定の整備

・リスクアセスメント対象物健康診断の実施・記録作成等の規定の整備

・がん原性物質に係る作業の記録と保存、周知の義務付け

・化学物質によるがんの把握強化の規定の整備

○特別規則の改正等

・管理水準良好事業場の特別規則適用除外の規定を整備

・特殊健康診断の実施頻度を緩和

・第三管理区分事業場が講ずる措置の強化

なお、ラベル表示およびSDS交付が義務付けられる通知対象物（リスクアセスメントが義務付けられるリスクアセスメント対象物と共通）については大幅に拡充され、2,000物質を超えることとなる。

そのための労働安全衛生法施行令（以下「令」という）の改正は、令和４年２月24日（令和４年政令第51号）および令和５年８月30日（令和５年政令第265号）に公布されている。これらにより、令和５年９月には667物質であった通知対象物（リスクアセスメント対象物）は、令和６年４月１日には896物質、令和８年４月１日には2,316物質（CAS番号ベースでは約2,900物質）にまで増加する。

後者の政令改正では規定の方法も大きく変更され、令第18条および第18条の２の規定に基づき令別表第９に個々の物質名を列挙する方法から、令において性質や基準を包括的に示し、規制対象の外枠を規定した上で、厚

生労働省令において当該性質や基準に基づき個々の物質名を列挙する方法とされた。裾切値は厚生労働省告示で示されることになる。

なお、前述の検討会報告書には、特化則等の特別則については、「自律的な管理の中に残すべき規定を除き、（編注：完全施行から）５年後に廃止することを想定し、その時点で十分に自律的な管理が定着していないと判断される場合は、特化則等の規制の廃止を見送り、さらにその５年後に改めて評価を行うことが適当である」とされている。

第2章　化学物質の自律的な管理に係る改正の要点

1　令和4年2月24日

労働安全衛生法施行令の一部を改正する政令（令和４年政令第51号）

(1)　労働災害を防止するため注文者が必要な措置を講じなければならない設備の範囲の拡大（令第９条の３関係）

注文者が請負人の労働者の労働災害を防止するために必要な措置を講じなければならない設備の範囲について、危険有害性を有する化学物質である労働安全衛生法（以下「法」という）第57条の２の通知対象物を製造し、または取り扱う設備に対象を拡大。

(2)　職長等に対する安全衛生教育の対象となる業種の拡大（令第19条関係）

職長等に対する安全衛生教育の対象となる業種に、化学物質を取り扱う業種を追加するため、これまで対象外であった「食料品製造業（うま味調味料製造業及び動植物油脂製造業を除く。)」、「新聞業、出版業、製本業及び印刷物加工業」の２業種を追加。

(3)　名称等を表示及び通知すべき化学物質等の追加

（令別表第９関係）

ラベル表示、SDSの交付およびリスクアセスメントの実施等を行わなければならない化学物質等として、令別表第９に234物質を追加。

２　令和４年２月24日

労働安全衛生規則及び特定化学物質障害予防規則の一部を改正する省令
（令和４年厚生労働省令第25号）

令別表第９に追加された234物質の裾切値（製剤等について当該物質の含有量がその値未満の場合にラベル表示及びSDS交付の対象とならない値）を制定（則別表第２関係）。

３　令和４年５月31日

労働安全衛生規則等の一部を改正する省令（令和４年厚生労働省令第91号）

⑴　事業場における化学物質の管理体制の強化

㈠　化学物質管理者の選任（則第12条の５関係）

・事業者は、リスクアセスメントをしなければならない令第18条各号に掲げる物および法第57条の２第１項に規定する通知対象物（以下「リスクアセスメント対象物」という）を製造し、または取り扱う事業場ごとに、化学物質管理者を選任し、その者に化学物質に係るリスクアセスメントの実施に関すること等の当該事業場における化学物質の管理に係る技術的事項を管理させなければならないことなどを規定。

㈡　保護具着用管理責任者の選任（則第12条の６関係）

・化学物質管理者を選任した事業者は、リスクアセスメントの結果に基づく措置として労働者に保護具を使用させるときは、保護具着用管理責任者を選任し、有効な保護具の選択、保護具の保守管理その他保護具に係る業務を担当させなければならないことなどを規定。

㈢　雇入れ時等における化学物質等に係る教育の拡充（則第35条関係）

則第35条第１項の雇入れ時等の教育について、令第２条第３号に掲げる業種の事業場の労働者については、則第35条第１項第１号から第４号までの事項の教育の省略が認められてきたが、この規定を削除し、同項第１号から第４号までの事項の教育をすべての業種の事業者に義務付け。

(2) 化学物質の危険性・有害性に関する情報の伝達の強化

(ア) SDS等による通知方法の柔軟化（則第24条の15第１項および第３項、第34条の２の３関係）

法第57条の２第１項および第２項の規定による通知の方法として、相手方の承諾を要件とせず、電子メールの送信や、通知事項が記載されたホームページのアドレス（二次元コードその他のこれに代わるものを含む）を伝達し閲覧を求めること等による方法を新たに容認。

(イ)「人体に及ぼす作用」の定期確認および「人体に及ぼす作用」についての記載内容の更新（則第24条の15第２項および第３項、第34条の２の５第２項および第３項関係）

法第57条の２第１項の規定による通知事項の１つである「人体に及ぼす作用」について、直近の確認を行った日から起算して５年以内ごとに１回、記載内容の変更の要否を確認し、変更を行う必要があると認めるときは、当該確認をした日から１年以内に変更を行うことを義務付け、変更を行ったときは、当該通知を行った相手方に対して、適切な時期に、変更内容を通知することを規定。加えて、則第24条の15第２項および第３項の規定による通知における「人体に及ぼす作用」についても、同様の確認および更新を努力義務とした。

(ウ) SDS等における通知事項の追加および成分含有量表示の適正化（則第24条の15第１項、第34条の２の４、第34条の２の６関係）

法第57条の２第１項の規定により通知するSDS等における通知事項に、「想定される用途及び当該用途における使用上の注意」を追加し、また則第24条の15第１項の規定により通知を行うことが努力義務となっている特定危険有害化学物質等に係る通知事項についても同事項を追加。

また、法第57条の２第１項の規定により通知するSDS等における通知事項のうち、「成分の含有量」について、重量パーセントを通知しなければならないことと規定。

(エ)　化学物質を事業場内において別容器等で保管する際の措置の強化（則第33条の２関係）

事業者は、令第17条に規定する物（以下「製造許可物質」という）または令第18条に規定する物（以下「ラベル表示対象物」という）をラベル表示のない容器に入れ、または包装して保管するときは、当該容器または包装への表示、文書の交付その他の方法により、当該物を取り扱う者に対し、当該物の名称および人体に及ぼす作用を明示しなければならないことを規定。

(3)　リスクアセスメントに基づく自律的な化学物質管理の強化

(ア)　リスクアセスメントに係る記録の作成および保存並びに労働者への周知（則第34条の２の８関係）

事業者は、リスクアセスメントを行ったときは、リスクアセスメント対象物の名称等の事項について、記録を作成し、次にリスクアセスメントを行うまでの期間（リスクアセスメントを行った日から起算して３年以内に次のリスクアセスメントを行ったときは、３年間）保存するとともに、当該事項を、リスクアセスメント対象物を製造し、または取り扱う業務に従事する労働者に周知させなければならないことを規定。

(イ)　化学物質による労働災害が発生した事業場等における化学物質管理の改善措置（則第34条の２の10関係）

・労働基準監督署長は、化学物質による労働災害が発生した、またはそのおそれがある事業場の事業者に対し、当該事業場において化学物質の管理が適切に行われていない疑いがあると認めるときは、当該事業場における化学物質の管理の状況について、改善すべき旨を指示することができることを規定。

・上記の指示を受けた事業者は、遅滞なく、事業場の化学物質の管理の状況について化学物質管理専門家の助言を受け、その内容を踏まえた改善措置を実施するための計画を作成するとともに、当該計画作成後、速やかに、当該計画に従い改善措置を実施すること等を義務付け。

(ウ) リスクアセスメント対象物に係るばく露低減措置等の事業者の義務（則第577条の２、第577条の３関係）

1) 労働者がリスクアセスメント対象物にばく露される程度の低減措置（則第577条の２第１項関係）

事業者は、リスクアセスメント対象物を製造し、または取り扱う事業場において、リスクアセスメントの結果等に基づき、リスクアセスメント対象物に労働者がばく露される程度を最小限度にしなければならないことを規定。

2) 労働者がばく露される程度を一定の濃度の基準以下としなければならない物質に係るばく露濃度の抑制措置（則第577条の２第２項関係）

事業者は、リスクアセスメント対象物のうち、一定程度のばく露に抑えることにより、労働者に健康障害を生ずるおそれがない物として厚生労働大臣が定めるものを製造し、または取り扱う業務（主として一般消費者の生活の用に供される製品に係るものを除く）を行う屋内作業場においては、当該業務に従事する労働者がこれらの物にばく露される程度を、厚生労働大臣が定める濃度の基準（以下「濃度基準値」という）以下とすることを義務付け。

3) リスクアセスメントの結果に基づき事業者が行う健康診断、健康診断の結果に基づく必要な措置の実施等（則第577条の２第３項から第５項まで、第８項および第９項関係）

事業者は、リスクアセスメント対象物による健康障害の防止のため、リスクアセスメントの結果に基づき、関係労働者の意見を聴き、必要があると認めるときは、医師または歯科医師（以下「医師等」という）が必要と認める項目について、医師等による健康診断を行い、その結果に基づき必要な措置を講じなければならないことを規定。

また、事業者は、濃度基準値設定物質を製造し、または取り扱う業務に従事する労働者が、濃度基準値を超えてリスクアセスメント対象物にばく露したおそれがあるときは、速やかに、医師等が必要と認める項目について、医師等による健康診断を行い、その結果に基づき必要な措置を講じなければならないこと等を規定。

4)　ばく露低減措置の内容および労働者のばく露の状況についての労働者の意見聴取、記録作成・保存（則第577条の２第10から第12項まで関係）

事業者は、則第577条の２第１項、第２項および第８項の規定により講じたばく露低減措置等について、関係労働者の意見を聴くための機会を設けることを義務付け。

また、事業者は、講じられたばく露低減措置の状況や労働者のばく露の状況等について、１年を超えない期間ごとに１回、定期に、記録を作成し、当該記録を３年間（がん原性物質に係るものは30年間）保存するとともに、労働者に周知させなければならないことを規定。

5)　リスクアセスメント対象物以外の物質にばく露される程度を最小限とする努力義務（則第577条の３関係）

事業者は、リスクアセスメント対象物以外の化学物質を製造し、または取り扱う事業場において、当該化学物質に係るリスクアセスメント結果等に基づき、リスクアセスメント対象物以外の化学物質にばく露される程度を最小限度にするよう努めることを義務付け。

㈣　保護具の使用による皮膚等障害化学物質等への直接接触の防止（則第594条の２および第594条の３関係）

事業者は、皮膚等障害化学物質等を製造し、または取り扱う業務に労働者を従事させるときは、不浸透性の保護衣、保護手袋、履物または保護眼鏡等適切な保護具を使用させなければならないことを規定。

また、事業者は、皮膚もしくは眼に障害を与えるおそれまたは皮膚から吸収され、もしくは皮膚に侵入して、健康障害を生ずるおそれがないことが明らかではない化学物質または化学物質を含有する製剤を製造し、または取り扱う業務に労働者を従事させるときは、当該労働者に保護衣、保護手袋、履物または保護眼鏡等適切な保護具を使用させることに努めることを義務付け。

⑷　衛生委員会の付議事項の追加（則第22条関係）

衛生委員会の付議事項に、⑶㈤1)および2)により講ずる措置に関すること並びに⑶㈤3)の医師等による健康診断の実施に関することを追加。

⑸　事業場におけるがんの発生の把握の強化（則第97条の２関係）

事業者は、化学物質または化学物質を含有する製剤を製造または取り扱う業務を行う事業場において、１年以内に２人以上の労働者が同種のがんに罹患したことを把握したときは、当該罹患が業務に起因するかどうかについて、遅滞なく医師の意見を聴かなければならないことを規定。さらに、当該医師が当該がんへの罹患が業務に起因するものと疑われると判断したときは、遅滞なく当該がんに罹患した労働者が取り扱った化学物質の名称等の事項について、所轄都道府県労働局長への報告を義務付け。

⑹　化学物質管理の水準が一定以上の事業場に対する個別規制の適用除外

（特化則第２条の３、有機溶剤中毒予防規則（以下「有機則」という）第４条の２、鉛中毒予防規則（以下「鉛則」という）第３条の２および粉じん障害防止規則（以下「粉じん則」という）第３条の２関係）

特化則等の規定（健康診断および呼吸用保護具に係る規定を除く）は、専属の化学物質管理専門家が配置されていること等の一定の要件を満たすことを所轄都道府県労働局長が認定した事業場については、特化則等の規制対象物質を製造し、または取り扱う業務等について、適用を除外されること等を規定。

⑺　作業環境測定結果が第三管理区分の作業場所に対する措置の強化

㈠　作業環境測定の評価結果が第三管理区分に区分された場合の義務（特化則第36条の３の２第１項から第３項まで、有機則第28条の３の２第１項から第３

項まで、鉛則第52条の３の２第１項から第３項まで、粉じん則第26条の３の２第１項から第３項まで関係）

特化則等に基づく作業環境測定結果の評価の結果、第三管理区分に区分された場所について、作業環境の改善を図るため、事業者に対して以下の措置の実施を義務付け。

①　作業環境管理専門家からの意見聴取

②　①において、作業環境管理専門家が当該場所の作業環境の改善が可能と判断した場合、改善措置を講じ、当該措置の効果を確認するため、当該場所における対象物質の濃度を測定し、その結果の評価を実施

(イ)　作業環境管理専門家が改善困難と判断した場合等の義務（特化則第36条の３の２第４項、有機則第28条の３の２第４項、鉛則第52条の３の２第４項、粉じん則第26条の３の２第４項関係）

(ア) ①で作業環境管理専門家が当該場所の作業環境の改善は困難と判断した場合および(ア) ②の評価の結果、なお第三管理区分に区分された場合、事業者は、以下の措置を講ずること。

①　個人サンプリング測定等により対象物質の濃度測定を行い、当該測定結果に応じて、労働者に有効な呼吸用保護具を使用させること。

②　保護具着用管理責任者を選任し、呼吸用保護具に係る業務を担当させること。

③　(ア) ①の作業環境管理専門家の意見の概要並びに(ア) ②の措置および評価の結果を労働者に周知すること。

④ 上記①から③までの措置を講じたときは、第三管理区分措置状況届を所轄労働基準監督署長に提出すること。

(ウ)　作業環境測定の評価結果が改善するまでの間の義務（特化則第36条の３の２第５項、有機則第28条の３の２第５項、鉛則第52条の３の２第５項、粉じん則第26条の３の２第５項関係）

特化則等に基づく作業環境測定結果の評価の結果、第三管理区分に区分された場所について、第一管理区分または第二管理区分と評価される

までの間、上記(イ)①の措置に加え、以下の措置を講ずること。

・6月以内ごとに1回、定期に、個人サンプリング測定等により特定化学物質等の濃度を測定し、その結果に応じて、労働者に有効な呼吸用保護具を使用させること。

(エ) 記録の保存

(イ)①または(ウ)の個人サンプリング測定等を行ったときは、その都度、結果及び評価の結果を記録し、3年間（ただし、粉じんについては7年間、クロム酸等については30年間）保存すること。

(8) **作業環境管理やばく露防止措置等が適切に実施されている場合における特殊健康診断の実施頻度の緩和**（特化則第39条第4項、有機則第29条第6項、鉛則第53条第4項および四アルキル鉛中毒予防規則（以下「四アルキル則」という）第22条第4項関係）

本規定による特殊健康診断の実施について、以下の①から③までの要件のいずれも満たす場合（四アルキル則第22条第4項の規定による健康診断については、以下の②および③の要件を満たす場合）には、当該特殊健康診断の対象業務に従事する労働者に対する特殊健康診断の実施頻度を6月以内ごとに1回から、1年以内ごとに1回に緩和することができること。ただし、危険有害性が特に高い製造禁止物質および特別管理物質に係る特殊健康診断の実施については、特化則第39条第4項に規定される実施頻度の緩和の対象とはならないこと。

① 当該労働者が業務を行う場所における直近3回の作業環境測定の評価結果が第一管理区分に区分されたこと。

② 直近3回の健康診断の結果、当該労働者に新たな異常所見がないこと。

③ 直近の健康診断実施後に、軽微なものを除き作業方法の変更がないこと。

４　令和５年３月23日

労働安全衛生法施行令及び労働安全衛生法関係手数料令の一部を改正する政令（令和５年政令第69号）

(1)　譲渡等制限の対象となる機械の追加

譲渡等制限の対象には、ハロゲンガス用または有機ガス用の防毒機能を有する電動ファン付き呼吸用保護具その他厚生労働省令で定めるもの以外の防毒機能を有する電動ファン付き呼吸用保護具は含まれないことを規定（令第13条第５項関係）。

(2)　型式検定を受けるべき機械の追加

型式検定を受けるべき機械として、防毒機能を有する電動ファン付き呼吸用保護具（ハロゲンガス用または有機ガス用のものその他厚生労働省令で定めるものに限る）を対象とすることを規定（令第14条の２関係）。

５　令和５年３月27日

労働安全衛生法施行令及び労働安全衛生法関係手数料令の一部を改正する政令の施行に伴う厚生労働省関係省令の整備等に関する省令（令和５年厚生労働省令第29号）

譲渡等制限および型式検定の対象となる防毒機能を有する電動ファン付き呼吸用保護具として、アンモニア用のものおよび亜硫酸ガス用のものを規定（則第26条の２および第29条の３関係）。

６　令和５年４月24日

労働安全衛生規則等の一部を改正する省令の一部を改正する省令（令和５年厚生労働省令第70号）

SDSの交付等による通知事項のうち、成分の含有量については、重量パーセントの通知が義務付けられたところ、当該通知により契約または事業者の財産上の利益を不当に害するおそれがあるものについて、営業上の秘密を保持しつつ、必要な情報を通知するため、成分の含有量の通知方法について追加の規定を制定（則第34条の２の６関係）。

７　令和５年８月30日

労働安全衛生法施行令の一部を改正する政令（令和５年政令第265号）

⑴　ラベル・SDS対象物質に係る規定方法の変更

（令第18条、第18条の２および別表第９関係）　令和７年４月施行

ラベル・SDS対象物質（ラベル表示をしなければならない化学物質およびSDS交付等をしなければならない化学物質をいう。以下同じ）を、国が行うGHS分類の結果、危険性又は有害性があるものと令和３年３月31日までに区分された物のうち厚生労働省令で定めるものとし、元素および当該元素から構成される化合物であって包括的にラベル・SDS対象物質とすべきものについては、改正政令による改正後の令別表第９で規定。

⑵　ラベル・SDS対象物質の削除（令別表第９関係）

⑴の規定方法の変更により、ラベル・SDS対象物質から除外される７物質について、⑴の施行に先立ってラベル・SDS対象物質から削除。

⑶　その他（令第18条、第18条の２関係）

ラベル・SDS対象物質を含有する製剤その他の物に関する裾切値を則別表第２で規定していたところ、告示で定めることとすること等を規定。

８　令和５年８月30日

労働安全衛生規則及び労働安全衛生規則及び特定化学物質障害予防規則の一部を改正する省令の一部を改正する省令（令和５年厚生労働省令第108号）

７の改正政令の施行に伴い、ラベル・SDS対象物質から除外される７物質について、則別表第２より削除（則別表第２関係）。

９　令和５年９月29日

令和７年４月施行

労働安全衛生規則の一部を改正する省令（令和５年厚生労働省令第121号）

(1)　**ラベル・SDS対象物質の裾切値に係る規定の削除**（則第30条、第34条の２および別表第２関係）

改正政令による改正後の令第18条第３号および令第18条の２第３号の規定により、ラベル・SDS対象物質を含有する製剤その他の物に係る裾切値を告示で規定することに伴い、則における当該裾切値に係る規定を削除。

(2)　**ラベル・SDS対象物質の個別列挙**（則第30条、第34条の２および別表第２関係）

改正政令による改正後の令第18条第２号および令第18条の２第２号の規定に基づき、ラベル・SDS対象物質を則別表第２に列挙。

化学物質の自律的な管理に向けた政省令改正項目一覧

	改正項目	根拠法令
情報伝達の強化	名称等の表示・通知をしなければならない化学物質の追加	法第57条、法第57条の2、令第18条、令第18条の2、令別表第9
	SDS等による通知方法の柔軟化	則第24条の15第１項、第３項、同第34条の２の３
	「人体に及ぼす作用」の定期確認および更新	則第24条の15第２項、第３項、同第34条の２の５第２項、第３項
	通知事項の追加および含有量表示の適正化	則第24条の15第１項、同第34条の２の４、同第34条の２の６
	事業場内別容器保管時の措置の強化	則第33条の２
	注文者が必要な措置を講じなければならない設備の範囲の拡大	令第９条の３
リスクアセスメント関連	ばく露を最小限度にすること	則第577条の２、同第577条の３
	ばく露を濃度基準値以下にすること	則第577条の２第２項
	ばく露低減措置等の意見聴取、記録作成・保存、周知	則第577条の２第２項、第４項
	皮膚等障害化学物質への直接接触の防止	則第594条の２
	皮膚等障害のおそれのある化学物質への直接接触の防止	則第594条の3
	リスクアセスメント結果等に係る記録の作成保存	則第34条の２の８
	リスクアセスメントの実施時期、方法（用語変更）	則第34条の２の７
	化学物質労災発生事業場等への労働基準監督署長による指示	則第34条の２の10
実施体制の確立	化学物質管理者の選任義務化	則第12条の５
	保護具着用管理責任者の選任義務化	則第12条の６
	雇入れ時等教育の拡充	則第35条
	職長等に対する安全衛生教育が必要となる業種の拡大	令第19条
	衛生委員会付議事項の追加	則第22条第11号
健康診断	リスクアセスメント対象物健康診断の実施・記録作成等	則第577条の２第３項～第５項、第８項、第９項
	がん原性物質の作業記録の保存、周知	則第577条の２第11項
	化学物質によるがんの把握強化	則第97条の２
特別則関連	管理水準良好事業場の特別規則適用除外	特化則第２条の３、有機則第４条の２、鉛則第３条の２、粉じん則第３条の２
	特殊健康診断の実施頻度の緩和	特化則第39条、有機則第29条、鉛則第53条、四アルキル鉛則第22条
	第三管理区分事業場の措置強化	特化則第36条の３の２、同第36条の３の３、有機則第28条の３の２、同第28条の３の３、鉛則第52条の３の２、同第52条の３の３、粉じん則第26条の３の２、同第26条の３の３、石綿則第38条、同第39条項

第2部
労働安全衛生規則 化学物質の自律的な管理関係条項の解説

第２部では，化学物質の「自律的な管理」に向けて改正された労働安全衛生規則（昭和47年労働省令第32号、最終改正 令和５年12月27日）の主要改正条項および関係条項について解説する。

第1編　通　　　則
第2章　安全衛生管理体制
第3節の3　化学物質管理者及び保護具管理責任者

（化学物質管理者が管理する事項等）

第12条の5　事業者は、法第57条の3第1項の危険性又は有害性等の調査（主として一般消費者の生活の用に供される製品に係るものを除く。以下「リスクアセスメント」という。）をしなければならない令第18条各号に掲げる物及び法第57条の2第1項に規定する通知対象物（以下「リスクアセスメント対象物」という。）を製造し、又は取り扱う事業場ごとに、化学物質管理者を選任し、その者に当該事業場における次に掲げる化学物質の管理に係る技術的事項を管理させなければならない。ただし、法第57条第1項の規定による表示（表示する事項及び標章に関することに限る。）、同条第2項の規定による文書の交付及び法第57条の2第1項の規定による通知（通知する事項に関することに限る。）（以下この条において「表示等」という。）並びに第7号に掲げる事項（表示等に係るものに限る。以下この条において「教育管理」という。）を、当該事業場以外の事業場（以下この項において「他の事業場」という。）において行つている場合においては、表示等及び教育管理に係る技術的事項については、他の事業場において選任した化学物質管理者に管理させなければならない。

1　法第57条第1項の規定による表示、同条第2項の規定による文書及び法第57条の2第1項の規定による通知に関すること。

2　リスクアセスメントの実施に関すること。

3　第577条の2第1項及び第2項の措置その他法第57条の3第2項の措置の内容及びその実施に関すること。

4　リスクアセスメント対象物を原因とする労働災害が発生した場合の対応に関すること。

5　第34条の2の8第1項各号の規定によるリスクアセスメントの結果の記録の作成及び保存並びにその周知に関すること。

6　第577条の2第11項の規定による記録の作成及び保存並びにその周知に関すること。

7　第1号から第4号までの事項の管理を実施するに当たつての労働者に対する必要な教育に関すること。

②　事業者は、リスクアセスメント対象物の譲渡又は提供を行う事業場（前項のリスクアセスメント対象物を製造し、又は取り扱う事業場を除く。）ごとに、化学物質管理者を選任し、その者に当該事業場における表示等及び教育管理に係る技術的事項を管理させなければならない。ただし、表示等及び教育管理を、当該事業場以外の事業場（以下この項において「他の事業場」という。）において行つている場合においては、表示等及び教育管理に係る技術的事項については、他の事業場において選任した化学物質管理者に管理させなければならない。

③　前二項の規定による化学物質管理者の選任は、次に定めるところにより行わなければならない。

1　化学物質管理者を選任すべき事由が発生した日から14日以内に選任すること。

2　次に掲げる事業場の区分に応じ、それぞれに掲げる者のうちから選任すること。

イ　リスクアセスメント対象物を製造している事業場　厚生労働大臣が定める化学物質の管理に関する講習を修了した者又はこれと同等以上の能力を有すると認められる者

ロ　イに掲げる事業場以外の事業場　イに定める者のほか、第1項各号の事項を担当するために必要な能力を有すると認められる者

④　事業者は、化学物質管理者を選任したときは、当該化学物質管理者に対し、第1項各号に掲げる事項をなし得る権限を与えなければならない。

⑤　事業者は、化学物質管理者を選任したときは、当該化学物質管理者の氏名を事業場の見やすい箇所に掲示すること等により関係労働者に周知させなければならない。

【解　説】

⑴　**第1項関係**

㋐　化学物質管理者は、ラベル・SDS等の作成の管理、リスクアセスメント実施等、化学物質の管理に関わるもので、リスクアセスメント対象物に対する対策を適切に進める上で不可欠な職務を管理する者であることから、事業場の労働者数によらず、リスクアセスメント対象物を製造し、または取り扱う全ての事業場において選任しなければならない。

その際、衛生管理者や、有機溶剤作業主任者といった作業主任者の職務等を兼務することは、化学物質管理者の職務の遂行に影響のない範囲であれば差し支えないとされている。

㋑　化学物質管理者は、工場、店社等の事業場単位で選任することを義務付けられている。ただし、例えば建設工事現場における塗装等の作業を行う請負人の場合、一般的に、建設現場での作業は出張先での作業に位置付けられるが、そのような出張作業先の建設現場にまで化学物質管理者の選任は求められない。作業を行う労働者の所属する事業場において化学物質管理者を選任し、その者に現場の化学物質管理を行わせれば足りる。また、元方事業者についても、元方事業者の労働者がリスクアセスメント対象物を製造せず、または取り扱わない場合、建設現場に化学物質管理者の選任を行う必要はないとされる。

㋒　化学物質管理者については、その職務を適切に遂行するために必要な権限が付与される必要があるため、事業場内の労働者から選任されるべきとされる。また、同じ事業場で化学物質管理者を複数人選任し、業務を分担させることもできるが、その場合、業務に抜け落ちが発生しないよう、業務を分担する化学物質管理者や実務を担う者との間で十分な連携を図る必要がでてくる。なお、化学物質管理者の管理の下、具体的な実務の一部を化学物質管理に詳しい専門家等に請け負わせることも可能である。

㋓　本規定の「リスクアセスメント対象物」は、今回の改正省令（令和4

年厚生労働省令第91号）による改正前の則第34条の２の７第１項第１号の「通知対象物」と同じものであり、例えば、原材料を混合して新たな製品を製造する場合であって、その製品がリスクアセスメント対象物に該当する場合は、当該製品は本規定のリスクアセスメント対象物に含まれる。

(オ)　本規定の「リスクアセスメント対象物を製造し、又は取り扱う」には、例えば、リスクアセスメント対象物を取り扱う作業工程が密閉化、自動化等されていることにより、労働者が当該物にばく露するおそれがない場合であっても、リスクアセスメント対象物を取り扱う作業が存在する以上は含まれることになる。

ただし、一般消費者の生活の用に供される製品はリスクアセスメントの対象から除かれているため、それらの製品のみを取り扱う事業場は含まれない。また、密閉された状態の製品を保管するだけで容器の開閉等を行わない場合や、火災や震災後の復旧、事故等が生じた場合の対応等、応急対策のためにのみ臨時的にリスクアセスメント対象物を取り扱うような場合は、「リスクアセスメント対象物を製造し、又は取り扱う」には含まれないとされている。

(カ)　本規定の表示等および教育管理に係る技術的事項を「他の事業場において行っている場合」とは、例えば、ある工場でリスクアセスメント対象物を製造し、当該工場とは別の事業場でラベル表示の作成を行う場合等のことをいい、その場合、当該工場と当該事業場それぞれで化学物質管理者の選任が必要となる。第２項についてもこれと同様である。

(キ)　本項第１号では、ラベル及びSDSの作成を含めた化学物質管理に係る技術的事項の管理を化学物質管理者の職務としているが、求められるのは化学物質のラベル・SDS の作成等を「管理」することであって、作成等の業務を必ずしも自らが行う必要はない。作成等の業務は担当者が行い、化学物質管理者はその業務を管理するということで差し支えないとされる。また、作成等を行う者が、化学物質管理者の資格を有する必要は必ずしもない。

(ク) ラベルおよびSDSの作成と化学物質の取扱いを別の事業場で行っている場合は、それぞれの事業場において選任された化学物質管理者が、それぞれの事業場の業務内容に応じた業務管理を行う必要がある。

(ケ) 本項第4号については、実際に労働災害が発生した場合の対応のみならず、労働災害が発生した場合を想定した応急措置等の訓練の内容やその計画を定めること等も含まれる。

(コ) 本項第5号および第6号の記録の作成および保存については、

・改正安衛則第34条の2の8に基づくリスクアセスメント結果の記録

・改正安衛則第577条の2に基づくリスクアセスメント対象物にばく露される程度を低減させるために講じた措置の内容、労働者のばく露状況、労働者の作業の記録（がん原性物質に限る。）、関係労働者の意見の聴取状況に関する記録

の作成及び保存を管理することとなる。

(サ) 本項第7号では、必要な教育の実施における計画の策定等の管理が求められている。必ずしも化学物質管理者自らが教育を実施することを求められているのではなく、労働者に対して外部の教育機関等で実施している必要な教育を受けさせること等を妨げるものではない。また、本規定の施行前に雇入れ時教育等で労働者に対する必要な教育を実施している場合には、施行後に改めて教育の実施を求められない。

(2) 第3項関係

(ア) 本項第2号イの「厚生労働大臣が定める化学物質の管理に関する講習」（以下「化学物質管理者講習」という。）は、厚生労働大臣が定める科目について、自ら講習を行えば足りるが、他の事業者の実施する講習を受講させてもかまわないとされている。

(イ) 本項第2号イの「化学物質管理者講習を修了した者と同等以上の能力を有すると認められる者」には、以下の①から③までのいずれかに該当

化学物質管理者講習の講習科目等（令和4年厚生労働省告示第276号）

	科　目	範　囲	時　間
講義	化学物質の危険性及び有害性並びに表示等※1	化学物質の危険性及び有害性 化学物質による健康障害の病理及び症状 化学物質の危険性又は有害性等の表示、文書及び通知	２時間30分
	化学物質の危険性又は有害性等の調査※2	化学物質の危険性又は有害性等の調査の時期及び方法並びにその結果の記録	３時間
	化学物質の危険性又は有害性等の調査の結果に基づく措置等その他必要な記録等※3	化学物質のばく露の濃度の基準 化学物質の濃度の測定方法 化学物質の危険性又は有害性等の調査の結果に基づく労働者の危険又は健康障害を防止するための措置等及び当該措置等の記録 がん原性物質等の製造等業務従事者の記録 保護具の種類、性能、使用方法及び管理 労働者に対する化学物質管理に必要な教育の方法	２時間
	化学物質を原因とする災害発生時の対応	災害発生時の措置	30分
	関係法令	労働安全衛生法、労働安全衛生法施行令及び労働安全衛生規則中の関係条項	1時間
実習	化学物質の危険性又は有害性等の調査及びその結果に基づく措置等	化学物質の危険性又は有害性等の調査及びその結果に基づく労働者の危険又は健康障害を防止するための措置並びに当該調査の結果及び措置の記録 保護具の選択及び使用	3時間

注）次の者は、講習科目の一部免除を受けることができるとされている。
・第１種衛生管理者の免許を有する者：※２の科目（３時間）
（衛生管理者として選任されていても、第１種衛生管理者の免許を有しない者は対象とならない。）
・衛生工学衛生管理者の免許を有する者※２及び※３の科目（５時間）
・以下の3つの技能講習を全て修了した者：※１の科目（２時間30分）
「有機溶剤作業主任者技能講習」
「鉛作業主任者技能講習」
「特定化学物質及び四アルキル鉛等作業主任者技能講習」

する者が含まれる。

①　「講習告示[*1]」の適用前に同告示の規定により実施された講習を受講した者

②　法第83条第１項の労働衛生コンサルタント試験（試験の区分が労働衛生工学であるものに限る）に合格し、同法第84条第１項の登録を受けた者

③　「専門家告示（安衛則等）[*2]」及び「専門家告示（粉じん則）[*3]」

で規定する化学物質管理専門家の要件に該当する者

(ウ) 本項第２号では、リスクアセスメント対象物を製造する事業場の化学物質管理者の要件として、化学物質管理者講習を受けた者またはこれと同等以上の能力を有する者から選任することとされているが、作業主任者等これまでの実務経験、知識のある者を優先して化学物質管理者に選任することが望ましいとされる。また、化学物質管理者が、化学物質管理者の職務を適切に行える範囲であれば、その他の職務と兼務することは差し支えないとされている。

(エ) 本項第２号ロの「必要な能力を有すると認められる者」には、本条第１項各号の事項に定める業務の経験がある者が含まれる。また、適切に業務を行うために、「講習告示」の施行通達*4に示された「リスクアセスメント対象物の製造事業場以外の事業場における化学物質管理者講習に準ずる講習」等を受講することが望ましいとされている。

(オ) 本項第２号イの「リスクアセスメント対象物を製造する事業場」には、原材料を混合してリスクアセスメント対象物に該当する新たな製品を製

化学物質管理者講習に準ずる講習の講習科目等
（令和４年９月７日付け基発0907第１号）

科　目	範　囲	時　間
化学物質の危険性及び有害性並びに表示等	化学物質の危険性及び有害性 化学物質による健康障害の病理及び症状 化学物質の危険性又は有害性等の表示、文書及び通知	１時間30分
化学物質の危険性又は有害性等の調査	化学物質の危険性又は有害性等の調査の時期及び方法並びにその結果の記録	２時間
化学物質の危険性又は有害性等の調査の結果に基づく措置等その他必要な記録等	化学物質のばく露の濃度の基準 化学物質の濃度の測定方法 化学物質の危険性又は有害性等の調査の結果に基づく労働者の危険又は健康障害を防止するための措置等及び当該措置等の記録 がん原性物質等の製造等業務従事者の記録 保護具の種類、性能、使用方法及び管理 労働者に対する化学物質管理に必要な教育の方法	１時間30分
化学物質を原因とする災害発生時の対応	災害発生時の措置	30分
関係法令	労働安全衛生法、労働安全衛生法施行令及び労働安全衛生規則中の関係条項	30分

造する事業場が含まれる。また、ある工場でリスクアセスメント対象物を製造し、別の事業場でラベル表示の作成を行う場合は、その工場と事業場のそれぞれで化学物質管理者の選任が必要となる。

(カ)　化学物質に係る製品を単に輸入し、譲渡または提供のみ行う事業場は、リスクアセスメント対象物を製造する事業場には該当しない。化学物質を事業場内で混合・調合しても、事業場外に出荷せずそこでそのまま消費する場合は、リスクアセスメント対象物を製造する事業場には該当しない。

＊1　「労働安全衛生規則第12条の５第３項第２号イの規定に基づき厚生労働大臣が定める化学物質の管理に関する講習」（令和４年厚生労働省告示第276号）⇒ｐ138
＊2　「労働安全衛生規則第34 条の２の10 第２項、有機溶剤中毒予防規則第４条の２第１項第１号、鉛中毒予防規則第３条の２第１項第１号及び特定化学物質障害予防規則第２条の３第１項第１号の規定に基づき厚生労働大臣が定める者」（令和４年厚生労働省告示第274号）⇒ｐ142
＊3　「粉じん障害防止規則第３条の２第１項第１号の規定に基づき厚生労働大臣が定める者」（令和４年厚生労働省告示第275 号）
＊4　「労働安全衛生規則第12条の５第３項第２号イの規定に基づき厚生労働大臣が定める化学物質の管理に関する講習等の適用等について（令和４年９月７日付け基発0907第１号。最終改正令和５年７月14日）⇒ｐ138

(3)　第４項関係

化学物質管理者の選任に当たっては、当該管理者が実施すべき業務をなし得る権限を付与する必要があり、事業場において相応するそれらの権限を有する役職に就いている者を選任することが望ましいとされている。

また、化学物質管理者の選任に当たって、法令上雇用形態は限定されていないが、同様の理由から事業場内の労働者から選任されることが原則とされている。

(4)　第５項関係

本規定の「事業場の見やすい箇所に掲示すること等」の「等」には、化学物質管理者に腕章を付けさせる、特別の帽子を着用させる、事業場内部のイントラネットワーク環境を通じて関係労働者に周知する方法等が含まれる。

チェックリスト No.1.　化学物質管理者の選任

(1)　リスクアセスメント対象物を製造する事業場への該当（則第 12 条の 5）

①　リスクアセスメント対象物(特別則対象を含む。)を使用していますか。

□　はい（作業工程が密閉化されている場合も含む。）
□　いいえ

②　①で「はい」の場合、原材料を混合して新たな製品（リスクアセスメント対象物）を製造していますか。

□　はい　（複数の溶剤を混合して容器に詰め、販売するなどを含む。）
⇒　「化学物質を製造する事業場」に該当し、化学物質管理者の選任が必要。原則として、告示に基づく講習修了者から選任する
□　いいえ
⇒　化学物質を取り扱う事業場は、「製造する事業場以外の事業場」に該当し、化学物質管理者の選任が必要。通達に基づく講習修了者からの選任が望ましい

③　①で「いいえ」の場合、ラベル・SDS 等の作成の管理のみを行っていますか。

□　はい（リスクアセスメント対象物を製造する事業場（①に該当）と別の事業場でラベル表示を作成するなど）
⇒　他の事業場で製造された化学物質のラベル等の作成の管理のみを行う事業場は、「製造する事業場以外の事業場」に該当し、化学物質管理者の選任が必要。通達に基づく講習修了者からの選任が望ましい

(2)　化学物質管理者の選任

①　化学物質管理者を選任し、その氏名を関係労働者に周知させましたか。

□　はい　リスクアセスメント対象物を製造する事業場（告示に定める講習の修了者）
□　はい　リスクアセスメント対象物を製造する事業場以外の事業場（化学物質管理者の職務を担当するために必要な能力を有すると認められる者）
⇒　関係労働者への周知は、氏名を事業場内に掲示する、社内 LAN で関係者全員に知らせるなどにより行う。
□　いいえ
⇒　事由が発生した日から 14 日以内の選任が必要。

②　化学物質管理者に、法令で定める職務をなし得る権限を与えましたか。
□　はい　　□　いいえ

中災防 労働衛生調査分析センター 2024

（保護具着用管理責任者の選任等）

第12条の６　化学物質管理者を選任した事業者は、リスクアセスメントの結果に基づく措置として、労働者に保護具を使用させるときは、保護具着用管理責任者を選任し、次に掲げる事項を管理させなければならない。

１　保護具の適正な選択に関すること。

２　労働者の保護具の適正な使用に関すること。

３　保護具の保守管理に関すること。

②　前項の規定による保護具着用管理責任者の選任は、次に定めるところにより行わなければならない。

１　保護具着用管理責任者を選任すべき事由が発生した日から14日以内に選任すること。

２　保護具に関する知識及び経験を有すると認められる者のうちから選任すること。

③　事業者は、保護具着用管理責任者を選任したときは、当該保護具着用管理責任者に対し、第１項に掲げる業務をなし得る権限を与えなければならない。

④　事業者は、保護具着用管理責任者を選任したときは、当該保護具着用管理責任者の氏名を事業場の見やすい箇所に掲示すること等により関係労働者に周知させなければならない。

【解　説】

⑴　**第１項関係**

㋐　保護具着用管理責任者は、

・リスクアセスメント対象物を製造し、または取り扱う事業場であって、リスクアセスメントの結果に基づく措置として労働者に保護具を使用させる場合

・特化則や有機則等の特別則における、第三管理区分作業場について、作業環境の改善が困難と判断された等の場合（特化則第36条の３の２

ほか)

には、選任が必要になる。これらは、業種や規模、有期の事業場であるか否かにかかわらず、該当する全ての事業場で選任しなければならない。

(イ) 保護具着用管理責任者は、適切に職務が行える範囲であれば、作業主任者や職長など他の職務と兼務することは差し支えないとされている。ただし、特別則における第三管理区分作業場について作業環境の改善が困難と判断された場合等の措置として選任する場合は、兼務はできない。

(ウ) 保護具着用管理責任者と作業主任者の職務の違いには、後者が、保護具の使用状況を監視することが職務とされているのに対し、前者は保護具の選択に関することや保護具の適正な使用に関すること等を職務としていることなどがある。

(2) 第2項関係

(ア) 本項第2号中の「保護具に関する知識及び経験を有すると認められる者」には、次に掲げる者が含まれる。

① 後述する化学物質管理専門家の要件に該当する者*1

② 作業環境管理専門家の要件に該当する者*2

③ 労働衛生コンサルタント試験に合格した者(試験の区分に限定はなく、登録の有無も問われない)。

④ 第一種衛生管理者免許または衛生工学衛生管理者免許を受けた者(安衛則第10条の規定に基づき事業場に衛生管理者として選任された医師、歯科医師、教諭免許状所持者等は該当しない)。

⑤ 以下のいずれかの技能講習を修了した者

・有機溶剤作業主任者技能講習

・鉛作業主任者技能講習

・特定化学物質及び四アルキル鉛等作業主任者技能講習

⑥ 登録教習機関が行う安全衛生推進者に係る講習を修了した者のほか、以下に該当する者

保護具着用管理責任者教育の講習科目等
（令和4年12月26日付け基安化発1226第1号）

	科　目	範　囲	時　間
学科科目	Ⅰ　保護具着用管理	①　保護具着用管理責任者の役割と職務 ②　保護具に関する教育の方法	30分
	Ⅱ　保護具に関する知識	①　保護具の適正な選択に関すること。 ②　労働者の保護具の適正な使用に関すること。 ③　保護具の保守管理に関すること。	3時間
	Ⅲ　労働災害の防止に関する知識	保護具使用に当たって留意すべき労働災害の事例及び防止方法	1時間
	Ⅳ　関係法令	安衛法、安衛令及び安衛則中の関係条項	30分
実技科目	Ⅴ　保護具の使用方法等	①　保護具の適正な選択に関すること。 ②　労働者の保護具の適正な使用に関すること。 ③　保護具の保守管理に関すること。	1時間

・大学を卒業後１年以上安全衛生の実務に従事した経験を有する者

・高等学校を卒業後３年以上安全衛生の実務に従事した経験を有する者

・５年以上安全衛生の実務に従事した経験を有する者

上記①～⑥に該当する者を選任することができない場合は、通達＊3に示された保護具着用管理責任者教育を受講した者を選任すること、また①～⑥に該当する者であっても同教育を受講することが望ましいとされている。

＊１　則第34条の２の10の解説を参照。
＊２　要件は以下のとおり。
・化学物質管理専門家
・労働衛生コンサルタント（労働衛生工学）または労働安全コンサルタント（化学）として３年以上化学物質または粉じんの管理に係る実務経験
・衛生工学衛生管理者として６年以上実務経験
・衛生管理士（労働衛生コンサルタント（労働衛生工学）に合格した者に限る。）に選任された者で３年以上の管理士又は化学物質管理の実務経験
・作業環境測定士として６年以上の実務経験
・作業環境測定士として４年以上の実務経験及び必要な研修等を終了した者
・オキュペイショナル・ハイジニスト又は同等の外国の資格を有する者
＊３　「保護具着用管理責任者に対する教育の実施について」（令和４年12月26日付け基発1226第１号）⇒p277

⑶　第３項関係

保護具着用管理責任者の選任に当たっては、その業務をなし得る権限を付与する必要があることから、事業場において相応するそれらの権限を有

チェックリスト No.2　保護具着用管理責任者の選任

(1)　保護具着用管理責任者選任義務の該当（則第 12 条の 6）

①　リスクアセスメント結果に基づき、労働者に保護具を使用させますか。

□　はい　呼吸用保護具
□　はい　皮膚等障害防止用保護具
⇒　いずれの場合も、保護具着用管理責任者の選任が必要です。
□　いいえ

②　特別則における作業環境測定の結果、第三管理区分に区分された作業場がありますか。

□　はい
⇒　特別則に基づく作業主任者に加え、保護具着用管理責任者の選任が必要です。（作業主任者との兼務は不可）
□　いいえ

(2)　保護具着用管理責任者の選任

①　保護具着用管理責任者を選任し、その氏名を関係労働者に周知させましたか。
□　はい
⇒　関係労働者への周知は、氏名を事業場内に掲示する、社内 LAN で関係者全員に知らせるなどにより行います。
□　いいえ
⇒　事由が発生した日から 14 日以内の選任が必要です。

②　保護具着用管理責任者に対し、法令で定める職務をなし得る権限を与えましたか。
□　はい　　□　いいえ

中災防 労働衛生調査分析センター 2024

する役職に就いている者を選任することが望ましいとされている。

選任に当たっては、事業場ごとに選任することが求められるが、大規模な事業場の場合、保護具着用管理責任者の職務が適切に実施できるよう、複数人を選任することもできる。

(4)　第４項関係

「事業場の見やすい箇所に掲示すること等」の「等」には、保護具着用管理責任者に腕章を付けさせる、特別の帽子を着用させる、事業場内部のイントラネットワーク環境を通じて関係労働者に周知する方法等が含まれる。

第７節　安全委員会、衛生委員会等

（衛生委員会の付議事項）

第22条　法第18条第１項第４号の労働者の健康障害の防止及び健康の保持増進に関する重要事項には、次の事項が含まれるものとする。

1　衛生に関する規程の作成に関すること。

2　法第28条の２第１項又は第57条の３第１項及び第２項の危険性又は有害性等の調査及びその結果に基づき講ずる措置のうち、衛生に係るものに関すること。

3　安全衛生に関する計画（衛生に係る部分に限る。）の作成、実施、評価及び改善に関すること。

4　衛生教育の実施計画の作成に関すること。

5　法第57条の４第１項及び第57条の５第１項の規定により行われる有害性の調査並びにその結果に対する対策の樹立に関すること。

6　法第65条第１項又は第５項の規定により行われる作業環境測定の結果及びその結果の評価に基づく対策の樹立に関すること。

7　定期に行われる健康診断、法第66条第４項の規定による指示を受けて行われる臨時の健康診断、法第66条の２の自ら受けた健康診断及び法に基づく他の省令の規定に基づいて行われる医師の診断、診察又は処置の結果並びにその結果に対する対策の樹立に関すること。
8　労働者の健康の保持増進を図るため必要な措置の実施計画の作成に関すること。
9　長時間にわたる労働による労働者の健康障害の防止を図るための対策の樹立に関すること。
10　労働者の精神的健康の保持増進を図るための対策の樹立に関すること。
11　第577条の２第１項、第２項及び第８項の規定により講ずる措置に関すること並びに同条第３項及び第４項の医師又は歯科医師による健康診断の実施に関すること。
12　厚生労働大臣、都道府県労働局長、労働基準監督署長、労働基準監督官又は労働衛生専門官から文書により命令、指示、勧告又は指導を受けた事項のうち、労働者の健康障害の防止に関すること。

【解　説】

(ア)　事業場における安全衛生水準の向上には、事業場トップおよび労働災害防止の当事者であり現場を熟知している労働者が参画する安全衛生委員会等の活性化が必要であることから、第２号において衛生委員会の調査審議事項に、危険性又は有害性等の調査等のうち衛生に係るものに関することが含まれることとされた。

(イ)　第５号の「有害性の調査」に関することには、有害性の調査の方法および当該調査の結果が含まれる。

(ウ)　本条第11号の安衛則第577条の２第１項、第２項および第８項に係る措置並びに本条第３項および第４項の健康診断の実施に関する事項は、すでに付議事項として義務付けられている本条第２号の「法第28条の２第１項又は第57条の３第１項および第２項の危険性又は有害性等の調査及びその結果に基づき講ずる措置のうち、衛生に係るものに関すること」と相互に密接に関係することから、本条第２号と第11号の事項を併せて調査審議しても差し支えないとされている。

(エ)　衛生委員会の設置を要しない常時労働者数50人未満の事業場においても、則第23条の２に基づき、本条第11号の事項について、関係労働者の意見を聴く機会を設けなければならないことに留意する必要がある。

(オ)　第11号等の化学物質の自律的な管理の状況を調査審議する頻度については、各事業場の実態に応じて判断することとされている。

第２章の４　危険性又は有害性等の調査等

（危険有害化学物質等に関する危険性又は有害性等の表示等）

第24条の14　化学物質、化学物質を含有する製剤その他の労働者に対する危険又は健康障害を生ずるおそれのある物で厚生労働大臣が定めるもの（令第18条各号及び令別表第3第1号に掲げる物を除く。次項及び第24条の16において「危険有害化学物質等」という。）[編注1]を容器に入れ、又は包装して、譲渡し、又は提供する者は、その容器又は包装（容器に入れ、かつ、包装して、譲渡し、又は提供するときにあつては、その容器）に次に掲げるものを表示するように努めなければならない。

１　次に掲げる事項

イ　名称

ロ　人体に及ぼす作用

ハ　貯蔵又は取扱い上の注意

ニ　表示をする者の氏名（法人にあつては、その名称）、住所及び電話番号

ホ　注意喚起語

ヘ　安定性及び反応性

２　当該物を取り扱う労働者に注意を喚起するための標章で厚生労働大臣が定めるもの[編注2]

②　危険有害化学物質等を前項に規定する方法以外の方法により譲渡し、又は提供する者は、同項各号の事項を記載した文書を、譲渡し、又は提供する相手方に交付するよう努めなければならない。

チェックリストNo.3　衛生委員会

(1)　**化学物質のリスクアセスメント（健康障害）に関する付議**（則第22条第2号）

リスクアセスメントとその結果に基づく措置について、諮りましたか。

ーリスクアセスメント対象物（法第57条の3）□はい　□いいえ
ーその他の化学物質（法第28条の2）□はい　□いいえ

(2)　**化学物質のリスクアセスメント（健康障害）に関する付議**（則第22条第11号）

①　リスクアセスメントの結果に基づき、次の措置について諮りましたか。（則第577条の2第1項、第2項）

ーばく露の程度を最小限度にすること　□　はい　□　いいえ
ーばく露を濃度基準値以下とすること　□　はい　□　いいえ
□対象物なし

②　リスクアセスメント対象物健康診断を実施しましたか。

ー第3項健診　□　はい　□　いいえ
ー第4項健診（濃度基準値設定物質）　□　はい　□　いいえ
□　対象物なし

③　リスクアセスメント対象物健康診断の結果に基づき、医師等の意見を勘案し、講じた措置について諮りましたか。

□　はい
□　いいえ

※措置：①　就業場所の変更、作業の転換、労働時間の短縮等
②　作業環境測定の実施
③　施設・設備の設置、整備
④　衛生委員会への医師等の意見の報告
⑤　その他

中災防 労働衛生調査分析センター㊢ 2024

編注１　「労働安全衛生規則第24条の14第１項及び第24条の15第１項の規定に基づき化学物質、化学物質を含有する製剤その他の労働者に対する危険又は健康障害を生ずるおそれのある物で厚生労働大臣が定めるもの」（平成24年厚生労働省告示第150号）
編注２　「労働安全衛生規則第24条の14第１項第２号の規定に基づき厚生労働大臣が定める標章」（平成24年厚生労働省告示第151号）

【解　説】

(ア)　容器又は包装（容器に入れ、かつ、包装して、譲渡し、又は提供する時にあってはその容器。以下「容器等」という）への表示については、法第57条第１項に基づき表示義務対象物を対象に義務付けられているが、これ以外の危険性又は有害性を有する化学物質等についても、その容器等に本条第１項各号に規定する表示事項等を表示するよう努めることとされた。なお、当該表示事項等は法第57条第１項各号に掲げる事項と同様のものである。

(イ)　容器等以外の方法により譲渡し、又は提供する場合は、表示事項等を記載した文書を交付するよう努めることとされている。

第24条の15　特定危険有害化学物質等（化学物質、化学物質を含有する製剤その他の労働者に対する危険又は健康障害を生ずるおそれのある物で厚生労働大臣が定めるもの（法第57条の２第１項に規定する通知対象物を除く。）[編注]をいう。以下この条及び次条において同じ。）を譲渡し、又は提供する者は、特定危険有害化学物質等に関する次に掲げる事項（前条第２項に規定する者にあつては、同条第1項に規定する事項を除く。）を、文書若しくは磁気ディスク、光ディスクその他の記録媒体の交付、ファクシミリ装置を用いた送信若しくは電子メールの送信又は当該事項が記載されたホームページのアドレス（二次元コードその他のこれに代わるものを含む。）及び当該アドレスに係るホームページの閲覧を求める旨の伝達により、譲渡し、又は提供する相手方の事業者に通知し、当該相手方が閲覧できるように努めなければならない。

１　名称

２　成分及びその含有量

3　物理的及び化学的性質
4　人体に及ぼす作用
5　貯蔵又は取扱い上の注意
6　流出その他の事故が発生した場合において講ずべき応急の措置
7　通知を行う者の氏名（法人にあつては、その名称）、住所及び電話番号
8　危険性又は有害性の要約
9　安定性及び反応性
10　想定される用途及び当該用途における使用上の注意
11　適用される法令
12　その他参考となる事項

②　特定危険有害化学物質等を譲渡し、又は提供する者は、前項第４号の事項について、直近の確認を行つた日から起算して５年以内ごとに１回、最新の科学的知見に基づき、変更を行う必要性の有無を確認し、変更を行う必要があると認めるときは、当該確認をした日から１年以内に、当該事項に変更を行うように努めなければならない。

③　特定危険有害化学物質等を譲渡し、又は提供する者は、第１項の規定により通知した事項に変更を行う必要が生じたときは、文書若しくは磁気ディスク、光ディスクその他の記録媒体の交付、ファクシミリ装置を用いた送信若しくは電子メールの送信又は当該事項が記載されたホームページのアドレス（二次元コードその他のこれに代わるものを含む。）及び当該アドレスに係るホームページの閲覧を求める旨の伝達により、変更後の同項各号の事項を、速やかに、譲渡し、又は提供した相手方の事業者に通知し、当該相手方が閲覧できるように努めなければならない。

編注　「労働安全衛生規則第24条の14第１項及び第24条の15第１項の規定に基づき化学物質、化学物質を含有する製剤その他の労働者に対する危険又は健康障害を生ずるおそれのある物で厚生労働大臣が定めるもの」（平成24年厚生労働省告示第150号）

【解　説】

(1)　第１項関係

(ア)　化学物質の危険性・有害性に係る情報伝達がより円滑に行われるよう

にするため、譲渡提供を受ける相手方が容易に確認可能な方法であれば、相手方の承諾を要件とせずに通知できるよう、SDS等による通知方法に電子メールやホームページ閲覧も認めるなど柔軟化した。なお、電子メールの送信により通知する場合は、送信先の電子メールアドレスを事前に確認する等により確実に相手方に通知できるよう配慮すべきであり、例えば当該物質のSDSを直接閲覧できるURLまたは二次元コードを伝達する等、相手方が容易に確認可能な方法で伝達することが必要となる。

そのほか、例えば流通事業者においては、SDSを閲覧できる当該物質の製造･輸入元のホームページのアドレスの伝達とあわせて自社の名称、住所および電話番号を電子メール等で伝達する方法や、製造・輸入元のSDSに自社の名称、住所および電話番号を併記したものを自社のホームページに掲載し、そのアドレスを伝達し、閲覧を求める方法なども考えられる。

(イ)　SDS等における通知事項に追加する「想定される用途及び当該用途における使用上の注意」は、譲渡提供者が譲渡または提供を行う時点で想定される内容を記載することとされている。

(ウ)　譲渡提供を受けた相手方は、当該譲渡提供を受けた物を想定される用途で使用する場合には、当該用途における使用上の注意を踏まえてリスクアセスメントを実施することとなるが、想定される用途以外の用途で使用する場合には、使用上の注意に関する情報がないことを踏まえ、当該物の有害性等をより慎重に検討した上でリスクアセスメントを実施し、その結果に基づく措置を講ずる必要がある。

(エ)　SDSを電子メールで送信した場合、送信記録の保存義務は定められていないので、各事業者が管理上の必要に応じて保存の要否を判断する。

(2)　第2項関係

(ア)　SDS等における通知事項である「人体に及ぼす作用」については、当該物質の有害性情報であり、リスクアセスメントの実施に当たって最も重要な情報であることから、特定危険有害化学物質等を譲渡し、または提供する者は定期的な確認および更新を行うように努めることとされている。定期確認および更新の対象となるSDS等は、現に譲渡または提供を行っているものに限られ、すでに譲渡提供を中止したものに係るSDS等まで含む趣旨ではない。

(イ) 本規定の施行日（令和５年４月１日）において現に存するSDS等については、施行日から起算して５年以内（令和10年３月31日まで）に初回の確認を行うように努める必要がある。また、確認の頻度である「５年以内ごとに１回」には、５年より短い期間で確認することも含まれる。

(ウ) 「人体に及ぼす作用」とは、JIS Z 7253に沿ったSDSの項目では「11. 有害性情報」が該当する。また、「11. 有害性情報」の更新に伴って、必要に応じて「２. 危険有害性の要約」や「８. ばく露防止及び保護措置」の更新が必要となる場合がある。

(3) **第３項関係**

(ア) 確認の結果、SDS等の更新を行った場合、変更後の当該事項を再通知する対象となる、過去に当該物を譲渡提供した相手方の範囲については、各事業者における譲渡提供先に関する情報の保存期間、当該物の使用期限等を踏まえて合理的な期間とすれば足りるとされている。また、確認の結果、SDS等の更新の必要がない場合には、更新および相手方への再通知の必要はないが、各事業者においてSDS等の改訂情報を管理する上で、更新の必要がないことを確認した日を記録しておくことが望ましい。

(イ) SDS等を更新した場合の再通知の方法としては、各事業者で譲渡提供先に関する情報を保存している場合に当該情報を元に譲渡提供先に再通知する方法のほか、譲渡提供者のホームページにおいてSDS等を更新した旨をわかりやすく周知し、当該ホームページにおいて該当物質のSDS等を容易に閲覧できるようにする方法等がある。

(ウ)　販売を中止した製品については情報の確認・更新・再交付の義務はないが、対象物質の使用期限等を踏まえて一定の期間は情報の確認･更新･再交付を行うことが望ましいとされている。

第3章　機械等並びに危険物及び有害物に関する規制

第2節　危険物及び有害物に関する規制

（名称等を表示すべき危険物及び有害物）

第30条　令第18条第２号の厚生労働省令で定める物は、別表第２の上欄に掲げる物を含有する製剤その他の物（同欄に掲げる物の含有量が同表の中欄に定める値である物並びに四アルキル鉛を含有する製剤その他の物（加鉛ガソリンに限る。）及びニトログリセリンを含有する製剤その他の物（98パーセント以上の不揮発性で水に溶けない鈍感剤で鈍性化した物であつて、ニトログリセリンの含有量が１パーセント未満のものに限る。）を除く。）とする。ただし、運搬中及び貯蔵中において固体以外の状態にならず、かつ、粉状にならない物（次の各号のいずれかに該当するものを除く。）を除く。

1　危険物（令別表第１に掲げる危険物をいう。以下同じ。）
2　危険物以外の可燃性の物等爆発又は火災の原因となるおそれのある物
3　酸化カルシウム、水酸化ナトリウム等を含有する製剤その他の物であつて皮膚に対して腐食の危険を生ずるもの

令和７年４月施行

第30条は、令和５年厚生労働省令第121号により以下のように改正され、令和７年４月１日より施行

（名称等を表示すべき危険物及び有害物）

第30条　令第18条第２号の厚生労働省令で定める物は、別表第２の物の欄に掲げる物とする。ただし、運搬中及び貯蔵中において固体以外の状態にならず、かつ、粉状にならない物（次の各号のいずれかに該当するものを除く。）を除く。

1～3　略

【解　説】

㈠　表示対象物を譲渡し、または提供する時点において固体の物については、粉状でなければ吸入ばく露等のおそれがなく、健康障害の原因とならないものと考えられ、また国際的にも、欧州の化学品規制であるCLP規則において、文書交付により情報伝達がなされている場合には、塊状の金属、合金、ポリマーを含む混合物、エラストマーを含む混合物について表示が適用除外とされていることなどから、令別表第９に掲げる物（純物質）および令別表第９または別表第３第１号１から７までに掲げる物を含有する製剤その他の物（混合物）のうち、運搬中および貯蔵中において、固体以外の状態にならず、かつ、粉状にならない物について、表示義務の適用を除外することとされた。ただし、爆発性、引火性等の危険性や、皮膚腐食性を有する物については、譲渡・提供時において固形であっても当該危険性等が発現するおそれがあるため、適用除外の対象とはせず、引き続き、表示義務の対象とされている。

㈡　令別表第９または別表第３第１号１から７までに掲げる物を含有する製剤その他の物（混合物）については、その性質が様々であることから、運搬中および貯蔵中において固体以外の状態にならず、かつ、粉状にならないもののうち、以下の①から③までに掲げる危険性のある物または皮膚腐食性のおそれのある物に該当しないものは適用除外とされている。

①　危険物（令別表第１に掲げる危険物をいう。）

②　危険物以外の可燃性の物等爆発または火災の原因となるおそれのある物

③　酸化カルシウム、水酸化ナトリウム等を含有する製剤その他の物であって皮膚に対して腐食の危険を生ずるもの

㈢　上記㈡の②または③に掲げる物は、GHSに準拠したJIS Z 7253の附属書Aの定めにより、物理化学的危険性および皮膚腐食性／刺激性の危険有害性区分が定められているものをいう。

(エ) 「運搬中及び貯蔵中において固体以外の状態にならず、かつ、粉状にならないもの」とは、当該物の譲渡・提供の過程において液体や気体になったり、粉状に変化したりしないものであって、当該物を取り扱う労働者が、当該物を吸入する等により当該物にばく露するおそれのないものをいう。例えば、温度や気圧の変化により状態変化が生じないこと、水と反応しないこと、物理的な衝撃により粉状に変化しないこと、昇華しないこと等を満たすものである必要があり、具体的には、鋼材、ワイヤ、プラスチックのペレット等は、原則として表示の対象外となる。

(オ) 「粉状」とはインハラブル（吸入性）粒子を有するものをいい、流体力学的粒子径が0.1mm以下の粒子を含むものを指している。顆粒状のものは、外力によって粉状になりやすいため、「粉状にならない」ものとはいえないとされている。

令和７年４月施行

令和５年厚生労働省令第121号による本条の改正は、令和５年政令第265号による改正後の令第18条および第18条の２の規定により、ラベル・SDS対象物質を含有する製剤その他の物に係る裾切値を告示で規定することに伴い、則における当該裾切値に係る規定を削除し、ラベル・SDS対象物質を則別表第２に列挙するものである。

第31条　令第18条第３号の厚生労働省令で定める物は、次に掲げる物とする。ただし、前条ただし書の物を除く。

1　ジクロルベンジジン及びその塩を含有する製剤その他の物で、ジクロルベンジジン及びその塩の含有量が重量の0.1パーセント以上１パーセント以下であるもの

2　アルフアーナフチルアミン及びその塩を含有する製剤その他の物で、アルフアーナフチルアミン及びその塩の含有量が重量の１パーセントであるもの

3　塩素化ビフエニル（別名PCB）を含有する製剤その他の物で、塩素化ビフエニルの含有量が重量の0.1パーセント以上１パーセント以下で

あるもの
4　オルト−トリジン及びその塩を含有する製剤その他の物で、オルト−トリジン及びその塩の含有量が重量の１パーセントであるもの
5　ジアニシジン及びその塩を含有する製剤その他の物で、ジアニシジン及びその塩の含有量が重量の１パーセントであるもの
6　ベリリウム及びその化合物を含有する製剤その他の物で、ベリリウム及びその化合物の含有量が重量の0.1パーセント以上１パーセント以下（合金にあつては、0.1パーセント以上３パーセント以下）であるもの
7　ベンゾトリクロリドを含有する製剤その他の物で、ベンゾトリクロリドの含有量が重量の0.1パーセント以上0.5パーセント以下であるもの

令和７年４月施行

第31条は以下のように改正され、令和７年４月１日より施行

第31条　令第18条第４号の厚生労働省令で定める物は、次に掲げる物とする。ただし、前条ただし書の物を除く。

１～７　略

【解　説】

(ア)　表示対象物および通知対象物の裾切値は、原則として以下の考え方により設定されている。

①　GHSに基づき、濃度限界とされている値とする。ただし、それが１パーセントを超える場合は１パーセントとする。

②　複数の有害性区分を有する物質については、アにより得られる数値のうち、最も低い数値を採用する。

③　リスク評価結果など特別な事情がある場合は、上記によらず、専門家の意見を聴いて定める。

(イ)　混合物については、裾切値以上含有されている場合には、仮にGHS分類による危険有害性分類がなされていない場合であっても、取扱い方法によっては危険有害性が生じるおそれがあることから、人体に及ぼす作用や取扱い上の注意に留意が必要であるため、表示義務の対象となる。

（名称等の表示）

第32条　法第57条第１項の規定による表示は、当該容器又は包装に、同項各号に掲げるもの（以下この条において「表示事項等」という。）を印刷し、又は表示事項等を印刷した票箋を貼り付けて行わなければならない。ただし、当該容器又は包装に表示事項等の全てを印刷し、又は表示事項等の全てを印刷した票箋を貼り付けることが困難なときは、表示事項等のうち同項第１号ロからニまで及び同項第２号に掲げるものについては、これらを印刷した票箋を容器又は包装に結びつけることにより表示することができる。

【解　説】

㋐　本条の「表示事項等」の「等」は、法第57条第１項第２号の「標章」をいうとされている。

㋑　令和４年２月の政令改正により表示・通知対象物質に追加した物質については、改正政令の施行日（令和６年４月１日）から表示、通知およびリスクアセスメントの実施が義務付けられる。ただし、ラベルの貼替え等に係る事業者の負担を考慮し、施行日において「現に存するもの」については、名称等のラベル表示をさらに１年間猶予する経過措置が設けられている。

第33条　法第57条第１項第１号ニの厚生労働省令で定める事項は、次のとおりとする。

１　法第57条第１項の規定による表示をする者の氏名（法人にあつては、その名称）、住所及び電話番号

２　注意喚起語

３　安定性及び反応性

【解　説】

⑴　**第１号関係**

㋐　化学物質等を譲渡しまたは提供する者の情報を記載する。

⑷ 緊急連絡電話番号等についても記載することが望ましい。

⑵ 第2号関係

㈠ GHSに従った分類に基づき、決定された危険有害性クラスおよび危険有害性区分に対してGHS附属書3またはJIS Z 7251附属書Aに割り当てられた「注意喚起語」の欄に示されている文言を記載することとされている。

㈡ GHSに従った分類については、JIS Z 7252および事業者向け分類ガイダンスを参考にする。

㈢ また、GHSに従った分類結果については、独立行政法人製品評価技術基盤機構が公開している「GHS分類結果データベース」や厚生労働省が作成し公表している「GHSモデルラベル表示」及び「GHSモデルSDS情報」等を参考にする。ただし、JIS Z 7252は、GHSに準じているが、物理化学的危険性に関する分類については言及していないため、特に物理化学的危険性については、GHSおよび事業者向け分類ガイダンスを参考にするとよい。

㈣ 混合物において、混合物全体として危険性又は有害性の分類がなされていない場合には、含有する表示対象物質の純物質としての危険性又は有害性を表す注意喚起語を、物質ごとに記載する。

㈤ GHSに基づき分類した結果、危険有害性クラスおよび危険有害性区分が決定されない場合、記載を要しない。

⑶ 第3号関係

㈠ 「安定性及び反応性」は、化学物質等の危険性を示す。

㈡ GHSに従った分類に基づき、決定された危険有害性クラスおよび危険有害性区分に対してGHS附属書3またはJIS Z 7251附属書Aに割り当てられた「危険有害性情報」の欄に示されている文言を記載することとされている。

(ウ)　上記(2)の(ウ)と同じ。

(エ)　混合物において、混合物全体として危険性の分類がなされていない場合には、含有する全ての表示対象物質の純物質としての危険性を、物質ごとに記載する

(オ)　上記(2)の(エ)と同じ。

第33条の２　事業者は、令第17条に規定する物又は令第18条各号に掲げる物を容器に入れ、又は包装して保管するとき（法第57条第１項の規定による表示がされた容器又は包装により保管するときを除く。）は、当該物の名称及び人体に及ぼす作用について、当該物の保管に用いる容器又は包装への表示、文書の交付その他の方法により、当該物を取り扱う者に、明示しなければならない。

【解　説】

(ア)　本条では、製造許可物質およびラベル表示対象物を事業場内で取り扱うに当たって、他の容器に移し替えたり、小分けしたりして保管する際の容器等にも対象物の名称および人体に及ぼす作用の明示を事業者に義務付けている。なお、本規定は、対象物を保管することを目的として容器に入れ、または包装し、保管する場合に適用されるものであり、保管を行う者と保管された対象物を取り扱う者が異なる場合の危険有害性の情報伝達が主たる目的であるため、対象物の取扱い作業中に一時的に小分けした際の容器や、作業場所に運ぶために移し替えた容器にまで適用されるものではない。また、譲渡提供者がラベル表示を行っている物について、すでにラベル表示がされた容器等で保管する場合には、改めて表示を求める趣旨ではない。

(イ)　希釈または混合したものを保管する場合は、希釈または混合した物に対して名称および人体に及ぼす作用の明示が必要となる。

(ウ)　明示の際の「その他の方法」としては、使用場所への掲示、必要事項を記載した一覧表の備付け、磁気ディスク、光ディスク等の記録媒体に

記録しその内容を常時確認できる機器を設置すること等のほか、JIS Z 7253（GHSに基づく化学品の危険有害性情報の伝達方法－ラベル、作業場内の表示及び安全データシート（SDS））の「5.3.3 作業場内の表示の代替手段」に示された方法として、作業手順書または作業指示書によって伝達する方法等によることも可能とされている。

（文書の交付）

第34条　法第57条第２項の規定による文書は、同条第１項に規定する方法以外の方法により譲渡し、又は提供する際に交付しなければならない。ただし、継続的に又は反復して譲渡し、又は提供する場合において、既に当該文書の交付がなされているときは、この限りでない。

【解　説】

「継続的に又は反復して譲渡し、又は提供する場合において、既に当該文書の交付がなされているとき」であっても、譲渡し、または提供する相手方に文書の内容が的確に伝わるように重ねて文書を交付することが望ましいとされている。

（名称等を通知すべき危険物及び有害物）

第34条の２　令第18条の２第２号の厚生労働省令で定める物は、別表第２の上欄に掲げる物を含有する製剤その他の物（同欄に掲げる物の含有量が同表の下欄に定める値である物及びニトログリセリンを含有する製剤その他の物（98パーセント以上の不揮発性で水に溶けない鈍感剤で鈍性化した物であつて、ニトログリセリンの含有量が0.1パーセント未満のものに限る。）を除く。）とする。

第34条の２の２　令第18条の２第３号の厚生労働省令で定める物は、次に掲げる物とする。

1　ジクロルベンジジン及びその塩を含有する製剤その他の物で、ジクロルベンジジン及びその塩の含有量が重量の0.1パーセント以上１パーセント以下であるもの

チェックリスト No. 4　事業場内表示

(1)　事業場内表示

①　事業場内で、製造許可物質またはラベル表示対象物を他の容器に移し替えたり、小分けしたりして保管することがありますか。

□　はい
- □　保管した物を別の人が取り扱う可能性がある
- □　同一の企業内で別の事業場に移動する

□いいえ
- □　取扱い中または運搬のために一時的に小分けするのみ（目を離さない）
- □　ラベル表示がされた容器等でのみ保管する

②　保管に用いる容器には、物質の名称と人体に及ぼす作用を明示してありますか。

□　はい
- □　必要な事項を表示してある
- □　容器に物質名を表示した上で、人体に及ぼす作用について、作業者に文書を渡している
- □　容器に物質名を表示した上で、関係者全員が閲覧可能な社内 LAN に人体に及ぼす作用を明示している
- □　容器が小さいため、容器に物質名の略称を表示した上で、容器の台座（または保管する棚）に物質名と人体に及ぼす作用を明示している

□　いいえ

⇒　容器に入れて保管するときは、則第 33 条の 2 に基づき、必要な表示等を行ってください。

小分けした容器を他の人が取り扱うことによる引火、想定外の化学反応や誤飲を防止しましょう。

中災防 労働衛生調査分析センター 2024

2　アルフアーナフチルアミン及びその塩を含有する製剤その他の物で、アルフアーナフチルアミン及びその塩の含有量が重量の１パーセントであるもの

3　塩素化ビフエニル（別名PCB）を含有する製剤その他の物で、塩素化ビフエニルの含有量が重量の 0.1 パーセント以上１パーセント以下であるもの

4　オルトートリジン及びその塩を含有する製剤その他の物で、オルトートリジン及びその塩の含有量が重量の 0.1 パーセント以上１パーセント以下であるもの

5　ジアニシジン及びその塩を含有する製剤その他の物で、ジアニシジン及びその塩の含有量が重量の 0.1 パーセント以上１パーセント以下であるもの

6　ベリリウム及びその化合物を含有する製剤その他の物で、ベリリウム及びその化合物の含有量が重量の 0.1 パーセント以上１パーセント以下（合金にあつては 0.1 パーセント以上３パーセント以下）であるもの

7　ベンゾトリクロリドを含有する製剤その他の物で、ベンゾトリクロリドの含有量が重量の 0.1 パーセント以上 0.5 パーセント以下であるもの

令和７年４月施行

第34条の２および第34条の２の２は以下のように改正され、令和７年４月１日より施行

（名称等を通知すべき危険物及び有害物）

第34条の２　令第18条の２第２号の厚生労働省令で定める物は、別表第２の物の欄に掲げる物とする。

第34条の２の２　令第18条の２第４号の厚生労働省令で定める物は、次に掲げる物とする。

1～7　略

【解　説】

第34条の２の規定は、旧安衛則別表第２の２の備考において通知対象物から除かれる物として規定されていた「ニトログリセリンを含有する製剤

その他の物のうち、98パーセント以上の不揮発性で水に溶けない鈍感剤で鈍性化したものであつて、ニトログリセリンの含有量が0.1パーセント未満のもの」を、同条の柱書において通知対象物から除く旨を規定したものである。

令和7年4月施行

令和5年厚生労働省令第121号による本条の改正は、令和5年政令第265号による改正後の令第18条および第18条の2の規定により、ラベル・SDS対象物質を含有する製剤その他の物に係る裾切値を告示で規定することに伴い、則における当該裾切値に係る規定を削除し、ラベル・SDS対象物質を則別表第2に列挙するものである。

（名称等の通知）
第34条の2の3　法第57条の2第1項及び第2項の厚生労働省令で定める方法は、磁気ディスク、光ディスクその他の記録媒体の交付、ファクシミリ装置を用いた送信若しくは電子メールの送信又は当該事項が記載されたホームページのアドレス（二次元コードその他のこれに代わるものを含む。）及び当該アドレスに係るホームページの閲覧を求める旨の伝達とする。

【解　説】

(ア)　化学物質の危険性・有害性に係る情報伝達がより円滑に行われるようにするため、譲渡提供を受ける相手方が容易に確認可能な方法であれば、相手方の承諾を要件とせずに通知できるよう、SDS等による通知方法に電子メールやホームページ閲覧も認めるなど柔軟化した。なお、電子メールの送信により通知する場合は、送信先の電子メールアドレスを事前に確認する等により確実に相手方に通知できるよう配慮すべきであり、例えば当該物質のSDSを直接閲覧できるURLまたは二次元コードを伝達する等、相手方が容易に確認可能な方法で伝達することが必要となる。

そのほか、例えば流通事業者においては、SDSを閲覧できる当該物質の製造・輸入元のホームページのアドレスの伝達とあわせて自社の名称、住所および電話番号を電子メール等で伝達する方法や、製造・輸入元のSDSに自社の名称、住所及び電話番号を併記したものを自社のホームページに掲載し、そのアドレスを伝達し、閲覧を求める方法なども考えられる。

(イ) SDSを電子メールで送信した場合、送信記録の保存義務は定められていないので、各事業者が管理上の必要に応じて保存の要否を判断する。

第34条の2の4 法第57条の2第1項第7号の厚生労働省令で定める事項は、次のとおりとする。

1 法第57条の2第1項の規定による通知を行う者の氏名（法人にあつては、その名称）、住所及び電話番号

2 危険性又は有害性の要約

3 安定性及び反応性

4 想定される用途及び当該用途における使用上の注意

5 適用される法令

6 その他参考となる事項

【解　説】

(1) **第1号関係**

(ア) 化学物質等を譲渡し、または提供する者の情報を記載する。

(イ) 緊急連絡電話番号、ファックス番号および電子メールアドレスも記載することが望ましいとされている。

(2) **第2号関係**

(ア) GHSに従った分類に基づき決定された危険有害性クラス、危険有害性区分、絵表示、注意喚起語、危険有害性情報および注意書きに対してGHS附属書3またはJIS Z 7251附属書Aにより割り当てられた絵表示と

文言を記載する。

(イ)　GHSに従った分類については、JIS Z 7252および事業者向け分類ガイダンスを参考にする。また、GHSに従った分類結果については、独立行政法人製品評価技術基盤機構が公開している「GHS分類結果データベース」、厚生労働省が作成し公表している「GHSモデルラベル表示」および「GHSモデルSDS情報」等を参考にする。ただし、JIS Z 7252は、GHSのうち、物理化学的危険性に関する分類については、GHSおよび事業者向け分類ガイダンスを参考にする。

(ウ)　混合物において、混合物全体として危険性又は有害性の分類がなされていない場合には、含有する通知対象物質の純物質としての危険性又は有害性を、物質ごとに記載する。

(エ)　GHSに従い分類した結果、「分類できない」、「分類対象外」および「区分外」のいずれかに該当することにより、危険有害性クラスおよび危険有害性区分が決定されない場合は、GHSでは当該危険有害性クラスの情報は、必ずしも記載を要しないとされているが、「分類できない」、「分類対象外」、「区分外」の旨を記載することが望ましい。

(オ)　発がん性の分類にあたっては、発がん性が否定されること、または発がん性が極めて低いことが明確な場合を除き、「区分外」の判定は慎重に行う。疑義があれば、「分類できない」とする。

(カ)　記載にあたっては、事業者向け分類ガイダンスを参考にするとよい。

(キ)　標章はモノクロの図で記載しても差し支えないこと。また、標章を構成する画像要素（シンボル）の名称（「炎」、「どくろ」等）をもって当該標章に代えても差し支えないこと。

(ク)　粉じん爆発危険性等の危険性又は有害性についても記載することが望ましいとされている。

(3)　第３号関係

次の事項を記載すること。

・避けるべき条件（静電放電、衝撃、振動等）
・混触危険物質
・通常発生する一酸化炭素、二酸化炭素および水以外の予想される危険有害な分解生成物

⑷ 第4号関係

㋐ SDS等における通知事項に追加する「想定される用途及び当該用途における使用上の注意」は、譲渡提供者が譲渡または提供を行う時点で想定される内容を記載することとされている。

㋑ 譲渡提供を受けた相手方は、当該譲渡提供を受けた物を想定される用途で使用する場合には、当該用途における使用上の注意を踏まえてリスクアセスメントを実施することとなるが、想定される用途以外の用途で使用する場合には、使用上の注意に関する情報がないことを踏まえ、当該物の有害性等をより慎重に検討した上でリスクアセスメントを実施し、その結果に基づく措置を講ずる必要がある。

㋒ 「想定される用途及び当該用途における使用上の注意」をSDSに記載することは、「想定される用途」以外での使用を制限するものではないとされている。

㋓ なお、法第57条の2第1項第5号の「貯蔵又は取扱い上の注意」には、「想定される用途」での使用において吸入または皮膚接触を防止するため必要とされる保護具の種類を必ず記載することとされた。

⑸ 第5号関係

化学物質等に適用される法令の名称を記載するとともに、当該法令に基づく規制に関する情報を記載する。

⑹ 第6号関係

㋐ 安全データシート（SDS）等を作成する際に参考とした出典を記載す

ることが望ましい。

(イ)　環境影響情報については、本項目に記載することが望ましい。

第34条の2の5　法第57条の2第1項の規定による通知は、同項の通知対象物を譲渡し、又は提供する時までに行わなければならない。ただし、継続的に又は反復して譲渡し、又は提供する場合において、既に当該通知が行われているときは、この限りでない。

②　法第57条の2第1項の通知対象物を譲渡し、又は提供する者は、同項第4号の事項について、直近の確認を行つた日から起算して5年以内ごとに1回、最新の科学的知見に基づき、変更を行う必要性の有無を確認し、変更を行う必要があると認めるときは、当該確認をした日から1年以内に、当該事項に変更を行わなければならない。

③　前項の者は、同項の規定により法第57条の2第1項第4号の事項に変更を行つたときは、変更後の同号の事項を、適切な時期に、譲渡し、又は提供した相手方の事業者に通知するものとし、文書若しくは磁気ディスク、光ディスクその他の記録媒体の交付、ファクシミリ装置を用いた送信若しくは電子メールの送信又は当該事項が記載されたホームページのアドレス（二次元コードその他のこれに代わるものを含む。）及び当該アドレスに係るホームページの閲覧を求める旨の伝達により、変更後の当該事項を、当該相手方の事業者が閲覧できるようにしなければならない。

【解　説】

(1)　第1項関係

通知を行う時期として、事前に情報を得て、措置を講ずる必要があることから、通知対象物を譲渡し、または提供するときまでに行わなければならないと定められている。

(2)　第2項関係

(ア)　SDS等における通知事項である「人体に及ぼす作用」については、当該物質の有害性情報であり、リスクアセスメントの実施に当たって最も重要な情報であることから、定期的な確認および更新を行うように義務付けられている。定期確認および更新の対象となるSDS等は、現に譲渡または提供を行っているものに限られ、すでに譲渡提供を中止したものに係るSDS等まで含む趣旨ではない。

(イ) 「人体に及ぼす作用」とは、JIS Z 7253に沿ったSDSの項目では「11.有害性情報」が該当する。また、「11. 有害性情報」の更新に伴って、必要に応じて「2. 危険有害性の要約」や「8. ばく露防止及び保護措置」の更新が必要となる場合がある。

(ウ) 本規定の施行日（令和5年4月1日）において現に存するSDS等については、施行日から起算して5年以内（令和10年3月31日まで）に初回の確認を行わなければならない。また、確認の頻度である「5年以内ごとに1回」には、5年より短い期間で確認することも含まれる。

(3) 第3項関係

(ア) 確認の結果、SDS等の更新を行った場合、変更後の当該事項を再通知する対象となる、過去に当該物を譲渡提供した相手方の範囲については、各事業者における譲渡提供先に関する情報の保存期間、当該物の使用期限等を踏まえて合理的な期間とすれば足りるとされている。また、確認の結果SDS等の更新の必要がない場合には更新および相手方への再通知の必要はないが、各事業者においてSDS等の改訂情報を管理する上で、更新の必要がないことを確認した日を記録しておくことが望ましい。

(イ) SDS等を更新した場合の再通知の方法としては、各事業者で譲渡提供先に関する情報を保存している場合に当該情報を元に譲渡提供先に再通知する方法のほか、譲渡提供者のホームページにおいてSDS等を更新した旨をわかりやすく周知し、当該ホームページにおいて該当物質のSDS等を容易に閲覧できるようにする方法等がある。

(ウ) 販売を中止した製品については情報の確認・更新・再交付の義務はないが、対象物質の使用期限等を踏まえて一定の期間は情報の確認・更新・

再交付を行うことが望ましいとされている。

第34条の２の６　法第57条の２第１項第２号の事項のうち、成分の含有量については、令別表第３第１号１から７までに掲げる物及び令別表第９に掲げる物ごとに重量パーセントを通知しなければならない。

②　前項の規定にかかわらず、1,4-ジクロロ-２-ブテン、鉛、1,3-ブタジエン、1,3-プロパンスルトン、硫酸ジエチル、令別表第３に掲げる物、令別表第４第６号に規定する鉛化合物、令別表第５第１号に規定する四アルキル鉛及び令別表第６の２に掲げる物以外の物であつて、当該物の成分の含有量について重量パーセントの通知をすることにより、契約又は交渉に関し、事業者の財産上の利益を不当に害するおそれがあるものについては、その旨を明らかにした上で、重量パーセントの通知を、10パーセント未満の端数を切り捨てた数値と当該端数を切り上げた数値との範囲をもつて行うことができる。この場合において、当該物を譲渡し、又は提供する相手方の事業者の求めがあるときは、成分の含有量に係る秘密が保全されることを条件に、当該相手方の事業場におけるリスクアセスメントの実施に必要な範囲内において、当該物の成分の含有量について、より詳細な内容を通知しなければならない。

令和７年４月施行

第34条の２の６は、令和５年厚生労働省令第121号により以下のように改正され、令和７年４月１日より施行

第34条の２の６　法第57条の２第１項第２号の事項のうち、成分の含有量については、令第18条の２第１号及び第２号に掲げる物並びに令別表第３第１号１から７までに掲げる物ごとに重量パーセントを通知しなければならない。

②　略

【解　説】

(1)　第１項関係

(ア)　本項は、SDS等における通知事項のうち「成分の含有量」について、

重量パーセントによる濃度の通知を原則とする趣旨である。なお、通知対象物であって製品の特性上含有量に幅が生じるもの等については、濃度範囲による記載も可能とされている。

(イ) 重量パーセント以外の表記による含有量の表記がなされているものについては、重量パーセントへの換算方法を明記していれば重量パーセントによる表記を行ったものと見なされる。

(2) 第2項関係

(ア) 有機溶剤中毒予防規則（有機則）、鉛中毒予防規則（鉛則）、四アルキル鉛中毒予防規則（四アルキル則）および特定化学物質障害予防規則（特化則）の適用対象物質については、その含有量によって法令の適用関係を明らかにする必要性等があるため、本規定の適用を除外されている。

(イ)「当該物の成分の含有量について重量パーセントの通知をすることにより、契約又は交渉に関し、事業者の財産上の利益を不当に害するおそれがあるもの」とは、当該成分の含有量がいわゆる営業上の秘密に該当するものをいう。また、「その旨を明らか」にする方法には、SDSにおいて、当該成分の含有量が営業上の秘密に該当することを記載する等の方法が例示されている。

(ウ)「10パーセント未満の端数を切り捨てた数値と当該端数を切り上げた数値との範囲」とは、「10－20％」等の10パーセント刻みの記載方法をいう。この規定は法令上の最低基準であり、10パーセント刻みより狭い幅の濃度範囲を通知することももちろん可能とされている。

(エ)「成分の含有量に係る秘密が保全されることを条件」とは、秘密保持契約その他の秘密の保全のために一般的に必要とされる方法をいうものであり、不当に厳しい措置を譲渡・提供する相手方に求め、必要な情報の提供を阻害することを認める趣旨ではないと示されている。一方で、相手方の事業者が、秘密の保全のために一般的に必要とされる措置の実施に応じない場合は、より詳細な内容を通知する必要はなく、10パーセント刻みで通知すればよいとされている。

(オ)「当該相手方の事業場におけるリスクアセスメントの実施に必要な範囲内において、当該物の成分の含有量について、より詳細な内容を通知」とは、数理モデルに入力を求められる含有量の情報など、客観的な理由により、リスクアセスメントの実施に必要であると認められる含有量に関する内容を、10パーセント刻みより狭い幅の濃度範囲または重量パーセントで通知する趣旨とされている。

(カ)　第２項前段の規定による通知について、「成分及びその含有量」が営業上の秘密に該当する場合に、SDSには営業上の秘密に該当する旨を記載して成分およびその含有量の記載を省略し、秘密保持契約その他の秘密の保全のために一般的に必要とされる措置を講じた相手方に、成分およびその含有量を別途通知する方法が含まれるとされている。

令和７年４月施行

令和５年厚生労働省令第121号による本条の改正は、ラベル・SDS対象物質の規定方法を、令和５年政令第265号による改正後の令第18条および第18条の２の規定により、令別表第９に個々の物質名を列挙する方法から、令において性質や基準を包括的に示し、規制対象の外枠を規定する方法へとされることから行われるものである。

（リスクアセスメントの実施時期等）

第34条の２の７　法第57条の３第１項の危険性又は有害性等の調査（主として一般消費者の生活の用に供される製品に係るものを除く。以下「リスクアセスメント」という。）は、次に掲げる時期に行うものとする。

１　リスクアセスメント対象物を原材料等として新規に採用し、又は変更するとき。

２　リスクアセスメント対象物を製造し、又は取り扱う業務に係る作業の方法又は手順を新規に採用し、又は変更するとき。

３　前二号に掲げるもののほか、リスクアセスメント対象物による危険性又は有害性等について変化が生じ、又は生ずるおそれがあるとき。

② リスクアセスメントは、リスクアセスメント対象物を製造し、又は取り扱う業務ごとに、次に掲げるいずれかの方法（リスクアセスメントのうち危険性に係るものにあつては、第1号又は第3号（第1号に係る部分に限る。）に掲げる方法に限る。）により、又はこれらの方法の併用により行わなければならない。

1 当該リスクアセスメント対象物が当該業務に従事する労働者に危険を及ぼし、又は当該リスクアセスメント対象物により当該労働者の健康障害を生ずるおそれの程度及び当該危険又は健康障害の程度を考慮する方法

2 当該業務に従事する労働者が当該リスクアセスメント対象物にさらされる程度及び当該リスクアセスメント対象物の有害性の程度を考慮する方法

3 前二号に掲げる方法に準ずる方法

【解　説】

(1) **第1項関係**

(ア)「リスクアセスメント対象物」とは、法第57条の3第1項に規定するリスクアセスメントの対象となる物質のことをいい、具体的には、同項に規定されているように、表示対象物および通知対象物を指すものであること。なお、それ以外の物や裾切値未満の表示対象物または裾切値未満の通知対象物については、法第57条の3第1項に規定するリスクアセスメントの義務の対象とはならないが、これらの物は、引き続き、法第28条の2第1項のリスクアセスメントの努力義務の対象となるものであるため、これらの物に係るリスクアセスメントについても、引き続き、実施するよう努める必要がある。

(イ) 主として一般消費者の生活の用に供される製品については、法第57条第1項の表示義務および法第57条の2第1項の文書交付義務の対象から除かれていることから、法第57条の3第1項に基づくリスクアセスメ

ントの対象からも除かれている。なお、「主として一般消費者の生活の用に供される製品」には、法第57条第１項および第57条の２第１項と同様に、以下のものが含まれること。

・医薬品、医療機器等の品質、有効性及び安全性の確保等に関する法律（昭和35年法律第145号）に定められている医薬品、医薬部外品及び化粧品
・農薬取締法（昭和23年法律第82号）に定められている農薬
・労働者による取扱いの過程において固体以外の状態にならず、かつ、粉状または粒状にならない製品
・表示対象物が密封された状態で取り扱われる製品
・一般消費者のもとに提供される段階の食品。ただし、水酸化ナトリウム、硫酸、酸化チタン等が含まれた食品添加物、エタノール等が含まれた酒類など、表示対象物が含まれているものであって、譲渡・提供先において、労働者がこれらの食品添加物を添加し、または酒類を希釈するなど、労働者が表示対象物にばく露するおそれのある作業が予定されるものについては、「主として一般消費者の生活の用に供するためのもの」には該当しないこと。

(ウ)　法第57条の３第１項に基づくリスクアセスメントの実施時期は、リスクアセスメント対象物を原材料等として新規に採用するときや、作業方法を変更するときなどとしており、具体的には、事業場として当該化学物質等を初めて使用するとき、製造するとき、含有製品を取り扱うとき等が含まれる。また、従来から取り扱っている物質を従来どおりの方法で取り扱う作業については、施行時点において法第57条の３第１項に規定するリスクアセスメントの義務の対象とはならないが、過去にリスクアセスメントを行ったことがない場合等には、事業者は計画的にリスクアセスメントを行うことが望ましい。この場合の「従来どおりの方法」とは、作業手順、使用する設備機器等に変更がないことをいう。

(エ)　例えば、令和４年２月の政令改正により表示・通知対象物質に追加し

た物質については、改正政令の施行日（令和６年４月１日）から表示通知およびリスクアセスメントの実施が義務付けられる。

(2)　第２項関係

(ア)　事業者は、リスク低減措置の内容を検討するため、次の①から③までに掲げるいずれかの方法により、またはこれらの方法の併用により化学物質等によるリスクを見積もるものとされている。①の方法は、危険性又は有害性に応じて負傷または疾病の生じる可能性の度合いと重篤度を見積もるものであり、②の方法は、有害性に着目して実際のばく露量または推定値とばく露限界とを比較してリスクを見積もるものである。また、③はリスクアセスメントの対象物質に特別則によりすでに個別の措置が義務付けられている物質が含まれることを考慮し、当該特別則の規定の履行状況を確認すること等をもってリスクアセスメントを実施したこととするものである。このため、危険性に係るものにあっては、①または③に掲げる方法に限られる。

①　化学物質等が当該業務に従事する労働者に危険を及ぼし、または当該労働者の健康障害を生ずるおそれの程度（可能性の度合）および当該危険または健康障害の程度（重篤度）を考慮する方法。

②　当該業務に従事する労働者が化学物質等にさらされる程度（ばく露の程度）および当該化学物質等の有害性の程度を考慮する方法。

③　①または②に掲げる方法に準ずる方法。

(イ)　法第57条の３第１項の規定に基づくリスクアセスメントは、条文上は「危険性又は有害性等の調査」とされているが、危険性又は有害性のいずれかについてのみリスクアセスメントを行うという趣旨ではなく、調査対象物の有する危険性又は有害性のクラスおよび区分（JIS Z 7253（GHSに基づく化学品の危険有害性情報の伝達方法―ラベル、作業場内の表示及び安全データシート（SDS）（以下「JIS Z 7253」という。）の附属書Ａ（A.4 を除く）の定めにより危険有害性クラス（物理化学的危険性および発がん性、急性毒性のような健康有害性の種類をいう）、危険有害性区分（危険有害性の強度）をいう）に応じて、必要なリスクアセスメントを行うべきものであり、調査対象物によっては危険性と有害性の両方についてリスクアセスメントが必要な場合もあり得ること。

また、例えば、当該作業工程が密閉化、自動化等されていることにより、労働者が調査対象物にばく露するおそれがない場合であっても、調査対象物が存在する以上は、リスクアセスメントを行う必要がある。その場合には、当該作業工程が、密閉化、自動化等されていることにより労働者が調査対象物にばく露するおそれがないことを確認すること自体が、リスクアセスメントに該当する。

（リスクアセスメントの結果等の記録及び保存並びに周知）

第34条の２の８　事業者は、リスクアセスメントを行つたときは、次に掲げる事項について、記録を作成し、次にリスクアセスメントを行うまでの期間（リスクアセスメントを行つた日から起算して３年以内に当該リスクアセスメント対象物についてリスクアセスメントを行つたときは、３年間）保存するとともに、当該事項を、リスクアセスメント対象物を製造し、又は取り扱う業務に従事する労働者に周知させなければならない。

１　当該リスクアセスメント対象物の名称

２　当該業務の内容

３　当該リスクアセスメントの結果

４　当該リスクアセスメントの結果に基づき事業者が講ずる労働者の危険又は健康障害を防止するため必要な措置の内容

②　前項の規定による周知は、次に掲げるいずれかの方法により行うものとする。

１　当該リスクアセスメント対象物を製造し、又は取り扱う各作業場の見やすい場所に常時掲示し、又は備え付けること。

２　書面を、当該リスクアセスメント対象物を製造し、又は取り扱う業務に従事する労働者に交付すること。

3　事業者の使用に係る電子計算機に備えられたファイル又は電磁的記録媒体をもつて調製するファイルに記録し、かつ、当該リスクアセスメント対象物を製造し、又は取り扱う各作業場に、当該リスクアセスメント対象物を製造し、又は取り扱う業務に従事する労働者が当該記録の内容を常時確認できる機器を設置すること。

【解　説】

従前より規定されていたリスクアセスメントの結果等の労働者への周知に加え、リスクアセスメントの結果等の記録の作成および保存が義務付けられたのは、事業場における化学物質管理の実施状況について事後に検証できるようにするためである。

（改善の指示等）

第34条の2の10　労働基準監督署長は、化学物質による労働災害が発生した、又はそのおそれがある事業場の事業者に対し、当該事業場において化学物質の管理が適切に行われていない疑いがあると認めるときは、当該事業場における化学物質の管理の状況について改善すべき旨を指示することができる。

②　前項の指示を受けた事業者は、遅滞なく、事業場における化学物質の管理について必要な知識及び技能を有する者として厚生労働大臣が定めるもの（以下この条において「化学物質管理専門家」という。）から、当該事業場における化学物質の管理の状況についての確認及び当該事業場が実施し得る望ましい改善措置に関する助言を受けなければならない。

③　前項の確認及び助言を求められた化学物質管理専門家は、同項の事業者に対し、当該事業場における化学物質の管理の状況についての確認結果及び当該事業場が実施し得る望ましい改善措置に関する助言について、速やかに、書面により通知しなければならない。

④　事業者は、前項の通知を受けた後、1月以内に、当該通知の内容を踏ま

チェックリストNo.5　リスクアセスメント対象物

(1)　リスクアセスメント対象物について

リスクアセスメントを実施しましたか。　　□　はい　　　□　いいえ

⇒　実施記録を保存しましょう。次のようなものが考えられます。
（化学物質管理者が確認した日付を残しましょう）

- CREATE-SIMPLEの実施レポート
- Control bandingなどの結果シート
- ボックスモデルなどの計算結果と判断の記録
- 検知管、パッシブサンプラーなどによる簡易測定結果と判断の記録

⇒　「いいえ」は、法第57条の3に抵触することがあります。

混合物の一部の成分について、濃度や有害性が十分に低いと判断した場合は、その旨を明記して保存しましょう。

すでに取り扱っていた物質がリスクアセスメント対象物として新たに追加された場合は、リスクアセスメント実施義務は生じませんが、以下に留意が必要です。

- リスクアセスメント指針で、実施するよう努めるとされている（⇒P145）。
- 健康診断ガイドラインで、第3項健診の要否を判断するため令和7年3月31日までの実施が望ましいとされている（⇒p326）。
- 作業手順、使用する設備機器等の変更がないことが前提
- 濃度基準値が定められた、関係機関のばく露限界が変更されたなど、危険性、有害性等について変化が生じたときは、法令（則第34条の2の7第1項）で実施義務が生ずる。

(2)　リスクアセスメントの結果等の記録、保存、周知

①　リスクアセスメントの結果について、記録を作成しましたか。

□　はい　次の事項を含む
- □リスクアセスメント対象物の名称
- □対象業務の内容
- □リスクアセスメントの結果
- □必要な措置の内容

□　いいえ

⇒　法に定めるリスクアセスメントを実施したことを確認できません。
必要な措置を講じたかどうかを確認できません。

> 自律的な化学物質管理においては、事業者が講ずべき措置は、リスクアセスメントの結果に応じて自ら決定する必要があり、それらの検討過程を記録することが求められます。

②　リスクアセスメントの結果の記録は、3年分かつ少なくとも1回分保存していますか。　□　はい　　　□　いいえ

③　リスクアセスメントの結果は、関係労働者に周知させましたか。
□　はい　　　□　いいえ

中災防 労働衛生調査分析センター㋙ 2024

えた改善措置を実施するための計画を作成するとともに、当該計画作成後、速やかに、当該計画に従い必要な改善措置を実施しなければならない。

⑤　事業者は、前項の計画を作成後、遅滞なく、当該計画の内容について、第３項の通知及び前項の計画の写しを添えて、改善計画報告書（様式第４号）により、所轄労働基準監督署長に報告しなければならない。

⑥　事業者は、第４項の規定に基づき実施した改善措置の記録を作成し、当該記録について、第３項の通知及び第４項の計画とともに３年間保存しなければならない。

【解　説】

⑴　第１項関係

㋐　本規定は、化学物質による労働災害が発生したか、またはそのおそれがある事業場で、管理が適切に行われていない可能性があるものとして労働基準監督署長が認めるものについて、自主的な改善を促すため、化学物質管理専門家による当該事業場における化学物質の管理の状況についての確認・助言を受け、その内容を踏まえた改善計画の作成を指示することができるようにする趣旨とされている。

㋑「化学物質による労働災害発生が発生した、又はそのおそれがある事業場」とは、過去１年間程度で、①化学物質等による重篤な労働災害が発生、または休業４日以上の労働災害が複数発生していること、②作業環境測定の結果、第三管理区分が継続しており、改善が見込まれないこと、③特殊健康診断の結果、同業種の平均と比較して有所見率の割合が相当程度高いこと、④化学物質等に係る法令違反があり、改善が見込まれないこと、等の状況について労働基準監督署長が総合的に判断して決定するとされている。

㋒「化学物質による労働災害」には、一酸化炭素、硫化水素等による酸素欠乏症、化学物質（石綿を含む）による急性または慢性中毒、がん等の疾病を含むが、物質による切創等のけがは含まれない。また、粉じん状の化学物質による中毒等は化学物質による労働災害を含むが、粉じんの物理的性質による疾病であるじん肺も含まれない。

⑵　第２項関係

㈠　化学物質管理専門家の要件は、下記のとおり。

①　労働衛生コンサルタント試験（労働衛生工学）に合格し、労働衛生コンサルタントとして登録を受けた者で、５年以上化学物質の管理に係る業務に従事した経験を有するもの

②　衛生管理者として選任された衛生工学衛生管理者免許を受けた者で、その後８年以上衛生工学に関する衛生管理者の業務に従事した経験を有するもの

③　作業環境測定士として登録を受け、その後６年以上作業環境測定士としてその業務に従事した経験を有し、かつ、通達で定める所定の講習を修了したもの

④　同等以上の能力を有すると認められる者

・労働安全コンサルタント試験（化学）に合格し、労働安全コンサルタントとして登録を受けた者で、その後５年以上化学物質に係る所定の業務に従事した経験を有するもの

・日本労働安全衛生コンサルタント会が運用しているCIH労働衛生コンサルタントの称号の使用を許可されているもの

・日本作業環境測定協会の認定オキュペイショナルハイジニスト/IOHAの国別認証を受けているインダストリアルハイジニストの資格を有する者

・日本作業環境測定協会の作業環境測定インストラクターに認定されている者

・労働衛生コンサルタント試験（労働衛生工学）に合格した衛生管理士で、５年以上所定の業務を行った経験を有する者

・産業医科大学産業保健学部産業衛生科学科を卒業し、産業医大認定ハイジニスト制度において資格を保持している者

⑷　化学物質管理専門家に確認を受けるべき事項には、以下のものが含まれる。

① リスクアセスメントの実施状況
② リスクアセスメントの結果に基づく必要な措置の実施状況
③ 作業環境測定または個人ばく露測定の実施状況
④ 特別則に規定するばく露防止措置の実施状況
⑤ 事業場内の化学物質の管理、容器への表示、労働者への周知の状況
⑥ 化学物質等に係る教育の実施状況

㈢　化学物質管理専門家は客観的な判断を行う必要があるため、当該事業場に属さない者であることが望ましいが、同一法人の別事業場に属する者であっても差し支えないとされている。

㈣　事業者が複数の化学物質管理専門家からの助言を求めることを妨げるものではないが、それぞれの専門家から異なる助言が示された場合、自らに都合のよい助言のみを選択することのないよう、すべての専門家からの助言等を踏まえた上で必要な措置を実施する。なお労働基準監督署への改善計画の報告に当たっては、全ての専門家からの助言等を添付する必要がある。

⑶　第3項関係

化学物質管理専門家は、本条第2項の確認を踏まえて、事業場の状況に応じた実施可能で具体的な改善の助言を行う必要がある。

⑷　第4項関係

㈠　本規定の改善計画には、改善措置の趣旨、実施時期、実施事項（化学物質管理専門家が立ち会って実施するものを含む。）を記載するとともに、改善措置の実施に当たっての事業場内の体制、責任者も記載する。

⑷　本規定の改善措置を実施するための計画の作成にあたり、化学物質管理専門家の支援を受けることが望ましい。また、当該計画作成後、労働

基準監督署長への報告を待たず、速やかに、当該計画に従い必要な措置を実施しなければならない。

(5)　第５項関係

本規定の所轄労働基準監督署長への報告にあたっては、化学物質管理専門家の助言内容および改善計画に加え、改善計画報告書（則様式第４号等）の備考欄に定める書面*を添付する必要がある。

＊・通知を行った化学物質管理専門家が、則第34条の２の10第２項に規定する事業場における化学物質の管理について必要な知識および技能を有する者であることを証する書面の写し
・化学物質管理専門家が作成した則第34条の２の10第３項に規定する確認結果および改善措置に係る助言の通知の写し
・則第34条の２の10第４項に規定する改善計画の写し

(6)　第６項関係

本規定は、改善措置の実施状況を事後的に確認できるようにするため、改善計画に基づき実施した改善措置の記録を作成し、化学物質管理専門家の助言の通知および改善計画とともに３年間保存することを義務付けた趣旨であるとされている。

第４章　安全衛生教育

（雇入れ時等の教育）

第35条　事業者は、労働者を雇い入れ、又は労働者の作業内容を変更したときは、当該労働者に対し、遅滞なく、次の事項のうち当該労働者が従事する業務に関する安全又は衛生のため必要な事項について、教育を行なわなければならない。

１　機械等、原材料等の危険性又は有害性及びこれらの取扱い方法に関すること。

２　安全装置、有害物抑制装置又は保護具の性能及びこれらの取扱い方法に関すること。

３　作業手順に関すること。

4　作業開始時の点検に関すること。

5　当該業務に関して発生するおそれのある疾病の原因及び予防に関すること。

6　整理、整頓及び清潔の保持に関すること。

7　事故時等における応急措置及び退避に関すること。

8　前各号に掲げるもののほか、当該業務に関する安全又は衛生のために必要な事項

②　事業者は、前項各号に掲げる事項の全部又は一部に関し十分な知識及び技能を有していると認められる労働者については、当該事項についての教育を省略することができる。

【解　説】

⑴　**第1項関係**

㋐　雇入れ時等の教育は、当該労働者が従事する業務に関する安全または衛生を確保するために必要な内容および時間をもって行う。

㋑　第2号中「有害物抑制装置」とは、局所排気装置、除じん装置、排ガス処理装置のごとく有害物を除去し、または抑制する装置をいう。

㋒　第3号の事項は、現場に配属後、作業見習の過程において教えることを原則とするとされている。

㋓　令和4年厚生労働省令第91号による改正により、第1号から第4号までの事項の教育に係る適用業種が全業種に拡大された。当該事項に係る教育の内容は従前と同様だが、新たに対象となった業種においては、各事業場の作業内容に応じて各号に定められる必要な教育を実施する必要がある。

㋔　例えば、事務職などで全く化学物質を取り扱うことがない労働者については、化学物質に関係する教育の内容は、省略しても構わないとされる。

㋕　第1号、第2号、第5号に掲げる事項の中には、当該事業場で行ったリスクアセスメント結果のうち①対象のリスクアセスメント対象物の名

称、②対象業務の内容、③リスクアセスメントの結果（特定した危険性又は有害性、見積もったリスク）、④実施するリスク低減措置の内容、を含めること。

㈔「労働者の作業内容を変更したとき」には、①リスクアセスメント対象物を原材料等として新規に採用し、または変更するとき、②リスクアセスメント対象物を製造し、または取り扱う業務に係る作業の方法または手順を新規に採用し、または変更するとき、③リスクアセスメント対象物による危険性又は有害性等について変化が生じ、または生ずるおそれがあるとき、なども含まれる。

⑵　**第２項関係**

職業訓練を受けた者等教育すべき事項について十分な知識および技能を有していると認められる労働者に対し、教育事項の全部または一部の省略を認める趣旨である。

第９章　監督等

（疾病の報告）

第97条の２　事業者は、化学物質又は化学物質を含有する製剤を製造し、又は取り扱う業務を行う事業場において、１年以内に２人以上の労働者が同種のがんに罹患したことを把握したときは、当該罹患が業務に起因するかどうかについて、遅滞なく、医師の意見を聴かなければならない。

②　事業者は、前項の医師が、同項の罹患が業務に起因するものと疑われると判断したときは、遅滞なく、次に掲げる事項について、所轄都道府県労働局長に報告しなければならない。

１　がんに罹患した労働者が当該事業場で従事した業務において製造し、又は取り扱つた化学物質の名称（化学物質を含有する製剤にあつては、当該製剤が含有する化学物質の名称）

２　がんに罹患した労働者が当該事業場において従事していた業務の内

容及び当該業務に従事していた期間
3　がんに罹患した労働者の年齢及び性別

【解　説】

⑴　**第1項関係**

㈠　本規定は、化学物質のばく露に起因するがんを早期に把握した事業場におけるがんの再発防止のみならず、国内の同様の作業を行う事業場における化学物質によるがんの予防を行うことを目的としている。

(ｲ)　本規定の「1年以内に2人以上の労働者」の労働者は、現に雇用する同一の事業場の労働者をいう。

(ｳ)　本規定の「同種のがん」とは、発生部位等医学的に同じものと考えられるがんをいう。

(ｴ)　本規定の「同種のがんに罹患したことを把握したとき」の「把握」とは、労働者の自発的な申告や休職手続等で職務上、事業者が知り得る場合に限るものであり、本規定を根拠として、労働者本人の同意なく、本規定に関係する労働者の個人情報を収集することは求められていない。なお、(ｱ)の趣旨から、広くがん罹患の情報について事業者が把握できることが望ましく、衛生委員会等においてこれらの把握の方法をあらかじめ定めておくことが望ましい。

(ｵ)　本規定の「医師」には、産業医のみならず、定期健康診断を委託している機関に所属する医師や労働者の主治医等も含まれる。また、これらの適当な医師がいない場合は、各都道府県の産業保健総合支援センター等に相談することも考えられる。

⑵　**第2項関係**

(ｱ)　本規定の「罹患が業務に起因するものと疑われると判断」については、⑴の(ｱ)の趣旨から、その時点では明確な因果関係が解明されていないため確実なエビデンスがなくとも、同種の作業を行っていた場合や、別の作業であっても同一の化学物質にばく露した可能性がある場合等、化学物質に起因することが否定できないと判断されれば対象とすべきとされている。

(イ)　第１号の「がんに罹患した労働者が当該事業場で従事した業務において製造し、又は取り扱った化学物質の名称」および第２号の「がんに罹患した労働者が当該事業場で従事していた業務の内容及び当該業務に従事していた期間」については、(1)の(ア)の趣旨から、その時点ではがんの発症に係る明確な因果関係が解明されていないため、当該労働者が当該事業場において在職中ばく露した可能性がある全ての化学物質、業務およびその期間が対象となること。また、記録等がなく、製剤中の化学物質の名称や作業歴が不明な場合であっても、その後の都道府県労働局等が行う調査に資するよう、製剤の製品名や関係者の記憶する関連情報をできる限り記載し、報告することが望ましいとされている。

(ウ)　(1)の(ア)の趣旨を踏まえ、例えば、退職者も含め10年以内に複数の者が同種のがんに罹患したことを把握した場合等、本規定の要件に該当しない場合であっても、それが化学物質を取り扱う業務に起因することが疑われると医師から意見があった場合は、本規定に準じ、都道府県労働局に報告することが望ましいとされている。

第３編　衛 生 基 準

第１章　有害な作業環境

（ばく露の程度の低減等）

第577条の２　事業者は、リスクアセスメント対象物を製造し、又は取り扱う事業場において、リスクアセスメントの結果等に基づき、労働者の健康障害を防止するため、代替物の使用、発散源を密閉する設備、局所排気装置又は全体換気装置の設置及び稼働、作業の方法の改善、有効な呼吸用保護具を使用させること等必要な措置を講ずることにより、リスクアセスメント対象物に労働者がばく露される程度を最小限度にしなければならない。

② 事業者は、リスクアセスメント対象物のうち、一定程度のばく露に抑えることにより、労働者に健康障害を生ずるおそれがない物として厚生労働大臣が定めるものを製造し、又は取り扱う業務（主として一般消費者の生活の用に供される製品に係るものを除く。）を行う屋内作業場においては、当該業務に従事する労働者がこれらの物にばく露される程度を、厚生労働大臣が定める濃度の基準以下としなければならない。

③ 事業者は、リスクアセスメント対象物を製造し、又は取り扱う業務に常時従事する労働者に対し、法第66条の規定による健康診断のほか、リスクアセスメント対象物に係るリスクアセスメントの結果に基づき、関係労働者の意見を聴き、必要があると認めるときは、医師又は歯科医師が必要と認める項目について、医師又は歯科医師による健康診断を行わなければならない。

④ 事業者は、第２項の業務に従事する労働者が、同項の厚生労働大臣が定める濃度の基準を超えてリスクアセスメント対象物にばく露したおそれがあるときは、速やかに、当該労働者に対し、医師又は歯科医師が必要と認める項目について、医師又は歯科医師による健康診断を行わなければならない。

⑤ 事業者は、前二項の健康診断（以下この条において「リスクアセスメント対象物健康診断」という。）を行つたときは、リスクアセスメント対象物健康診断の結果に基づき、リスクアセスメント対象物健康診断個人票（様式第24号の２）を作成し、これを５年間（リスクアセスメント対象物健康診断に係るリスクアセスメント対象物がかん原性がある物として厚生労働大臣が定めるもの（以下「がん原性物質」という。）である場合は、30年間）保存しなければならない。

⑥ 事業者は、リスクアセスメント対象物健康診断の結果（リスクアセスメント対象物健康診断の項目に異常の所見があると診断された労働者に係るものに限る。）に基づき、当該労働者の健康を保持するために必要な措置について、次に定めるところにより、医師又は歯科医師の意見を聴かなければならない。

１　リスクアセスメント対象物健康診断が行われた日から３月以内に行うこと。

２　聴取した医師又は歯科医師の意見をリスクアセスメント対象物健康診断個人票に記載すること。

⑦　事業者は、医師又は歯科医師から、前項の意見聴取を行う上で必要となる労働者の業務に関する情報を求められたときは、速やかに、これを提供しなければならない。

⑧　事業者は、第６項の規定による医師又は歯科医師の意見を勘案し、その必要があると認めるときは、当該労働者の実情を考慮して、就業場所の変更、作業の転換、労働時間の短縮等の措置を講ずるほか、作業環境測定の実施、施設又は設備の設置又は整備、衛生委員会又は安全衛生委員会への当該医師又は歯科医師の意見の報告その他の適切な措置を講じなければならない。

⑨　事業者は、リスクアセスメント対象物健康診断を受けた労働者に対し、遅滞なく、リスクアセスメント対象物健康診断の結果を通知しなければならない。

⑩　事業者は、第１項、第２項及び第８項の規定により講じた措置について、関係労働者の意見を聴くための機会を設けなければならない。

⑪　事業者は、次に掲げる事項（第３号については、がん原性物質を製造し、又は取り扱う業務に従事する労働者に限る。）について、１年を超えない期間ごとに１回、定期に、記録を作成し、当該記録を３年間（第２号（リスクアセスメント対象物ががん原性物質である場合に限る。）及び第３号については、30年間）保存するとともに、第１号及び第４号の事項について、リスクアセスメント対象物を製造し、又は取り扱う業務に従事する労働者に周知させなければならない。

１　第１項、第２項及び第８項の規定により講じた措置の状況

２　リスクアセスメント対象物を製造し、又は取り扱う業務に従事する労働者のリスクアセスメント対象物のばく露の状況

３　労働者の氏名、従事した作業の概要及び当該作業に従事した期間並びにがん原性物質により著しく汚染される事態が生じたときはその概

要及び事業者が講じた応急の措置の概要
4　前項の規定による関係労働者の意見の聴取状況
⑫　前項の規定による周知は、次に掲げるいずれかの方法により行うものとする。
1　当該リスクアセスメント対象物を製造し、又は取り扱う各作業場の見やすい場所に常時掲示し、又は備え付けること。
2　書面を、当該リスクアセスメント対象物を製造し、又は取り扱う業務に従事する労働者に交付すること。
3　事業者の使用に係る電子計算機に備えられたファイル又は電磁的記録媒体をもつて調製するファイルに記録し、かつ、当該リスクアセスメント対象物を製造し、又は取り扱う各作業場に、当該リスクアセスメント対象物を製造し、又は取り扱う業務に従事する労働者が当該記録の内容を常時確認できる機器を設置すること。

【解　説】

⑴　第1項関係

㋐「リスクアセスメント」とは、法第57条の3第1項の規定により行われるリスクアセスメントをいうものであり、則第34条の2の7第1項に定める時期において、化学物質等による危険性又は有害性等の調査等に関する指針（平成27年9月18日付け危険性又は有害性等の調査等に関する指針公示第3号）に従って実施する。

㋑　事業者は、化学物質のばく露を最低限に抑制する必要があることから、同項のリスクアセスメント実施時期に該当しない場合であっても、ばく露状況に変化がないことを確認するため、過去の化学物質の測定結果に応じた適当な頻度で、測定等を実施することが望ましい。

㋒　労働者がリスクアセスメント対象物にばく露される程度を低減させる手法として、発散源を密閉する設備や局所排気装置または全体換気装置の設置および稼働など、いくつかの手法が例示されているが、どのような手法により低減措置を行うかは、リスクアセスメント結果を踏まえ各事業場が決定することとされている。

(2)　第2項関係

(ア)　第2項の「厚生労働大臣が定めるもの」「厚生労働大臣が定める濃度の基準」は、令和5年厚生労働省告示第177号[*1]で67物質が定められ、今後も順次、厚生労働大臣告示で定められていく予定である。なお、濃度基準値が定められていない物質については、定められるまでの間は、日本産業衛生学会の許容濃度、米国政府労働衛生専門家会議（ACGIH）のばく露限界値（TLV-TWA）等が設定されている物質は、これらの値を参考にし、これらの物質に対する労働者のばく露を当該許容濃度等以下とすることが望ましい。

(イ)　第2項の労働者のばく露の程度が濃度基準値以下であることを確認する方法には、次に掲げる方法が例示されている。この場合、これら確認の実施に当たっては、「化学物質による健康障害防止のための濃度の基準の適用等に関する技術上の指針」[*2]等に定められた事項に留意する必要がある。

①　個人ばく露測定の測定値と濃度基準値を比較する方法、作業環境測定（C・D測定）の測定値と濃度基準値を比較する方法

②　作業環境測定（A・B測定）の第一評価値と第二評価値を濃度基準値と比較する方法

③　厚生労働省が作成したCREATE-SIMPLE等の数理モデルによる推定ばく露濃度と濃度基準値と比較する等の方法

(ウ)「厚生労働大臣が定める濃度基準」以下であることの確認は、各事業者において行うこととされている。

(エ)「厚生労働大臣が定める濃度基準」（濃度基準値）については、SDS等による通知に際して、「貯蔵又は取扱い上の注意」の1つとして、管理濃度等に加え記載することとされている。SDSでは、JIS Z 7253に従って、「項目8—ばく露防止及び保護措置」の欄に記載されるので、確認

チェックリストNo.6　措置と濃度基準値

(1)　ばく露の程度の低減

リスクアセスメントの結果に基づき、リスクアセスメント対象物に労働者がばく露される程度を最小限度にするための措置を実施していますか。

□　はい
- □　代替物の使用
- □　発散源を密閉する設備
- □　換気装置の設置と稼働
- □　作業の方法の改善
- □　有効な呼吸用保護具の使用

⇒　リスクアセスメントの結果により必要な措置は異なる（一律の義務でない）。ただし、特別則に規定する措置はリスクアセスメントの結果によらず必要

□　いいえ

⇒　屋外作業場も対象である。
健康障害のリスクが許容されないときは、必要な措置を講ずる。

(2)　濃度基準値設定物質（屋内作業場）

濃度基準値以下であることを確認しましたか。

□　はい　呼吸域の濃度が濃度基準値の２分の１を超えないと判断される

⇒　上に掲げるリスクアセスメントにおいて、労働者の呼吸域の濃度の推定値（例えばCREATE-SIMPLEの推定ばく露濃度）を活用して判断することもできます。

□　いいえ　呼吸域の濃度が濃度基準値の２分の１を超えると判断される物質がある

⇒　濃度基準値以下であるかどうかを確認するための測定が必要です。

(3)　**確認測定の実施**

濃度基準値の２分の１を超えるとされた物質について、確認測定を行いましたか。

□　はい

- □　呼吸域の濃度が濃度基準値を超えない
- □　呼吸域の濃度が濃度基準値を超えるため、呼吸用保護具の使用により、ばく露を濃度基準値以下とする

⇒　呼吸用保護具によるばく露防止措置は、保護具着用管理責任者が管理します。

- □　呼吸用保護具を使用しても、ばく露が濃度基準値を超える

⇒　工学的措置を行った上で、再度確認測定を行う必要があります。

□　いいえ　呼吸用保護具を使用しても、ばく露が濃度基準値を超える
⇒　工学的措置を行った上で、再度確認測定を行う必要があります。

確認測定は、労働者のばく露される程度が濃度基準値以下であることを確認するためのもの。技術上の指針に従って個人ばく露測定により行います。

(4)　**記録の作成、保存、周知**

①　(1)から(3)までの措置について、関係労働者の意見を聴くための機会を設けていますか。

□　はい　　　　□　いいえ
⇒　衛生委員会での付議は、これに該当します。

②　(1)から(3)までの措置及び関係労働者の意見の聴取状況について、１年以内ごとに１回、定期に記録を作成し、３年間保存してありますか。

□　はい　　　　□　いいえ
⇒　リスクアセスメントの結果とは、記録の作成頻度が異なります。

中災防 労働衛生調査分析センター 2024

することができる。

(オ)　ばく露の濃度を濃度基準値以下にする義務は屋内作業場を対象としている。屋外作業場は対象外となるが、リスクアセスメントを実施しばく露を最小限度とすることは必要となる。

＊1　「労働安全衛生規則第577条の2第2項の規定に基づき厚生労働大臣が定める物及び厚生労働大臣が定める濃度の基準」（令和5年厚生労働省告示第177号）⇒p180

＊2　「化学物質による健康障害防止のための濃度の基準の適用等に関する技術上の指針」（令和5年4月27日技術上の指針公示第24号）⇒p189

(3)　第3項関係

(ア)　本規定は、リスクアセスメント対象物について、一律に健康診断の実施を求めるのではなく、リスクアセスメントの結果に基づき、関係労働者の意見を聴き、リスクの程度に応じて健康診断の実施を事業者が判断する仕組みとしたものである。

(イ)　第3項の「必要があると認めるとき」に係る判断方法および「医師又は歯科医師が必要と認める項目」は、「リスクアセスメント対象物健康診断に関するガイドライン」＊3等に示すところに留意する。

＊3　「リスクアセスメント対象物健康診断に関するガイドラインの策定等について」（令和5年10月17日付け基発1017第1号）⇒p 324

(4)　第4項関係

(ア)　本規定は、事業者によるばく露防止措置が適切に講じられなかったこと等により、結果として労働者が濃度基準値を超えてリスクアセスメント対象物にばく露したおそれがあるときに、健康障害を防止する観点から、速やかに健康診断の実施を求める趣旨とされている。

(イ)　第4項の「リスクアセスメント対象物にばく露したおそれがあるとき」には、

- ・リスクアセスメント対象物が漏えいし、労働者が当該物質を大量に吸引したとき等明らかに濃度の基準を超えてばく露したと考えられるとき
- ・リスクアセスメントの結果に基づき講じたばく露防止措置（呼吸用保護具の使用等）に不備があり、濃度の基準を超えてばく露した可能性

があるとき

・事業場における定期的な濃度測定の結果、濃度の基準を超えていることが明らかになったとき

が含まれる。

(ウ)　本規定の「医師又は歯科医師が必要と認める項目」については、(3) (イ)のガイドライン等に示すところに留意する。

(5)　第５項関係

(ア)　第５項の「がん原性物質」は、厚生労働大臣告示[*4]で定められている。

(イ)　リスクアセスメント対象物健康診断の記録の保存については、電子データによる保存でも差し支えないとされている。

＊４　「労働安全衛生規則第577条の２第５項の規定に基づきがん原性がある物として厚生労働大臣が定めるもの」（令和４年厚生労働大臣告示第371号）⇒ｐ213

(6)　第10項関係

第10項における「関係労働者の意見を聞くための機会を設けなければならない」については、関係労働者またはその代表が衛生委員会に参加している場合等は、則第22条第11号の衛生委員会における調査審議または則第23条の２[*5]に基づき行われる意見聴取と兼ねて行っても差し支えないとされている。また、その記録については、衛生委員会の議事録への記載で差し支えない。

＊５　**則第22条**　第11号⇒ｐ44
（関係労働者の意見の聴取）
則第23条の２　委員会を設けている事業者以外の事業者は、安全又は衛生に関する事項について、関係労働者の意見を聴くための機会を設けるようにしなければならない。

(7)　第11項関係

(ア)　本規定におけるがん原性物質を製造し、又は取り扱う労働者に関する記録については、晩発性の健康障害であるがんに対する対応を適切に行うため、当該労働者が離職した後であっても、当該記録を作成した時点から30年間保存する必要がある。

チェックリストNo.7　リスクアセスメント対象物健康診断

(1)　**リスクアセスメント対象物健康診断**（則第577条の2第3項、第4項）

①　リスクアセスメントの結果に基づき、リスクアセスメント対象物健康診断を実施しましたか（第3項健診）

□　はい
- □　濃度基準値告示に定める努力義務を満たさない
- □　工学的措置や保護具の使用が不適切と判断した
- □　漏洩事故等により大量ばく露した（濃度基準値なし）
- □　何らかの健康障害が出た

□　いいえ

⇒　健診は、健康障害リスクが許容範囲を超えると事業者が判断した場合に行う（ばく露防止措置が適切でないときに実施する）。

上に掲げたのは、実施が望ましい場合（ガイドラインから）。

⇒　検査項目は、業務歴やばく露の評価、自他覚症状の有無の検査が主体で、健康影響の確認のための検査（血液検査など）は、必要な場合に行うとされている。

②　濃度基準値設定物質について、緊急のリスクアセスメント対象物健康診断を実施しましたか（第4項健診）

□　はい
- □　工学的措置が不適切で濃度基準値を超えてばく露した
- □　呼吸用保護具の問題で濃度基準値を超えてばく露した
- □　漏洩事故等により大量ばく露した

□　いいえ

⇒　健診は、速やかに行う必要がある（事業者が判断する余地はない）。

(2) **リスクアセスメント対象物健康診断の記録等**（則第 577 条の 2）
以下、リスクアセスメント対象物健康診断を実施した場合に限る。

① 所定の健康診断個人票を作成し、5 年間（がん原性物質については 30 年間）保存していますか。
□ はい　　□ いいえ

② リスクアセスメント対象物健康診断の結果に基づき、実施日から 3 か月以内に医師等の意見を聴き、その意見を個人票に記載しましたか。

□ はい
□ いいえ（異常の所見と診断された労働者がいないなど）

③ 受診した労働者に対し、遅滞なく、リスクアセスメント対象物健康診断の結果を通知しましたか。

□ はい
□ いいえ

④ リスクアセスメント対象物健康診断の結果について、関係労働者の意見を聴くための機会を設けましたか。

□ はい
□ いいえ

中災防 労働衛生調査分析センター 2024

チェックリストNo.8　がん原性物質

(1)　**がん原性物質**（令和6年4月1日現在、198物質）

①　がん原性物質を使用していますか。

□　はい　通常の作業工程において取り扱っている（時間や頻度によらない）
□　いいえ

②　上で「はい」の場合、がん原性物質を製造し、または取り扱う業務に従事する労働者の対象物の作業記録を1年以内ごとに1回、定期に作成し、30年間保存することとしていますか。

□　はい
□　いいえ
⇒　特化則の特別管理物質の取扱いと同様です。
　がんなどの晩発性の健康障害への対応を適切に行うためのものであり、労働者が離職した後であっても引き続き保存が必要です。

(2)　**がん原性物質に係るリスクアセスメント対象物健康診断**

①　がん原性物質について、リスクアセスメント対象物健康診断を実施しましたか。

□　はい
□　いいえ

②　上で「はい」の場合、所定の様式の健康診断個人票を作成し、30年間保存することとしていますか。

□　はい
□　いいえ

中災防 労働衛生調査分析センター㊫ 2024

(イ)　「第１項、第２項及び第３項の規定により講じた措置の状況」の記録については、法第57条の３に基づくリスクアセスメントの結果に基づいて措置を講じた場合は、則第34条の２の８の記録と兼ねてもよい。また、リスクアセスメントに基づく措置を検討し、これらの措置をまとめたマニュアルや作業規程（以下「マニュアル等」という）を別途定めた場合は、当該マニュアル等を引用しつつ、マニュアル等のとおり措置を講じた旨の記録でも差し支えないとされている。

(ウ)　第11項で作成・保存等が義務付けられた記録については、定められている項目を満たしたうえで、各事業者が作成・保存しやすい形式で保存して差し支えないとされている。

(エ)　「労働者のリスクアセスメント対象物のばく露の状況」については、実際にばく露の程度を測定した結果の記録等のほか、マニュアル等を作成した場合であって、その作成過程において、実際に当該マニュアル等のとおり措置を講じた場合の労働者のばく露の程度をあらかじめ作業環境測定等により確認している場合は、当該マニュアル等に従い作業を行っている限りにおいては、当該マニュアル等の作成時に確認されたばく露の程度を記録することでも差し支えないとされている。

(オ)　「労働者の氏名、従事した作業の概要及び当該作業に従事した期間並びにがん原性物質により著しく汚染される事態が生じたときはその概要及び事業者が講じた応急の措置の概要」の記録に関しては、従事した作業の概要については、取り扱う化学物質の種類を記載したりSDS等を添付して、取り扱う化学物質の種類がわかるように記録する。また、出張等作業で作業場所が毎回変わるものの、いくつかの決まった製剤を使い分け、同じ作業に従事しているのであれば、出張等の都度の作業記録を求めるものではなく、当該関連する作業を一つの作業とみなし、作業の概要と期間をまとめて記載することで差し支えないとされている。

(カ)　「関係労働者の意見の聴取状況」の記録に関しては、労働者に意見を聴取した都度、その内容と労働者の意見の概要を記録する。なお、衛生委員会における調査審議と兼ねて行う場合は、これらの記録と兼ねて記録すればよい。

第577条の３　事業者は、リスクアセスメント対象物以外の化学物質を製造し、又は取り扱う事業場において、リスクアセスメント対象物以外の化学物質に係る危険性又は有害性等の調査の結果等に基づき、労働者の健康障害を防止するため、代替物の使用、発散源を密閉する設備、局所排気装置又は全体換気装置の設置及び稼働、作業の方法の改善、有効な保護具を使用させること等必要な措置を講ずることにより、労働者がリスクアセスメント対象物以外の化学物質にばく露される程度を最小限度にするよう努めなければならない。

【解　説】

「リスクアセスメント対象物以外の物質」とは、法第57条の３の規定に基づくリスクアセスメントの実施が義務付けられている物質以外の化学物質を指す。リスクアセスメント対象物へのばく露低減措置については法令上の義務となっているが、それ以外の化学物質についてはばく露低減措置が努力義務とされている。

第２章　保護具等

（呼吸用保護具等）

第593条　事業者は、著しく暑熱又は寒冷な場所における業務、多量の高熱物体、低温物体又は有害物を取り扱う業務、有害な光線にさらされる業務、ガス、蒸気又は粉じんを発散する有害な場所における業務、病原体による汚染のおそれの著しい業務その他有害な業務においては、当該業務に従事する労働者に使用させるために、保護衣、保護眼鏡、呼吸用保護具等適切な保護具を備えなければならない。

②　事業者は、前項の業務の一部を請負人に請け負わせるときは、当該請負

人に対し、保護衣、保護眼鏡、呼吸用保護具等適切な保護具について、備えておくこと等によりこれらを使用することができるようにする必要がある旨を周知させなければならない。

【解　説】

(1)　**第１項関係**

本条は、有害な業務に従事する労働者に使用させるため、適切な保護具を備えなければならないことを定めている。

(2)　**第２項関係**

(ア)　事業者は、特定の危険有害業務または作業を行うときは、それらに従事する労働者に必要な保護具を使用させる義務があるところ、当該業務または作業の一部を請負人に請け負わせるときは、当該請負人に対し必要な保護具を使用する必要がある旨を周知させなければならない。

(イ)　事業者は、以下のいずれかの方法により周知させなければならない。

なお、周知させる内容が複雑な場合等で④の口頭による周知が困難なときは、以下の①～③のいずれかの方法によること。

①　常時作業場所の見やすい場所に掲示または備えつけることによる周知

②　書面を交付すること（請負契約時に書面で示すことも含む）による周知

③　磁気テープ、磁気ディスクその他これらに準ずる物に記録し、かつ各作業場所に当該記録の内容を常時確認できる機器を設置することによる周知

④　口頭による周知

(ウ)　本項の事業者による周知は、請負人等に指揮命令を行うことができないことから周知させることとしたものであり、請負人等についても労働者と同等の保護措置が講じられるためには、事業者から必要な措置を周

知された請負人等自身が、確実に当該措置を実施することが重要である。また、個人事業者が家族従事者を使用するときは、個人事業者は当該家族従事者に対して必要な措置を確実に実施することが重要である。

(エ) 本項の事業者による周知は、周知の内容を請負人等が理解したことの確認までを求めるものではないが、確実に必要な措置が伝わるようにわかりやすく周知することが重要である。その上で、請負人等が自らの判断で保護具を使用しない等、必要な措置を実施しなかった場合において、その実施しなかったことについての責任を当該事業者に求めるものではないとされている。

（皮膚障害等防止用の保護具）

第594条 事業者は、皮膚若しくは眼に障害を与える物を取り扱う業務又は有害物が皮膚から吸収され、若しくは侵入して、健康障害若しくは感染をおこすおそれのある業務においては、当該業務に従事する労働者に使用させるために、塗布剤、不浸透性の保護衣、保護手袋、履物又は保護眼鏡等適切な保護具を備えなければならない。

② 事業者は、前項の業務の一部を請負人に請け負わせるときは、当該請負人に対し、塗布剤、不浸透性の保護衣、保護手袋、履物又は保護眼鏡等適切な保護具について、備えておくこと等によりこれらを使用することができるようにする必要がある旨を周知させなければならない。

【解　説】

(1) 第１項関係

本条見出しの「皮膚障害等防止用」の「等」および第１項中に「健康障害」とされているのは、本条の範囲が皮膚障害の防止だけではなく、がん等も含めた健康障害全般が対象とされていることを示している。

⑵　**第２項関係**

第593条の解説⑵の㈰～㈯と同じ。

第594条の２　事業者は、化学物質又は化学物質を含有する製剤（皮膚若しくは眼に障害を与えるおそれ又は皮膚から吸収され、若しくは皮膚に侵入して、健康障害を生ずるおそれがあることが明らかなものに限る。以下「皮膚等障害化学物質等」という。）を製造し、又は取り扱う業務（法及びこれに基づく命令の規定により労働者に保護具を使用させなければならない業務及び皮膚等障害化学物質等を密閉して製造し、又は取り扱う業務を除く。）に労働者を従事させるときは、不浸透性の保護衣、保護手袋、履物又は保護眼鏡等適切な保護具を使用させなければならない。

②　事業者は、前項の業務の一部を請負人に請け負わせるときは、当該請負人に対し、同項の保護具を使用する必要がある旨を周知させなければならない。

【解　説】

⑴　**第１項関係**

㈰　本規定は、皮膚等障害化学物質等を製造し、または取り扱う業務において、労働者に適切な不浸透性の保護衣等を使用させなければならないことを規定する趣旨であること。

㈪　第１項の「皮膚等障害化学物質等」には「皮膚刺激性有害物質」と「皮膚吸収性有害物質」の２種類が挙げられている。

㈫　「皮膚刺激性有害物質」は、国が公表するGHS分類の結果および譲渡提供者より提供されたSDS等に記載された有害性情報のうち「皮膚腐食性・刺激性」、「眼に対する重篤な損傷性・眼刺激性」および「呼吸器感作性又は皮膚感作性」のいずれかで区分１に分類されているもの（特化則等の特別則において、皮膚または眼の障害を防止するために不浸透性の保護衣等の使用が義務付けられているものを除く）をいう。

㈯　「皮膚吸収性有害物質」は、皮膚から吸収され、もしくは皮膚に侵入して、健康障害を生ずるおそれがあることが明らかな化学物質（特化則等の特別則において、皮膚または眼の障害等を防止するために不浸透性の保護衣等の使用が義務付けられているものを除く）をいい、以下の①～③のいずれかに該当する化学物質が含まれる。

① 国が公表するGHS分類の結果、危険性又は有害性があるものと区分された化学物質のうち、濃度基準値または米国産業衛生専門家会議（ACGIH）等が公表する職業ばく露限界値（以下「濃度基準値等」という）が設定されているものであって、次のいずれかに該当するもの

・ヒトにおいて、経皮ばく露が関与する健康障害を示す情報（疫学研究、症例報告、被験者実験等）があること

・動物において、経皮ばく露による毒性影響を示す情報があること

・動物において、経皮ばく露による体内動態情報があり、併せて職業ばく露限界値を用いたモデル計算等により経皮ばく露による毒性影響を示す情報があること

② 国が公表するGHS分類の結果、経皮ばく露によりヒトまたは動物に発がん性（特に皮膚発がん）を示すことが知られている物質

③ 国が公表するGHS分類の結果がある化学物質のうち、濃度基準値等が設定されていないものであって、経皮ばく露による動物急性毒性試験により急性毒性（経皮）が区分１に分類されている物質

皮膚吸収性有害物質の物質名リストは通達[＊1]に示されている。

(オ) 「皮膚等障害化学物質等」の物質名一覧は、厚生労働省のホームページ[＊2]で公表されている。

＊1 「皮膚等障害化学物質等に該当する化学物質について」令和５年７月４日付け基発0704第１号⇒ p 285

＊2 https://www.mhlw.go.jp/content/11300000/000945998.pdf

(2) **第２項関係**

(ア) 事業者は、特定の危険有害業務または作業を行うときは、それらに従事する労働者に必要な保護具を使用させる義務があるところ、当該業務

または作業の一部を請負人に請け負わせるときは、当該請負人に対し必要な保護具を使用する必要がある旨を周知させなければならない。

(イ)　第593条の解説(2)の(イ)～(エ)と同じ。

第594条の３　事業者は、化学物質又は化学物質を含有する製剤（皮膚等障害化学物質等及び皮膚若しくは眼に障害を与えるおそれ又は皮膚から吸収され、若しくは皮膚に侵入して、健康障害を生ずるおそれがないことが明らかなものを除く。）を製造し、又は取り扱う業務（法及びこれに基づく命令の規定により労働者に保護具を使用させなければならない業務及びこれらの物を密閉して製造し、又は取り扱う業務を除く。）に労働者を従事させるときは、当該労働者に保護衣、保護手袋、履物又は保護眼鏡等適切な保護具を使用させるよう努めなければならない。

②　事業者は、前項の業務の一部を請負人に請け負わせるときは、当該請負人に対し、同項の保護具について、これらを使用する必要がある旨を周知させるよう努めなければならない。

【解　説】

(1)　**第１項関係**

(ア)　本規定の「皮膚若しくは眼に障害を与えるおそれ又は皮膚から吸収され、若しくは皮膚に侵入して、健康障害を生ずるおそれがないことが明らかなもの」には、国が公表するGHS（化学品の分類および表示に関する世界調和システム）に基づく危険有害性の分類の結果および譲渡提供者より提供されたSDS等に記載された有害性情報のうち「皮膚腐食性・刺激性」、「眼に対する重篤な損傷性・眼刺激性」および「呼吸器感作性又は皮膚感作性」のいずれも「区分に該当しない」と記載され、かつ、「皮膚腐食性・刺激性」、「眼に対する重篤な損傷性・眼刺激性」および「呼吸器感作性又は皮膚感作性」を除くいずれにおいても、経皮による健康有害性のおそれに関する記載がないものが含まれる。

(イ)　「…おそれがあることが明らかなもの」、「…おそれがないことが明らかなもの」の確認がSDS等でできない場合は、「…おそれがないことが明らかではないもの」に該当し、保護具着用の努力義務の対象となる。

(2) **第２項関係**

事業者は、特定の危険有害業務または作業を行うときは、それらに従事する労働者に必要な保護具を使用させる努力義務があるところ、当該業務または作業の一部を請負人に請け負わせるときは、当該請負人に対し必要な保護具を使用する必要がある旨を周知させるよう努めなければならない。

（保護具の数等）

第596条　事業者は、第593条第１項、第594条第１項、第594条の２第１項及び前条第１項に規定する保護具については、同時に就業する労働者の人数と同数以上を備え、常時有効かつ清潔に保持しなければならない。

【解　説】

本条は、保護具が必要な作業に同時に就業する労働者全員に保護具が行き渡り、全員が使用できるよう、備え付ける保護具の最低必要数として同時に就業する労働者の人数と同数以上と定めたものである。なお、保護具の破損等に備え、予備を備え付けることが望ましいとされている。

（労働者の使用義務）

第597条　第593条第１項、第594条第１項、第594条の２第１項及び第595条第１項に規定する業務に従事する労働者は、事業者から当該業務に必要な保護具の使用を命じられたときは、当該保護具を使用しなければならない。

【解　説】

保護具が必要な作業について、労働者の順守義務を定めている。なお本

規定は、事業者が労働者に保護具の使用を命じていることが前提となっている

（専用の保護具等）

第598条　事業者は、保護具又は器具の使用によつて、労働者に疾病感染のおそれがあるときは、各人専用のものを備え、又は疾病感染を予防する措置を講じなければならない。

【解　説】

本条の「疾病感染のおそれがあるとき」とは、ガラス細工の吹管、呼吸用保護具、手袋等を共用する場合等をいう。

チェックリストNo.9　保護手袋など

(1)　**保護手袋等の備え付け**（則第594条）

①　使用する化学物質と作業に応じて、必要な保護衣、保護手袋、保護眼鏡などを備えてありますか。

保護衣：　□　はい　□　いいえ　□　必要ない
保護手袋：　□　はい　□　いいえ　□　必要ない
保護眼鏡：　□　はい　□　いいえ　□　必要ない

②　請負人に対し、必要な保護衣、保護手袋、保護眼鏡などを備えるよう周知させましたか。

□　はい
□　いいえ
□　該当なし

(2)　**皮膚等障害化学物質等**（則第594条の2ほか）

①　皮膚等障害化学物質等の製造、取扱いの業務はありますか。

□　皮膚刺激性有害物質
□　皮膚吸収性有害物質
□　どちらもない

②　特化則第44条など、不浸透性の保護衣等の使用義務がある業務はありますか。

□　ある
□　ない

③　対象となる皮膚等障害化学物質等に対し、保護衣、保護手袋の耐浸透性能や透過までの時間を確認しましたか。

□　確認した
□　一部確認した
□　確認していない

(3) **その他の化学物質に対する皮膚等障害の防止**（則第594条の3）

① リスクアセスメント対象物以外を含む各種化学物質（(2)の対象を除く。）について、保護衣、保護手袋、保護眼鏡を使用させるべき業務はありますか。

保 護 衣： □ はい □ いいえ
保護手袋： □ はい □ いいえ
保護眼鏡： □ はい □ いいえ

② 請負人に対し、必要な保護衣、保護手袋、保護眼鏡などを備えるよう周知させましたか。

□ はい
□ いいえ
□ 該当なし

(4) **保護手袋等の数等**（則第596条）

以上の各種保護具について、同時に就業する労働者の人数と同数以上を備え、使える状態にしてありますか。

□ はい
□ いいえ

中災防 労働衛生調査分析センター㋛ 2024

第3部
労働安全衛生法、同施行令
化学物質の自律的な管理関係条項

第３部には，労働安全衛生法（昭和47年法律第57号、最終改正 令和４年６月17日）の化学物質の自律的な管理に係る主要な条項および労働安全衛生法施行令（昭和47年政令第318号、最終改正 令和５年９月６日）の関係条項を掲載する。

第1章　総　　則

（目的）

第1条　この法律は、労働基準法（昭和22年法律第49号）と相まつて、労働災害の防止のための危害防止基準の確立、責任体制の明確化及び自主的活動の促進の措置を講ずる等その防止に関する総合的計画的な対策を推進することにより職場における労働者の安全と健康を確保するとともに、快適な職場環境の形成を促進することを目的とする。

（定義）

第2条　この法律において、次の各号に掲げる用語の意義は、それぞれ当該各号に定めるところによる。

1　労働災害　労働者の就業に係る建設物、設備、原材料、ガス、蒸気、粉じん等により、又は作業行動その他業務に起因して、労働者が負傷し、疾病にかかり、又は死亡することをいう。

2　労働者　労働基準法第9条に規定する労働者（同居の親族のみを使用する事業又は事務所に使用される者及び家事使用人を除く。）をいう。

3　事業者　事業を行う者で、労働者を使用するものをいう。

3の2　化学物質　元素及び化合物をいう。

4　作業環境測定　作業環境の実態をは握するため空気環境その他の作業環境について行うデザイン、サンプリング及び分析（解析を含む。）をいう。

（事業者等の責務）

第3条　事業者は、単にこの法律で定める労働災害の防止のための最低基準を守るだけでなく、快適な職場環境の実現と労働条件の改善を通じて職場における労働者の安全と健康を確保するようにしなければならない。また、事業者は、国が実施する労働災害の防止に関する施策に協力するようにしなければならない。

②　機械、器具その他の設備を設計し、製造し、若しくは輸入する者、原材料を製造し、若しくは輸入する者又は建設物を建設し、若しくは設計する者は、

これらの物の設計、製造、輸入又は建設に際して、これらの物が使用されることによる労働災害の発生の防止に資するように努めなければならない。

③　建設工事の注文者等仕事を他人に請け負わせる者は、施工方法、工期等について、安全で衛生的な作業の遂行をそこなうおそれのある条件を附さないように配慮しなければならない。

第４条　労働者は、労働災害を防止するため必要な事項を守るほか、事業者その他の関係者が実施する労働災害の防止に関する措置に協力するように努めなければならない。

第３章　安全衛生管理体制

（安全委員会）

第17条　事業者は、政令で定める業種及び規模の事業場ごとに、次の事項を調査審議させ、事業者に対し意見を述べさせるため、安全委員会を設けなければならない。

１　労働者の危険を防止するための基本となるべき対策に関すること。

２　労働災害の原因及び再発防止対策で、安全に係るものに関すること。

３　前二号に掲げるもののほか、労働者の危険の防止に関する重要事項

②　安全委員会の委員は、次の者をもつて構成する。ただし、第１号の者である委員（以下「第１号の委員」という。）は、１人とする。

１　総括安全衛生管理者又は総括安全衛生管理者以外の者で当該事業場においてその事業の実施を統括管理するもの若しくはこれに準ずる者のうちから事業者が指名した者

２　安全管理者のうちから事業者が指名した者

３　当該事業場の労働者で、安全に関し経験を有するもののうちから事業者が指名した者

③　安全委員会の議長は、第１号の委員がなるものとする。

④　事業者は、第１号の委員以外の委員の半数については、当該事業場に労働者の過半数で組織する労働組合があるときにおいてはその労働組合、労働者

の過半数で組織する労働組合がないときにおいては労働者の過半数を代表する者の推薦に基づき指名しなければならない。

⑤　前二項の規定は、当該事業場の労働者の過半数で組織する労働組合との間における労働協約に別段の定めがあるときは、その限度において適用しない。

労働安全衛生法施行令

（安全委員会を設けるべき事業場）

第８条　法第17条第１項の政令で定める業種及び規模の事業場は、次の各号に掲げる業種の区分に応じ、常時当該各号に掲げる数以上の労働者を使用する事業場とする。

１　林業、鉱業、建設業、製造業のうち木材・木製品製造業、化学工業、鉄鋼業、金属製品製造業及び輸送用機械器具製造業、運送業のうち道路貨物運送業及び港湾運送業、自動車整備業、機械修理業並びに清掃業　50人

２　第２条第１号及び第２号に掲げる業種[編注]（前号に掲げる業種を除く。）　100人

編注　令第２条第１号の業種：林業、鉱業、建設業、運送業及び清掃業
令第２条第２号の業種：製造業（物の加工業を含む。）、電気業、ガス業、熱供給業、水道業、通信業、各種商品卸売業、家具・建具・じゆう器等卸売業、各種商品小売業、家具・建具・じゆう器小売業、燃料小売業、旅館業、ゴルフ場業、自動車整備業及び機械修理業

（衛生委員会）

第18条　事業者は、政令で定める規模の事業場ごとに、次の事項を調査審議させ、事業者に対し意見を述べさせるため、衛生委員会を設けなければならない。

１　労働者の健康障害を防止するための基本となるべき対策に関すること。

２　労働者の健康の保持増進を図るための基本となるべき対策に関すること。

３　労働災害の原因及び再発防止対策で、衛生に係るものに関すること。

４　前三号に掲げるもののほか、労働者の健康障害の防止及び健康の保持増進に関する重要事項

②　衛生委員会の委員は、次の者をもつて構成する。ただし、第１号の者である委員は、１人とする。

1　総括安全衛生管理者又は総括安全衛生管理者以外の者で当該事業場においてその事業の実施を統括管理するもの若しくはこれに準ずる者のうちから事業者が指名した者

2　衛生管理者のうちから事業者が指名した者

3　産業医のうちから事業者が指名した者

4　当該事業場の労働者で、衛生に関し経験を有するもののうちから事業者が指名した者

③　事業者は、当該事業場の労働者で、作業環境測定を実施している作業環境測定士であるものを衛生委員会の委員として指名することができる。

④　前条第３項から第５項までの規定は、衛生委員会について準用する。この場合において、同条第３項及び第４項中「第１号の委員」とあるのは、「第18条第２項第１号の者である委員」と読み替えるものとする。

【参照政省令】 衛生委員会を設けるべき作業場 令9、労働者の健康障害の防止に関する重要事項 則22、会議 則23、関係労働者の意見の聴取 則23の2　等

労働安全衛生法施行令

（衛生委員会を設けるべき事業場）

第９条　法第18条第１項の政令で定める規模の事業場は、常時50人以上の労働者を使用する事業場とする。

（安全衛生委員会）

第19条　事業者は、第17条及び前条の規定により安全委員会及び衛生委員会を設けなければならないときは、それぞれの委員会の設置に代えて、安全衛生委員会を設置することができる。

②　安全衛生委員会の委員は、次の者をもつて構成する。ただし、第１号の者である委員は、１人とする。

1　総括安全衛生管理者又は総括安全衛生管理者以外の者で当該事業場においてその事業の実施を統括管理するもの若しくはこれに準ずる者のうちから事業者が指名した者

2　安全管理者及び衛生管理者のうちから事業者が指名した者

3　産業医のうちから事業者が指名した者

4　当該事業場の労働者で、安全に関し経験を有するもののうちから事業者が指名した者

5　当該事業場の労働者で、衛生に関し経験を有するもののうちから事業者が指名した者

③　事業者は、当該事業場の労働者で、作業環境測定を実施している作業環境測定士であるものを安全衛生委員会の委員として指名することができる。

④　第17条第３項から第５項までの規定は、安全衛生委員会について準用する。この場合において、同条第３項及び第４項中「第１号の委員」とあるのは、「第19条第２項第１号の者である委員」と読み替えるものとする。

第４章　労働者の危険又は健康障害を防止するための措置

（事業者の講ずべき措置等）

第20条　事業者は、次の危険を防止するため必要な措置を講じなければならない。

1　機械、器具その他の設備（以下「機械等」という。）による危険

2　爆発性の物、発火性の物、引火性の物等による危険

3　電気、熱その他のエネルギーによる危険

【参照政省令】 事業者の講ずべき措置　則27・則28　等

第22条　事業者は、次の健康障害を防止するため必要な措置を講じなければならない。

1　原材料、ガス、蒸気、粉じん、酸素欠乏空気、病原体等による健康障害

2　放射線、高温、低温、超音波、騒音、振動、異常気圧等による健康障害

3　計器監視、精密工作等の作業による健康障害

4　排気、排液又は残さい物による健康障害

【参照政省令】 事業者の講ずべき措置　則３編１章・同２章・同５章　等

第23条　事業者は、労働者を就業させる建設物その他の作業場について、通路、

床面、階段等の保全並びに換気、採光、照明、保温、防湿、休養、避難及び清潔に必要な措置その他労働者の健康、風紀及び生命の保持のため必要な措置を講じなければならない。

【参照政省令】事業者の講ずべき措置　則３編３章～９章　等

第24条　事業者は、労働者の作業行動から生ずる労働災害を防止するため必要な措置を講じなければならない。

第25条　事業者は、労働災害発生の急迫した危険があるときは、直ちに作業を中止し、労働者を作業場から退避させる等必要な措置を講じなければならない。

第26条　労働者は、事業者が第20条から第25条まで及び前条第１項の規定に基づき講ずる措置に応じて、必要な事項を守らなければならない。

第27条　第20条から第25条まで及び第25条の２第１項の規定により事業者が講ずべき措置及び前条の規定により労働者が守らなければならない事項は、厚生労働省令で定める。

②　前項の厚生労働省令を定めるに当たつては、公害（環境基本法（平成５年法律第91号）第２条第３項に規定する公害をいう。）その他一般公衆の災害で、労働災害と密接に関連するものの防止に関する法令の趣旨に反しないように配慮しなければならない。

（技術上の指針等の公表等）

第28条　厚生労働大臣は、第20条から第25条まで及び第25条の２第１項の規定により事業者が講ずべき措置の適切かつ有効な実施を図るため必要な業種又は作業ごとの技術上の指針を公表するものとする。

②　厚生労働大臣は、前項の技術上の指針を定めるに当たつては、中高年齢者に関して、特に配慮するものとする。

③　厚生労働大臣は、次の化学物質で厚生労働大臣が定めるものを製造し、又

は取り扱う事業者が当該化学物質による労働者の健康障害を防止するための指針を公表するものとする。

1　第57条の４第４項の規定による勧告又は第57条の５第１項の規定による指示に係る化学物質

2　前号に掲げる化学物質以外の化学物質で、がんその他の重度の健康障害を労働者に生ずるおそれのあるもの

④　厚生労働大臣は、第１項又は前項の規定により、技術上の指針又は労働者の健康障害を防止するための指針を公表した場合において必要があると認めるときは、事業者又はその団体に対し、当該技術上の指針又は労働者の健康障害を防止するための指針に関し必要な指導等を行うことができる。

【参照政省令】 指針の公表 則24の10　等

（事業者の行うべき調査等）

第28条の２　事業者は、厚生労働省令で定めるところにより、建設物、設備、原材料、ガス、蒸気、粉じん等による、又は作業行動その他業務に起因する危険性又は有害性等（第57条第１項の政令で定める物及び第57条の２第１項に規定する通知対象物による危険性又は有害性等を除く。）を調査し、その結果に基づいて、この法律又はこれに基づく命令の規定による措置を講ずるほか、労働者の危険又は健康障害を防止するため必要な措置を講ずるように努めなければならない。ただし、当該調査のうち、化学物質、化学物質を含有する製剤その他の物で労働者の危険又は健康障害を生ずるおそれのあるものに係るもの以外のものについては、製造業その他厚生労働省令で定める業種に属する事業者に限る。

②　厚生労働大臣は、前条第１項及び第３項に定めるもののほか、前項の措置に関して、その適切かつ有効な実施を図るため必要な指針を公表するものとする。

③　厚生労働大臣は、前項の指針に従い、事業者又はその団体に対し、必要な指導、援助等を行うことができる。

【参照政省令】 危険性又は有害性等の調査 則24の11　等

第31条の２　化学物質、化学物質を含有する製剤その他の物を製造し、又は取り扱う設備で政令で定めるものの改造その他の厚生労働省令で定める作業に係る仕事の注文者は、当該物について、当該仕事に係る請負人の労働者の労働災害を防止するため必要な措置を講じなければならない。

【参照政省令】 設備 令９の３、作業 則662の３　等

労働安全衛生法施行令

（法第31条の2の政令で定める設備）

第９条の３　法第31条の２の政令で定める設備は、次のとおりとする。

1　化学設備（別表第１に掲げる危険物（火薬類取締法第２条第１項に規定する火薬類を除く。）を製造し、若しくは取り扱い、又はシクロヘキサノール、クレオソート油、アニリンその他の引火点が65度以上の物を引火点以上の温度で製造し、若しくは取り扱う設備で、移動式以外のものをいい、アセチレン溶接装置、ガス集合溶接装置及び乾燥設備を除く。第15条第１項第５号において同じ。）及びその附属設備

2　前号に掲げるもののほか、法第57条の２第１項に規定する通知対象物を製造し、又は取り扱う設備（移動式以外のものに限る。）及びその附属設備

第５章　機械等並びに危険物及び有害物に関する規制

第１節　機械等に関する規制

（譲渡等の制限等）

第42条　特定機械等以外の機械等で、別表第２に掲げるものその他危険若しくは有害な作業を必要とするもの、危険な場所において使用するもの又は危険若しくは健康障害を防止するため使用するもののうち、政令で定めるものは、厚生労働大臣が定める規格又は安全装置を具備しなければ、譲渡し、貸与し、又は設置してはならない。

【参照政省令】 厚生労働大臣が定める規格又は安全装置を具備すべき機械等 令13、規格に適合しない機械等の使用禁止 則27　等

別表第２（第42条関係）（抜粋）

８　防じんマスク

９　防毒マスク

16　電動ファン付き呼吸用保護具

労働安全衛生法施行令

（厚生労働大臣が定める規格又は安全装置を具備すべき機械等）

第13条　①～③　略

④　法別表第2に掲げる機械等には、本邦の地域内で使用されないことが明らかな機械等を含まないものとする。

⑤　次の表の上欄（編注・左欄）に掲げる機械等には、それぞれ同表の下欄（編注・右欄）に掲げる機械等を含まないものとする。（抜粋）

法別表第２第８号に掲げる防じんマスク	ろ過材又は面体を有していない防じんマスク
法別表第２第９号に掲げる防毒マスク	ハロゲンガス用又は有機ガス用防毒マスクその他厚生労働省令で定めるもの以外の防毒マスク
法別表第２第16号に掲げる電動ファン付き呼吸用保護具	ハロゲンガス用又は有機ガス用の防毒機能を有する電動ファン付き呼吸用保護具その他厚生労働省令で定めるもの以外の防毒機能を有する電動ファン付き呼吸用保護具

（型式検定）

第44条の２　第42条の機械等のうち、別表第４に掲げる機械等で政令で定めるものを製造し、又は輸入した者は、厚生労働省令で定めるところにより、厚生労働大臣の登録を受けた者（以下「登録型式検定機関」という。）が行う当該機械等の型式についての検定を受けなければならない。ただし、当該機械等のうち輸入された機械等で、その型式について次項の検定が行われた機械等に該当するものは、この限りでない。

②　前項に定めるもののほか、次に掲げる場合には、外国において同項本文の機械等を製造した者（以下この項及び第44条の４において「外国製造者」という。）は、厚生労働省令で定めるところにより、当該機械等の型式について、自ら登録型式検定機関が行う検定を受けることができる。

１　当該機械等を本邦に輸出しようとするとき。

２　当該機械等を輸入した者が外国製造者以外の者（以下この号において単に「他の者」という。）である場合において、当該外国製造者が当該他の者について前項の検定が行われることを希望しないとき。

③　登録型式検定機関は、前二項の検定（以下「型式検定」という。）を受けようとする者から申請があつた場合には、当該申請に係る型式の機械等の構造並びに当該機械等を製造し、及び検査する設備等が厚生労働省令で定める基準に適合していると認めるときでなければ、当該型式を型式検定に合格させてはならない。

④　登録型式検定機関は、型式検定に合格した型式について、型式検定合格証を申請者に交付する。

⑤　型式検定を受けた者は、当該型式検定に合格した型式の機械等を本邦において製造し、又は本邦に輸入したときは、当該機械等に、厚生労働省令で定めるところにより、型式検定に合格した型式の機械等である旨の表示を付さなければならない。型式検定に合格した型式の機械等を本邦に輸入した者（当該型式検定を受けた者以外の者に限る。）についても、同様とする。

⑥　型式検定に合格した型式の機械等以外の機械等には、前項の表示を付し、又はこれと紛らわしい表示を付してはならない。

⑦　第１項本文の機械等で、第５項の表示が付されていないものは、使用してはならない。

【参照政省令】 型式検定を受けるべき機械等 令14の２　等

別表第４（第44条の２関係）（抜粋）

５　防じんマスク

６　防毒マスク

13　電動ファン付き呼吸用保護具

労働安全衛生法施行令

（型式検定を受けるべき機械等）

第14条の２　法第44条の２第１項の政令で定める機械等は、次に掲げる機械等（本邦の地域内で使用されないことが明らかな場合を除く。）とする。（抜粋）

5　防じんマスク（ろ過材及び面体を有するものに限る。）

6　防毒マスク（ハロゲンガス用又は有機ガス用のものその他厚生労働省令で定めるものに限る。）

13　防じん機能を有する電動ファン付き呼吸用保護具

14　防毒機能を有する電動ファン付き呼吸用保護具（ハロゲンガス用又は有機ガス用のものその他厚生労働省令で定めるものに限る。）

第２節　危険物及び有害物に関する規制

（製造等の禁止）

第55条　黄りんマッチ、ベンジジン、ベンジジンを含有する製剤その他の労働者に重度の健康障害を生ずる物で、政令で定めるものは、製造し、輸入し、譲渡し、提供し、又は使用してはならない。ただし、試験研究のため製造し、輸入し、又は使用する場合で、政令で定める要件に該当するときは、この限りでない。

【参照政省令】 製造等が禁止される有害物等 令16　等

労働安全衛生法施行令

（製造等が禁止される有害物等）

第16条　法第55条の政令で定める物は、次のとおりとする。

1　黄りんマッチ

2　ベンジジン及びその塩

3　4-アミノジフエニル及びその塩

4　石綿（次に掲げる物で厚生労働省令で定めるものを除く。）

イ　石綿の分析のための試料の用に供される石綿

ロ　石綿の使用状況の調査に関する知識又は技能の習得のための教育の用に供される石綿

ハ　イ又はロに掲げる物の原料又は材料として使用される石綿

5　4-ニトロジフエニル及びその塩

6　ビス（クロロメチル）エーテル

7　ベーター-ナフチルアミン及びその塩

8　ベンゼンを含有するゴムのりで、その含有するベンゼンの容量が当該ゴムのりの溶剤（希釈剤を含む。）の5パーセントを超えるもの

9　第2号、第3号若しくは第5号から第7号までに掲げる物をその重量の1パーセントを超えて含有し、又は第4号に掲げる物をその重量の0.1パーセントを超えて含有する製剤その他の物

②　法第55条ただし書の政令で定める要件は、次のとおりとする。

1　製造、輸入又は使用について、厚生労働省令で定めるところにより、あらかじめ、都道府県労働局長の許可を受けること。この場合において、輸入貿易管理令（昭和24年政令第414号）第9条第1項の規定による輸入割当てを受けるべき物の輸入については、同項の輸入割当てを受けたことを証する書面を提出しなければならない。

2　厚生労働大臣が定める基準に従つて製造し、又は使用すること。

（製造の許可）

第56条　ジクロルベンジジン、ジクロルベンジジンを含有する製剤その他の労働者に重度の健康障害を生ずるおそれのある物で、政令で定めるものを製造しようとする者は、厚生労働省令で定めるところにより、あらかじめ、厚生労働大臣の許可を受けなければならない。

②　厚生労働大臣は、前項の許可の申請があつた場合には、その申請を審査し、製造設備、作業方法等が厚生労働大臣の定める基準に適合していると認めるときでなければ、同項の許可をしてはならない。

③　第1項の許可を受けた者（以下「製造者」という。）は、その製造設備を、前項の基準に適合するように維持しなければならない。

④　製造者は、第2項の基準に適合する作業方法に従つて第1項の物を製造しなければならない。

⑤　厚生労働大臣は、製造者の製造設備又は作業方法が第2項の基準に適合していないと認めるときは、当該基準に適合するように製造設備を修理し、改造し、若しくは移転し、又は当該基準に適合する作業方法に従つて第1項の物を製造すべきことを命ずることができる。

⑥　厚生労働大臣は、製造者がこの法律若しくはこれに基づく命令の規定又はこれらの規定に基づく処分に違反したときは、第１項の許可を取り消すことができる。

【参照政省令】 製造の許可を受けるべき有害物 令17　等

労働安全衛生法施行令

（製造の許可を受けるべき有害物）

第17条　法第56条第１項の政令で定める物は、別表第３第１号に掲げる第一類物質及び石綿分析用試料等とする。

別表第３　特定化学物質（第６条、第15条、第17条、第18条、第18条の２、第21条、第22条関係）

１　第一類物質

　１　ジクロルベンジジン及びその塩

　２　アルフア－ナフチルアミン及びその塩

　３　塩素化ビフエニル（別名PCB）

　４　オルト－トリジン及びその塩

　５　ジアニシジン及びその塩

　６　ベリリウム及びその化合物

　７　ベンゾトリクロリド

　８　１から６までに掲げる物をその重量の１パーセントを超えて含有し、又は７に掲げる物をその重量の0.5パーセントを超えて含有する製剤その他の物（合金にあつては、ベリリウムをその重量の３パーセントを超えて含有するものに限る。）

２～３　略

（表示等）

第57条　爆発性の物、発火性の物、引火性の物その他の労働者に危険を生ずるおそれのある物若しくはベンゼン、ベンゼンを含有する製剤その他の労働者に健康障害を生ずるおそれのある物で政令で定めるもの又は前条第１項の物を容器に入れ、又は包装して、譲渡し、又は提供する者は、厚生労働省令で定めるところにより、その容器又は包装（容器に入れ、かつ、包装して、譲渡し、又は提供するときにあつては、その容器）に次に掲げるものを表示しなければならない。ただし、その容器又は包装のうち、主として一般消費者の生活の用に供するためのものについては、この限りでない。

1　次に掲げる事項

イ　名称

ロ　人体に及ぼす作用

ハ　貯蔵又は取扱い上の注意

ニ　イからハまでに掲げるもののほか、厚生労働省令で定める事項

2　当該物を取り扱う労働者に注意を喚起するための標章で厚生労働大臣が定めるもの

②　前項の政令で定める物又は前条第１項の物を前項に規定する方法以外の方法により譲渡し、又は提供する者は、厚生労働省令で定めるところにより、同項各号の事項を記載した文書を、譲渡し、又は提供する相手方に交付しなければならない。

【参照政省令】 名称等を表示すべき危険物及び有害物　令18・則30、名称等の表示　則32　厚生労働省令で定める事項　則33、文書の交付　則34　等

労働安全衛生法施行令

（名称等を表示すべき危険物及び有害物）

第18条　法第57条第１項の政令で定める物は、次のとおりとする。

1　別表第９に掲げる物（アルミニウム、イットリウム、インジウム、カドミウム、銀、クロム、コバルト、すず、タリウム、タングステン、タンタル、銅、鉛、ニッケル、白金、ハフニウム、フェロバナジウム、マンガン、モリブデン又はロジウムにあつては、粉状のものに限る。）

2　別表第９に掲げる物を含有する製剤その他の物で、厚生労働省令で定めるもの

3　別表第３第１号１から７までに掲げる物を含有する製剤その他の物（同号８に掲げる物を除く。）で、厚生労働省令で定めるもの

別表第９　名称等を表示し、又は通知すべき危険物及び有害物（第18条、第18条の２関係）（抄）

１　アクリルアミド

２　アクリル酸

３　アクリル酸エチル

３の２　アクリル酸2-（ジメチルアミノ）エチル

４　アクリル酸ノルマル-ブチル

（中　略）

629　レソルシノール

630　六塩化ブタジエン

631　ロジウム及びその化合物

632　ロジン

633　ロテノン

労働安全衛生法施行令　令和７年４月施行

第18条、別表第９は以下のように改正され、令和７年４月１日より施行

（名称等を表示すべき危険物及び有害物）

第18条　法第57条第１項の政令で定める物は、次のとおりとする。

１　別表第９に掲げる物（アルミニウム、イットリウム、インジウム、カドミウム、銀、クロム、コバルト、すず、タリウム、タングステン、タンタル、銅、鉛、ニッケル、ハフニウム、マンガン又はロジウムにあつては、粉状のものに限る。）

２　国が行う化学品の分類（産業標準化法（昭和24年法律第185号）に基づく日本産業規格Ｚ 7252（GHSに基づく化学品の分類方法）に定める方法による化学物質の危険性及び有害性の分類をいう。）の結果、危険性又は有害性があるものと令和３年３月31日までに区分された物（次条第２号において「特定危険性有害性区分物質」という。）のうち、次に掲げる物以外のもので厚生労働省令で定めるもの

イ　別表第３第１号１から７までに掲げる物

ロ　前号に掲げる物

ハ　危険性があるものと区分されていない物であつて、粉じんの吸入によりじん肺その他の呼吸器の健康障害を生ずる有害性のみがあるものと区分されたもの

３　前二号に掲げる物を含有する製剤その他の物（前二号に掲げる物の含有量が厚生労働大臣の定める基準未満であるものを除く。）

４　別表第３第１号１から７までに掲げる物を含有する製剤その他の物（同号８に掲げる物を除く。）で、厚生労働省令で定めるもの

別表第９　名称等を表示し、又は通知すべき危険物及び有害物（第18条、第18条の２関係）（抄）

１　アリル水銀化合物
２　アルキルアルミニウム化合物
３　アルキル水銀化合物
４　アルミニウム及びその水溶性塩
５　アンチモン及びその化合物
（中　略）
29　弗（ふっ）素及びその水溶性無機化合物
30　マンガン及びその無機化合物
31　モリブデン及びその化合物
32　沃（よう）素及びその化合物
33　ロジウム及びその化合物

（文書の交付等）

第57条の２　労働者に危険若しくは健康障害を生ずるおそれのある物で政令で定めるもの又は第56条第１項の物（以下この条及び次条第１項において「通知対象物」という。）を譲渡し、又は提供する者は、文書の交付その他厚生労働省令で定める方法により通知対象物に関する次の事項（前条第２項に規定する者にあつては、同項に規定する事項を除く。）を、譲渡し、又は提供する相手方に通知しなければならない。ただし、主として一般消費者の生活の用に供される製品として通知対象物を譲渡し、又は提供する場合について

は、この限りでない。

1　名称

2　成分及びその含有量

3　物理的及び化学的性質

4　人体に及ぼす作用

5　貯蔵又は取扱い上の注意

6　流出その他の事故が発生した場合において講ずべき応急の措置

7　前各号に掲げるもののほか、厚生労働省令で定める事項

②　通知対象物を譲渡し、又は提供する者は、前項の規定により通知した事項に変更を行う必要が生じたときは、文書の交付その他厚生労働省令で定める方法により、変更後の同項各号の事項を、速やかに、譲渡し、又は提供した相手方に通知するよう努めなければならない。

③　前二項に定めるもののほか、前二項の通知に関し必要な事項は、厚生労働省令で定める。

【参照政省令】 名称等を通知すべき危険物及び有害物　令18の２・則34の２・同34の２の２、名称等の通知 則34の２の３～34の２の６　等

労働安全衛生法施行令

（名称等を通知すべき危険物及び有害物）

第18条の２　法第57条の２第１項の政令で定める物は、次のとおりとする。

1　別表第９に掲げる物

2　別表第９に掲げる物を含有する製剤その他の物で、厚生労働省令で定めるもの

3　別表第３第１号１から７までに掲げる物を含有する製剤その他の物（同号８に掲げる物を除く。）で、厚生労働省令で定めるもの

労働安全衛生法施行令　令和７年４月施行

第18条の２は以下のように改正され、令和７年４月１日より施行

（名称等を通知すべき危険物及び有害物）

第18条の２　法第57条の２第１項の政令で定める物は、次のとおりとする。

１　別表第９に掲げる物
２　特定危険性有害性区分物質のうち、次に掲げる物以外のもので厚生労働省令で定めるもの
イ　別表第３第１号１から７までに掲げる物
ロ　前号に掲げる物
ハ　危険性があるものと区分されていない物であつて、粉じんの吸入によりじん肺その他の呼吸器の健康障害を生ずる有害性のみがあるものと区分されたもの
３　前二号に掲げる物を含有する製剤その他の物（前二号に掲げる物の含有量が厚生労働大臣の定める基準未満であるものを除く。）
４　別表第３第１号１から７までに掲げる物を含有する製剤その他の物（同号８に掲げる物を除く。）で、厚生労働省令で定めるもの

（第57条第１項の政令で定める物及び通知対象物について事業者が行うべき調査等）

第57条の３　事業者は、厚生労働省令で定めるところにより、第57条第１項の政令で定める物及び通知対象物による危険性又は有害性等を調査しなければならない。
②　事業者は、前項の調査の結果に基づいて、この法律又はこれに基づく命令の規定による措置を講ずるほか、労働者の危険又は健康障害を防止するため必要な措置を講ずるように努めなければならない。
③　厚生労働大臣は、第28条第１項及び第３項に定めるもののほか、前二項の措置に関して、その適切かつ有効な実施を図るため必要な指針を公表するものとする。
④　厚生労働大臣は、前項の指針に従い、事業者又はその団体に対し、必要な指導、援助等を行うことができる。

【参照政省令】 リスクアセスメントの実施時期等 則34の２の７

第6章　労働者の就業に当たつての措置

（安全衛生教育）

第59条　事業者は、労働者を雇い入れたときは、当該労働者に対し、厚生労働省令で定めるところにより、その従事する業務に関する安全又は衛生のための教育を行なわなければならない。

②　前項の規定は、労働者の作業内容を変更したときについて準用する。

③　事業者は、危険又は有害な業務で、厚生労働省令で定めるものに労働者をつかせるときは、厚生労働省令で定めるところにより、当該業務に関する安全又は衛生のための特別の教育を行なわなければならない。

【参照政省令】 雇入れ時又は作業内容変更時の安全衛生教育 則35　等

第60条　事業者は、その事業場の業種が政令で定めるものに該当するときは、新たに職務につくこととなつた職長その他の作業中の労働者を直接指導又は監督する者（作業主任者を除く。）に対し、次の事項について、厚生労働省令で定めるところにより、安全又は衛生のための教育を行なわなければならない。

1　作業方法の決定及び労働者の配置に関すること。

2　労働者に対する指導又は監督の方法に関すること。

3　前二号に掲げるもののほか、労働災害を防止するため必要な事項で、厚生労働省令で定めるもの

【参照政省令】 職長等の教育を行うべき業種 令19、職長等の教育 則40

労働安全衛生法施行令

（職長等の教育を行うべき業種）

第19条　法第60条の政令で定める業種は、次のとおりとする。

1　建設業

2　製造業。ただし、次に掲げるものを除く。

イ　たばこ製造業

ロ　繊維工業（紡績業及び染色整理業を除く。）

ハ　衣服その他の繊維製品製造業

ニ　紙加工品製造業（セロファン製造業を除く。）

3　電気業

4　ガス業

5　自動車整備業

6　機械修理業

第７章　健康の保持増進のための措置

（作業環境測定）

第65条　事業者は、有害な業務を行う屋内作業場その他の作業場で、政令で定めるものについて、厚生労働省令で定めるところにより、必要な作業環境測定を行い、及びその結果を記録しておかなければならない。

②　前項の規定による作業環境測定は、厚生労働大臣の定める作業環境測定基準に従つて行わなければならない。

③　厚生労働大臣は、第１項の規定による作業環境測定の適切かつ有効な実施を図るため必要な作業環境測定指針を公表するものとする。

④　厚生労働大臣は、前項の作業環境測定指針を公表した場合において必要があると認めるときは、事業者若しくは作業環境測定機関又はこれらの団体に対し、当該作業環境測定指針に関し必要な指導等を行うことができる。

⑤　都道府県労働局長は、作業環境の改善により労働者の健康を保持する必要があると認めるときは、労働衛生指導医の意見に基づき、厚生労働省令で定めるところにより、事業者に対し、作業環境測定の実施その他必要な事項を指示することができる。

【参照政省令】 作業環境測定を行うべき作業場 令21　等

労働安全衛生法施行令

（作業環境測定を行うべき作業場）

第21条　法第65条第１項の政令で定める作業場は、次のとおりとする。

1　土石、岩石、鉱物、金属又は炭素の粉じんを著しく発散する屋内作業場で、厚生労働省令で定めるもの

2～6　略

7　別表第３第１号若しくは第２号に掲げる特定化学物質（同号34の２

に掲げる物及び同号37に掲げる物で同号34の2に係るものを除く。）を製造し、若しくは取り扱う屋内作業場（同号3の3、11の2、13の2、15、15の2、18の2から18の4まで、19の2から19の4まで、22の2から22の5まで、23の2、33の2若しくは34の3に掲げる物又は同号37に掲げる物で同号3の3、11の2、13の2、15、15の2、18の2から18の4まで、19の2から19の4まで、22の2から22の5まで、23の2、33の2若しくは34の3に係るものを製造し、又は取り扱う作業で厚生労働省令で定めるものを行うものを除く。）、石綿等を取り扱い、若しくは試験研究のため製造する屋内作業場若しくは石綿分析用試料等を製造する屋内作業場又はコークス炉上において若しくはコークス炉に接してコークス製造の作業を行う場合の当該作業場

8　別表第4第1号から第8号まで、第10号又は第16号に掲げる鉛業務（遠隔操作によつて行う隔離室におけるものを除く。）を行う屋内作業場

9　略

10　別表第6の2に掲げる有機溶剤を製造し、又は取り扱う業務で厚生労働省令で定めるものを行う屋内作業場

（作業環境測定の結果の評価等）

第65条の2　事業者は、前条第1項又は第5項の規定による作業環境測定の結果の評価に基づいて、労働者の健康を保持するため必要があると認められるときは、厚生労働省令で定めるところにより、施設又は設備の設置又は整備、健康診断の実施その他の適切な措置を講じなければならない。

②　事業者は、前項の評価を行うに当たつては、厚生労働省令で定めるところにより、厚生労働大臣の定める作業環境評価基準に従つて行わなければならない。

③　事業者は、前項の規定による作業環境測定の結果の評価を行つたときは、厚生労働省令で定めるところにより、その結果を記録しておかなければならない。

（健康診断）

第66条　事業者は、労働者に対し、厚生労働省令で定めるところにより、医師による健康診断（第66条の10第１項に規定する検査を除く。以下この条及び次条において同じ。）を行わなければならない。

②　事業者は、有害な業務で、政令で定めるものに従事する労働者に対し、厚生労働省令で定めるところにより、医師による特別の項目についての健康診断を行なわなければならない。有害な業務で、政令で定めるものに従事させたことのある労働者で、現に使用しているものについても、同様とする。

③　事業者は、有害な業務で、政令で定めるものに従事する労働者に対し、厚生労働省令で定めるところにより、歯科医師による健康診断を行なわなければならない。

④　都道府県労働局長は、労働者の健康を保持するため必要があると認めるときは、労働衛生指導医の意見に基づき、厚生労働省令で定めるところにより、事業者に対し、臨時の健康診断の実施その他必要な事項を指示することができる。

⑤　労働者は、前各項の規定により事業者が行なう健康診断を受けなければならない。ただし、事業者の指定した医師又は歯科医師が行なう健康診断を受けることを希望しない場合において、他の医師又は歯科医師の行なうこれらの規定による健康診断に相当する健康診断を受け、その結果を証明する書面を事業者に提出したときは、この限りでない。

【参照政省令】 健康診断を行うべき有害な業務　令22、雇入時の健康診断　則43、定期健康診断　則44～45　等

労働安全衛生法施行令

（健康診断を行うべき有害な業務）

第22条　法第66条第２項前段の政令で定める有害な業務は、次のとおりとする。

１～２　略

３　別表第３第１号若しくは第２号に掲げる特定化学物質（同号５及び31の２に掲げる物並びに同号37に掲げる物で同号５又は31の２に係る

ものを除く。）を製造し、若しくは取り扱う業務（同号８若しくは32に掲げる物又は同号37に掲げる物で同号８若しくは32に係るものを製造する事業場以外の事業場においてこれらの物を取り扱う業務及び同号３の３、11の２、13の２、15、15の２、18の２から18の４まで、19の２から19の４まで、22の２から22の５まで、23の２、33の２若しくは34の３に掲げる物又は同号37に掲げる物で同号３の３、11の２、13の２、15、15の２、18の２から18の４まで、19の２から19の４まで、22の２から22の５まで、23の２、33の２若しくは34の３に係るものを製造し、又は取り扱う業務で厚生労働省令で定めるものを除く。）、第16条第１項各号に掲げる物（同項第４号に掲げる物及び同項第９号に掲げる物で同項第４号に係るものを除く。）を試験研究のため製造し、若しくは使用する業務又は石綿等の取扱い若しくは試験研究のための製造若しくは石綿分析用試料等の製造に伴い石綿の粉じんを発散する場所における業務

４　別表第４に掲げる鉛業務（遠隔操作によつて行う隔離室におけるものを除く。）

５　別表第５に掲げる四アルキル鉛等業務（遠隔操作によつて行う隔離室におけるものを除く。）

６　屋内作業場又はタンク、船倉若しくは坑の内部その他の厚生労働省令で定める場所において別表第６の２に掲げる有機溶剤を製造し、又は取り扱う業務で、厚生労働省令で定めるもの

②　法第66条第２項後段の政令で定める有害な業務は、次の物を製造し、若しくは取り扱う業務（第11号若しくは第22号に掲げる物又は第24号に掲げる物で第11号若しくは第22号に係るものを製造する事業場以外の事業場においてこれらの物を取り扱う業務、第12号若しくは第16号に掲げる物又は第24号に掲げる物で第12号若しくは第16号に係るものを鉱石から製造する事業場以外の事業場においてこれらの物を取り扱う業務及び第９号の２、第13号の２、第14号の２、第14号の３、第15号の２から第15号の４まで、第16号の２若しくは第22号の２に掲げる物又は第24号に掲げる物で第９号の２、第13号の２、第14号の２、第14号の３、第15号

の２から第15号の４まで、第16号の２若しくは第22号の２に係るものを製造し、又は取り扱う業務で厚生労働省令で定めるものを除く。）又は石綿等の製造若しくは取扱いに伴い石綿の粉じんを発散する場所における業務とする。

１　ベンジジン及びその塩

１の２　ビス（クロロメチル）エーテル

２　ベーター-ナフチルアミン及びその塩

３　ジクロルベンジジン及びその塩

４　アルフアー-ナフチルアミン及びその塩

５　オルト-トリジン及びその塩

６　ジアニシジン及びその塩

７　ベリリウム及びその化合物

８　ベンゾトリクロリド

９　インジウム化合物

９の２　エチルベンゼン

９の３　エチレンイミン

10　塩化ビニル

11　オーラミン

11の２　オルト-トルイジン

12　クロム酸及びその塩

13　クロロメチルメチルエーテル

13の２　コバルト及びその無機化合物

14　コールタール

14の２　酸化プロピレン

14の３　三酸化二アンチモン

15　3,3'-ジクロロ-4,4'-ジアミノジフェニルメタン

15の２　1,2-ジクロロプロパン

15の３　ジクロロメタン（別名二塩化メチレン）

15の４　ジメチル-2,2-ジクロロビニルホスフェイト（別名DDVP）

15の５　1,1-ジメチルヒドラジン

16　重クロム酸及びその塩

16の２　ナフタレン

17　ニツケル化合物（次号に掲げる物を除き、粉状の物に限る。）

18　ニツケルカルボニル

19　パラ－ジメチルアミノアゾベンゼン

19の２　砒（ひ）素及びその化合物（アルシン及び砒（ひ）化ガリウムを除く。）

20　ベータ－プロピオラクトン

21　ベンゼン

22　マゼンタ

22の２　リフラクトリーセラミックファイバー

23　第１号から第７号までに掲げる物をその重量の１パーセントを超えて含有し、又は第８号に掲げる物をその重量の0.5パーセントを超えて含有する製剤その他の物（合金にあつては、ベリリウムをその重量の３パーセントを超えて含有するものに限る。）

24　第９号から第22号の２までに掲げる物を含有する製剤その他の物で、厚生労働省令で定めるもの

③　法第66条第３項の政令で定める有害な業務は、塩酸、硝酸、硫酸、亜硫酸、弗（ふつ）化水素、黄りんその他歯又はその支持組織に有害な物のガス、蒸気又は粉じんを発散する場所における業務とする。

（健康診断の結果の記録）

第66条の３　事業者は、厚生労働省令で定めるところにより、第66条第１項から第４項まで及び第５項ただし書並びに前条の規定による健康診断の結果を記録しておかなければならない。

【参照政省令】 健康診断結果記録の作成 則51　等

（健康診断の結果についての医師等からの意見聴取）

第66条の４　事業者は、第66条第１項から第４項まで若しくは第５項ただし書又は第66条の２の規定による健康診断の結果（当該健康診断の項目に異常の所見があると診断された労働者に係るものに限る。）に基づき、当該労働

者の健康を保持するために必要な措置について、厚生労働省令で定めるところにより、医師又は歯科医師の意見を聴かなければならない。

【参照政省令】 医師等からの意見聴取 則51の２　等

（健康診断実施後の措置）

第66条の５　事業者は、前条の規定による医師又は歯科医師の意見を勘案し、その必要があると認めるときは、当該労働者の実情を考慮して、就業場所の変更、作業の転換、労働時間の短縮、深夜業の回数の減少等の措置を講ずるほか、作業環境測定の実施、施設又は設備の設置又は整備、当該医師又は歯科医師の意見の衛生委員会若しくは安全衛生委員会又は労働時間等設定改善委員会（労働時間等の設定の改善に関する特別措置法（平成４年法律第90号）第７条に規定する労働時間等設定改善委員会をいう。以下同じ。）への報告その他の適切な措置を講じなければならない。

②　厚生労働大臣は、前項の規定により事業者が講ずべき措置の適切かつ有効な実施を図るため必要な指針を公表するものとする。

③　厚生労働大臣は、前項の指針を公表した場合において必要があると認めるときは、事業者又はその団体に対し、当該指針に関し必要な指導等を行うことができる。

（健康診断の結果の通知）

第66条の６　事業者は、第66条第１項から第４項までの規定により行う健康診断を受けた労働者に対し、厚生労働省令で定めるところにより、当該健康診断の結果を通知しなければならない。

【参照政省令】 健康診断の結果の通知 則51の４　等

第10章　監督等

（報告等）

第100条　厚生労働大臣、都道府県労働局長又は労働基準監督署長は、この法律を施行するため必要があると認めるときは、厚生労働省令で定めるところにより、事業者、労働者、機械等貸与者、建築物貸与者又はコンサルタントに対し、必要な事項を報告させ、又は出頭を命ずることができる。

② 厚生労働大臣、都道府県労働局長又は労働基準監督署長は、この法律を施行するため必要があると認めるときは、厚生労働省令で定めるところにより、登録製造時等検査機関等に対し、必要な事項を報告させることができる。

③ 労働基準監督官は、この法律を施行するため必要があると認めるときは、事業者又は労働者に対し、必要な事項を報告させ、又は出頭を命ずることができる。

【参照政省令】 疾病の報告 則97の２　等

第11章　雑　則

（法令等の周知）

第101条　事業者は、この法律及びこれに基づく命令の要旨を常時各作業場の見やすい場所に掲示し、又は備え付けることその他の厚生労働省令で定める方法により、労働者に周知させなければならない。

② 産業医を選任した事業者は、その事業場における産業医の業務の内容その他の産業医の業務に関する事項で厚生労働省令で定めるものを、常時各作業場の見やすい場所に掲示し、又は備え付けることその他の厚生労働省令で定める方法により、労働者に周知させなければならない。

③ 前項の規定は、第13条の２第１項に規定する者に労働者の健康管理等の全部又は一部を行わせる事業者について準用する。この場合において、前項中「周知させなければ」とあるのは、「周知させるように努めなければ」と読み替えるものとする。

④ 事業者は、第57条の２第１項又は第２項の規定により通知された事項を、化学物質、化学物質を含有する製剤その他の物で当該通知された事項に係るものを取り扱う各作業場の見やすい場所に常時掲示し、又は備え付けることその他の厚生労働省令で定める方法により、当該物を取り扱う労働者に周知させなければならない。

【参照政省令】 法令等の周知の方法等 則98の２　等

第12章　罰　則

第119条　次の各号のいずれかに該当する者は、６月以下の懲役又は50万円以下の罰金に処する。

１　・・・第20条から第25条まで、・・・（編注「・・・」は中略）・・・第42条、・・・第44条の２第７項、・・・第65条第１項、・・・の規定に違反した者

２　略

３　第57条第１項の規定による表示をせず、若しくは虚偽の表示をし、又は同条第２項の規定による文書を交付せず、若しくは虚偽の文書を交付した者

４　略

労働安全衛生法　令和７年６月施行

第119条は以下のように改正され、令和７年６月１日より施行

第119条　次の各号のいずれかに該当する者は、６月以下の拘禁刑又は50万円以下の罰金に処する。

１～４　略

第120条　次の各号のいずれかに該当する者は、50万円以下の罰金に処する。

１　・・・第18条第１項、・・・第59条第１項（同条第２項において準用する場合を含む。）、・・・第66条第１項から第３項まで、第66条の３、第66条の６、・・・第101条第１項・・・の規定に違反した者

２　・・・第66条第４項、・・・の規定による命令又は指示に違反した者

３、４　略

５　第100条第１項又は第３項の規定による報告をせず、若しくは虚偽の報告をし、又は出頭しなかつた者

６　略

第122条　法人の代表者又は法人若しくは人の代理人、使用人その他の従業者が、その法人又は人の業務に関して、第116条、第117条、第119条又は第120条の違反行為をしたときは、行為者を罰するほか、その法人又は人に対しても、各本条の罰金刑を科する。

第４部
化学物質の自律的な管理関係主要告示・指針

第４部では、化学物質の自律的な管理に向けて制定された主要な厚生労働省告示・指針等について、施行通達とともに紹介する。告示・指針等の本文を左に置き、右に対応する通達の本文を並べて配置した（「化学物質による健康障害防止のための濃度の基準の適用等に関する技術上の指針」を除く）。

労働安全衛生規則第12条の５第３項第２号イの規定に基づき厚生労働大臣が定める化学物質の管理に関する講習

労働安全衛生規則第12条の５第３項第２号イの規定に基づき厚生労働大臣が定める化学物質の管理に関する講習等の適用等について（抄）

令和４年厚生労働省告示第276号	令和４年９月７日付け基発 0907 第１号 改正：令和５年７月 14 日
労働安全衛生規則（昭和47年労働省令第32号）第12条の５第３項第２号イの規定に基づき、労働安全衛生規則第12条の５第３項第２号イの規定に基づき厚生労働大臣が定める化学物質の管理に関する講習を次のように定め、令和６年４月１日から適用する。	労働安全衛生規則第12条の５第３項第２号イの規定に基づき厚生労働大臣が定める化学物質の管理に関する講習（令和４年厚生労働省告示第276 号。以下「講習告示」という。）、（中略）については、令和４年９月７日に告示され、令和５年４月１日から適用（一部令和６年４月１日から適用）することとされたところである。 これらの告示の制定の趣旨、内容等については、下記のとおりであるので、関係者への周知徹底を図るとともに、その運用に遺漏なきを期されたい。

記

第１　制定の趣旨及び概要等について

１　制定の趣旨

今般、特定化学物質障害予防規則（昭和47 年労働省令第39 号。以下「特化則」という。）等の特別則の規制の対象となっていない物質への対策の強化を主眼とし、国によるばく露の上限となる基準等の制定、危険性・有害性に関する情報の伝達の仕組みの整備・拡充等を前提として、事業者が、危険性・有害性の情報に基づくリスクアセスメントの結果に基づき、国の定める基準等の範囲内で、ばく露防止のために講ずべき措置を適切に実施する制度を導入することとし、労働安全衛生規則等の一部を改正する省令（令和４年厚生労働省令第91号）等を公布したところである。

本告示は、これら事業者による化学物質管理を円滑に実施するために、事業場において化学物質の管理を行う化学物質管理者を養成するための講習の内容を定めるとともに、事業場内において化学物質管理を行い、事業場外において化学物質管理に関する助言や評価を行う専門家である化学物質管理専門家の要件を定めるものである。

２　告示の概要等

⑴　講習告示関係

労働安全衛生規則（昭和47年労働省令第32号。以下「安衛則」という。）第12条の５第３項第２号イにおいて、労働安全衛生法（昭和47年法律第57号。以下「法」という。）第57条の３第１項の危険性又は有害性等の調査（主として一般消費者の生活の用に供されるものを除く。以下「リスクアセスメント」という。）をしなければならない労働安全衛生法施行令（昭和47年政令第318号。以下「令」という。）第18条各号に掲げる物及び法第57条の２第１項に規定する通知対象物（以下「リスクアセスメント対象物」という。）を製造している事業場においては、講習告示に基づく講習（以下「化学物質管理者講習」という。）を修了した者又はこれと同等以上の能力を有すると認められる者のうちから化学物質管理者を選任しなければならないと規定しているところ、講習告示は、化学物質管理者講習の科目、内容、時間のほか、科目の免除等について定めたものであること。

(2)　略

(3)　施行日

講習告示は、令和6年4月1日から、専門家告示（安衛則等）及び専門家告示（粉じん則）は、令和5年4月1日から適用することとしたこと。（以下略）

労働安全衛生規則（昭和47年労働省令第32号）第12条の5第3項第2号イの厚生労働大臣が定める化学物質の管理に関する講習は、次の各号に定めるところにより行われる講習とする。

1　次に定める講義及び実習により行われるものであること。

イ　講義は、次の表の上欄（編注・左欄）に掲げる科目に応じ、それぞれ、同表の中欄に掲げる範囲について同表の下欄（編注・右欄）に掲げる時間以上行われるものであること。

科目	範囲	時間
化学物質の危険性及び有害性並びに表示等	化学物質の危険性及び有害性 化学物質による健康障害の病理及び症状 化学物質の危険性又は有害性等の表示 文書及び通知	2時間30分
化学物質の危険性又は有害性等の調査	化学物質の危険性又は有害性等の調査の時期及び方法並びにその結果の記録	3時間
化学物質の危険性又は有害性等の調査の結果に基づく措置等その他必要な記録等	化学物質のばく露の濃度の基準 化学物質の濃度の測定方法 化学物質の危険性又は有害性等の調査の結果に基づく労働者の危険又は健康障害を防止するための措置等及び当該措置等の記録 がん原性物質等の製造等業務従事者の記録 保護具の種類、性能、使用方法及び管理 労働者に対する化学物質管理に必要な教育の方法	2時間

第2　細部事項

1　講習告示関係

(1)　講義及び実習の内容（第1号イ及び同号ロ関係）

ア　化学物質管理者講習の講義の各科目及び実習については、必ずしも連続して行う必要はなく、一定の間を開けて実施しても差し支えないこと。また、受講者の理解度の評価方法については特に定めていないが、何らかの方法により受講者の理解度を評価することが望ましいこと。

イ　講義及び実習は、事業者自らが行うことのほか、他の事業者の実施する講習を受講させることも差し支えないこと。

化学物質を原因とする災害発生時の対応	災害発生時の措置	30分
関係法令	労働安全衛生法（昭和47年法律第57号）、労働安全衛生法施行令（昭和47年政令第318号）及び労働安全衛生規則中の関係条項	1時間

ロ　実習は、次の表の上欄（編注・左欄）に掲げる科目について、同表の中欄に掲げる範囲につき同表の下欄（編注・右欄）に掲げる時間以上行われるものであること。

科目	範囲	時間
化学物質の危険性又は有害性等の調査及びその結果に基づく措置等	化学物質の危険性又は有害性等の調査及びその結果に基づく労働者の危険又は健康障害を防止するための措置並びに当該調査の結果及び措置の記録 保護具の選択及び使用	3時間

ハ　次の表の上欄（編注・左欄）に掲げる者は、それぞれ同表の下欄（編注・右欄）に掲げる科目について当該科目の受講の免除を受けることができるものであること。

免除を受けることができる者	科目
有機溶剤作業主任者技能講習、鉛作業主任者技能講習及び特定化学物質及び四アルキル鉛等作業主任者技能講習を全て修了した者	化学物質の危険性及び有害性並びに表示等

ウ　実習については、受講者それぞれが、化学物質の危険性又は有害性等の調査等の一連の流れや保護具の選択及び使用を実習することを想定しているため、それらが可能となる実習体制の確保が必要であること。化学物質の危険性又は有害性等の調査等の実習については、実際に各々の事業場で取り扱っている化学物質に関するものとする等、実務に近い内容とすることが望ましいこと。

　保護具の選択及び使用の実習については、必ずしもフィットテストについて機器を用いて実習する必要はないが、「保護具の選択及び使用」の管理に必要な能力を身につけられる実習内容とする必要があること。

エ　講義については、オンラインで実施しても差し支えないが、実習については、化学物質の危険性又は有害性等の調査等のためのツール使用や保護具の使用についての実習を含むため、オンラインでの実施は認められないこと。

(2)　**講義科目の受講の免除**（第1号ハ関係）

ア　講義科目の受講の免除ができる者については、それぞれの資格を取得する際に必要な技能講習や試験の科目の内容を踏まえて定めており、当該資格に係る実務経験を求めてはいないこと。

イ　「化学物質の危険性及び有害性並びに表示等」の科目については、「有機溶剤作業主任者技能講習」、「鉛作業主任者技能講習」、「特定化学物質及び四アルキル鉛等作業主任者技能講習」の全ての技能講習を修了した者のみが、受講の免除を受けることができること。この場合において、平成18年3月31日以前に「特定化学物質等作業主任

第一種衛生管理者の免許を有する者	化学物質の危険性又は有害性等の調査
衛生工学衛生管理者の免許を有する者	化学物質の危険性又は有害性等の調査 化学物質の危険性又は有害性等の調査の結果に基づく措置等その他必要な記録等

者技能講習」を修了した者については、「特定化学物質及び四アルキル鉛等作業主任者技能講習」を修了した者と同等の者として取り扱って差し支えないこと。

ウ 「第一種衛生管理者の免許を有する者」について、安衛則第10条各号に掲げる衛生管理者の資格を有する者は該当しないため、「化学物質の危険性又は有害性等の調査」の科目については、受講の免除の対象とはならないこと。

ニ 前号の講義及び実習を適切に行うために必要な能力を有する講師により行われるものであること。

(3) 講師（第2号関係）

講習の講師については、講義及び実習の各科目に定める内容について必要な知識や実務経験等を有する者を想定していること。

(4) その他

ア 化学物質管理者講習を修了した者と同等以上の能力を有すると認められる者

安衛則第12条の5第3項第2号イの「化学物質管理者講習を修了した者と同等以上の能力を有すると認められる者」には、以下の①から③までのいずれかに該当する者が含まれること。

① 本告示の適用前に本告示の規定により実施された講習を受講した者

② 法第83条第1項の労働衛生コンサルタント試験（試験の区分が労働衛生工学であるものに限る。）に合格し、法第84条第1項の登録を受けた者

③ 専門家告示（安衛則等）及び専門家告示（粉じん則）で規定する化学物質管理専門家の要件に該当する者

イ 受講記録の保存

選任した化学物質管理者が要件を満たしていることを第三者が確認できるよう、当該化学物質管理者が受講した講習の日時、実施者、科目、内容、時間数等について記録し、保存しておく必要があること。

ウ 安衛則第12条の5第3項第2号ロの規定に基づき、リスクアセスメント対象物の製造事業場以外の事業場においては、化学物質の管理に係る技術的事項を担当するために必要な能力を有する者と認められるものから化学物質管理者を選任することとされているが、化学物質管理者講習の受講者及びこれと同等以上の能力を有すると認められる者のほか、化学物質管理者講習に準ずる講習を受講している者から選任することが望ましいこと。この化学物質管理者講習に準ずる講習は、別表に定める科目、内容、時間を目安とし、講義により、又は講義と実習の組み合わせにより行うこと。

（以下　略）

労働安全衛生規則第34条の２の10第２項、有機溶剤中毒予防規則第４条の２第１項第１号、鉛中毒予防規則第３条の２第１項第１号及び特定化学物質障害予防規則第２条の３第１項第１号の規定に基づき厚生労働大臣が定める者

労働安全衛生規則第12条の５第３項第２号イの規定に基づき厚生労働大臣が定める化学物質の管理に関する講習等の適用等について（抄）

令和４年厚生労働省告示第274号	令和４年９月７日付け基発 0907 第１号 改正：令和５年７月 14 日
労働安全衛生規則（昭和47年労働省令第32号）第34条の２の10第２項、有機溶剤中毒予防規則（昭和47年労働省令第36号）第４条の２第１項第１号、鉛中毒予防規則（昭和47年労働省令第37号）第３条の２第１項第１号及び特定化学物質障害予防規則（昭和47年労働省令第39号）第２条の３第１項第１号の規定に基づき、労働安全衛生規則第34条の２の10第２項、有機溶剤中毒予防規則第４条の２第１項第１号、鉛中毒予防規則第３条の２第１項第１号及び特定化学物質障害予防規則第２条の３第１項第１号の規定に基づき厚生労働大臣が定める者を次のように定め、令和５年４月１日から適用する。ただし、第２号の規定は、令和６年４月１日から適用する。	労働安全衛生規則第34条の２の10第２項、有機溶剤中毒予防規則第４条の２第１項第１号、鉛中毒予防規則第３条の２第１項第１号及び特定化学物質障害予防規則第２条の３第１項第１号の規定に基づき厚生労働大臣が定める者（令和４年厚生労働省告示第274 号。以下「専門家告示（安衛則等）」という。）（中略）については、令和４年９月７日に告示され、令和５年４月１日から適用（一部令和６年４月１日から適用）することとされたところである。 これらの告示の制定の趣旨、内容等については、下記のとおりであるので、関係者への周知徹底を図るとともに、その運用に遺漏なきを期されたい。

記

第１　制定の趣旨及び概要等について

１　制定の趣旨

今般、特定化学物質障害予防規則（昭和47年労働省令第39号。以下「特化則」という。）等の特別則の規制の対象となっていない物質への対策の強化を主眼とし、国によるばく露の上限となる基準等の制定、危険性・有害性に関する情報の伝達の仕組みの整備・拡充等を前提として、事業者が、危険性・有害性の情報に基づくリスクアセスメントの結果に基づき、国の定める基準等の範囲内で、ばく露防止のために講ずべき措置を適切に実施する制度を導入することとし、労働安全衛生規則等の一部を改正する省令（令和４年厚生労働省令第91号）等を公布したところである。

本告示は、これら事業者による化学物質管理を円滑に実施するために、（中略）事業場内において化学物質管理を行い、事業場外において化学物質管理に関する助言や評価を行う専門家である化学物質管理専門家の要件を定めるものである。

２　告示の概要等

(1)　略

(2)　専門家告示（安衛則等）（中略）関係
有機溶剤中毒予防規則（昭和47年労働省令第36号）第4条の2第1項、鉛中毒予防規則（昭和47年労働省令第37号）第3条の2第1項、特化則第2条の3第1項第1号（中略）において、新たに設けた適用除外の要件の1つとして、当該事業場において、化学物質管理専門家が専属で配置されており、化学物質管理専門家がリスクアセスメント（中略）の実施並びに当該リスクセスメント等の結果に基づく措置等の内容及びその実施に関する事項の管理を行うこと等を規定しており、また、安衛則第34条の2の10第1項に規定する労働基準監督署長による改善指示を受けた事業場等は、同条第2項において、化学物質管理専門家から、当該事業場における化学物質の管理の状況についての確認及び当該事業場が実施し得る望ましい改善措置に関する助言を受けなければならないと規定しているところ、専門家告示（安衛則等）（中略）は、当該化学物質管理専門家について要件を定めたものであること。

(3)　施行日
（前略）専門家告示（安衛則等）（中略）は、令和5年4月1日から適用することとしたこと。ただし、専門家告示（安衛則等）第2号の規定については、令和6年4月1日から適用することとしたこと。

1　有機溶剤中毒予防規則（昭和47年労働省令第36号）第4条の2第1項第1号、鉛中毒予防規則（昭和47年労働省令第37号）第3条の2第1項第1号及び特定化学物質障害予防規則（昭和47年労働省令第39号）第2条の3第1項第1号の厚生労働大臣が定める者は、次のイからニまでのいずれかに該当する者とする。
イ　労働安全衛生法（昭和47年法律第57号。以下「安衛法」という。）第83条第1項の労働衛生コンサルタント試験（その試験の区分が労働衛生工学であるものに限る。）に合格し、安衛法第84条第1項の登録を受けた者で、5年以上化学物質の管理に係る業務に従事した経験を有するもの
ロ　安衛法第12条第1項の規定による衛生管理者のうち、衛生工学衛生管理者免許を受けた者で、その後8年以上安衛法第10条第1項各号の業務のうち衛生に係る技術的事項で衛生工学に関するものの管理の業務に従事した経験を有するもの

ハ　作業環境測定法（昭和50年法律第28号）第7条の登録を受けた者（以下「作

第2　細部事項
1　略
2　専門家告示（安衛則等）（中略）関係
(1)　化学物質管理専門家の要件（専門家告示(安衛則)第1号イからハ関係、以下略）
ア　化学物質管理専門家に必要な要件について、労働衛生コンサルタント（試験の区分が労働衛生工学であるものに限る。）に係る「5年以上化学物質の管理に係る業務に従事した経験」又は「5年以上粉じんの管理に係る業務に従事した経験」については、当該資格取得の前後を問わないこと。
イ「化学物質の管理に係る業務」には、化学物質管理専門家、作業環境管理専門家、労働衛生コンサルタント（労働衛生工学に関する業務に限る。）、労働安全コンサルタント（化学安全に関する業務に限る。）、化学物質管理者、化学物質関係作業主任者、作業環境測定士、第一種衛生管理者、衛生工学衛生管理者、保護具着用管理責任者の業務が含まれること。
ウ　略
エ　専門家告示（安衛則等）第1号ハ（中略）で規定する厚生労働省労働基準局

業環境測定士」という。）で、その後６年以上作業環境測定士としてその業務に従事した経験を有し、かつ、厚生労働省労働基準局長が定める講習を修了したもの

ニ　イからハまでに掲げる者と同等以上の能力を有すると認められる者

長が定める講習については、別途示すところによること。

⑵　同等以上の能力を有すると認められる者（専門家告示（安衛則等）第１号ニ関係（以下略））

専門家告示（安衛則等）第１号ニ（中略）で規定する「同等以上の能力を有すると認められる者」については、以下のアからカまでのいずれかに該当する者が含まれること。

ア　法第82条第１項の労働安全コンサルタント試験（試験の区分が化学であるものに限る。）に合格し、法第84条第１項の登録を受けた者であって、その後５年以上化学物質に係る法第81条第１項に定める業務（中略）に従事した経験を有するもの

イ　一般社団法人日本労働安全衛生コンサルタント会が運用している「生涯研修制度」によるCIH（Certified Industrial Hygiene Consultant）労働衛生コンサルタントの称号の使用を許可されているもの

ウ　公益社団法人日本作業環境測定協会の認定オキュペイショナルハイジニスト又は国際オキュペイショナルハイジニスト協会（IOHA）の国別認証を受けている海外のオキュペイショナルハイジニスト若しくはインダストリアルハイジニストの資格を有する者

エ　公益社団法人日本作業環境測定協会の作業環境測定インストラクターに認定されている者

オ　労働災害防止団体法（昭和39年法律第118号）第12条の衛生管理士（法第83条第１項の労働衛生コンサルタント試験（試験の区分が労働衛生工学であるものに限る。）に合格した者に限る。）に選任された者であって、５年以上労働災害防止団体法第11条第１項の業務又は化学物質の管理に係る業務を行った経験を有する者

カ　産業医科大学産業保健学部産業衛生科学科を卒業し、産業医大認定ハイジニスト制度において資格を保持している者

2　労働安全衛生規則（昭和47年労働省令第32号）第34条の２の10第２項の厚生労働大臣が定める者は、前号イからニまでのいずれかに該当する者とする。

化学物質等による危険性又は有害性等の調査等に関する指針

化学物質等による危険性又は有害性等の調査等に関する指針について（抄）

平成27年9月18日 指針公示第3号 改正：令和5年4月27日	平成27年9月18日付け基発0918第3号 改正：令和5年4月27日

1　趣旨等

本指針は、労働安全衛生法（昭和47年法律第57号。以下「法」という。）第57条の3第3項の規定に基づき、事業者が、化学物質、化学物質を含有する製剤その他の物で労働者の危険又は健康障害を生ずるおそれのあるものによる危険性又は有害性等の調査（以下「リスクアセスメント」という。）を実施し、その結果に基づいて労働者の危険又は健康障害を防止するため必要な措置（以下「リスク低減措置」という。）が各事業場において適切かつ有効に実施されるよう、「化学物質による健康障害防止のための濃度の基準の適用等に関する技術上の指針」（令和5年4月27日付け技術上の指針公示第24号）と相まって、リスクアセスメントからリスク低減措置の実施までの一連の措置の基本的な考え方及び具体的な手順の例を示すとともに、これらの措置の実施上の留意事項を定めたものである。

また、本指針は、「労働安全衛生マネジメントシステムに関する指針」（平成11年労働省告示第53号）に定める危険性又は有害性等の調査及び実施事項の特定の具体的実施事項としても位置付けられるものである。

2　適用

本指針は、リスクアセスメント対象物（リスクアセスメントをしなければならない労働安全衛生法施行令（昭和47年政令第318号。以下「令」という。）第18条各号に掲げる物及び法第57条の2第1項に規定する通知対象物をいう。以下同じ。）に係るリスクアセスメントについて適用し、労働者の就業に係る全てのものを対象とする。

3　実施内容

事業者は、法第57条の3第1項に基づくリスクアセスメントとして、⑴から⑶までに掲げる事項を、労働安全衛生規則（昭和

前文　略

1　趣旨等について

⑴　指針の1は、本指針の趣旨及び位置付けを定めたものであること。

⑵　指針の1の「危険性又は有害性」とは、ILO等において、「危険有害要因」、「ハザード（hazard）」等の用語で表現されているものであること。

2　適用について

⑴　指針の2は、法第57条の3第1項の規定に基づくリスクアセスメントは、リスクアセスメント対象物のみならず、作業方法、設備等、労働者の就業に係る全てのものを含めて実施すべきことを定めたものであること。

⑵　指針の2の「リスクアセスメント対象物」には、製造中間体（製品の製造工程中において生成し、同一事業場内で他の化学物質に変化する化学物質をいう。）が含まれること。

3　実施内容について

⑴　指針の3は、指針に基づき実施すべき事項の骨子を定めたものであること。また、法及び関係規則の規定に従い、事業

47年労働省令第32号。以下「安衛則」という。）第34条の２の８に基づき(5)に掲げる事項を実施しなければならない。また、法第57条の３第２項に基づき、安衛則第577条の２に基づく措置その他の法令の規定による措置を講ずるほか(4)に掲げる事項を実施するよう努めなければならない。

者に義務付けられている事項と努力義務となっている事項を明示したこと。

(1)　リスクアセスメント対象物による危険性又は有害性の特定

(2)　指針の３(1)の「危険性又は有害性の特定」は、ILO 等においては「危険有害要因の特定（hazard identification）」等の用語で表現されているものであること。

(2)　(1)により特定されたリスクアセスメント対象物による危険性又は有害性並びに当該リスクアセスメント対象物を取り扱う作業方法、設備等により業務に従事する労働者に危険を及ぼし、又は当該労働者の健康障害を生ずるおそれの程度及び当該危険又は健康障害の程度（以下「リスク」という。）の見積り（安衛則第577条の２第２項の厚生労働大臣が定める濃度の基準（以下「濃度基準値」という。）が定められている物質については、屋内事業場における労働者のばく露の程度が濃度基準値を超えるおそれの把握を含む。）

(3)　指針の３(2)の労働者のばく露の程度が濃度基準値（安衛則第577条の２第２項に基づく厚生労働大臣が定める濃度の基準をいう。以下同じ。）を超えるおそれの把握の方法については、「化学物質による健康障害防止のための濃度の基準の適用等に関する技術上の指針」（令和５年４月27日付け技術上の指針公示第24号。以下「技術上の指針」という。）に示すところによること。

(3)　(2)の見積りに基づき、リスクアセスメント対象物への労働者のばく露の程度を最小限度とすること及び濃度基準値が定められている物質については屋内事業場における労働者のばく露の程度を濃度基準値以下とすることを含めたリスク低減措置の内容の検討

(4)　(3)のリスク低減措置の実施

(5)　リスクアセスメント結果等の記録及び保存並びに周知

(4)　指針の３(3)については、安衛則第577条の２第１項において、リスクアセスメント対象物に労働者がばく露される程度を最小限度とすることが事業者に義務付けられていることを踏まえ、リスク低減措置には、当該措置義務が含まれることを明らかにした趣旨であること。

4　実施体制等

(1)　事業者は、次に掲げる体制でリスクアセスメント及びリスク低減措置（以下「リスクアセスメント等」という。）を実施するものとする。

ア　総括安全衛生管理者が選任されている場合には、当該者にリスクアセスメント等の実施を統括管理させること。総括安全衛生管理者が選任されていない場合には、事業の実施を統括管理する者に統括管理させること。

イ　安全管理者又は衛生管理者が選任されている場合には、当該者にリスクアセスメント等の実施を管理させること。

4　実施体制等について

(1)　指針の４は、リスクアセスメント及びリスク低減措置（以下「リスクアセスメント等」という。）を実施する際の体制について定めたものであること。

(2)　指針の４(1)アの「事業の実施を統括管理する者」には、統括安全衛生責任者等、事業場を実質的に統括管理する者が含まれること。

ウ　化学物質管理者（安衛則第12条の５第１項に規定する化学物質管理者をいう。以下同じ。）を選任し、安全管理者又は衛生管理者が選任されている場合にはその管理の下、化学物質管理者にリスクアセスメント等に関する技術的事項を管理させること。

(3)　指針の４(1)ウの「化学物質管理者」は、安衛則第12条の５第１項に規定する職務を適切に遂行するために必要な権限が付与される必要があるため、事業場内の当該権限を有する労働者のうちから選任される必要があること。その他化学物質管理者の選任及びその職務については、安衛則第12条の５各項の規定及び「労働安全衛生規則等の一部を改正する省令等の施行について」（令和４年５月31日付け基発0531第９号）第４の１(1)によること。

エ　安全衛生委員会、安全委員会又は衛生委員会が設置されている場合には、これらの委員会においてリスクアセスメント等に関することを調査審議させること。また、リスクアセスメント等の対象業務に従事する労働者に化学物質の管理の実施状況を共有し、当該管理の実施状況について、これらの労働者の意見を聴取する機会を設け、リスクアセスメント等の実施を決定する段階において労働者を参画させること。

(4)　指針の４(1)エの前段は、安全衛生委員会等において、安衛則第21条各号及び第22条各号に掲げる付議事項を調査審議するなど労働者の参画について定めたものであること。また、４(1)エの後段は、安衛則第577条の２第10項の規定により、関係労働者の意見を聴くための機会を設けることが義務付けられていること踏まえて定めたものであること。

オ　リスクアセスメント等の実施に当たっては、必要に応じ、事業場内の化学物質管理専門家や作業環境管理専門家のほか、リスクアセスメント対象物に係る危険性及び有害性や、機械設備、化学設備、生産技術等についての専門的知識を有する者を参画させること。

(5)　指針の４(1)オの「専門的知識を有する者」は、原則として当該事業場の実際の作業や設備に精通している内部関係者とすること。

カ　上記のほか、より詳細なリスクアセスメント手法の導入又はリスク低減措置の実施に当たっての、技術的な助言を得るため、事業場内に化学物質管理専門家や作業環境管理専門家等がいない場合は、外部の専門家の活用を図ることが望ましいこと。

(2)　事業者は、(1)のリスクアセスメント等の実施を管理する者等（カの外部の専門家を除く。）に対し、化学物質管理者の管理のもとで、リスクアセスメント等を実施するために必要な教育を実施するものとする。

５　実施時期

(1)　事業者は、安衛則第34条の２の７第１項に基づき、次のアからウまでに掲げる時期にリスクアセスメントを行うものとする。

ア　リスクアセスメント対象物を原材料等として新規に採用し、又は変更するとき。

イ　リスクアセスメント対象物を製造

５　実施時期について

(1)　指針の５は、リスクアセスメントを実施すべき時期について定めたものであること。

(2)　リスクアセスメント対象物に係る建設物を設置し、移転し、変更し、若しくは解体するとき、又は化学設備等に係る設備を新規に採用し、若しくは変更すると

し、又は取り扱う業務に係る作業の方法又は手順を新規に採用し、又は変更するとき。

ウ　リスクアセスメント対象物による危険性又は有害性等について変化が生じ、又は生ずるおそれがあるとき。具体的には、以下の(ア)、(イ)が含まれること。

(ア)　過去に提供された安全データシート（以下「SDS」という。）の危険性又は有害性に係る情報が変更され、その内容が事業者に提供された場合

(イ)　濃度基準値が新たに設定された場合又は当該値が変更された場合

(2)　事業者は、(1)のほか、次のアからウまでに掲げる場合にもリスクアセスメントを行うよう努めること。

ア　リスクアセスメント対象物に係る労働災害が発生した場合であって、過去のリスクアセスメント等の内容に問題があることが確認された場合

イ　前回のリスクアセスメント等から一定の期間が経過し、リスクアセスメント対象物に係る機械設備等の経年による劣化、労働者の入れ替わり等に伴う労働者の安全衛生に係る知識経験の変化、新たな安全衛生に係る知見の集積等があった場合

きは、それが指針の5(1)ア又はイに掲げるいずれかに該当する場合に、リスクアセスメントを実施する必要があること。

(3)　指針の5(1)ウの「リスクアセスメント対象物による危険性又は有害性等について変化が生じ、又は生ずるおそれがあるとき」とは、リスクアセスメント対象物による危険性又は有害性に係る新たな知見が確認されたことを意味するものであり、日本産業衛生学会の許容濃度又は米国産業衛生専門家会議（ACGIH）が勧告するTLV-TWA等によりリスクアセスメント対象物のばく露限界が新規に設定され、又は変更された場合が含まれること。また、指針の5(1)アで定める場合は、国連勧告の化学品の分類及び表示に関する世界調和システム（以下「GHS」という。）又は日本産業規格Z 7252（以下「JIS Z 7252」という。）に基づき分類されたリスクアセスメント対象物の危険性又は有害性の区分が変更された場合であって、当該リスクアセスメント対象物を譲渡し、又は提供した者が当該リスクアセスメント対象物に係る安全データシート（以下「SDS」という。）の危険性又は有害性に係る情報を変更し、法第57条の2第2項及び安衛則第34条の2の5第3項の規定に基づき、その変更内容が事業者に提供されたときをいうこと。

(4)　指針の5(2)は、安衛則第34条の2の7第1項に規定する時期以外にもリスクアセスメントを行うよう努めるべきことを定めたものであること。

(5)　指針の5(2)イは、過去に実施したリスクアセスメント等について、設備の経年劣化等の状況の変化が当該リスクアセスメント等の想定する範囲を超える場合に、その変化を的確に把握するため、定期的に再度のリスクアセスメント等を実施するよう努める必要があることを定めたものであること。なお、ここでいう「一定の期間」については、事業者が設備や作業等の状況を踏まえ決定し、それに基づき計画的にリスクアセスメント等を実施すること。

また、「新たな安全衛生に係る知見」には、例えば、社外における類似作業で発生した災害など、従前は想定していなかったリスクを明らかにする情報が含ま

ウ　既に製造し、又は取り扱っていた物質がリスクアセスメント対象物として新たに追加された場合など、当該リスクアセスメント対象物を製造し、又は取り扱う業務について過去にリスクアセスメント等を実施したことがない場合

(3)　事業者は、(1)のア又はイに掲げる作業を開始する前に、リスク低減措置を実施することが必要であることに留意するものとする。

(4)　事業者は、(1)のア又はイに係る設備改修等の計画を策定するときは、その計画策定段階においてもリスクアセスメント等を実施することが望ましいこと。

れること。

(6)　指針の5(2)ウは、「既に製造し、又は取り扱っていた物質がリスクアセスメント対象物として新たに追加された場合」のほか、リスクアセスメント等の義務化に係る法第57条の3第1項の規定の施行日（平成28年6月1日）前から使用している物質を施行日以降、施行日前と同様の作業方法で取り扱う場合には、リスクアセスメントの実施義務が生じないものであるが、これらの既存業務について、過去にリスクアセスメント等を実施したことのない場合又はリスクアセスメント等の結果が残っていない場合は、実施するよう努める必要があることを定めたものであること。

(7)　指針の5(4)は、設備改修等の作業を開始する前の施工計画等を作成する段階で、リスクアセスメント等を実施することで、より効果的なリスク低減措置の実施が可能となることから定めたものであること。また、計画策定時にリスクアセスメント等を行った後に指針の5(1)の作業等を行う場合、同じ作業等を対象に重ねてリスクアセスメント等を実施する必要はないこと。

6　リスクアセスメント等の対象の選定

事業者は、次に定めるところにより、リスクアセスメント等の実施対象を選定するものとする。

(1)　事業場において製造又は取り扱う全てのリスクアセスメント対象物をリスクアセスメント等の対象とすること。

(2)　リスクアセスメント等は、対象のリスクアセスメント対象物を製造し、又は取り扱う業務ごとに行うこと。ただし、例えば、当該業務に複数の作業工程がある場合に、当該工程を1つの単位とする、当該業務のうち同一場所において行われる複数の作業を1つの単位とするなど、事業場の実情に応じ適切な単位で行うことも可能であること。

(3)　元方事業者にあっては、その労働者及び関係請負人の労働者が同一の場所で作業を行うこと（以下「混在作業」という。）によって生ずる労働災害を防止するため、当該混在作業についてもリスクアセスメント等の対象とすること。

6　リスクアセスメント等の対象の選定について

(1)　指針の6は、リスクアセスメント等の実施対象の選定基準について定めたものであること。

(2)　指針の6(3)の「同一の場所で作業を行うことによって生ずる労働災害」には、例えば、引火性のある塗料を用いた塗装作業と設備の改修に係る溶接作業との混在作業がある場合に、溶接による火花等が引火性のある塗料に引火することによる労働災害などが想定されること。

7　情報の入手等

(1)　事業者は、リスクアセスメント等の実施に当たり、次に掲げる情報に関する資料等を入手するものとする。

入手に当たっては、リスクアセスメント等の対象には、定常的な作業のみならず、非定常作業も含まれることに留意すること。

また、混在作業等複数の事業者が同一の場所で作業を行う場合にあっては、当該複数の事業者が同一の場所で作業を行う状況に関する資料等も含めるものとすること。

ア　リスクアセスメント等の対象となるリスクアセスメント対象物に係る危険性又は有害性に関する情報（SDS等）

イ　リスクアセスメント等の対象となる作業を実施する状況に関する情報（作業標準、作業手順書等、機械設備等に関する情報を含む。）

(2)　事業者は、(1)のほか、次に掲げる情報に関する資料等を、必要に応じ入手するものとすること。

ア　リスクアセスメント対象物に係る機械設備等のレイアウト等、作業の周辺の環境に関する情報

イ　作業環境測定結果等

ウ　災害事例、災害統計等

エ　その他、リスクアセスメント等の実施に当たり参考となる資料等

7　情報の入手等について

(1)　指針の７は、調査等の実施に当たり、事前に入手すべき情報を定めたものであること。

(2)　指針の７(1)の「非定常作業」には、機械設備等の保守点検作業や補修作業に加え、工程の切替え（いわゆる段取替え）や緊急事態への対応に関する作業も含まれること。

(3)　指針の７(1)については、以下の事項に留意すること。

ア　指針の７(1)アの「危険性又は有害性に関する情報」は、使用するリスクアセスメント対象物のSDS等から入手できること。

イ　指針の７(1)イの「作業手順書等」の「等」には、例えば、操作説明書、マニュアルがあり、「機械設備等に関する情報」には、例えば、使用する設備等の仕様書のほか、取扱説明書、「機械等の包括的な安全基準に関する指針」(平成13年６月１日付け基発第501号）に基づき提供される「使用上の情報」があること。

(4)　指針の７(2)については、以下の事項に留意すること。

ア　指針の７(2)アの「作業の周辺の環境に関する情報」には、例えば、周辺のリスクアセスメント対象物に係る機械設備等の配置状況や当該機械設備等から外部へ拡散するリスクアセスメント対象物の情報があること。また、発注者において行われたこれらに係る調査等の結果も含まれること。

イ　指針の７(2)イの「作業環境測定結果等」の「等」には、例えば、個人ばく露測定結果、ばく露の推定値、特殊健康診断結果、生物学的モニタリング結果等があること。

ウ　指針の７(2)ウの「災害事例、災害統計等」には、例えば、事業場内の災害事例、災害の統計・発生傾向分析、ヒヤリハット、トラブルの記録、労働者が日常不安を感じている作業等の情報があること。また、同業他社、関連業界の災害事例等を収集することが望ましいこと。

エ　指針の７(2)エの「参考となる資料等」には、例えば、リスクアセスメント対

象物による危険性又は有害性に係る文献、作業を行うために必要な資格・教育の要件、「化学プラントにかかるセーフティ・アセスメントに関する指針」（平成12年３月21日付け基発第149号）等に基づく調査等の結果、危険予知活動（KYT）の実施結果、職場巡視の実施結果があること。なお、この際にデジタル技術を活用した調査、巡視等の結果の活用も可能であること。

(3)　事業者は、情報の入手に当たり、次に掲げる事項に留意するものとする。

ア　新たにリスクアセスメント対象物を外部から取得等しようとする場合には、当該リスクアセスメント対象物を譲渡し、又は提供する者から、当該リスクアセスメント対象物に係るSDSを確実に入手すること。

イ　リスクアセスメント対象物に係る新たな機械設備等を外部から導入しようとする場合には、当該機械設備等の製造者に対し、当該設備等の設計・製造段階においてリスクアセスメントを実施することを求め、その結果を入手すること。

ウ　リスクアセスメント対象物に係る機械設備等の使用又は改造等を行おうとする場合に、自らが当該機械設備等の管理権原を有しないときは、管理権原を有する者等が実施した当該機械設備等に対するリスクアセスメントの結果を入手すること。

(4)　元方事業者は、次に掲げる場合には、関係請負人におけるリスクアセスメントの円滑な実施に資するよう、自ら実施したリスクアセスメント等の結果を当該業務に係る関係請負人に提供すること。

ア　複数の事業者が同一の場所で作業する場合であって、混在作業におけるリ

(5)　指針の７(3)については、以下の事項に留意すること。

ア　指針の７(3)アは、リスクアセスメント対象物による危険性又は有害性に係る情報が記載されたSDSはリスクアセスメント等において重要であることから、事業者は当該リスクアセスメント対象物のSDSを必ず入手すべきことを定めたものであること。

イ　指針の７(3)イは、「機械等の包括的な安全基準に関する指針」、ISO、JISの「機械類の安全性」の考え方に基づき、リスクアセスメント対象物に係る機械設備等の設計・製造段階における安全対策が講じられるよう、機械設備等の導入前に製造者にリスクアセスメント等の実施を求め、使用上の情報等の結果を入手することを定めたものであること。

ウ　指針の７(3)ウは、使用する機械設備等に対する設備的改善は管理権原を有する者のみが行い得ることから、管理権原を有する者が実施したリスクアセスメント等の結果を入手することを定めたものであること。

　また、爆発等の危険性のある物を取り扱う機械設備等の改造等を請け負った事業者が、内容物等の危険性を把握することは困難であることから、管理権原を有する者がリスクアセスメント等を実施し、その結果を関係請負人に提供するなど、関係請負人がリスクアセスメント等を行うために必要な情報を入手できることを定めたものであること。

(6)　指針の７(4)については、以下の事項に留意すること。

ア　指針の７(4)アは、同一の場所で複数の事業者が混在作業を行う場合、当該

スクアセスメント対象物による労働災害を防止するために元方事業者がリスクアセスメント等を実施したとき。

作業を請け負った事業者は、作業の混在の有無や混在作業において他の事業者が使用するリスクアセスメント対象物による危険性又は有害性を把握できないので、元方事業者がこれらの事項について事前にリスクアセスメント等を実施し、その結果を関係請負人に提供する必要があることを定めたものであること。

イ　リスクアセスメント対象物にばく露するおそれがある場所等、リスクアセスメント対象物による危険性又は有害性がある場所において、複数の事業者が作業を行う場合であって、元方事業者が当該場所に関するリスクアセスメント等を実施したとき。

イ　指針の7(4)イは、リスクアセスメント対象物の製造工場や化学プラント等の建設、改造、修理等の現場においては、関係請負人が混在して作業を行っていることから、どの関係請負人がリスクアセスメント等を実施すべきか明確でない場合があるため、元方事業者がリスクアセスメント等を実施し、その結果を関係請負人に提供する必要があることを定めたものであること。

8　危険性又は有害性の特定

事業者は、リスクアセスメント対象物について、リスクアセスメント等の対象となる業務を洗い出した上で、原則としてアからウまでに即して危険性又は有害性を特定すること。また、必要に応じ、エに掲げるものについても特定することが望ましいこと。

ア　国際連合から勧告として公表された「化学品の分類及び表示に関する世界調和システム（GHS）」（以下「GHS」という。）又は日本産業規格Z 7252に基づき分類されたリスクアセスメント対象物の危険性又は有害性（SDSを入手した場合には、当該SDSに記載されているGHS分類結果）

イ　リスクアセスメント対象物の管理濃度及び濃度基準値。これらの値が設定されていない場合であって、日本産業衛生学会の許容濃度又は米国産業衛生専門家会議（ACGIH）のTLV-TWA等のリスクアセスメント対象物のばく露限界（以下「ばく露限界」という。）が設定されている場合にはその値（SDSを入手した場合には、当該

8　危険性又は有害性の特定について

(1)　指針の8は、危険性又は有害性の特定の方法について定めたものであること。

(2)　指針の8の「リスクアセスメント等の対象となる業務」のうちリスクアセスメント対象物を製造する業務には、当該リスクアセスメント対象物を最終製品として製造する業務のほか、当該リスクアセスメント対象物を製造中間体として生成する業務が含まれ、リスクアセスメント対象物を取り扱う業務には、譲渡・提供され、又は自ら製造した当該リスクアセスメント対象物を単に使用する業務のほか、他の製品の原料として使用する業務が含まれること。

(3)　指針の8ア及びイは、リスクアセスメント対象物の危険性又は有害性の特定は、まずSDSに記載されているGHS 分類結果、管理濃度及び濃度基準値並びにこれらの値が設定されていない場合には日本産業衛生学会等の許容濃度等のばく露限界を把握することによることを定めたものであること。なお、指針の8アのGHS分類に基づくリスクアセスメント対象物の危険性又は有害性には、別紙1に示すものがあること。

また、リスクアセスメント対象物の「危険性又は有害性」は、個々のリスクアセスメント対象物に関するものであるが、これらのリスクアセスメント対象物の相互間の化学反応による危険性（発熱等の事象）又は有害性（有毒ガスの発生等）

SDSに記載されているばく露限界）

ウ　皮膚等障害化学物質等（安衛則第594条の２で定める皮膚若しくは眼に障害を与えるおそれ又は皮膚から吸収され、若しくは皮膚に侵入して、健康障害を生ずるおそれがあることが明らかな化学物質又は化学物質を含有する製剤）への該当性

エ　アからウまでによって特定される危険性又は有害性以外の、負傷又は疾病の原因となるおそれのある危険性又は有害性。この場合、過去にリスクアセスメント対象物による労働災害が発生した作業、リスクアセスメント対象物による危険又は健康障害のおそれがある事象が発生した作業等により事業者が把握している情報があるときには、当該情報に基づく危険性又は有害性が必ず含まれるよう留意すること。

が予測される場合には、事象に即してその危険性又は有害性にも留意すること。

(4)　指針の８ウの皮膚等障害化学物質等に該当する物質については、安衛則第594条の２の規定により、皮膚等障害化学物質等を製造し、又は取り扱う業務に労働者を従事させる場合にあっては、不浸透性の保護衣、保護手袋、履物又は保護眼鏡等適切な保護具を使用させることが事業者に義務付けていることを踏まえ、リスク低減措置の検討に当たっては、保護具の着用を含めて検討する必要があること。

(5)　指針の８エにおける「負傷又は疾病の原因となるおそれのあるリスクアセスメント対象物の危険性又は有害性」とは、SDSに記載された危険性又は有害性クラス及び区分に該当しない場合であっても、過去の災害事例等の入手しうる情報によって災害の原因となるおそれがあると判断される危険性又は有害性をいうこと。また、「リスクアセスメント対象物による危険又は健康障害のおそれがある事象が発生した作業等」の「等」には、労働災害を伴わなかった危険又は健康障害のおそれのある事象（ヒヤリハット事例）のあった作業、労働者が日常不安を感じている作業、過去に事故のあった設備等を使用する作業、又は操作が複雑なリスクアセスメント対象物に係る機械設備等の操作が含まれること。

９　リスクの見積り

(1)　事業者は、リスク低減措置の内容を検討するため、安衛則第34条の２の７第２項に基づき、次に掲げるいずれかの方法（危険性に係るものにあっては、ア又はウに掲げる方法に限る。）により、又はこれらの方法の併用によりリスクアセスメント対象物によるリスクを見積もるものとする。

９　リスクの見積りについて

(1)　指針の９はリスクの見積りの方法等について定めたものであるが、その実施に当たっては、次に掲げる事項に留意すること。

ア　リスクの見積りは、危険性又は有害性のいずれかについて行う趣旨ではなく、対象となるリスクアセスメント対象物に応じて特定された危険性又は有害性のそれぞれについて行うべきものであること。したがって、リスクアセスメント対象物によっては危険性及び有害性の両方についてリスクを見積もる必要があること。

イ　指針の９(1)アからウまでに掲げる方法は、代表的な手法の例であり、指針の９(1)ア、イ又はウの柱書きに定める事項を満たしている限り、他の手法によっても差し支えないこと。

ア　リスクアセスメント対象物が当該業務に従事する労働者に危険を及ぼし、又はリスクアセスメント対象物により当該労働者の健康障害を生ずるおそれの程度（発生可能性）及び当該危険又は健康障害の程度（重篤度）を考慮する方法。具体的には、次に掲げる方法があること。	(2)　指針の９(1)アに示す方法の実施に当たっては、次に掲げる事項に留意すること。 ア　指針の９(1)アのリスクの見積りは、必ずしも数値化する必要はなく、相対的な分類でも差し支えないこと。 イ　指針の９(1)アの「危険又は健康障害」には、それらによる死亡も含まれること。また、「危険又は健康障害」は、ISO 等において「危害」(harm)、「危険又は健康障害の程度（重篤度）」は、ISO等において「危害のひどさ」(severity of harm) 等の用語で表現されているものであること。
(ア)　発生可能性及び重篤度を相対的に尺度化し、それらを縦軸と横軸とし、あらかじめ発生可能性及び重篤度に応じてリスクが割り付けられた表を使用してリスクを見積もる方法	ウ　指針の９(1)ア(ア)に示す方法は、危険又は健康障害の発生可能性とその重篤度をそれぞれ縦軸と横軸とした表（行列：マトリクス）に、あらかじめ発生可能性と重篤度に応じたリスクを割り付けておき、発生可能性に該当する行を選び、次に見積り対象となる危険又は健康障害の重篤度に該当する列を選ぶことにより、リスクを見積もる方法であること。(別紙２の例１を参照。)
(イ)　発生可能性及び重篤度を一定の尺度によりそれぞれ数値化し、それらを加算又は乗算等してリスクを見積もる方法	エ　指針の９(1)ア(イ)に示す方法は、危険又は健康障害の発生可能性とその重篤度を一定の尺度によりそれぞれ数値化し、それらを数値演算（足し算、掛け算等）してリスクを見積もる方法であること。(別紙２の例２を参照。)
(ウ)　発生可能性及び重篤度を段階的に分岐していくことによりリスクを見積もる方法	オ　指針の９(1)ア(ウ)に示す方法は、危険又は健康障害の発生可能性とその重篤度について、危険性への遭遇の頻度、回避可能性等をステップごとに分岐していくことにより、リスクを見積もる方法（リスクグラフ）であること。
(エ)　ILOの化学物質リスク簡易評価法（コントロール・バンディング）等を用いてリスクを見積もる方法	カ　指針の９(1)ア(エ)の「コントロール・バンディング」は、ILO が開発途上国の中小企業を対象に有害性のある化学物質から労働者の健康を保護するため開発した簡易なリスクアセスメント手法である。厚生労働省では「職場のあんぜんサイト」において、ILOが公表しているコントロール・バンディングのツールを翻訳、修正追加したものを「厚生労働省版コントロール・バンディング」として提供していること。(別紙2の例3参照)
(オ)　化学プラント等の化学反応のプロセス等による災害のシナリオを仮定して、その事象の発生可能性と重篤度を考慮する方法	キ　指針の９(1)ア(オ)に示す方法は、「化学プラントにかかるセーフティ・アセスメントに関する指針」(平成12年３月21日付け基発第149号）による方法

イ　当該業務に従事する労働者がリスクアセスメント対象物にさらされる程度（ばく露の程度）及び当該リスクアセスメント対象物の有害性の程度を考慮する方法。具体的には、次に掲げる方法があること。

㈠　管理濃度が定められている物質については、作業環境測定により測定した当該物質の第一評価値を当該物質の管理濃度と比較する方法

㈡　濃度基準値が設定されている物質については、個人ばく露測定により測定した当該物質の濃度を当該物質の濃度基準値と比較する方法

㈢　管理濃度又は濃度基準値が設定されていない物質については、対象の業務について作業環境測定等により測定した作業場所における当該物質の気中濃度等を当該物質のばく露限界と比較する方法

㈣　数理モデルを用いて対象の業務に係る作業を行う労働者の周辺のリスクアセスメント対象物の気中濃度を推定し、当該物質の濃度基準値又はばく露限界と比較する方法

等があること。

(3)　指針の9(1)イに示す方法はリスクアセスメント対象物による健康障害に係るリスクの見積りの方法について定めたものであるが、その実施に当たっては、次に掲げる事項に留意すること。

ア　指針の9(1)イ㈠から㈢までは、リスクアセスメント対象物の気中濃度等を実際に測定し、管理濃度、濃度基準値又はばく露限界と比較する手法であること。なお、㈡に定めるばく露の程度が濃度基準値以下であることを確認するための測定の方法については、技術上の指針に定めるところによること。

（別紙3の1参照）

イ　指針の9(1)イ㈢の「気中濃度等」には、作業環境測定結果の評価値を用いる方法、個人サンプラーを用いて測定した個人ばく露濃度を用いる方法、検知管により簡易に気中濃度を測定する方法等が含まれること。なお、簡易な測定方法を用いた場合には、測定条件に応じた適切な安全率を考慮する必要があること。また、「ばく露限界」には、日本産業衛生学会の許容濃度、ACGIH（米国産業衛生専門家会議）のTLV-TWA（Threshold Limit Value - Time Weighted Average 8時間加重平均濃度）等があること。

ウ　指針の9(1)イ㈢の方法による場合には、単位作業場所（作業環境測定基準第2条第1項に定義するものをいう。）に準じた区域に含まれる業務を測定の単位とするほか、リスクアセスメント対象物の発散源ごとに測定の対象とする方法があること。

エ　指針の9(1)イ㈣の数理モデルを用いてばく露濃度等を推定する場合には、推定方法及び推定に用いた条件に応じて適切な安全率を考慮する必要があること。

オ　指針の9(1)イ㈣の気中濃度の推定方法には、以下に掲げる方法が含まれること。

a　調査対象の作業場所以外の作業場所において、調査対象のリスクアセスメント対象物について調査対象の業務と同様の業務が行われており、かつ、作業場所の形状や換気条件が同程度である場合に、当該業務に係る作業環境測定の結果から平均的な濃度を推定する方法

b　調査対象の作業場所における単位時間当たりのリスクアセスメント対象物の消費量及び当該作業場所の気積から推定する方法並びにこれに加えて物質の拡散又は換気を考慮して推定する方法

c　厚生労働省が提供している簡易リスクアセスメントツールであるCREATE-SIMPLE（クリエイト・シンプル）を用いて気中濃度を推定する方法（別紙3の例4参照）

d　欧州化学物質生態毒性・毒性センターが提供しているリスクアセスメントツール（ECETOC-TRA）を用いてリスクを見積もる方法（別紙3の例5参照）

(オ)　リスクアセスメント対象物への労働者のばく露の程度及び当該物質による有害性の程度を相対的に尺度化し、それらを縦軸と横軸とし、あらかじめばく露の程度及び有害性の程度に応じてリスクが割り付けられた表を使用してリスクを見積もる方法

カ　指針の9(1)イ(オ)は、指針の9(1)ア(ア)の方法の横軸と縦軸を当該化学物質等のばく露の程度と有害性の程度に置き換えたものであること。（別紙3の例6参照）

キ　このほか、以下に留意すること。

a　ばく露の程度を推定する方法としては、指針の9(1)イ(ア)から(オ)までのほか、対象の業務について生物学的モニタリングにより当該リスクアセスメント対象物への労働者のばく露レベルを推定する方法もあること。

b　感作性を有するリスクアセスメント対象物に既に感作されている場合や妊娠中等、通常よりも高い感受性を示す場合については、濃度基準値又はばく露限界との比較によるリスクの見積もりのみでは不十分な場合があることに注意が必要であること。

c　経皮吸収による健康障害が懸念されるリスクアセスメント対象物については、指針の9(1)アの方法も考慮すること。

ウ　ア又はイに掲げる方法に準ずる方法。具体的には、次に掲げる方法があること。

(4)　指針の9(1)ウは、「準ずる方法」として、リスクアセスメント対象物そのもの又は同様の危険性又は有害性を有する他の物質を対象として、当該物質に係る危険又は健康障害を防止するための具体的な措置が労働安全衛生法関係法令に規定されている場合に、当該条項を確認する方法等があることを定めたものであり、次に掲げる事項に留意すること。

(ア)　リスクアセスメント対象物に係る危険又は健康障害を防止するための具体的な措置が労働安全衛生法関係

ア　指針の9(1)ウ(ア)は、労働安全衛生法関係法令に規定する特定化学物質、有機溶剤、鉛、四アルキル鉛等及び危険

法令（主に健康障害の防止を目的とした有機溶剤中毒予防規則（昭和47年労働省令第36号）、鉛中毒予防規則（昭和47年労働省令第37号）、四アルキル鉛中毒予防規則（昭和47年労働省令第38号）及び特定化学物質障害予防規則（昭和47年労働省令第39号）の規定並びに主に危険の防止を目的とした令別表第1に掲げる危険物に係る安衛則の規定）の各条項に規定されている場合に、当該規定を確認する方法。

(イ)　リスクアセスメント対象物に係る危険を防止するための具体的な規定が労働安全衛生法関係法令に規定されていない場合において、当該物質のSDSに記載されている危険性の種類（例えば「爆発物」など）を確認し、当該危険性と同種の危険性を有し、かつ、具体的措置が規定されている物に係る当該規定を確認する方法

(ウ)　毎回異なる環境で作業を行う場合において、典型的な作業を洗い出し、あらかじめ当該作業において労働者がばく露される物質の濃度を測定し、その測定結果に基づくリスク低減措置を 定めたマニュアル等を作成するとともに、当該マニュアル等に定められた措置が適切に実施されていることを確認する方法

(2)　事業者は、(1)のア又はイの方法により見積りを行うに際しては、用いるリスクの見積り方法に応じて、7で入手した情報等から次に掲げる事項等必要な情報を使用すること。

ア　当該リスクアセスメント対象物の性状

イ　当該リスクアセスメント対象物の製造量又は取扱量

ウ　当該リスクアセスメント対象物の製造又は取扱い（以下「製造等」という。）に係る作業の内容

物に該当する物質については、対応する有機溶剤中毒予防規則等の各条項の履行状況を確認することをもって、リスクアセスメントを実施したこととみなす方法があること。

イ　指針の9(1)ウ(イ)に示す方法は、危険物ではないが危険物と同様の危険性を有するリスクアセスメント対象物（GHS又はJIS Z 7252に基づき分類された物理化学的危険性のうち爆発物、有機過酸化物、可燃性固体、酸化性ガス、酸化性液体、酸化性固体、引火性液体又は可燃性ガスに該当する物）について、危険物を対象として規定された安衛則第4章等の各条項を確認する方法であること。

ウ　指針の9(1)ウ(ウ)の規定は、毎回異なる環境で作業を行う場合、作業の都度、リスクアセスメント及びその結果に基づく措置を実施することが困難であることから、定められた趣旨であること。9(1)ウ(ウ)に示すマニュアル等には、独立行政法人労働者健康安全機構労働安全衛生総合研究所化学物質情報管理研究センターや労働災害防止団体等が公表するマニュアル等があること。

(5)　指針の9(2)については、次に掲げる事項に留意すること。

ア　指針の9(2)アの「性状」には、固体、スラッジ、液体、ミスト、気体等があり、例えば、固体の場合には、塊、フレーク、粒、粉等があること。

イ　指針の9(2)イの「製造量又は取扱量」は、リスクアセスメント対象物の種類ごとに把握すべきものであること。また、タンク等に保管されているリスクアセスメント対象物の量も把握すること。

ウ　指針の9(2)ウの「作業」とは、定常作業であるか非定常作業であるかを問わず、リスクアセスメント対象物により労働者の危険又は健康障害を生ずる

エ　当該リスクアセスメント対象物の製造等に係る作業の条件及び関連設備の状況

オ　当該リスクアセスメント対象物の製造等に係る作業への人員配置の状況

カ　作業時間及び作業の頻度

キ　換気設備の設置状況

ク　有効な保護具の選択及び使用状況

ケ　当該リスクアセスメント対象物に係る既存の作業環境中の濃度若しくはばく露濃度の測定結果又は生物学的モニタリング結果

(3)　事業者は、(1)のアの方法によるリスクの見積りに当たり、次に掲げる事項等に留意するものとする。

ア　過去に実際に発生した負傷又は疾病の重篤度ではなく、最悪の状況を想定した最も重篤な負傷又は疾病の重篤度を見積もること。

可能性のある作業の全てをいうこと。

エ　指針の9(2)エの「製造等に係る作業の条件」には、例えば、製造等を行うリスクアセスメント対象物を取り扱う温度、圧力があること。また、「関連設備の状況」には、例えば、設備の密閉度合、温度や圧力の測定装置の設置状況があること。

オ　指針の9(2)オの「製造等に係る作業への人員配置の状況」には、リスクアセスメント対象物による危険性又は有害性により、負傷し、又はばく露を受ける可能性のある者の人員配置の状況が含まれること。

カ　指針の9(2)カの「作業の頻度」とは、当該作業の1週間当たり、1か月当たり等の頻度が含まれること。

キ　指針の9(2)キの「換気設備の設置状況」には、例えば、局所排気装置、全体換気装置及びプッシュプル型換気装置の設置状況及びその制御風速、換気量があること。

ク　指針の9(2)クの「有効な保護具の選択及び使用状況」には、労働者への保護具の配布状況、保護具の着用義務を労働者に履行させるための手段の運用状況及び保護具の保守点検状況が含まれること。

ケ　指針の9(2)ケの「作業環境中の濃度若しくはばく露濃度の測定結果」には、調査対象作業場所での測定結果が無く、類似作業場所での測定結果がある場合には、当該結果が含まれること。

(6)　指針の9(3)の留意事項の趣旨は次のとおりであること。

ア　指針の9(3)アの重篤度の見積りに当たっては、どのような負傷や疾病がどの作業者に発生するのかをできるだけ具体的に予測した上で、その重篤度を見積もること。また、直接作業を行う者のみならず、作業の工程上その作業場所の周辺にいる作業者等も検討の対象に含むこと。

リスクアセスメント対象物による負傷の重篤度又はそれらの発生可能性の見積りに当たっては、必要に応じ、以下の事項を考慮すること。

(ア)　反応、分解、発火、爆発、火災等の起こしやすさに関するリスクアセスメント対象物の特性（感度）

(イ)　爆発を起こした場合のエネルギー

の発生挙動に関するリスクアセスメント対象物の特性（威力）

(ウ) タンク等に保管されているリスクアセスメント対象物の保管量等

イ 負傷又は疾病の重篤度は、傷害や疾病等の種類にかかわらず、共通の尺度を使うことが望ましいことから、基本的に、負傷又は疾病による休業日数等を尺度として使用すること。

イ 指針の9(3)イの「休業日数等」の「等」には、後遺障害の等級や死亡が含まれること。

ウ リスクアセスメントの対象の業務に従事する労働者の疲労等の危険性又は有害性への付加的影響を考慮することが望ましいこと。

ウ 指針の9(3)ウは、労働者の疲労等により、危険又は健康障害が生ずる可能性やその重篤度が高まることを踏まえ、リスクの見積りにおいても、これら疲労等による発生可能性と重篤度の付加を考慮することが望ましいことを定めたものであること。なお、「疲労等」には、単調作業の連続による集中力の欠如や、深夜労働による居眠り等が含まれること。

エ このほか、GHS分類において特定標的臓器毒性（単回ばく露）区分3に分類されるリスクアセスメント対象物のうち、麻酔作用を有するものについては、当該リスクアセスメント対象物へのばく露が労働者の作業に影響し危険又は健康障害が生ずる可能性を増加させる場合があることを考慮することが望ましいこと。

(4) 事業者は、一定の安全衛生対策が講じられた状態でリスクを見積もる場合には、用いるリスクの見積り方法における必要性に応じて、次に掲げる事項等を考慮すること。

(7) 指針の9(4)の安全衛生機能等に関する考慮については、次に掲げる事項に留意すること。

ア 安全装置の設置、立入禁止措置、排気・換気装置の設置その他の労働災害防止のための機能又は方策（以下「安全衛生機能等」という。）の信頼性及び維持能力

ア 指針の9(4)アの「安全衛生機能等の信頼性及び維持能力」に関して必要に応じ考慮すべき事項には、以下の事項があること。

(ア) 安全装置等の機能の故障頻度・故障対策、メンテナンス状況、局所排気装置、全体換気装置の点検状況、密閉装置の密閉度の点検、保護具の管理状況、作業者の訓練状況等

(イ) 立入禁止措置等の管理的方策の周知状況、柵等のメンテナンス状況

イ 安全衛生機能等を無効化する又は無視する可能性

イ 指針の9(4)イの「安全衛生機能等を無効化する又は無視する可能性」に関して必要に応じ考慮すべき事項には、以下の事項があること。

(ア) 生産性が低下する、短時間作業である等の理由による保護具の非着用等、労働災害防止のための機能・方策を無効化させる動機

(イ) スイッチの誤作動防止のための保護錠が設けられていない、局所排気装置のダクトのダンパーが担当者以外でも操作できる等、労働災害防止のための機能・方策の無効化のしやすさ

ウ　作業手順の逸脱、操作ミスその他の予見可能な意図的・非意図的な誤使用又は危険行動の可能性

ウ　指針の9(4)ウの作業手順の逸脱等の予見可能な「意図的」な誤使用又は危険行動の可能性に関して必要に応じ考慮すべき事項には、以下の事項があること。

(ア) 作業手順等の周知状況
(イ) 近道行動（最小抵抗経路行動）
(ウ) 監視の有無等の意図的な誤使用等のしやすさ
(エ) 作業者の資格・教育等

また、操作ミス等の予見可能な「非意図的」な誤使用の可能性に関して必要に応じ考慮すべき事項には、以下の事項があること。

(ア) ボタンの配置、ハンドルの操作方向のばらつき等の人間工学的な誤使用等の誘発しやすさ、リスクアセスメント対象物を入れた容器への内容物の記載手順
(イ) 作業者の資格・教育等

エ　有害性が立証されていないが、一定の根拠がある場合における当該根拠に基づく有害性

エ　指針の9(4)エは、健康障害の程度（重篤度）の見積りに当たっては、いわゆる予防原則に則り、有害性が立証されておらず、SDSが添付されていないリスクアセスメント対象物を使用する場合にあっては、関連する情報を供給者や専門機関等に求め、その結果、一定の有害性が指摘されている場合は、その有害性を考慮すること。

10　リスク低減措置の検討及び実施

(1) 事業者は、法令に定められた措置がある場合にはそれを必ず実施するほか、法令に定められた措置がない場合には、次に掲げる優先順位でリスクアセスメント対象物に労働者がばく露する程度を最小限度とすることを含めたリスク低減措置の内容を検討するものとする。ただし、9(1)イの方法を用いたリスクの見積り結果として、労働者がばく露される程度が濃度基準値又はばく露限界を十分に下回ることが確認できる場合は、当該リスクは、許容範囲内であり、追加のリスク低減措置を検討する必要がないものとして差し支えないものであること。

10　リスク低減措置の検討及び実施について

(1) 指針の10(1)については、次に掲げる事項に留意すること。

ア　危険性又は有害性のより低い物質への代替、化学反応のプロセス等の運転条件の変更、取り扱うリスクアセスメント対象物の形状の変更等又はこれらの併用によるリスクの低減

ア　指針の10(1)アの「危険性又は有害性のより低い物質への代替には、危険性又は有害性が低いことが明らかな物質への代替が含まれ、例えば以下のものがあること。なお、危険性又は有害性が不明な物質を、危険性又は有害性が低いものとして扱うことは避けなければならないこと。

(ア)　濃度基準値又はばく露限界がより高い物質

(イ)　GHS又はJIS Z 7252 に基づく危険性又は有害性の区分がより低い物質（作業内容等に鑑み比較する危険性又は有害性のクラスを限定して差し支えない。）

イ　指針の10(1)アの「併用によるリスクの低減」は、より有害性又は危険性の低い物質に代替した場合でも、当該代替に伴い使用量が増加すること、代替物質の揮発性が高く気中濃度が高くなること、あるいは、爆発限界との関係で引火・爆発の可能性が高くなることなど、リスクが増加する場合があることから、必要に応じ物質の代替と化学反応のプロセス等の運転条件の変更等とを併用しリスクの低減を図るべきことを定めたものであること。

イ　リスクアセスメント対象物に係る機械設備等の防爆構造化、安全装置の二重化等の工学的対策又はリスクアセスメント対象物に係る機械設備等の密閉化、局所排気装置の設置等の衛生工学的対策

ウ　指針の10(1)イの「工学的対策」とは、指針の10(1)アの措置を講ずることができず抜本的には低減できなかった労働者に危険を生ずるおそれの程度に対し、防爆構造化、安全装置の多重化等の措置を実施し、当該リスクアセスメント対象物による危険性による負傷の発生可能性の低減を図る措置をいうこと。

また、「衛生工学的対策」とは、指針の10(1)アの措置を講ずることができず抜本的には低減できなかった労働者の健康障害を生ずるおそれの程度に対し、機械設備等の密閉化、局所排気装置等の設置等の措置を実施し、当該リスクアセスメント対象物の有害性による疾病の発生可能性の低減を図る措置をいうこと。

ウ　作業手順の改善、立入禁止等の管理的対策

エ　指針の10(1)ウの「管理的対策」には、作業手順の改善、立入禁止措置のほか、作業時間の短縮、マニュアルの整備、ばく露管理、警報の運用、複数人数制の採用、教育訓練、健康管理等の作業者等を管理することによる対策が含まれること。

エ　リスクアセスメント対象物の有害性に応じた有効な保護具の選択及び使用	オ　指針の10(1)エの「有効な保護具」は、その対象物質及び性能を確認した上で、有効と判断される場合に使用するものであること。例えば、呼吸用保護具の吸収缶及びろ過材は、本来の対象物質と異なるリスクアセスメント対象物に対して除毒能力又は捕集性能が著しく不足する場合があることから、保護具の選定に当たっては、必要に応じてその対象物質及び性能を製造者に確認すること。なお、有効な保護具が存在しない又は入手できない場合には、指針の10(1)アからウまでの措置により十分にリスクを低減させるよう検討すること。
(2)　(1)の検討に 当たっては、より優先順位の高い措置を実施することにした場合であって、当該措置により十分にリスクが低減される場合には、当該措置よりも優先順位の低い措置の検討まで要するものではないこと。また、リスク低減に要する負担がリスク低減による労働災害防止効果と比較して大幅に大きく、両者に著しい不均衡が発生する場合であって、措置を講ずることを求めることが著しく合理性を欠くと考えられるときを除き、可能な限り高い優先順位のリスク低減措置を実施する必要があるものとする。	(2)　指針の10(2)は、合理的に実現可能な限り、より高い優先順位のリスク低減措置を実施することにより、「合理的に実現可能な程度に低い」（ALARP：As Low As Reasonably Practicable）レベルにまで適切にリスクを低減するという考え方を定めたものであること。 　なお、死亡や重篤な後遺障害をもたらす可能性が高い場合等には、費用等を理由に合理性を判断することは適切ではないことから、措置を実施すべきものであること。
(3)　死亡、後遺障害又は重篤な疾病をもたらすおそれのあるリスクに対して、適切なリスク低減措置の実施に時間を要する場合は、暫定的な措置を直ちに講ずるほか、(1)において検討したリスク低減措置の内容を速やかに実施するよう努めるものとする。	
(4)　リスク低減措置を講じた場合には、当該措置を実施した後に見込まれるリスクを見積もることが望ましいこと。	(3)　指針の10(4)に関し、濃度基準値が規定されている物質については、安衛則第577条の２第２項の規定を満たしているか確認するため、ばく露の程度が濃度基準値以下であることを見積もる必要があることに留意すること。
11　リスクアセスメント結果等の労働者への周知等	**11　リスクアセスメント結果等の労働者への周知等について**
(1)　事業者は、安衛則第34条の２の８に基づき次に掲げる事項をリスクアセスメント対象物を製造し、又は取り扱う業務に従事する労働者に周知するものとする。 ア　対象のリスクアセスメント対象物の名称 イ　対象業務の内容 ウ　リスクアセスメントの結果	(1)　指針の11(1)アからエまでに掲げる事項を速やかに労働者に周知すること。その際、リスクアセスメント等を実施した日付及び実施者についても情報提供するこ

(ア)　特定した危険性又は有害性
(イ)　見積もったリスク
エ　実施するリスク低減措置の内容

(2)　(1)の周知は、安衛則第34条の2の8第2項に基づく方法によること。

(3)　法第59条第1項に基づく雇入れ時教育及び同条第2項に基づく作業変更時教育においては、安衛則第35条第1項第1号、第2号及び第5号に掲げる事項として、(1)に掲げる事項を含めること。

なお、5の(1)に掲げるリスクアセスメント等の実施時期のうちアからウまでについては、法第59条第2項の「作業内容を変更したとき」に該当するものであること。

(4)　事業者は(1)に掲げる事項について記録を作成し、次にリスクアセスメントを行うまでの期間（リスクアセスメントを行った日から起算して3年以内に当該リスクアセスメント対象物についてリスクアセスメントを行ったときは、3年間）保存しなければならないこと。

12　その他

リスクアセスメント対象物以外のものであって、化学物質、化学物質を含有する製剤その他の物で労働者に危険又は健康障害を生ずるおそれのあるものについては、法第28条の2及び安衛則第577条の3に基づき、この指針に準じて取り組むよう努めること。

とが望ましいこと。

(2)　指針の11(1)エの「リスク低減措置の内容」には、当該措置を実施した場合のリスクの見積り結果も含めて周知することが望ましいこと。

(3)　指針の11(4)の記録については、安衛則第34条の2の8第1項の規定を満たしていれば、任意の様式による記録で差し支えないこと。なお、記録の一例として、別紙4があること。

12　その他について

指針の12は、法第28条の2及び安衛則第577条の3に基づく化学物質のリスクアセスメント等を実施する際には、本指針に準じて適切に実施するよう努めるべきことを定めたものであること。

通達　別紙１

化学品の分類及び表示に関する世界調和システム（GHS）で示されている危険性又は有害性の分類

1　物理化学的危険性

(1)　爆発物
(2)　可燃性ガス
(3)　エアゾール
(4)　酸化性ガス
(5)　高圧ガス
(6)　引火性液体
(7)　可燃性固体
(8)　自己反応性化学品
(9)　自然発火性液体
(10)　自然発火性固体
(11)　自己発熱性化学品
(12)　水反応可燃性化学品
(13)　酸化性液体
(14)　酸化性固体
(15)　有機過酸化物
(16)　金属腐食性化学品
(17)　鈍化性爆発物

2　健康有害性

(1)　急性毒性
(2)　皮膚腐食性／刺激性
(3)　眼に対する重篤な損傷性／眼刺激性
(4)　呼吸器感作性又は皮膚感作性
(5)　生殖細胞変異原性
(6)　発がん性
(7)　生殖毒性
(8)　特定標的臓器毒性（単回ばく露）
(9)　特定標的臓器毒性（反復ばく露）
(10)　誤えん有害性

通達　**別紙2**

リスク見積りの例

1　労働者の危険又は健康障害の程度（重篤度）

「労働者の危険又は健康障害の程度（重篤度）」については、基本的に休業日数等を尺度として使用するものであり、以下のように区分する例がある。

①　死亡：死亡災害

②　後遺障害：身体の一部に永久損傷を伴うもの、

③　休業：休業災害、一度に複数の被災者を伴うもの

④　軽傷：不休災害やかすり傷程度のもの

2　労働者に危険又は健康障害を生ずるおそれの程度（発生可能性）

「労働者に危険又は健康障害を生ずるおそれの程度（発生可能性）」は、危険性又は有害性への接近の頻度や時間、回避の可能性等を考慮して見積もるものであり、以下のように区分する例がある。

①　（可能性が）極めて高い：日常的に長時間行われる作業に伴うもので回避困難なもの

②　（可能性が）比較的高い：日常的に行われる作業に伴うもので回避可能なもの

③　（可能性が）ある：非定常的な作業に伴うもので回避可能なもの

④　（可能性が）ほとんどない：まれにしか行われない作業に伴うもので回避可能なもの

3　リスク見積りの例

リスク見積り方法の例には、以下の例1～3のようなものがある。

［例１：マトリクスを用いた方法］

※重篤度「②後遺障害」、発生可能性「②比較的高い」の場合の見積り例

		危険又は健康障害の程度（重篤度）			
		死亡	後遺障害	休業	軽傷
危険又は健康障害を生ずるおそれの程度（発生可能性）	極めて高い	5	5	4	3
	比較的高い	5	④	3	2
	可能性あり	4	3	2	1
	ほとんどない	4	3	1	1

リスク	優先度	
4～5	高	直ちにリスク低減措置を講ずる必要がある。 措置を講ずるまで作業停止する必要がある。
2～3	中	速やかにリスク低減措置を講ずる必要がある。 措置を講ずるまで使用しないことが望ましい。
1	低	必要に応じてリスク低減措置を実施する。

［例２：数値化による方法］

※重篤度「②後遺障害」、発生可能性「②比較的高い」の場合の見積り例

(1) 危険又は健康障害の程度（重篤度）

死亡	後遺障害	休業	軽傷
20点	20点	7点	2点

(2) 危険又は健康障害を生ずるおそれの程度（発生可能性）

極めて高い	比較的高い	可能性あり	ほとんどない
20点	20点	7点	2点

20点（重篤度「後遺障害」）+15点（発生可能性「比較的高い」）=35点（リスク）

リスク	優先度	
30点以上	高	直ちにリスク低減措置を講ずる必要がある。 措置を講ずるまで作業停止する必要がある。
10~29点	中	速やかにリスク低減措置を講ずる必要がある。 措置を講ずるまで使用しないことが望ましい。
10点未満	低	必要に応じてリスク低減措置を実施する。

［例３：厚生労働省版コントロール・バンディングの概要］

ILOが開発途上国の中小企業を対象に有害性のある化学物質から労働者の健康を保護するため開発した簡易なリスクアセスメントツールを厚生労働省がWebシステムとして改良したものであり、厚生労働省の「職場のあんぜんサイト」で提供している。

必要な情報（作業内容（選択）、GHS区分（選択）、固液の別、取扱量（選択）、取扱温度、沸点等）を入力することによって、リスクレベルと参考となる対策管理シートが得られる。

https://anzeninfo.mhlw.go.jp/user/anzen/kag/ankgc07_1.htm

通達　**別紙3**

リスクアセスメント対象物による有害性に係るリスク見積りについて

1　定量的評価について

(1)　管理濃度が定められている物質については、作業環境測定により測定した当該物質の第一評価値を当該物質の管理濃度と比較する。

濃度基準値が設定されている物質については技術上の指針の2－1及び3から6までに示した方法により、数理モデルによる推計又は測定した当該物質の濃度を当該物質の濃度基準値と比較してリスク見積りを行う。

濃度基準値又は管理濃度が設定されておらず、ばく露限界の設定がなされている物質については、労働者がばく露される物質の濃度を測定又は推定し、ばく露限界と比較してリスク見積りを行う。測定による場合は、原則として、技術上の指針の2－1(3)及び2－2に定めるリスクアセスメントのための測定によることとし、8時間時間加重平均値を8時間時間加重平均のばく露限界（TWA）と比較し、15分間時間加重平均値を短時間ばく露限界値（STEL）と比較してリスク見積りを行うこと。

なお、定点測定の場合は、作業環境測定に準じて行うこととし、作業環境評価基準（昭和63年労働省告示第79号。以下「評価基準」という。）におけるA測定の第一評価値に相当する値を8時間時間加重平均のばく露限界（TWA）と比較し、評価基準におけるB測定の測定値に相当する値を短時間ばく露限界（STEL）と比較してリスク見積りを行うこと。

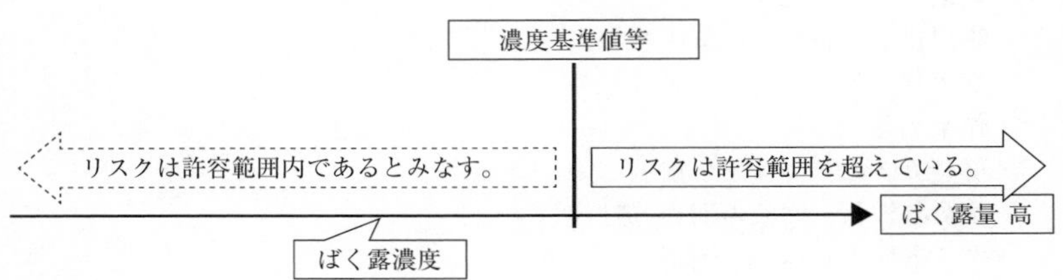

(2)　数理モデルを用いて、対象の業務に従事する労働者の周辺の空気中濃度を定量的に推定する方法も用いられている。

主な数理モデルの例

・換気を考慮しない数理モデルを用いた空気中濃度の推定
　飽和蒸気圧モデルや完全蒸発モデルを用いた方法

・換気を考慮した数理モデルを用いた空気中濃度の推定
　発生モデルや分散モデルを用いた方法

数理モデルを用いたリスクアセスメントツールとしては、厚生労働省が提供している簡易リスクアセスメントツールCREATE-SIMPLE（クリエイト・シンプル）（例４参照）、欧州化学物質生態毒性・毒性センターのリスクアセスメントツールECETOC-TRA（例５参照）などがある。

［例４：CREATE-SIMPLE（クリエイト・シンプル）の情報］

CREATE-SIMPLE（クリエイト・シンプル）は、あらゆる業種の化学物質取扱事業者に向けた簡易なリスクアセスメントツールで、化学物質の取扱条件（取扱量、含有率、換気条件、作業時間・頻度、保護具の有無等）から推定したばく露濃度とばく露限界等を比較する方法である。

https://anzeninfo.mhlw.go.jp/user/anzen/kag/ankgc07_3.htm

［例５：ECETOC-TRA の情報］

ECETOC-TRA は、欧州化学物質生態毒性・毒性センター（ECETOC）が、欧州におけるREACH規則に対応するスクリーニング評価を目的として、化学物質のばく露によるリスクの程度を定量化するために開発した数理モデルである。

ECETOC のホームページからEXCEL ファイルのマクロプログラムをダウンロードして入手する。（無償）

http://www.ecetoc.org/tra（英語）

必要な入力項目

- ・対象物質の同定
- ・物理化学的特性（蒸気圧など）
- ・シナリオ名
- ・作業形態
- ・プロセスカテゴリー（選択）
- ・物質の性状（固液の別）（選択）
- ・ダスト発生レベル（選択）
- ・作業時間（選択）
- ・換気条件（選択）
- ・製品中含有量（選択）
- ・呼吸用保護具と除去率（選択）
- ・手袋の使用と除去率（選択）

計算により推定ばく露濃度が算出されるので、これをばく露限界と比較することでリスクアセスメントを行う。

2　リスクアセスメント対象物による有害性に係る定性的リスク評価

定性的リスク評価の一例を例６として示す。

［例６：リスクアセスメント対象物による有害性に係るリスクの定性評価法の例］

(1)　リスクアセスメント対象物による有害性のレベル分け

リスクアセスメント対象物について、SDS のデータを用いて、GHS 等を参考に有害性のレベルを付す。レベル分けは、有害性をＡからＥまでの５段階に分けた表のような例に基づき行う。

なお、この表はILO が公表しているコントロール・バンディング[1]に準拠しており、Ｓは皮膚又は眼への接触による有害性レベルであるので、(2)以降の見積り例では用いないが、参考として示したものである。

例えばGHS 分類で急性毒性 区分３とされた化学物質は、この表に当てはめ、有害性レベルＣとなる。

有害性のレベル（HL：Hazard Level）	GHS 分類における健康有害性クラス及び区分
A	・皮膚刺激性 区分２ ・眼刺激性 区分２ ・吸引性呼吸器有害性 区分１ ・他のグループに割り当てられない粉体、蒸気
B	・急性毒性 区分４ ・特定標的臓器毒性（単回ばく露）区分２
C	・急性毒性 区分３ ・皮膚腐食性 区分１（細区分１Ａ、１Ｂ、１Ｃ） ・眼刺激性 区分１ ・皮膚感作性 区分１ ・特定標的臓器毒性（単回ばく露）区分１ ・特定標的臓器毒性（反復ばく露）区分２
D	・急性毒性 区分１、２ ・発がん性 区分２ ・特定標的臓器毒性（反復ばく露）区分１ ・生殖毒性 区分１、２
E	・生殖細胞変異原性 区分１、２ ・発がん性 区分１ ・呼吸器感作性 区分１
S（皮膚又は眼への接触）	・急性毒性（経皮）区分１、２、３、４ ・皮膚腐食性 区分１（細区分１Ａ、１Ｂ、１Ｃ） ・皮膚刺激性 区分２ ・眼刺激性 区分１、２ ・皮膚感作性 区分１ ・特定標的臓器毒性（単回ばく露）（経皮）区分１、２ ・特定標的臓器毒性（反復ばく露）（経皮）区分１、２

※この表における「GHS 分類における健康有害性クラス及び区分」は、ILO が International Chemical Control Toolkit を公表した時点の内容に基づいている。

1 ILO（国際労働機関）の公表しているInternational Chemical Control Toolkit
http://www.ilo.org/legacy/english/protection/safework/ctrl_banding/toolkit/icct/（英語）

⑵　ばく露レベルの推定

作業環境レベルを推定し、それに作業時間等作業の状況を組み合わせ、ばく露レベルを推定する。アからウまでの3段階を経て作業環境レベルを推定する具体例を次に示す。

ア　作業環境レベル（ML）の推定

リスクアセスメント対象物の製造等の量、揮発性・飛散性の性状、作業場の換気の状況等に応じてポイントを付し、そのポイントを加減した合計数を表1に当てはめ作業環境レベルを推定する。労働者の衣服、手足、保護具に対象リスクアセスメント対象物による汚れが見られる場合には、1ポイントを加える修正を加え、次の式で総合ポイントを算定する。

A（取扱量ポイント）+B（揮発性・飛散性ポイント）−C（換気ポイント）+D（修正ポイント）

ここで、AからDのポイントの付け方は次のとおりである。

A：製造等の量のポイント

3　大量（トン、kl単位で計る程度の量）

2　中量（kg、l単位で計る程度の量）

1　少量（g、ml単位で計る程度の量）

B：揮発性・飛散性のポイント

3　高揮発性（沸点50℃未満）、高飛散性（微細で軽い粉じんの発生する物）

2　中揮発性（沸点50 - 150℃）、中飛散性（結晶質、粒状、すぐに沈降する物）

1　低揮発性（沸点150℃超過）、低飛散性（小球状、薄片状、小塊状）

C：換気のポイント

4　遠隔操作・完全密閉

3　局所排気

2　全体換気・屋外作業

1　換気なし

D：修正ポイント

1　労働者の衣服、手足、保護具が、調査対象となっている化学物質等による汚れが見られる場合

0　労働者の衣服、手足、保護具が、調査対象となっている化学物質等による汚れが見られない場合

表１　作業環境レベルの区分（例）

作業環境レベル（ML）	a	b	c	d	e
A＋B－C＋D	6、5	4	3	2	1～（－2）

イ　作業時間・作業頻度のレベル（FL）の推定

労働者の当該作業場での当該リスクアセスメント対象物にばく露される年間作業時間を次の表2に当てはめ作業頻度を推定する。

表２　作業時間・作業頻度レベルの区分（例）

作業時間・作業頻度レベル（FL）	i	ii	iii	iv	v
年間作業時間	400時間超過	100～400時間	25～100時間	10～25時間	10時間未満

ウ　ばく露レベル（EL）の推定

アで推定した作業環境レベル（ML）及びイで推定した作業時間・作業頻度（FL）を次の表3に当てはめて、ばく露レベル（EL）を推定する。

表３　ばく露レベル（EL）の区分の決定（例）

(FL) ＼ (ML)	a	b	c	d	e
i	Ⅴ	Ⅴ	Ⅳ	Ⅳ	Ⅲ
ii	Ⅴ	Ⅳ	Ⅳ	Ⅲ	Ⅱ
iii	Ⅳ	Ⅳ	Ⅲ	Ⅲ	Ⅱ
iv	Ⅳ	Ⅲ	Ⅲ	Ⅱ	Ⅱ
v	Ⅲ	Ⅱ	Ⅱ	Ⅱ	Ⅰ

⑶　リスクの見積り

⑴で分類した有害性のレベル及び⑵で推定したばく露レベルを組合せ、リスクを見積もる。次に一例を示す。数字の値が大きいほどリスク低減措置の優先度が高いことを示す。

表４　リスクの見積り（例）

HL ＼ EL	Ⅴ	Ⅳ	Ⅲ	Ⅱ	Ⅰ
E	5	5	4	4	3
D	5	4	4	3	2
C	4	4	3	3	2
B	4	3	3	2	2
A	3	2	2	2	1

高 → 低

リスク低減の優先順位

通達　別紙４

記録の記載例

工場長	環境安全衛生部長	総務課長

対象事業場	実施年月日	実施管理者	実施者
○○○○製造工場	令和○年○月○日	衛生管理者 ○○○○ 化学物質管理者 ○○○○	○○課 ○○○○

No.	リスクアセスメント対象物の名称	危険性又は有害性社内ランク	社業の種類	負傷が発生する可能性の度合又はばく露の程度 作業の状況 危険性又は有害性	取扱量	負傷又は疾病の発生可能性	リスク低減対策	採用したリスク低減対策	措置後のリスク
化学物質名：○○○ GHS 分類等：酸化性固体・区分３・事業場内区分 s-C、皮膚刺激性・区分２・事業場内区分 h-C 荷姿：粉状、10Kg 紙袋、月 200kg									
1	○○○	s-C h-C	倉庫搬入	パレット上の袋をフォークリフトで搬入 防じんマスク、保護手袋、保護眼鏡着用 １人での作業 破袋のおそれ	200kg ／月１回	Ⅳ	包装を袋からコンテナへ変更 粉状形態から粒状形態に変更 誘導者の配置 保護具着用の一層の徹底	粉状形態から粒状形態に変更 （納入者との協議開始） 保護具着用の一層の徹底	3
2	同上	同上	反応槽への投入	袋の上端を開封し、投入口から投入 １人での作業 全体換気装置あり 防じんマスク、保護手袋、保護眼鏡若用 周辺に３名の持ち場 周辺への飛散のおそれ	10kg ／１日１回	Ⅲ	包装を袋からコンテナへ変更 粉状形態から粒状形態に変更 局所排気装置の増設 保護具着用の一層の徹底		1
3	同上	同上	空袋の処理	投入後袋を折りたたんで所定の置き場へ １人での作業 換気・保護具は同上 周辺に３名の持ち場 残留物の飛散のおそれ	１袋／１日１回	Ⅲ	包装を袋からコンテナへ変更 粉状形態から粒状形態に変更 局所排気装置の増設 保護具着用の一層の徹底		2
4		同上	反応	物質Ｂとの反応。 発熱反応。 反応槽周囲５名の持ち場 温度で制御 制御失敗のおそれ	10kg ／１日１回	Ⅰ	制御用温度センサーの二重化 現状リスクの受け入れ	制御用温度センサーの二重化	2
化学物質名：△△△ GHS 分類等：急性毒性・区分４・事業場内区分 h ― D 荷姿：液体、500g ビン入り　　沸点 50° C									
5	△△△	h-D	製品Aの加工時付着油脂払拭	１人での作業 個人ばく露測定結果あり、MOE は３、４	10g ／ d 2h ／ d	<ばく露限界	代替化学物質等の調査 現状の維持	現状の維持	1

化学物質等の危険性又は有害性等の表示又は通知等の促進に関する指針

化学物質等の危険性又は有害性等の表示又は通知等の促進に関する指針について（抄）

平成24年厚生労働省告示第133号 改正：令和4年5月31日	平成24年3月29日付け基発0329第11号
労働安全衛生規則の一部を改正する省令（平成24年厚生労働省令第9号）の施行に伴い、並びに労働安全衛生規則（昭和47年労働省令第32号）第24条の16の規定に基づき、及び労働安全衛生法（昭和47年法律第57号）を実施するため、化学物質等の危険有害性等の表示に関する指針（平成4年労働省告示第60号）の全部を次のように改正し、平成24年4月1日から適用する。	前文　略 **第1**　略

第2　全般的事項

1　略

2　表示及び通知の概要

指針に基づく表示及び通知は、次のようなものである。

① 国は、化学物質等の危険性又は有害性やそれに応じた取扱方法等を的確に表示するための基準を定めること。
② 化学物質等の譲渡提供者は、この基準に基づく表示及び通知を行うこと。
③ 化学物質等の取扱い事業者は、これらの表示及び通知を活用し、労働者に取り扱う化学物質等の危険性又は有害性を周知すること、危険性又は有害性に応じた適切な取扱いを確保すること等の措置を講じること。

3　危険性又は有害性の考え方

指針の対象となる化学物質等については、平成24年3月26日に告示された労働安全衛生規則第24条の14第1項の規定に基づき厚生労働大臣が定める危険有害化学物質等を定める告示に示されており、同日に官報に公示された日本工業規格（編注 現日本産業規格）Z 7253（GHSに基づく化学品の危険有害性情報の伝達方法―ラベル、作業場内の表示及び安全データシート（SDS））（以下「JIS Z 7253」という。）の附属書A（A. 4を除く。）の定めにより危険有害性クラス、危険有害性区分及びラベル要素が定められた物理化学的危険性又は健康有害性を有するものとなっている。

事業者は、日本工業規格（編注 現日本産業規格）Z 7252（GHSに基づく化学物質等の分類方法）、経済産業省が公開している事業者向けGHS分類ガイダンス等に基づき、取り扱う全ての化学物質等について、危険性又は有害性の有無を判断するものとする。また、GHSに従った分類を実施するに当たっては、独立行政法人製品評価技術基盤機構が公開している「GHS分類結果データベース」や本省が作成し公表している「GHSモデルラベル」及び「GHSモデルMSDS」等を参考にすること。

4　容器又は包装への表示

容器又は包装への表示は、化学物質等を取り扱う労働者がその危険性又は有害性を知らず、適切な取扱方法をとらないことが原因で発生する労働災害の防止に資することを目的とするものである。

5　安全データシート

安全データシートは、事業場における化学物質等の総合的な安全衛生管理に資することを目的とするものであり、化学物質等を適切に管理するために必要である詳細な情報を記載する文書である。なお、安全データシートは、旧指針において、化学物質等安全データシートと称されていた文書と同一であること。

6　JIS Z 7253との整合性

JIS Z 7253に準拠して危険有害化学物質等を譲渡し、又は提供する際の容器等への表示、特定危険有害化学物質等を譲渡し、又は提供する際の安全データシートの交付及び化学物質等を労働者に取り扱わせる際の容器等への表示（以下「表示、通知及び事業場内表示」という。）を行えば、表示、通知及び事業場内表示に係る労働安全衛生関係法令の規定及び指針を満たすこと。

（目的）

第1条　この指針は、危険有害化学物質等（労働安全衛生規則（以下「則」という。）第24条の14第１項に規定する危険有害化学物質等をいう。以下同じ。）及び特定危険有害化学物質等（則第24条の15第１項に規定する特定危険有害化学物質等をいう。以下同じ。）の危険性又は有害性等についての表示及び通知に関し必要な事項を定めるとともに、労働者に対する危険又は健康障害を生ずるおそれのある物（危険有害化学物質等並びに労働安全衛生法施行令（昭和47年政令第318号）第18条各号及び同令別表第３第１号に掲げる物をいう。以下「化学物質等」という。）に関する適切な取扱いを促進し、もって化学物質等による労働災害の防止に資することを目的とする。

（譲渡提供者による表示）

第2条　危険有害化学物質等を容器に入れ、又は包装して、譲渡し、又は提供する者は、当該容器又は包装（容器に入れ、かつ、包装して、譲渡し、又は提供する場合にあっては、その容器）に、則第24条の14第１項各号に掲げるもの（以下「表示事項等」という。）を表示するものとする。ただし、その容器又は包装のうち、主として一般消費者の生活の用に供するためのものについては、この限りでない。

②　前項の規定による表示は、同項の容器又は包装に、表示事項等を印刷し、又は表示事項等を印刷した票箋を貼り付けて

第3　細部事項

1　第1条関係

「化学物質等」には、製造中間体（製品の製造工程中において生成し、同一事業場内で他の物質に変化する化学物質をいう。）が含まれること。

2　第2条関係

(1)「危険有害化学物質等」とは、則第24条の14第１項の規定に基づき厚生労働大臣が定める危険有害化学物質等であるが、具体的には、GHSに従った分類に基づき、危険有害性区分（危険有害性の強度）が決定された化学物質等（安全データシートを交付しなければならない範囲としてGHSで濃度限界が示されている場合には、この値以上を含有しているもの又はこの値未満で危険性又は有害性が判明しているものをいう。）をいうこと。

また、化学物質を含有する製剤その他の物については、混合物としてGHSに

行うものとする。ただし、当該容器又は包装に表示事項等の全てを印刷し、又は表示事項等の全てを印刷した票箋を貼り付けることが困難なときは、当該表示事項等（則第24条の14第1項第1号イに掲げるものを除く。）については、これらを印刷した票箋を当該容器又は包装に結びつけることにより表示することができる。

③　危険有害化学物質等を譲渡し、又は提供した者は、譲渡し、又は提供した後において、当該危険有害化学物質等に係る表示事項等に変更が生じた場合には、当該変更の内容について、譲渡し、又は提供した相手方に、速やかに、通知するものとする。

④　前三項の規定にかかわらず、危険有害化学物質等に関し表示事項等の表示について法令に定めがある場合には、当該表示事項等の表示については、その定めに

従った分類を行うことが望ましいが、混合物全体として危険性又は有害性の試験がなされていない場合には、含有する危険有害化学物質等の純物質としてのGHS分類結果を活用しても差し支えないこと。この場合、表示しなければならない範囲としてGHSで濃度限界が示されている場合には、この値以上を含有しているもの又はこの値未満で危険性又は有害性が判明しているものが危険有害化学物質等に該当すること。

(2)　第1項の「表示」は、当該容器又は包装に、表示事項等を印刷し、又は表示事項等を印刷した票箋を貼り付けて行うこと。ただし、当該容器又は包装に表示事項等の全てを印刷し、又は表示事項の全てを印刷した票箋を貼り付けることが困難なときは、表示事項等のうち同項第1号ハからトまで及び第2号に掲げるものについては、当該表示事項等を印刷した票箋を容器又は包装に結び付けることにより表示することができること（第2項）。

(3)～(10)　略

(11)　第1項の「主として一般消費者の生活の用に供するためのもの」には、以下のものが含まれるものであること。ただし、事業者がその事業に従事する労働者に取り扱わせる場合であって、労働者の危険又は健康障害を生ずるおそれのあるものについては、本指針の対象となるものであること。

ア　薬事法に定められている医薬品、医薬部外品及び化粧品

イ　農薬取締法に定められている農薬

ウ　労働者による取扱いの過程において固体以外の状態にならず、かつ、粉状又は粒状にならない製品

エ　危険有害化学物質等が密封された状態で取り扱われる製品

オ　食品及び食品添加物

(12)　第4項（編注 現第3項）の「表示事項等に変更が生じた場合」には、次の場合等が含まれるものであること。

①　危険性又は有害性等の情報が新たに明らかになった場合

②　法に基づく新たな規制の対象になった場合

③　新たにばく露防止の技術が確立した場合

よることができる。

（譲渡提供者による通知等）
第３条　特定危険有害化学物質等を譲渡し、又は提供する者は、則第24条の15第１項に規定する方法により同項各号の事項を、譲渡し、又は提供する相手方に通知するものとする。ただし、主として一般消費者の生活の用に供される製品として特定危険有害化学物質等を譲渡し、又は提供する場合については、この限りではない。

３　第３条関係

(1)「特定危険有害化学物質等」とは、則第24条の14第１項の規定に基づき厚生労働大臣が定める危険有害化学物質等のうち、法第57条の２の対象となる物以外のものをいうこと。

(2)　安全データシートは、特定危険有害化学物質等の危険性又は有害性等について十分な知識を有する者が作成する必要があること。

(3)　略

(4)　通知は、特定危険有害化学物質等を譲渡し、又は提供する時までに行わなければならない。ただし、継続的に又は反復して譲渡し、又は提供する場合において、既に通知がなされているときは、この限りでないこと。

(5)　第１項の「主として一般消費者の生活の用に供される製品」には、以下のものが含まれるものであること。ただし、事業者がその事業に従事する労働者に取り扱わせる場合であって、労働者の危険又は健康障害を生ずるおそれのあるものについては、本指針の対象となるものであること。

ア　薬事法に定められている医薬品、医薬部外品及び化粧品

イ　農薬取締法に定められている農薬

ウ　労働者による取扱いの過程において固体以外の状態にならず、かつ、粉状又は粒状にならない製品

エ　特定危険有害化学物質等が密封された状態で取り扱われる製品

オ　食品及び食品添加物

(6)～(17)　略

（事業者による表示及び文書の作成等）
第４条　事業者（化学物質等を製造し、又は輸入する事業者及び当該物の譲渡又は提供を受ける相手方の事業者をいう。以下同じ。）は、容器に入れ、又は包装した化学物質等を労働者に取り扱わせるときは、当該容器又は包装（容器に入れ、かつ、包装した化学物質等を労働者に取り扱わせる場合にあっては、当該容器。第３項において「容器等」という。）に、表示事項等を表示するものとする。

②　第２条第２項の規定は、前項の表示について準用する。

③　事業者は、前項において準用する第２

４　第４条関係

(1)　第３項の「労働者の化学物質等の取扱

条第２項の規定による表示をすることにより労働者の化学物質等の取扱いに支障が生じるおそれがある場合又は同項ただし書の規定による表示が困難な場合には、次に掲げる措置を講ずることにより表示することができる。

1　当該容器等に名称及び人体に及ぼす作用を表示し、必要に応じ、労働安全衛生規則第24条の14第１項第２号の規定に基づき厚生労働大臣が定める標章（平成24年厚生労働省告示第151号）において定める絵表示を併記すること。

2　表示事項等を、当該容器等を取り扱う労働者が容易に知ることができるよう常時作業場の見やすい場所に掲示し、若しくは表示事項等を記載した一覧表を当該作業場に備え置くこと、又は表示事項等を、磁気ディスク、光ディスクその他の記録媒体に記録し、かつ、当該容器等を取り扱う作業場に当該容器等を取り扱う労働者が当該記録の内容を常時確認できる機器を設置すること。

④　事業者は、化学物質等を第１項に規定する方法以外の方法により労働者に取り扱わせるときは、当該化学物質等を専ら貯蔵し、又は取り扱う場所に、表示事項等を掲示するものとする。

⑤　事業者（化学物質等を製造し、又は輸入する事業者に限る。）は、化学物質等を労働者に取り扱わせるときは、当該化学物質等に係る則第24条の15第１項各号に掲げる事項を記載した文書を作成するものとする。

⑥　事業者は、第２条第３項又は則第24条の15第３項の規定により通知を受けたと

いに支障が生じるおそれがある場合又は同項ただし書きの規定による表示が困難な場合」とは、容器等の表示と内容物を一致させることが困難な場合（反応中の化学物質の入ったもの、成分、含有率、化学物質の状態等の変化が生じる操作（希釈、洗浄、脱水、乾燥、蒸留等）を行っているもの）、内容物が短時間（概ね１日以内）に入れ替わる場合、物理的制約により困難である場合（容器が小さく表示事項等の全てを表示することが困難な場合、取扱い物質の数が多く表示事項等の全てを表示することが困難な場合及び容器に近づけない又は容器が著しく大きいことからラベルを労働者が確認することが困難な場合）、容器等（移動式以外のものに限る。）の内容物が頻繁に（概ね２週間以内に）入れ替わる場合等があること。

なお、廃液については、廃棄物の処理及び清掃に関する法律（昭和45年法律第137号）に基づく産業廃棄物又は特別管理産業廃棄物に係る掲示が行われていれば、当該掲示をもって本条に基づく表示に代えることができること。

(2)　第３項第１号の「名称」については、略称、記号、番号でも差し支えないこと。また、タンク、配管等への名称の表示に当たっては、タンク名、配管名等を周知した上で、当該タンク、配管等の内容物を示すフローチャート、作業標準書等により労働者に伝えることも含むこと。絵表示は、白黒の図で記載しても差し支えないこと。さらに、絵表示のほか、注意喚起語等、表示事項の一部を併記しても差し支えないこと。

(3)　第３項第２号の掲示等に当たっては、譲渡提供時に交付された安全データシートを利用しても差し支えないこと。

(4)　第４項の「第１項に規定する方法以外の方法により労働者に取り扱わせるとき」とは、ヤード等に野積みされた化学物質等を労働者に取り扱わせるとき等が含まれるものであること。

き、第１項の規定により表示（第２項の規定により準用する第２条第２項ただし書の場合における表示及び第３項の規定により講じる措置を含む。以下この項において同じ。）をし、若しくは第４項の規定により掲示をした場合であって当該表示若しくは掲示に係る表示事項等に変更が生じたとき、又は前項の規定により文書を作成した場合であって当該文書に係る則第24条の15第１項各号に掲げる事項に変更が生じたときは、速やかに、当該通知、当該表示事項等の変更又は当該各号に掲げる事項の変更に係る事項について、その書換えを行うものとする。

（安全データシートの掲示等）

第５条　事業者は、化学物質等を労働者に取り扱わせるときは、第３条第１項の規定により通知された事項又は前条第５項の規定により作成された文書に記載された事項（以下この条においてこれらの事項が記載された文書等を「安全データシート」という。）を、常時作業場の見やすい場所に掲示し、又は備え付ける等の方法により労働者に周知するものとする。

②　事業者は、労働安全衛生法第28条の２第１項又は第57条の３第１項の調査を実施するに当たっては、安全データシートを活用するものとする。

③　事業者は、化学物質等を取り扱う労働者について当該化学物質等による労働災害を防止するための教育その他の措置を講ずるに当たっては、安全データシートを活用するものとする。

５　第５条関係

(1)　第３項の「教育」には、則第35条第１項第１号の原材料等の危険性又は有害性及びこれらの取扱い方法に関することについての教育等が含まれるものであること。

(2)　第３項の「教育」は、化学物質等の危険性又は有害性等について十分な知識を有する安全管理者、衛生管理者等が実施することが望ましいこと。

(3)　第３項の「その他の措置」には、化学物質等に係る労働災害防止のための措置が含まれるものであり、本措置を講ずるに当たっては、安全データシートの記載事項である応急措置、取扱い上の注意、ばく露防止措置等を参考とすること。

　ただし、安全データシートは、一般的な取扱いを前提に作成されたものであるので、当該化学物質等を使用する事業者は、当該化学物質等について特殊な取扱い等を行う部分については、その実態に応じた適切な措置を講じる必要があることに留意すること。

（細目）
第6条　この指針に定める事項に関し必要な細目は、厚生労働省労働基準局長が定める。

(4)　略

第4　略

労働安全衛生規則第577条の２第２項の規定に基づき厚生労働大臣が定める物及び厚生労働大臣が定める濃度の基準

労働安全衛生規則第577条の２第２項の規定に基づき厚生労働大臣が定める物及び厚生労働大臣が定める濃度の基準の適用について（抄）

令和５年厚生労働省告示第 177 号 改正：令和６年５月８日	令和５年４月 27 日付け基発 0427 第１号
労働安全衛生規則（昭和47年労働省令第32号）第577条の２第２項の規定に基づき、厚生労働大臣が定める物及び厚生労働大臣が定める濃度の基準を次のように定め、令和６年４月１日から適用する。	労働安全衛生規則第577条の２第２項の規定に基づき厚生労働大臣が定める物及び厚生労働大臣が定める濃度の基準（令和５年厚生労働省告示第177号）については、令和５年４月27日に告示され、令和６年４月１日から適用することとされたところである。その制定の趣旨､内容等については、下記のとおりであるので、関係者への周知徹底を図るとともに、その運用に遺漏なきを期されたい。 記 **第１　制定の趣旨及び概要等** **１　制定の趣旨** 本告示は、労働安全衛生規則等の一部を改正する省令（令和４年厚生労働省令第91号）による改正後の労働安全衛生規則（昭和47年労働省令第32号。以下「安衛則」という。）第577条の２第２項において、厚生労働大臣が定めるものを製造し、又は取り扱う業務（主として一般消費者の生活の用に供される製品に係るものを除く。）を行う屋内作業場において、当該業務に従事する労働者がこれらの物にばく露される程度を、厚生労働大臣が定める濃度の基準以下としなければならないこととされているところ、同項の規定に基づき厚生労働大臣が定める物及び厚生労働大臣が定める濃度の基準（以下「濃度基準値」という。）を定めたものである。 **２ 告示の概要** 安衛則第577条の２第２項の規定に基づき厚生労働大臣が定める物として、アクリル酸エチル等67物質を定めるとともに、濃度基準値を厚生労働大臣が定める物の種類に応じて定めたものであること。 **３　適用期日** 令和６年４月１日
１　労働安全衛生規則（昭和47年労働省令第32号）第577条の２第２項の厚生労働	

大臣が定める物は、別表の左欄に掲げる物とする。

2　労働安全衛生規則第577条の2第2項の厚生労働大臣が定める濃度の基準は、別表の左欄に掲げる物の種類に応じ、同表の中欄及び右欄に掲げる値とする。この場合において、次のイ及びロに掲げる値は、それぞれイ及びロに定める濃度の基準を超えてはならない。

イ　1日の労働時間のうち8時間のばく露における別表の左欄に掲げる物の濃度を各測定の測定時間により加重平均して得られる値（以下「8時間時間加重平均値」という。）8時間濃度基準値

ロ　1日の労働時間のうち別表の左欄に掲げる物の濃度が最も高くなると思われる15分間のばく露における当該物の濃度を各測定の測定時間により加重平均して得られる値（以下「15分間時間加重平均値」という。）短時間濃度基準値

第2　細部事項

1　濃度基準値（第2号関係）

(1)　各物質の濃度基準値は、原則として、収集された信頼のおける文献で示された無毒性量等に対し、不確実係数等を考慮の上、決定されたものである。各物質の濃度基準値は、設定された時点での知見に基づき設定されたものであり、濃度基準値に影響を与える新たな知見が得られた場合等においては、再度検討を行う必要があるものであること。また、特定化学物質障害予防規則（昭和47年労働省令第39号）等の特別規則の適用のある物質については、特別規則による規制との二重規制を避けるため、濃度基準値を設定していないこと。

(2)　濃度基準値の設定においては、ヒトに対する発がん性が明確な物質については、発がんが確率的影響であることから、長期的な健康影響が発生しない安全な閾値である濃度基準値を設定することは困難であること。このため、当該物質には、濃度基準値の設定がなされていないこと。これらの物質については、「化学物質による健康障害防止のための濃度の基準の適用等に関する技術上の指針」（令和5年4月27日付け技術上の指針公示第24号。以下「技術上の指針」という。）の別表1の※5に示されており、事業者は、有害性の低い物質への代替、工学的対策、管理的対策、有効な保護具の使用等により、労働者がこれらの物質にばく露される程度を最小限度としなければならないこと。

(3)　本号イ及びロにおける、「ばく露」における「物の濃度」とは、呼吸用保護具を使用していない場合は、労働者の呼吸域において測定される濃度であり、呼吸用保護具を使用している場合は、呼吸用保護具の内側の濃度で表されること。呼吸用保護具を使用している場合、労働者の呼吸域における物質の濃度が濃度基準値を上回っていたとしても、有効な呼吸用保護具の使用により、労働者がばく露される物質の濃度を濃度基準値以下とすることが許容されることに留意すること。ただし、実際に呼吸用保護具の内側の濃度の測定を行うことは困難であるため、労働者の呼吸域における物質の濃度を呼吸用保護具の指定防護係数で除し

て、呼吸用保護具の内側の濃度を算定することができること。

(4) **8時間濃度基準値**（第2号イ関係）

8時間濃度基準値は、長期間ばく露することにより健康障害が生ずることが知られている物質について、当該障害を防止するため、8時間時間加重平均値が超えてはならない濃度基準値として設定されたものであり、この濃度以下のばく露においては、おおむね全ての労働者に健康障害を生じないと考えられているものであること。

(5) **短時間濃度基準値**（第2号ロ関係）

短時間濃度基準値は、短時間でのばく露により急性健康障害が生ずることが知られている物質について、当該障害を防止するため、作業中のいかなるばく露においても、15分間時間加重平均値が超えてはならない濃度基準値として設定されたものであること。

3　前号に規定する濃度の基準について、事業者は、次に掲げる事項を行うよう努めるものとする。

イ　別表の左欄に掲げる物のうち、8時間濃度基準値及び短時間濃度基準値が定められているものについて、当該物のばく露における15分間時間加重平均値が8時間濃度基準値を超え、かつ、短時間濃度基準値以下の場合にあっては、当該ばく露の回数が1日の労働時間中に4回を超えず、かつ、当該ばく露の間隔を1時間以上とすること。

ロ　別表の左欄に掲げる物のうち、8時間濃度基準値が定められており、かつ、短時間濃度基準値が定められていないものについて、当該物のばく露における15分間時間加重平均値が8時間濃度基準値を超える場合にあっては、当該ばく露の15分間時間加重平均値が8時間濃度基準値の3倍を超えないようにすること。

2　濃度基準値について事業者が努める事項（第3号関係）

(1) **8時間濃度基準値及び短時間濃度基準値が定められているものについて努める事項**（第3号イ関係）

8時間濃度基準値及び短時間濃度基準値が定められている物質については、15分間時間加重平均値が8時間濃度基準値を超え、かつ、短時間濃度基準値以下の場合にあっては、毒性学の見地から、複数の高い濃度のばく露による急性健康障害を防止するため、15分間時間加重平均値が8時間濃度基準値を超える最大の回数を4回とし、最短の間隔を1時間とすることを努力義務としたこと。

(2) **8時間濃度基準値が定められており、かつ、短時間濃度基準値が定められていないものについて努める事項**（第3号ロ関係）

8時間濃度基準値が設定されているが、短時間濃度基準値が設定されていない物質については、8時間濃度基準値が均等なばく露を想定して設定されていることを踏まえ、毒性学の見地から、短期間に高濃度のばく露を受けることは避けるべきであること。このため、たとえば、8時間中ばく露作業時間が1時間、非ばく露作業時間が7時間の場合に、1時間のばく露作業時間において8時間濃度基準値の8倍の濃度のばく露を許容するようなことがないよう、作業中のいかなるばく露においても、15分間時間加重平均値が、８時間濃度基準値の３倍を超えないことを努力義務としたこと。

なお、この場合、15分間時間加重平均値が８時間濃度基準値を超える回数の制限はないが、人体への有害性を考慮し、できる限り回数を減らすことが望ましいこと。

ハ　別表の左欄に掲げる物のうち、短時間濃度基準値が天井値として定められているものについて、当該物のばく露における濃度が、いかなる短時間のばく露におけるものであるかを問わず、短時間濃度基準値を超えないようにすること。

(3)　天井値について努める事項（第３号ハ関係）

天井値については、眼への刺激性等、非常に短い時間で急性影響が生ずることが疫学調査等により明らかな物質について規定されており、いかなる短時間のばく露においても超えてはならない基準値であること。事業者は、濃度の連続測定によってばく露が天井値を超えないように管理することが望ましいが、現時点における連続測定手法の技術的限界を踏まえ、その実施については努力義務とされていること。

ニ　別表の左欄に掲げる物のうち、有害性の種類及び当該有害性が影響を及ぼす臓器が同一であるものを２種類以上含有する混合物の８時間濃度基準値については、次の式により計算して得た値（以下このニにおいて「換算値」という。）が１を超えないようにすること。

$$C = \frac{C_1}{L_1} + \frac{C_2}{L_2} + \cdots\cdots$$

（この式において、C、C_1、C_2･･･及びL_1、L_2･･･は、それぞれ次の値を表すものとする。
C　換算値
C_1、C_2･･･　物の種類ごとの８時間時間加重平均値
L_1、L_2･･･　物の種類ごとの８時間濃度基準値）

ホ　ニの規定は、短時間濃度基準値について準用する。この場合において、ニの規定中「８時間時間加重平均値」とあるのは「15分間時間加重平均値」と、「８時間濃度基準値」とあるのは「短時間濃度基準値」と読み替えるものとする。

(4)　有害性の種類及び当該有害性が影響を及ぼす臓器が同一であるものを２種類以上含有する混合物について努める事項（第３号ニ及びホ関係）

混合物に含まれる複数の化学物質が、同一の毒性作用機序によって同一の標的臓器に作用する場合、それらの物質の相互作用によって、相加効果や相乗効果によって毒性が増大するおそれがあること。しかし、複数の化学物質による相互作用は、個別の化学物質の組み合わせに依存し、かつ、相互作用も様々であること。これを踏まえ、混合物への濃度基準値の適用においては、混合物に含まれる複数の化学物質が、同一の毒性作用機序によって同一の標的臓器に作用することが明らかな場合には、それら物質による相互作用を考慮すべきであるため、本号ニに定める相加式を活用してばく露管理を行うことが努力義務とされていること。

したがって、「有害性の種類及び当該有害性が影響を及ぼす臓器が同一であるもの」とは、同一の毒性作用機序によって同一の標的臓器に作用することが明らかなものをいう趣旨であること。

なお、「有害性の種類及び当該有害性が影響を及ぼす臓器」を確認するための方法としては、日本産業規格Z 7252（GHSに基づく化学品の分類方法）によ

る有害性の分類結果における特定標的臓器毒性（単回ばく露）や特定標的臓器毒性（反復ばく露）等で記載されている情報のほか、対象物質の有害性に係る学術論文、事業者が自ら保有している対象物質の有害性情報などが考えられること。

3　別表関係

(1)　別表で示す「物の種類」については、リスクアセスメント対象物としての名称を使用していること。また、物の種類には、異性体の種類を特定していないものについては、該当する物質の全ての異性体が含まれること。

(2)　濃度基準値の単位については、通常使用される測定の方法に応じ、ガス又は蒸気でのばく露が主な物質についてはppm、粉じんでのばく露が主な物質については、mg/m³としていること。なお、技術上の指針において、ppmからmg/m³への換算式を示しているので、参照されたいこと。

告示　別表（第１号～第３号関係）　　編注：▒▒部は、令和７年10月１日より適用

物の種類	8時間濃度基準値	短時間濃度基準値
アクリル酸	2 ppm	－
アクリル酸エチル	2 ppm	－
アクリル酸ノルマル-ブチル	2 ppm	－
アクリル酸メチル	2 ppm	－
アクロレイン	－	0.1 ppm ※
アセチルサリチル酸（別名アスピリン）	5 mg/m³	－
アセトアルデヒド	－	10 ppm
アセトニトリル	10 ppm	－
アセトンシアノヒドリン	－	5 ppm
アニリン	2 ppm	－
2-アミノエタノール	20 mg/m³	－
3-アミノ-1H-1,2,4-トリアゾール（別名アミトロール）	0.2 mg/m³	－
アリルアルコール	0.5 ppm	－
1-アリルオキシ-2,3-エポキシプロパン	1 ppm	－
アリル-ノルマル-プロピルジスルフィド	－	1 ppm
3-（アルファ-アセトニルベンジル）-4-ヒドロキシクマリン（別名ワルファリン）	0.01 mg/m³	－
アルファ-メチルスチレン	10 ppm	－
3-イソシアナトメチル-3,5,5-トリメチルシクロヘキシル=イソシアネート	0.005 ppm	－
イソシアン酸メチル	0.02 ppm	0.04 ppm
イソプレン	3 ppm	－

物の種類	8時間濃度基準値	短時間濃度基準値
イソプロピルアミン	2 ppm	−
イソプロピルエーテル	250 ppm	500 ppm
イソホロン	−	5 ppm
一酸化二窒素	100 ppm	−
イプシロン－カプロラクタム	5 mg/m^3	−
エチリデンノルボルネン	2 ppm	4 ppm
エチルアミン	5 ppm	−
エチル-セカンダリ-ペンチルケトン	10 ppm	−
エチル-パラ-ニトロフェニルチオノベンゼンホスホネイト（別名EPN）	0.1 mg/m^3	−
２-エチルヘキサン酸	5 mg/m^3	−
エチレングリコール	10 ppm	50 ppm
エチレングリコールモノブチルエーテルアセタート	20 ppm	−
エチレングリコールモノメチルエーテルアセテート	1 ppm	−
エチレンクロロヒドリン	2 ppm	−
エチレンジアミン	10 ppm	−
エピクロロヒドリン	0.5 ppm	−
２，３-エポキシプロピル＝フェニルエーテル	0.1 ppm	−
塩化アリル	1 ppm	−
塩化ホスホリル	0.6 mg/m^3	−
１，２，４，５，６，７，８，８-オクタクロロ-２，３，３ａ，４，７，７ａ-ヘキサヒドロ-４，７-メタノ-１Ｈ-インデン（別名クロルデン）	0.5 mg/m^3	−
オゾン	−	0.1 ppm
オルト－アニシジン	0.1 ppm	−
過酸化水素	0.5 ppm	−
カーボンブラック	レスピラブル粒子として 0.3 mg/m^3	−
ぎ酸メチル	50 ppm	100 ppm
キシリジン	0.5 ppm	−
クメン	10 ppm	−
グルタルアルデヒド	−	0.03 ppm※
クロム	0.5 mg/m^3	−
クロロエタン（別名塩化エチル）	100 ppm	−
２-クロロ-４-エチルアミノ-６-イソプロピルアミノ-１，３，５-トリアジン（別名アトラジン）	2 mg/m^3	−
クロロ酢酸	0.5 ppm	−
クロロジフルオロメタン（別名HCFC-22）	1,000 ppm	−
２-クロロ-１，１，２-トリフルオロエチルジフルオロメチルエーテル（別名エンフルラン）	20 ppm	−
クロロピクリン	−	0.1 ppm※
酢酸	−	15 ppm
酢酸ビニル	10 ppm	15 ppm
酢酸ブチル（酢酸ターシャリ-ブチルに限る。）	20 ppm	150 ppm
三塩化りん	0.2 ppm	0.5 ppm
酸化亜鉛	レスピラブル粒子として 0.1 mg/m^3	−

物の種類	8時間濃度基準値	短時間濃度基準値
酸化カルシウム	0.2 mg/m^3	−
酸化メシチル	2 ppm	−
ジアセトンアルコール	20 ppm	−
2-シアノアクリル酸メチル	0.2 ppm	1 ppm
ジエタノールアミン	1 mg/m^3	−
2-（ジエチルアミノ）エタノール	2 ppm	−
ジエチルアミン	5 ppm	15 ppm
ジエチルケトン	−	300 ppm
ジエチル-パラ-ニトロフェニルチオホスフェイト（別名パラチオン）	0.05 mg/m^3	−
ジエチレングリコールモノブチルエーテル	60 mg/m^3	−
シクロヘキサン	100 ppm	−
シクロヘキシルアミン	−	5 ppm
ジクロロエタン（1，1-ジクロロエタンに限る。）	100 ppm	−
ジクロロエチレン（1，1-ジクロロエチレンに限る。）	5 ppm	−
ジクロロジフルオロメタン（別名CFC-12）	1,000 ppm	−
ジクロロテトラフルオロエタン（別名CFC-114）	1,000 ppm	−
2，4-ジクロロフェノキシ酢酸	2 mg/m^3	−
ジクロロフルオロメタン（別名HCFC-21）	10 ppm	−
1，3-ジクロロプロペン	1 ppm	−
ジシクロペンタジエン	0.5 ppm	−
2，6-ジ-ターシャリ-ブチル-4-クレゾール	10 mg/m^3	−
ジチオりん酸O，O-ジメチル-S-［(4-オキソ-1，2，3-ベンゾトリアジン-3（4H）-イル）メチル］（別名アジンホスメチル）	1 mg/m^3	−
ジフェニルアミン	5 mg/m^3	−
ジフェニルエーテル	1 ppm	−
ジボラン	0.01 ppm	−
N, N-ジメチルアセトアミド	5 ppm	−
N, N-ジメチルアニリン	25 mg/m^3	−
ジメチルアミン	2 ppm	−
臭素	−	0.2 ppm
しょう脳	2 ppm	−
水酸化カルシウム	0.2 mg/m^3	−
すず及びその化合物（ジブチルスズ＝オキシド、ジブチルスズ＝ジクロリド、ジブチルスズ＝ジラウラート、ジブチルスズビス（イソオクチル＝チオグリコレート）及びジブチルスズ＝マレアートに限る。）	すずとして 0.1 mg/m^3	−
すず及びその化合物（テトラブチルスズに限る。）	すずとして 0.2 mg/m^3	−
すず及びその化合物（トリフェニルスズ＝クロリドに限る。）	すずとして 0.003 mg/m^3	−
すず及びその化合物（トリブチルスズ＝クロリド及びトリブチルスズ＝フルオリドに限る。）	すずとして 0.05 mg/m^3	−
すず及びその化合物（ブチルトリクロロスズに限る。）	すずとして 0.02 mg/m^3	−
セレン	0.02 mg/m^3	−
タリウム	0.02 mg/m^3	−

物の種類	8時間濃度基準値	短時間濃度基準値
チオりん酸O,O-ジエチル-O-（2-イソプロピル-6-メチル-4-ピリミジニル）（別名ダイアジノン）	0.01 mg/m^3	–
テトラエチルチウラムジスルフィド（別名ジスルフィラム）	2 mg/m^3	–
テトラエチルピロホスフェイト（別名TEPP）	0.01 mg/m^3	–
テトラクロロジフルオロエタン（別名CFC-112）	50 ppm	–
テトラメチルチウラムジスルフィド（別名チウラム）	0.2 mg/m^3	–
トリエタノールアミン	1 mg/m^3	–
トリクロロエタン（1,1,2-トリクロロエタンに限る。）	1 ppm	–
トリクロロ酢酸	0.5 ppm	–
1,1,2-トリクロロ-1,2,2-トリフルオロエタン	500 ppm	–
1,1,1-トリクロロ-2,2-ビス（4-メトキシフェニル）エタン（別名メトキシクロル）	1 mg/m^3	–
2,4,5-トリクロロフェノキシ酢酸	2 mg/m^3	–
トリニトロトルエン	0.05 mg/m^3	–
トリブロモメタン	0.5 ppm	–
トリメチルアミン	3 ppm	–
トリメチルベンゼン	10 ppm	–
1-ナフチル-N-メチルカルバメート（別名カルバリル）	0.5 mg/m^3	–
二酸化窒素	0.2 ppm	–
ニッケル	1 mg/m^3	–
ニトロエタン	10 ppm	–
ニトログリセリン	0.01 ppm	–
ニトロプロパン（1-ニトロプロパンに限る。）	2 ppm	–
ニトロベンゼン	0.1 ppm	–
ニトロメタン	10 ppm	–
ノナン（ノルマル-ノナンに限る。）	200 ppm	–
ノルマル-ブチルエチルケトン	70 ppm	–
N-［1-（N-ノルマル-ブチルカルバモイル）-1H-2-ベンゾイミダゾリル］カルバミン酸メチル（別名ベノミル）	1 mg/m^3	–
パラ-アニシジン	0.5 mg/m^3	–
パラ-ジクロロベンゼン（令和7年10月1日より「ジクロロベンゼン（パラ-ジクロロベンゼンに限る）」に改正）	10 ppm	–
パラ-ターシャリ-ブチルトルエン	1 ppm	–
パラ-ニトロアニリン	3 mg/m^3	–
ヒドラジン及びその一水和物	0.01 ppm	–
ヒドロキノン	1 mg/m^3	–
ビニルトルエン	10 ppm	–
N-ビニル-2-ピロリドン	0.01 ppm	–
ビフェニル	3 mg/m^3	–
ピリジン	1 ppm	–
フェニルオキシラン	1 ppm	–
フェニレンジアミン（パラ-フェニレンジアミン及びメタ-フェニレンジアミンに限る。）	0.1 mg/m^3	–
フェノチアジン	0.5 mg/m^3	–
ブタノール（ターシャリ-ブタノールに限る。）	20 ppm	–
フタル酸ジエチル	30 mg/m^3	–
フタル酸ジ-ノルマル-ブチル	0.5 mg/m^3	–
フタル酸ビス（2-エチルヘキシル）（別名DEHP）	1 mg/m^3	–

物の種類	8時間濃度基準値	短時間濃度基準値
2-ブテナール	−	0.3 ppm※
フルフラール	0.2 ppm	−
フルフリルアルコール	0.2 ppm	−
プロピオン酸	10 ppm	−
プロピレングリコールモノメチルエーテル	50 ppm	−
ブロモトリフルオロメタン	1,000 ppm	−
1-ブロモプロパン	0.1 ppm	−
ヘキサクロロエタン	1 ppm	−
1，2，3，4，10，10-ヘキサクロロ-6，7-エポキシ-1，4，4a，5，6，7，8，8a-オクタヒドロ-エンド-1，4-エンド-5，8-ジメタノナフタレン（別名エンドリン）	0.1 mg/m^3	−
ヘキサメチレン＝ジイソシアネート	0.005 ppm	−
ヘプタン（ノルマル-ヘプタンに限る。）	500 ppm	−
1，2，4-ベンゼントリカルボン酸1，2-無水物	0.0005 mg/m^3	0.002 mg/m^3
ペンタン（ノルマル-ペンタン及び2-メチルブタンに限る。）	1,000 ppm	−
ほう酸及びそのナトリウム塩（四ほう酸ナトリウム十水和物（別名ホウ砂）に限る。）	ホウ素として 0.1mg/m^3	ホウ素として 0.75mg/m^3
無水酢酸	0.2 ppm	−
無水マレイン酸	0.08 mg/m^3	−
メタクリル酸	20 ppm	−
メタクリル酸メチル	20 ppm	−
メタクリロニトリル	1 ppm	−
メチラール	1,000 ppm	−
N-メチルアニリン	2 mg/m^3	−
メチルアミン	4 ppm	−
N-メチルカルバミン酸2-イソプロピルオキシフェニル（別名プロポキスル）	0.5 mg/m^3	−
メチル-ターシャリ-ブチルエーテル（別名 MTBE）	50 ppm	−
5-メチル-2-ヘキサノン	10 ppm	−
2-メチル-2，4-ペンタンジオール	120 mg/m^3	−
4，4'-メチレンジアニリン	0.4 mg/m^3	−
メチレンビス（4，1-シクロヘキシレン）＝ジイソシアネート	0.05 mg/m^3	−
1-（2-メトキシ-2-メチルエトキシ）-2-プロパノール	50 ppm	−
沃（よう）素	0.02 ppm	−
りん化水素	0.05 ppm	0.15 ppm
りん酸	1 mg/m^3	−
りん酸ジメチル＝1-メトキシカルボニル-1-プロペン-2-イル（別名メビンホス）	0.01 mg/m^3	−
りん酸トリトリル（りん酸トリ（オルト-トリル）に限る。）	0.03 mg/m^3	−
りん酸トリ-ノルマル-ブチル	5 mg/m^3	−
りん酸トリフェニル	3 mg/m^3	−
レソルシノール	10 ppm	−
六塩化ブタジエン	0.01 ppm	−

備考
1 この表の中欄及び右欄の値は、温度25度、1気圧の空気中における濃度を示す。
2 ※の付されている短時間濃度基準値は、第2号ロの規定の適用の対象となるとともに、第3号ハの規定の適用の対象となる天井値。

化学物質による健康障害防止のための濃度の基準の適用等に関する技術上の指針（抄）

令和5年4月27日 技術上の指針公示第24号
改正：令和６年５月８日

労働安全衛生法（昭和47年法律第57号）第28条第１項の規定に基づき、化学物質による健康障害防止のための濃度の基準の適用等に関する技術上の指針を次のとおり公表する。

1　総則

1－1　趣旨

(1)　国内で輸入、製造、使用されている化学物質は数万種類にのぼり、その中には、危険性や有害性が不明な物質が多く含まれる。さらに、化学物質による休業４日以上の労働災害（がん等の遅発性疾病を除く。）のうち特別規則（有機溶剤中毒予防規則（昭和47年労働省令第36号）、鉛中毒予防規則（昭和47 年労働省令第37号）、四アルキル鉛中毒予防規則（昭和47年労働省令第38号）及び特定化学物質障害予防規則（昭和47年労働省令第39号）をいう。以下同じ。）の規制の対象となっていない物質に起因するものが約８割を占めている。また、化学物質へのばく露に起因する職業がんも発生している。これらを踏まえ、特別規則の規制の対象となっていない物質への対策の強化を主眼とし、国によるばく露の上限となる基準等の制定、危険性や有害性に関する情報の伝達の仕組みの整備や拡充を前提として、事業者が危険性や有害性に関する情報を踏まえたリスクアセスメント（労働安全衛生法（昭和47年法律第57号。以下「法」という。）第57条の３第１項の規定による危険性又は有害性の調査（主として一般消費者の生活の用に供される製品に係るものを除く。）をいう。以下同じ。）を実施し、その結果に基づき、国の定める基準等の範囲内で、ばく露防止のために講ずべき措置を適切に実施するための制度を導入することとしたところである。

(2)　本指針は、化学物質等による危険性又は有害性等の調査等に関する指針（平成27年９月18日付け危険性又は有害性等の調査等に関する指針公示第３号。以下「化学物質リスクアセスメント指針」という。）と相まって、リスクアセスメント対象物（リスクアセスメントをしなければならない労働安全衛生法施行令（昭和47年政令第318号）第18条各号に掲げる物及び法第57条の２第１項に規定する通知対象物をいう。以下同じ。）を製造し、又は取り扱う事業者において、労働安全衛生規則（昭和47年労働省令第32号。以下「安衛則」という。）等の規定が円滑かつ適切に実施されるよう、安衛則第577条の２第２項の規定に基づき厚生労働大臣が定める濃度の基準（以下「濃度基準値」という。）及びその適用、労働者のばく露の程度が濃度基準値以下であることを確認するための方法、物質の濃度の測定における試料採取方法及び分析方法並びに有効な保護具の適切な選択及び使用等について、法令で規定された事項のほか、事業者が実施すべき事項を一体的に規定したものである。

なお、リスクアセスメント対象物以外の化学物質を製造し、又は取り扱う事業者においては、本指針を活用し、労働者が当該化学物質にばく露される程度を最小限度とするように努めなければならない。

1－2　実施内容

事業者は、次に掲げる事項を実施するものとする。

(1)　事業場で使用する全てのリスクアセ

スメント対象物について、危険性又は有害性を特定し、労働者が当該物にばく露される程度を把握した上で、リスクを見積もること。

(2) 濃度基準値が設定されている物質について、リスクの見積りの過程において、労働者が当該物質にばく露される程度が濃度基準値を超えるおそれがある屋内作業を把握した場合は、ばく露される程度が濃度基準値以下であることを確認するための労働者の呼吸域における物質の濃度の測定（以下「確認測定」という。）を実施すること。

(3) (1)及び(2)の結果に基づき、危険性又は有害性の低い物質への代替、工学的対策、管理的対策、有効な保護具の使用という優先順位に従い、労働者がリスクアセスメント対象物にばく露される程度を最小限度とすることを含め、必要なリスク低減措置（リスクアセスメントの結果に基づいて労働者の危険又は健康障害を防止するための措置をいう。以下同じ。）を実施すること。その際、濃度基準値が設定されている物質については、労働者が当該物質にばく露される程度を濃度基準値以下としなければならないこと。

2　リスクアセスメント及びその結果に基づく労働者のばく露の程度を濃度基準値以下とする措置等を含めたリスク低減措置

2－1　基本的考え方

(1) 事業者は、事業場で使用する全てのリスクアセスメント対象物について、危険性又は有害性を特定し、労働者が当該物にばく露される程度を数理モデルの活用を含めた適切な方法により把握した上で、リスクを見積もり、その結果に基づき、危険性又は有害性の低い物質への代替、工学的対策、管理的対策、有効な保護具の使用等により、当該物にばく露される程度を最小限度とすることを含め、必要なリスク低減措置を実施すること。

(2) 事業者は、濃度基準値が設定されている物質について、リスクの見積りの過程において、労働者が当該物質にばく露される程度が濃度基準値を超えるおそれのある屋内作業を把握した場合は、確認測定を実施し、その結果に基づき、当該作業に従事する全ての労働者が当該物質にばく露される程度を濃度基準値以下とすることを含め、必要なリスク低減措置を実施すること。この場合において、ばく露される当該物質の濃度の平均値の上側信頼限界(95%)（濃度の確率的な分布のうち、高濃度側から５％に相当する濃度の推計値をいう。以下同じ。）が濃度基準値以下であることを維持することまで求める趣旨ではないこと。

(3) 事業者は、濃度基準値が設定されていない物質について、リスクの見積りの結果、一定以上のリスクがある場合等、労働者のばく露状況を正確に評価する必要がある場合には、当該物質の濃度の測定を実施すること。この測定は、作業場全体のばく露状況を評価し、必要なリスク低減措置を検討するために行うものであることから、工学的対策を実施しうる場合にあっては、労働者の呼吸域における物質の濃度の測定のみならず、よくデザインされた場の測定も必要になる場合があること。また、事業者は、統計的な根拠を持って事業場における化学物質へのばく露が適切に管理されていることを示すため、測定値のばらつきに対して統計上の上側信頼限界（95%）を踏まえた評価を行うことが望ましいこと。

(4) 事業者は、建設作業等、毎回異なる環境で作業を行う場合については、典型的な作業を洗い出し、あらかじめ当該作業において労働者がばく露される物質の濃度を測定し、その測定結果に基づく局所排気装置の設置及び使用、要求防護係数に対して十分な余裕を持った指定防護係数を有する有効な呼吸用保護具の使用（防毒マスクの場合は適切な吸収缶の使用）等を行うことを定めたマニュアル等を作成することで、作業ごとに労働者がばく露される物質の濃度を測定することなく当該作業におけるリスクアセスメントを実施することができること。また、当該マニュアル等に定められた措置を適切に実施することで、当該作業において、労働者のばく露の程度を最小限度とすることを含めたリスク低減措置を実施することができること。

(5)　事業者は、(1)から(4)までに定めるリスクアセスメント及びその結果に基づくリスク低減措置については、化学物質管理者（安衛則第12条の５第１項に規定する化学物質管理者をいう。以下同じ。）の管理下において実施する必要があること。

(6)　事業者は、リスクアセスメントと濃度基準値については、次に掲げる事項に留意すること。

ア　リスクアセスメントの実施時期は、安衛則第34条の２の７第１項の規定により、①リスクアセスメント対象物を原材料等として新規に採用し、又は変更するとき、②リスクアセスメント対象物を製造し、又は取り扱う業務に係る作業の方法又は手順を新規に採用し、又は変更するとき、③リスクアセスメント対象物の危険性又は有害性等について変化が生じ、又は生ずるおそれがあるときとされていること。なお、「有害性等について変化が生じ」には、濃度基準値が新たに定められた場合や、すでに使用している物質が新たにリスクアセスメント対象物となった場合が含まれること。さらに、化学物質リスクアセスメント指針においては、前回のリスクアセスメントから一定の期間が経過し、設備等の経年劣化、労働者の入れ替わり等に伴う知識経験等の変化、新たな安全衛生に係る知見の集積等があった場合には、再度、リスクアセスメントを実施するよう努めることとしていること。

イ　労働者のばく露の程度が濃度基準値以下であることを確認する方法は、事業者において決定されるものであり、確認測定の方法以外の方法でも差し支えないが、事業者は、労働基準監督機関等に対して、労働者のばく露の程度が濃度基準値以下であることを明らかにできる必要があること。また、確認測定を行う場合は、確認測定の精度を担保するため、作業環境測定士が関与することが望ましいこと。

ウ　「労働者の呼吸域」とは、当該労働者が使用する呼吸用保護具の外側であって、両耳を結んだ直線の中央を中心とした、半径30センチメートルの、顔の前方に広がった半球の内側をいうこと。

エ　労働者のばく露の程度は、呼吸用保護具を使用していない場合は、労働者の呼吸域において測定される濃度で、呼吸用保護具を使用している場合は、呼吸用保護具の内側の濃度で表されること。したがって、労働者の呼吸域における物質の濃度が濃度基準値を上回っていたとしても、有効な呼吸用保護具の使用により、労働者がばく露される物質の濃度を濃度基準値以下とすることが許容されることに留意すること。ただし、実際に呼吸用保護具の内側の濃度の測定を行うことは困難であるため、労働者の呼吸域における物質の濃度を呼吸用保護具の指定防護係数で除して、呼吸用保護具の内側の濃度を算定することができること。

オ　よくデザインされた場の測定とは、主として工学的対策の実施のために、化学物質の発散源の特定、局所排気装置等の有効性の確認等のために、固定点で行う測定をいうこと。従来の作業環境測定のＡ・Ｂ測定の手法も含まれる。場の測定については、作業環境測定士の関与が望ましいこと。

２－２　リスクアセスメントにおける測定

２－２－１　基本的考え方

事業者は、リスクアセスメントの結果に基づくリスク低減措置として、労働者のばく露の程度を濃度基準値以下とすることのみならず、危険性又は有害性の低い物質への代替、工学的対策、管理的対策、有効な保護具の使用等を駆使し、労働者のばく露の程度を最小限度とすることを含めた措置を実施する必要があること。事業者は、工学的対策の設定及び評価を実施する場合には、労働者の呼吸域における物質の濃度の測定のみならず、よくデザインされた場の測定を行うこと。

２－２－２　試料の採取場所及び評価

(1)　事業場における全ての労働者のばく露の程度を最小限度とすることを含めたリスク低減措置の実施のために、ばく露状況の評価は、事業場のばく露状況を包括的に評価できるものであることが望ましいこと。このため、事業者は、労働者がばく露される濃度が最も高いと想定される均等ばく露作業（労働者がばく露する物質の量がほぼ均一であると見込まれる作業であって、屋内作業場におけるものに限る。以下同じ。）のみならず、幅広い作業を対象として、当該作業に従事する労働者の呼吸域における物質の濃度の測定を行い、その測定結果を統計的に分析し、統計上の上側信頼限界（95%）を活用した評価や物質の濃度が最も高い時間帯に行う測定の結果を活用した評価を行うことが望ましいこと。

(2)　対象者の選定、実施時期、試料採取方法及び分析方法については、３及び４に定める確認測定に関する事項に準じて行うことが望ましいこと。

３　確認測定の対象者の選定及び実施時期

３－１　確認測定の対象者の選定

(1)　事業者は、リスクアセスメントによる作業内容の調査、場の測定の結果及び数理モデルによる解析の結果等を踏まえ、均等ばく露作業に従事する労働者のばく露の程度を評価すること。その際、労働者の呼吸域における物質の濃度が８時間のばく露に対する濃度基準値（以下「８時間濃度基準値」という。）の２分の１程度を超えると評価された場合は、確認測定を実施すること。

(2)　全ての労働者のばく露の程度が濃度基準値以下であることを確認するという趣旨から、事業者は、労働者のばく露の程度が最も高いと想定される均等ばく露作業における最も高いばく露を受ける労働者（以下「最大ばく露労働者」という。）に対して確認測定を行うこと。その測定結果に基づき、事業場の全ての労働者に対して一律のリスク低減措置を行うのであれば、最大ばく露労働者が従事する作業よりもばく露の程度が低いことが想定される作業に従事する労働者について確認測定を行う必要はないこと。しかし、事業者が、ばく露の程度に応じてリスク低減措置の内容や呼吸用保護具の要求防護係数を作業ごとに最適化するために、当該作業ごとに最大ばく露労働者を選定し、確認測定を実施することが望ましいこと。

(3)　均等ばく露作業ごとに確認測定を行う場合は、均等ばく露作業に従事する労働者の作業内容を把握した上で、当該作業における最大ばく露労働者を選定し、当該労働者の呼吸域における物質の濃度を測定することが妥当であること。

(4)　均等ばく露作業の特定に当たっては、同一の均等ばく露作業において複数の労働者の呼吸域における物質の濃度の測定を行った場合であって、各労働者の濃度の測定値が測定を行った全労働者の濃度の測定値の平均値の２分の１から２倍の間に収まらない場合は、均等ばく露作業を細分化し、次回以降の確認測定を実施することが望ましいこと。

(5)　労働者のばく露の程度を最小限度とし、労働者のばく露の程度を濃度基準値以下とするために講ずる措置については、安衛則第577条の２第10項の規定により、事業者は、関係労働者の意見を聴取するとともに、安衛則第22条第11号の規定により、衛生委員会において、それらの措置について審議することが義務付けられていることに留意し、確認測定の結果の共有も含めて、関係労働者との意思疎通を十分に行うとともに、安全衛生委員会又は衛生委員会で十分な審議を行う必要があること。

(6)　確認測定の対象者の選定等については、以下の事項に留意すること。

ア　(1)において、リスクの見積もりの一環として、労働者が当該物質にばく露される程度が濃度基準値を超えるおそれのある屋内作業の有無を判断するために、確認測定を実施する基準として、労働者の呼吸域における物質の濃度を採用する趣旨は、リスク低減措置はいずれも労働者の呼吸域における物質の濃度に基づいて決定されるため、優先順位に基づく必要なリスク低減措置を検討する際に労働者の呼吸域における物質の濃度が必要であるためであること。さらに、労働者の呼吸域における物質の濃度が８時間濃度基準値の２分の１程度を超えると評価される場合を基準とする趣旨は、数理モデルや場の測定による労働者の呼吸域における物質の濃度の推定は、濃度が高くなると、ばらつきが大きくなり、推定の信頼性が低くなることを踏まえたものであること。

イ　(1)の労働者の呼吸域における物質の濃度が８時間濃度基準値の２分の１程度を超えている労働者に対する確認測定は、測定中に、当該労働者が濃度基準値以上の濃度にばく露されることのないよう、有効な呼吸用保護具を着用させて測定を行うこと。

ウ　均等ばく露作業ごとに確認測定を行う場合において、測定結果のばらつきや測定の失敗等を考慮し、８時間濃度基準値との比較を行うための確認測定については、均等ばく露作業ごとに最低限２人の測定対象者を選定することが望ましいこと。15分間のばく露に対する濃度基準値（以下「短時間濃度基準値」という。）との比較を行うための確認測定については、最大ばく露労働者のみを対象とすることで差し支えないこと。

エ　均等ばく露作業において、最大ばく露労働者を特定できない場合は、均等ばく露作業に従事する者の５分の１程度の労働者を抽出して確認測定を実施する方法があること。

３－２　確認測定の実施時期

(1)　事業者は、確認測定の結果、労働者の呼吸域における物質の濃度が、濃度基準値を超えている作業場については、少なくとも６月に１回、確認測定を実施すること。

(2)　事業者は、確認測定の結果、労働者の呼吸域における物質の濃度が、濃度基準値の２分の１程度を上回り、濃度基準値を超えない作業場については、一定の頻度で確認測定を実施することが望ましいこと。その頻度については、安衛則第34条の２の７及び化学物質リスクアセスメント指針に規定されるリスクアセスメントの実施時期を踏まえつつ、リスクアセスメントの結果、定点の連続モニタリングの結果、工学的対策の信頼性、製造し又は取り扱う化学物質の毒性の程度等を勘案し、労働者の呼吸域における物質の濃度に応じた頻度となるように事業者が判断すべきであること。

(3)　確認測定の実施時期等については、以下の事項に留意すること。

ア　確認測定は、最初の測定は呼吸用保護具の要求防護係数を算出するため労働者の呼吸域における物質の濃度の測定が必要であるが、定期的に行う測定はばく露状況に大きな変動がないことを確認する趣旨であるため、定点の連続モニタリングや場の測定で確認測定に代えることも認められること。

イ　労働者の呼吸域における物質の濃度が濃度基準値以下の場合の確認測定の頻度については、局所排気装置等を整備する等により作業環境を安定的に管理し、定点の連続モニタリング等によって環境中の濃度に大きな変動がないことを確認している場合は、作業の方法や局所排気装置等の変更がない限り、確認測定を定期的に実施することは要しないこと。

4　確認測定における試料採取方法及び分析方法

4－1　標準的な試料採取方法及び分析方法

確認測定における、事業者による標準的な試料採取方法及び分析方法は、別表1に定めるところによること。なお、これらの方法と同等以上の精度を有する方法がある場合は、それらの方法によることとして差し支えないこと。

4－2　試料空気の採取方法

4－2－1　確認測定における試料採取機器の装着方法

事業者は、確認測定における試料空気の採取については、作業に従事する労働者の身体に装着する試料採取機器を用いる方法により行うこと。この場合において、当該試料採取機器の採取口は、当該労働者の呼吸域における物質の濃度を測定するために最も適切な部位に装着しなければならないこと。

4－2－2　蒸気及びエアロゾル粒子が同時に存在する場合の試料採取機器

事業者は、室温において、蒸気とエアロゾル粒子が同時に存在する物質については、濃度の測定に当たっては、濃度の過小評価を避けるため、原則として、飽和蒸気圧の濃度基準値に対する比（飽和蒸気圧／濃度基準値）が0.1以上10以下の物質については、蒸気とエアロゾル粒子の両方の試料を採取すること。

ただし、事業者は、作業実態において、蒸気やエアロゾル粒子によるばく露が想定される物質については、当該比が0.1以上10以下でない場合であっても、蒸気とエアロゾル粒子の両方の試料を採取することが望ましいこと。

別表1において、当該物質については、蒸気とエアロゾル粒子の両方を捕集すべきであることを明記するとともに、標準的な試料採取方法として、蒸気を捕集する方法とエアロゾル粒子を捕集する方法を併記し、蒸気とエアロゾル粒子の両方を捕集する方法（相補捕集法）が定められていること。

事業場の作業環境に応じ、当該物質の測定及び管理のために必要がある場合は、次に掲げる算式により、濃度基準値の単位を変換できること。

$$C\ (\mathrm{mg/m^3}) = \frac{\text{分子量}\ (\mathrm{g})}{\text{モル体積}\ (\mathrm{L})} \times C\ (\mathrm{mL/m^3} = \mathrm{ppm})$$

ただし、室温は25℃、気圧は1気圧とすること。

4－3　試料空気の採取時間

4－3－1　8時間濃度基準値と比較するための試料空気の採取時間

(1)　空気試料の採取時間については、8時間濃度基準値と比較するという趣旨を踏まえ、連続する8時間の測定を行い採取した1つの試料か、複数の測定を連続して行って採取した合計8時間分の試料とすることが望ましいこと。8時間未満の連続した試料や短時間ランダムサンプリングは望ましくないこと。

(2)　ただし、一労働日を通じて労働者がばく露する物質の濃度が比較的均一であり、自動化かつ密閉化された作業という限定的な場面においては、事業者は、試料採取時間の短縮を行うことは可能であること。この場合において、測定されない時間の存在は、測定の信頼性に対する深刻な弱点となるため、事業者は、測定されていない時間帯のばく露状況が測定されている時間帯のばく露状況と均一であることを、過去の測定結果や作業工程の観察等によって明らかにするとともに、試料採取時間は、労働者のばく露の程度が高い時間帯を含めて、少なくとも２時間（８時間の25%）以上とし、測定されていない時間帯のばく露における濃度は、測定されている時間のばく露における濃度と同一であるとみなすこと。

(3) ８時間濃度基準値と比較するための試料空気の採取時間については、以下の事項に留意すること。

ア ８時間濃度基準値と比較をするための労働者の呼吸域における物質の濃度の測定に当たっては、適切な能力を持った自社の労働者が試料採取を行い、その試料の分析を分析機関に委託する方法があること。

イ この場合、作業内容や労働者をよく知る者が試料採取を行うことができるため、試料採取の適切な実施が担保できるとともに、試料採取の外部委託の費用を低減することが可能となること。

４－３－２ 短時間濃度基準値と比較するための試料空気の採取時間

(1) 事業者は、労働者のばく露の程度が短時間濃度基準値以下であることを確認するための測定においては、最大ばく露労働者（１人）について、１日の労働時間のうち最もばく露の程度が高いと推定される15分間に当該測定を実施する必要があること。

(2) 事業者は、測定結果のばらつきや測定の失敗等を考慮し、当該労働時間中に少なくとも３回程度測定を実施し、最も高い測定値で比較を行うことが望ましいこと。ただし、１日の労働時間中の化学物質にばく露される作業時間が15分程度以下である場合は、１回で差し支えないこと。

４－３－３ 短時間作業の場合の８時間濃度基準値と比較するための試料空気の採取時間

事業者は、短時間作業が断続的に行われる場合や、一労働日における化学物質にばく露する作業を行う時間の合計が８時間未満の場合における８時間濃度基準値と比較するための試料空気の採取時間は、労働者がばく露する作業を行う時間のみとすることができる。

５ 濃度基準値及びその適用

５－１ ８時間濃度基準値及び短時間濃度基準値の適用

(1) 事業者は、別表２の左欄に掲げる物（※２と付されているものを除く。以下同じ。）を製造し、又は取り扱う業務（主として一般消費者の生活の用に供される製品に係るものを除く。）を行う屋内作業場においては、当該業務に従事する労働者がこれらの物にばく露される程度を濃度基準値以下としなければならないこと。

(2) 濃度基準値は、別表２の左欄に掲げる物の種類に応じ、同表の中欄及び右欄に掲げる値とすること。この場合において、次のア及びイに掲げる値は、それぞれア及びイに定める濃度の基準を超えてはならないこと。

ア １日の労働時間のうち８時間のばく露における別表２の左欄に掲げる物の濃度を各測定の測定時間により加重平均して得られる値（以下「８時間時間加重平均値」という。） ８時間濃度基準値

イ １日の労働時間のうち別表２の左欄に掲げる物の濃度が最も高くなると思われる15分間のばく露における当該物の濃度を各測定の測定時間により加重平均して得られる値（以下「15分間時間加重平均値」という。） 短時間濃度基準値

5－2　濃度基準値の適用に当たって実施に努めなければならない事項

事業者は、5－1の濃度基準値について、次に掲げる事項を行うよう努めなければならないこと。

(1)　別表2の左欄に掲げる物のうち、8時間濃度基準値及び短時間濃度基準値が定められているものについて、当該物のばく露における15分間時間加重平均値が8時間濃度基準値を超え、かつ、短時間濃度基準値以下の場合にあっては、当該ばく露の回数が1日の労働時間中に4回を超えず、かつ、当該ばく露の間隔を1時間以上とすること。

(2)　別表2の左欄に掲げる物のうち、8時間濃度基準値が定められており、かつ、短時間濃度基準値が定められていないものについて、当該物のばく露における15分間時間加重平均値が8時間濃度基準値を超える場合にあっては、当該ばく露の15分間時間加重平均値が8時間濃度基準値の3倍を超えないようにすること。

(3)　別表2の左欄に掲げる物のうち、短時間濃度基準値が天井値として定められているものは、当該物のばく露における濃度が、いかなる短時間のばく露におけるものであるかを問わず、短時間濃度基準値を超えないようにすること。

(4)　別表2の左欄に掲げる物のうち、有害性の種類及び当該有害性が影響を及ぼす臓器が同一であるものを2種類以上含有する混合物の8時間濃度基準値については、次の式により計算して得た値が1を超えないようにすること。

$$C = \frac{C_1}{L_1} + \frac{C_2}{L_2} + \cdots\cdots$$

（この式において、C、C_1、C_2……及びL_1、L_2……は、それぞれ次の値を表すものとする。
C　換算値
C_1、C_2……　物の種類ごとの8時間時間加重平均値
L_1、L_2……　物の種類ごとの8時間濃度基準値）

(5)　(4)の規定は、短時間濃度基準値について準用すること。

6　濃度基準値の趣旨等及び適用に当たっての留意事項

事業者は、濃度基準値の適用に当たり、次に掲げる事項に留意すること。

6－1　濃度基準値の設定

6－1－1　基本的考え方

(1)　各物質の濃度基準値は、原則として、収集された信頼のおける文献で示された無毒性量等に対し、不確実係数等を考慮の上、決定されたものである。各物質の濃度基準値は、設定された時点での知見に基づき設定されたものであり、濃度基準値に影響を与える新たな知見が得られた場合等においては、再度検討を行う必要があるものであること。

(2)　特別規則の適用のある物質については、特別規則による規制との二重規制を避けるため、濃度基準値を設定していないこと。

6－1－2　発がん性物質への濃度基準値の設定

(1)　濃度基準値の設定においては、ヒトに対する発がん性が明確な物質（別表1の左欄に※5及び別表2の左欄に※2と付されているもの。）については、発がんが確率的影響であることから、長期的な健康影響が発生しない安全な閾値である濃度基準値を設定することは困難であること。このため、当該物質には、濃度基準値の設定がなされていないこと。

(2)　これらの物質について、事業者は、有害性の低い物質への代替、工学的対策、管理的対策、有効な保護具の使用等により、労働者がこれらの物質にばく露される程度を最小限度としなければならないこと。

6－2　濃度基準値の趣旨

6－2－1　8時間濃度基準値の趣旨

(1)　8時間濃度基準値は、長期間ばく露することにより健康障害が生ずることが知られている物質について、当該障害を防止するため、8時間時間加重平均値が超えてはならない濃度基準値として設定されたものであり、この濃度以下のばく露においては、おおむね全ての労働者に健康障害を生じないと考えられているものであること。

(2)　短時間作業が断続的に行われる場合や、一労働日における化学物質にばく露する作業を行う時間の合計が8時間未満の場合は、ばく露する作業を行う時間以外の時間（8時間からばく露作業時間を引いた時間。以下「非ばく露作業時間」という。）について、ばく露における物質の濃度をゼロとみなして、ばく露作業時間及び非ばく露作業時間における物質の濃度をそれぞれの測定時間で加重平均して8時間時間加重平均値を算出するか、非ばく露作業時間を含めて8時間の測定を行い、当該濃度を8時間で加重平均して8時間時間加重平均値を算出すること（参考1の計算例参照）。

(3)　この場合において、8時間時間加重平均値と8時間濃度基準値を単純に比較するだけでは、短時間作業の作業中に8時間濃度基準値をはるかに上回る高い濃度のばく露が許容されるおそれがあるため、事業者は、15分間時間加重平均値を測定し、短時間濃度基準値の定めがある物は5－1(2)イに定める基準を満たさなければならないとともに、5－2(1)から(5)までに定める事項を行うように努めること。

6－2－2　短時間濃度基準値の趣旨

(1)　短時間濃度基準値は、短時間でのばく露により急性健康障害が生ずることが知られている物質について、当該障害を防止するため、作業中のいかなるばく露においても、15分間時間加重平均値が超えてはならない濃度基準値として設定されたものであること。さらに、15分間時間加重平均値が8時間濃度基準値を超え、かつ、短時間濃度基準値以下の場合にあっては、複数の高い濃度のばく露による急性健康障害を防止する観点から、5－2(1)において、15分間時間加重平均値が8時間濃度基準値を超える最大の回数を4回とし、最短の間隔を1時間とすることを努力義務としたこと。

(2)　8時間濃度基準値が設定されているが、短時間濃度基準値が設定されていない物質についても、8時間濃度基準値が均等なばく露を想定して設定されていることを踏まえ、毒性学の見地から、短期間に高濃度のばく露を受けることは避けるべきであること。このため、5－2(2)において、たとえば、8時間中ばく露作業時間が1時間、非ばく露作業時間が7時間の場合に、1時間のばく露作業時間において8時間濃度基準値の8倍の濃度のばく露を許容するようなことがないよう、作業中のいかなるばく露においても、15分間時間加重平均値が、8時間濃度基準値の3倍を超えないことを努力義務としたこと。

6－2－3　天井値の趣旨

(1)　天井値については、眼への刺激性等、非常に短い時間で急性影響が生ずることが疫学調査等により明らかな物質について規定されており、いかなる短時間のばく露においても超えてはならない基準値であること。事業者は、濃度の連続測定によってばく露が天井値を超えないように管理することが望ましいが、現時点における連続測定手法の技術的限界を踏まえ、その実施については努力義務とされていること。

(2)　事業者は、連続測定が実施できない場合は、当該物質の15分間時間加重平均値が短時間濃度基準値を超えないようにしなければならないこと。また、事業者は、天井値の趣旨を踏まえ、当該物質への労働者のばく露が天井値を超えないよう、15分間時間加重平均値が余裕を持って天井値を下回るように管理する等の措置を講ずることが望ましいこと。

6－3　濃度基準値の適用に当たっての留意事項

6－3－1　混合物への濃度基準値の適用

(1)　混合物に含まれる複数の化学物質が、同一の毒性作用機序によって同一の標的臓器に作用する場合、それらの物質の相互作用によって、相加効果や相乗効果によって毒性が増大するおそれがあること。しかし、複数の化学物質による相互作用は、個別の化学物質の組み合わせに依存し、かつ、相互作用も様々であること。

(2)　これを踏まえ、混合物への濃度基準値の適用においては、混合物に含まれる複数の化学物質が、同一の毒性作用機序によって同一の標的臓器に作用することが明らかな場合には、それら物質による相互作用を考慮すべきであるため、５－２(4)に定める相加式を活用してばく露管理を行うことが努力義務とされていること。

6－3－2　一労働日の労働時間が８時間を超える場合の適用

(1)　一労働日における化学物質にばく露する作業を行う時間の合計が８時間を超える作業がある場合には、作業時間が８時間を超えないように管理することが原則であること。

(2)　やむを得ず化学物質にばく露する作業が８時間を超える場合、８時間時間加重平均値は、当該作業のうち、最も濃度が高いと思われる時間を含めた８時間のばく露における濃度の測定により求めること。この場合において、事業者は、当該８時間時間加重平均値が８時間濃度基準値を下回るのみならず、化学物質にばく露する全ての作業時間におけるばく露量が、８時間濃度基準値で８時間ばく露したばく露量を超えないように管理する等、適切な管理を行うこと。また、８時間濃度基準値を当該時間用に換算した基準値（８時間濃度基準値×８時間／実作業時間）により、労働者のばく露を管理する方法や、毒性学に基づく代謝メカニズムを用いた数理モデルを用いたばく露管理の方法も提唱されていることから、ばく露作業の時間が８時間を超える場合の措置については、化学物質管理専門家等の専門家の意見を踏まえ、必要な管理を実施すること。

7　リスク低減措置

7－1　基本的考え方

事業者は、化学物質リスクアセスメント指針に規定されているように、危険性又は有害性の低い物質への代替、工学的対策、管理的対策、有効な保護具の使用という優先順位に従い、対策を検討し、労働者のばく露の程度を濃度基準値以下とすることを含めたリスク低減措置を実施すること。その際、保護具については、適切に選択され、使用されなければ効果を発揮しないことを踏まえ、本質安全化、工学的対策等の信頼性と比較し、最も低い優先順位が設定されていることに留意すること。

7－2　保護具の適切な使用

(1)　事業者は、確認測定により、労働者の呼吸域における物質の濃度が、保護具の使用を除くリスク低減措置を講じてもなお、当該物質の濃度基準値を超えること等、リスクが高いことを把握した場合、有効な呼吸用保護具を選択し、労働者に適切に使用させること。その際、事業者は、保護具のうち、呼吸用保護具を使用する場合においては、その選択及び装着が適切に実施されなければ、所期の性能が発揮されないことに留意し、７－３及び７－４に定める呼吸用保護具の選択及び適切な使用の確認を行うこと。

(2)　事業者は、皮膚若しくは眼に障害を与えるおそれ又は皮膚から吸収され、若しくは皮膚から侵入して、健康障害を生ずるおそれがあることが明らかな化学物質及びそれを含有する製剤を製造し、又は取り扱う業務に労働者を従事させるときは、不浸透性の保護衣、保護手袋、履物又は保護眼鏡等の適切な保護具を使用させなければならないこと。

(3)　事業者は、保護具に関する措置については、保護具に関して必要な教育を受けた保護具着用管理責任者（安衛則第12条の６第１項に規定する保護具着用管理責任者をいう。）の管理下で行わせなければならないこと。

７－３　呼吸用保護具の適切な選択

事業者は、濃度基準値が設定されている物質について、次に掲げるところにより、適切な呼吸用保護具を選択し、労働者に使用させること。

(1)　労働者に使用させる呼吸用保護具については、要求防護係数を上回る指定防護係数を有するものでなければならないこと。

(2)　(1)の要求防護係数は、次の式により計算すること。

$$PF_r = \frac{C}{C_0}$$

この式において、PF_r、Ｃ及びC_0は、それぞれ次の値を表すものとする。
PF_r　要求防護係数
Ｃ　化学物質の濃度の測定の結果得られた値
C_0　化学物質の濃度基準値

(3)　(2)の化学物質の濃度の測定の結果得られた値は、測定値のうち最大の値とすること。

(4)　要求防護係数の決定及び適切な保護具の選択は、化学物質管理者の管理のもと、保護具着用管理責任者が確認測定を行った者と連携しつつ行うこと。

(5)　複数の化学物質を同時に又は順番に製造し、又は取り扱う作業場における呼吸用保護具の要求防護係数については、それぞれの化学物質ごとに算出された要求防護係数のうち、最大のものを当該呼吸用保護具の要求防護係数として取り扱うこと。

(6)　(1)の指定防護係数は、別表第３－１から第３－４までの左欄に掲げる呼吸用保護具の種類に応じ、それぞれ同表の右欄に掲げる値とすること。ただし、指定防護係数は、別表第３－５の左欄に掲げる呼吸用保護具を使用した作業における当該呼吸用保護具の外側及び内側の化学物質の濃度の測定又はそれと同等の測定の結果により得られた当該呼吸用保護具に係る防護係数が同表の右欄に掲げる指定防護係数を上回ることを当該呼吸用保護具の製造者が明らかにする書面が当該呼吸用保護具に添付されている場合は、同表の左欄に掲げる呼吸用保護具の種類に応じ、それぞれ同表の右欄に掲げる値とすることができること。

(7)　防じん又は防毒の機能を有する呼吸用保護具の選択に当たっては、主に蒸気又はガスとしてばく露する化学物質（濃度基準値の単位がppmであるもの）については、有効な防毒機能を有する呼吸用保護具を選択し、主に粒子としてばく露する化学物質（濃度基準値の単位がmg/m^3であるもの）については、粉じんの種類（固体粒子又はミスト）に応じ、有効な防じん機能を有する呼吸用保護具を労働者に使用させること。ただし、４－２－２で定める蒸気及び粒子の両方によるばく露が想定される物質については、防じん及び防毒の両方の機能を有する呼吸用保護具を労働者に使用させること。

(8)　防毒の機能を有する呼吸用保護具は化学物質の種類に応じて、十分な除毒能力を有する吸収缶を備えた防毒マスク、防毒機能を有する電動ファン付き呼吸用保護具又は別表第３－４に規定する呼吸用保護具を労働者に使用させなければならないこと。

７－４　呼吸用保護具の装着の確認

事業者は、次に掲げるところにより、呼吸用保護具の適切な装着を１年に１回、定期に確認すること。

(1)　呼吸用保護具（面体を有するものに限る。）を使用する労働者について、日本産業規格Ｔ 8150（呼吸用保護具の選択、使用及び保守管理方法）に定める方法又はこれと同等の方法により当該労働者の顔面と当該呼吸用保護具の面体との密着の程度を示す係数（以下「フィットファクタ」という。）を求め、当該フィットファクタが要求フィットファクタを上回っていることを確認する方法とすること。

(2)　フィットファクタは、次の式により計算するものとする。

$$FF = \frac{C_{out}}{C_{in}}$$

この式において、FF、C_{out} 及び C_{in} は、それぞれ次の値を表すものとする。
FF　フィットファクタ
C_{out}　呼吸用保護具の外側の測定対象物の濃度
C_{in}　呼吸用保護具の内側の測定対象物の濃度

(3)　(1)の要求フィットファクタは、呼吸用保護具の種類に応じ、次に掲げる値とする。
全面形面体を有する呼吸用保護具　500
半面形面体を有する呼吸用保護具　100

別表第１　物質別の試料採取方法及び分析方法　編注：　部は、令和７年10月１日より適用

物質名	資料採取方法	分析方法
アクリル酸	固体捕集方法	高速液体クロマトグラフ分析方法
アクリル酸エチル	固体捕集方法	ガスクロマトグラフ分析方法
アクリル酸ノルマル-ブチル	固体捕集方法※1	ガスクロマトグラフ分析方法
アクリル酸メチル	固体捕集方法	ガスクロマトグラフ分析方法
アクロレイン	固体捕集方法※1	高速液体クロマトグラフ分析方法
アセチルサリチル酸（別名アスピリン）	ろ過捕集方法	高速液体クロマトグラフ分析方法
アセトアルデヒド	固体捕集方法※1	高速液体クロマトグラフ分析方法
アセトニトリル	固体捕集方法	ガスクロマトグラフ分析方法
アセトンシアノヒドリン	固体捕集方法	ガスクロマトグラフ分析方法
アニリン	ろ過捕集方法※2	ガスクロマトグラフ分析方法
2-アミノエタノール	ろ過捕集方法※2	高速液体クロマトグラフ分析方法
3-アミノ-1Ｈ-1，2，4-トリアゾール（別名アミトロール）	液体捕集方法	高速液体クロマトグラフ分析方法
アリルアルコール	固体捕集方法	ガスクロマトグラフ分析方法
1-アリルオキシ-2，3-エポキシプロパン	固体捕集方法	ガスクロマトグラフ分析方法
アリル-ノルマル-プロピルジスルフィド	固体捕集方法	ガスクロマトグラフ分析方法
3-（アルファ-アセトニルベンジル）-4-ヒドロキシクマリン（別名ワルファリン）	ろ過捕集方法	高速液体クロマトグラフ分析方法
アルファ-メチルスチレン	固体捕集方法	ガスクロマトグラフ分析方法
3-イソシアナトメチル-3，5，5-トリメチルシクロヘキシル=イソシアネート	ろ過捕集方法※2	高速液体クロマトグラフ分析方法
イソシアン酸メチル	固体捕集方法※1	高速液体クロマトグラフ分析方法
イソプレン	固体捕集方法	ガスクロマトグラフ分析方法
イソプロピルアミン	固体捕集方法※1	高速液体クロマトグラフ分析方法

物質名	資料採取方法	分析方法
イソプロピルエーテル	固体捕集方法	ガスクロマトグラフ分析方法
イソホロン	固体捕集方法	ガスクロマトグラフ分析方法
一酸化二窒素	直接捕集方法	ガスクロマトグラフ分析方法※3
イプシロン－カプロラクタム※4	ろ過捕集方法及び固体捕集方法	ガスクロマトグラフ分析方法
エチリデンノルボルネン	固体捕集方法	ガスクロマトグラフ分析方法
エチルアミン	固体捕集方法※1	高速液体クロマトグラフ分析方法
エチル-セカンダリ-ペンチルケトン	固体捕集方法	ガスクロマトグラフ分析方法
エチル-パラ-ニトロフェニルチオノベンゼンホスホネイト（別名EPN）※4	ろ過捕集方法及び固体捕集方法	ガスクロマトグラフ分析方法
2-エチルヘキサン酸	固体捕集方法	高速液体クロマトグラフ分析方法
エチレングリコール	固体捕集方法	ガスクロマトグラフ分析方法
エチレングリコールモノブチルエーテルアセタート	固体捕集方法	ガスクロマトグラフ分析方法
エチレングリコールモノメチルエーテルアセテート	固体捕集方法	ガスクロマトグラフ分析方法
エチレンクロロヒドリン	固体捕集方法	ガスクロマトグラフ分析方法
エチレンジアミン	固体捕集方法※1	高速液体クロマトグラフ分析方法
エピクロロヒドリン	固体捕集方法	ガスクロマトグラフ分析方法
2，3-エポキシ-1-プロパノール※5	固体捕集方法	ガスクロマトグラフ分析方法
2，3-エポキシプロピル＝フェニルエーテル	固体捕集方法	ガスクロマトグラフ分析方法
塩化アリル	固体捕集方法	ガスクロマトグラフ分析方法
塩化ベンジル※3	固体捕集方法	ガスクロマトグラフ分析方法
塩化ホスホリル	液体捕集方法	イオンクロマトグラフ分析方法
1，2，4，5，6，7，8，8-オクタクロロ-2，3，3ａ，4，7，7ａ-ヘキサヒドロ-4，7-メタノ-1H-インデン（別名クロルデン）※4	ろ過捕集方法及び固体捕集方法	ガスクロマトグラフ分析方法※3
オゾン	ろ過捕集方法※2	イオンクロマトグラフ分析方法
オルト-アニシジン	固体捕集方法	高速液体クロマトグラフ分析方法
過酸化水素	ろ過捕集方法※2	吸光光度分析方法
カーボンブラック	分粒装置※6を用いるろ過捕集方法	重量分析方法
ぎ酸メチル	固体捕集方法	ガスクロマトグラフ分析方法
キシリジン	ろ過捕集方法※2	ガスクロマトグラフ分析方法
クメン	固体捕集方法	ガスクロマトグラフ分析方法
グルタルアルデヒド	固体捕集方法※1	高速液体クロマトグラフ分析方法
クロム	ろ過捕集方法	原子吸光分析方法又は誘導結合プラズマ発光分光分析方法
クロロエタン（別名塩化エチル）	固体捕集方法	ガスクロマトグラフ分析方法
2-クロロ-4-エチルアミノ-6-イソプロピルアミノ-1，3，5-トリアジン（別名アトラジン）	ろ過捕集方法及び固体捕集方法	ガスクロマトグラフ分析方法※3
クロロ酢酸	固体捕集方法	イオンクロマトグラフ分析方法
クロロジフルオロメタン（別名HCFC-22）	固体捕集方法	ガスクロマトグラフ分析方法
2-クロロ-1，1，2-トリフルオロエチルジフルオロメチルエーテル（別名エンフルラン）	固体捕集方法※1	ガスクロマトグラフ分析方法
クロロピクリン	固体捕集方法	ガスクロマトグラフ分析方法
酢酸	固体捕集方法	イオンクロマトグラフ分析方法
酢酸ビニル	固体捕集方法	ガスクロマトグラフ分析方法

物質名	資料採取方法	分析方法
酢酸ブチル（酢酸ターシャリ-ブチルに限る。）	固体捕集方法	ガスクロマトグラフ分析方法
三塩化りん	液体捕集方法	吸光光度分析方法
酸化亜鉛	分粒装置※6を用いるろ過捕集方法	エックス線回折分析方法
酸化カルシウム	ろ過捕集方法	原子吸光分光分析方法
酸化メシチル	固体捕集方法	ガスクロマトグラフ分析方法
ジアセトンアルコール	固体捕集方法	ガスクロマトグラフ分析方法
2-シアノアクリル酸メチル	固体捕集方法※1	高速液体クロマトグラフ分析方法
ジエタノールアミン	ろ過捕集方法※2	高速液体クロマトグラフ分析方法
2-（ジエチルアミノ）エタノール	固体捕集方法	ガスクロマトグラフ分析方法
ジエチルアミン	固体捕集方法	高速液体クロマトグラフ分析方法
ジエチルケトン	固体捕集方法	ガスクロマトグラフ分析方法
ジエチル-パラ-ニトロフェニルチオホスフェイト（別名パラチオン）	ろ過捕集方法及び固体捕集方法	ガスクロマトグラフ分析方法
ジエチレングリコールモノブチルエーテル※4	ろ過捕集方法及び固体捕集方法	ガスクロマトグラフ分析方法
シクロヘキサン	固体捕集方法	ガスクロマトグラフ分析方法
シクロヘキシルアミン	ろ過捕集方法※2	イオンクロマトグラフ分析方法
ジクロロエタン（1，1-ジクロロエタンに限る。）	固体捕集方法	ガスクロマトグラフ分析方法
ジクロロエチレン（1，1-ジクロロエチレンに限る。）	固体捕集方法	ガスクロマトグラフ分析方法
ジクロロジフルオロメタン（別名CFC-12）	固体捕集方法	ガスクロマトグラフ分析方法
ジクロロテトラフルオロエタン（別名CFC-114）	固体捕集方法	ガスクロマトグラフ分析方法
2，4-ジクロロフェノキシ酢酸	ろ過捕集方法及び固体捕集方法	高速液体クロマトグラフ分析方法
ジクロロフルオロメタン（別名HCFC-21）	固体捕集方法	ガスクロマトグラフ分析方法
1，3-ジクロロプロペン	固体捕集方法	ガスクロマトグラフ分析方法
ジシクロペンタジエン	固体捕集方法	ガスクロマトグラフ分析方法
2，6-ジ-ターシャリ-ブチル-4-クレゾール	ろ過捕集方法及び固体捕集方法	ガスクロマトグラフ分析方法
ジチオりん酸O，O-ジメチル-S-［(4-オキソ-1，2，3-ベンゾトリアジン-3（4H）-イル）メチル］(別名アジンホスメチル)	ろ過捕集方法及び固体捕集方法	ガスクロマトグラフ分析方法
ジフェニルアミン※4	ろ過捕集方法及び固体捕集方法	ガスクロマトグラフ分析方法
ジフェニルエーテル	固体捕集方法	ガスクロマトグラフ分析方法
ジボラン	液体捕集方法	誘導結合プラズマ発光分光分析方法
N，N-ジメチルアセトアミド	固体捕集方法	ガスクロマトグラフ分析方法
N，N-ジメチルアニリン	固体捕集方法※1	ガスクロマトグラフ分析方法
ジメチルアミン	固体捕集方法※1	高速液体クロマトグラフ分析方法
臭素	ろ過捕集方法※2	イオンクロマトグラフ分析方法
しよう脳	固体捕集方法	ガスクロマトグラフ分析方法
水酸化カルシウム	ろ過捕集方法	原子吸光分光分析方法
すず及びその化合物（ジブチルスズ＝オキシドに限る。）	ろ過捕集方法及び固体捕集方法	原子吸光分光分析方法

物質名	資料採取方法	分析方法
すず及びその化合物（ジブチルスズ＝ジクロリドに限る。）	ろ過捕集方法及び固体捕集方法	ガスクロマトグラフ分析方法
すず及びその化合物（ジブチルスズ＝ジラウラート及びジブチルスズ＝マレアートに限る。）	ろ過捕集方法	原子吸光分光分析方法
すず及びその化合物（ジブチルスズビス（イソオクチル＝チオグリコレート）に限る。）	ろ過捕集方法及び固体捕集方法	高速液体クロマトグラフ分析方法及び原子吸光分光分析方法
すず及びその化合物（テトラブチルスズに限る。）	ろ過捕集方法及び固体捕集方法	高速液体クロマトグラフ分析方法及び原子吸光分光分析方法
すず及びその化合物（トリフェニルスズ＝クロリドに限る。）	ろ過捕集方法	高速液体クロマトグラフ分析方法及び誘導結合プラズマ発光分光分析方法
すず及びその化合物（トリブチルスズ＝クロリドに限る。）	ろ過捕集方法及び固体捕集方法	高速液体クロマトグラフ分析方法及び原子吸光分光分析方法
すず及びその化合物（トリブチルスズ＝フルオリドに限る。）	ろ過捕集方法	原子吸光分析方法
すず及びその化合物（ブチルトリクロロスズに限る。）	ろ過捕集方法及び固体捕集方法	ガスクロマトグラフ分析方法
セレン	ろ過捕集方法	誘導結合プラズマ発光分光分析方法
タリウム	ろ過捕集方法	誘導結合プラズマ質量分析方法
チオりん酸 O, O- ジエチル -O-（2－イソプロピル－6－メチル－4－ピリミジニル）（別名ダイアジノン）	ろ過捕集方法及び固体捕集方法	液体クロマトグラフ質量分析方法
テトラエチルチウラムジスルフィド（別名ジスルフィラム）	ろ過捕集方法及び固体捕集方法	高速液体クロマトグラフ分析方法
テトラエチルピロホスフェイト（別名 TEPP）	固体捕集方法	ガスクロマトグラフ分析方法
テトラクロロジフルオロエタン（別名 CFC-112）	固体捕集方法	ガスクロマトグラフ分析方法
テトラメチルチウラムジスルフィド（別名チウラム）	ろ過捕集方法	高速液体クロマトグラフ分析方法
トリエタノールアミン	ろ過捕集方法	ガスクロマトグラフ分析方法
トリクロロエタン（1，1，2-トリクロロエタンに限る。）	固体捕集方法	ガスクロマトグラフ分析方法
トリクロロ酢酸	固体捕集方法	高速液体クロマトグラフ分析方法
1，1，2-トリクロロ－1，2，2-トリフルオロエタン	固体捕集方法	ガスクロマトグラフ分析方法
1，1，1-トリクロロ－2，2-ビス（4-メトキシフェニル）エタン（別名メトキシクロル）	ろ過捕集方法及び固体捕集方法	ガスクロマトグラフ分析方法※3
2，4，5-トリクロロフェノキシ酢酸	ろ過捕集方法	高速液体クロマトグラフ分析方法
1，2，3-トリクロロプロパン※5	固体捕集方法	ガスクロマトグラフ分析方法
トリニトロトルエン	固体捕集方法	ガスクロマトグラフ分析方法※3
トリブロモメタン	固体捕集方法	ガスクロマトグラフ分析方法
トリメチルアミン	固体捕集方法※1	ガスクロマトグラフ分析方法
トリメチルベンゼン	固体捕集方法	ガスクロマトグラフ分析方法
1-ナフチル -N- メチルカルバメート（別名カルバリル）※4	ろ過捕集方法及び固体捕集方法	高速液体クロマトグラフ分析方法
二酸化窒素	固体捕集方法※1	イオンクロマトグラフ分析方法

物質名	資料採取方法	分析方法
ニッケル	ろ過捕集方法	誘導結合プラズマ発光分光分析方法
ニトロエタン	固体捕集方法	ガスクロマトグラフ分析方法
ニトログリセリン	固体捕集方法	ガスクロマトグラフ分析方法※3
ニトロプロパン（1-ニトロプロパンに限る。）	固体捕集方法	ガスクロマトグラフ分析方法
ニトロベンゼン	固体捕集方法	ガスクロマトグラフ分析方法
ニトロメタン	固体捕集方法	ガスクロマトグラフ分析方法
ノナン（ノルマル-ノナンに限る。）	固体捕集方法	ガスクロマトグラフ分析方法
ノルマル-ブチルエチルケトン	固体捕集方法	ガスクロマトグラフ分析方法
ノルマル－ブチル－２，３－エポキシプロピルエーテル※5	固体捕集方法	ガスクロマトグラフ分析方法
N-［1-（N-ノルマル-ブチルカルバモイル）-1H-2-ベンゾイミダゾリル］カルバミン酸メチル（別名ベノミル）	ろ過捕集方法及び固体捕集方法	高速液体クロマトグラフ分析方法
パラ-アニシジン	固体捕集方法	高速液体クロマトグラフ分析方法
パラ－ジクロロベンゼン（令和７年10月１日より「ジクロロベンゼン（パラ－ジクロロベンゼンに限る」に改正）	固体捕集方法	ガスクロマトグラフ分析方法
パラ－ターシャリ－ブチルトルエン	固体捕集方法	ガスクロマトグラフ分析方法
パラ-ニトロアニリン	ろ過捕集方法	高速液体クロマトグラフ分析方法
砒（ひ）素及びその化合物（アルシンに限る。）※5	固体捕集方法	原子吸光分析方法
ヒドラジン及びその一水和物	ろ過捕集方法※2	高速液体クロマトグラフ分析方法
ヒドロキノン	ろ過捕集方法	高速液体クロマトグラフ分析方法
ビニルトルエン	固体捕集方法※1	ガスクロマトグラフ分析方法
N-ビニル-2-ピロリドン	固体捕集方法	ガスクロマトグラフ分析方法
ビフェニル	固体捕集方法	ガスクロマトグラフ分析方法
ピリジン	固体捕集方法	ガスクロマトグラフ分析方法
フェニルオキシラン	固体捕集方法	ガスクロマトグラフ分析方法
フェニルヒドラジン※5	液体捕集方法	高速液体クロマトグラフ分析方法
フェニレンジアミン（オルト－フェニレンジアミンに限る。）※5	ろ過捕集方法※2	高速液体クロマトグラフ分析方法
フェニレンジアミン（パラ-フェニレンジアミン及びメタ-フェニレンジアミンに限る。）	ろ過捕集方法※2	高速液体クロマトグラフ分析方法
フェノチアジン	ろ過捕集方法	高速液体クロマトグラフ分析方法
ブタノール（ターシャリ-ブタノールに限る。）	固体捕集方法	ガスクロマトグラフ分析方法
フタル酸ジエチル※4	ろ過捕集方法及び固体捕集方法	ガスクロマトグラフ分析方法
フタル酸ジ-ノルマル-ブチル	ろ過捕集方法及び固体捕集方法	ガスクロマトグラフ分析方法
フタル酸ビス（2-エチルヘキシル）（別名DEHP）	ろ過捕集方法及び固体捕集方法	ガスクロマトグラフ分析方法
２－ブテナール	固体捕集方法※1	高速液体クロマトグラフ分析方法
フルフラール	固体捕集方法	高速液体クロマトグラフ分析方法又はガスクロマトグラフ分析方法※7
フルフリルアルコール	固体捕集方法	ガスクロマトグラフ分析方法
プロピオン酸	固体捕集方法	ガスクロマトグラフ分析方法
プロピレングリコールモノメチルエーテル	固体捕集方法	ガスクロマトグラフ分析方法

物質名	資料採取方法	分析方法
ブロモトリフルオロメタン	固体捕集方法	ガスクロマトグラフ分析方法
1－ブロモプロパン	固体捕集方法	ガスクロマトグラフ分析方法
2－ブロモプロパン※5	固体捕集方法	ガスクロマトグラフ分析方法
ヘキサクロロエタン	固体捕集方法	ガスクロマトグラフ分析方法
1，2，3，4，10，10－ヘキサクロロ－6，7－エポキシ－1，4，4 a，5，6，7，8，8 a－オクタヒドロ－エンド－1，4－エンド－5，8－ジメタノナフタレン（別名エンドリン）	ろ過捕集方法及び固体捕集方法	ガスクロマトグラフ分析方法※3
ヘキサメチレン＝ジイソシアネート	ろ過捕集方法※2	高速液体クロマトグラフ分析方法
ヘプタン（ノルマル－ヘプタンに限る。）	固体捕集方法	ガスクロマトグラフ分析方法
1，2，4－ベンゼントリカルボン酸1，2－無水物	ろ過捕集方法※2	高速液体クロマトグラフ分析方法
ペンタン（ノルマル－ペンタン及び2－メチルブタンに限る。）	固体捕集方法	ガスクロマトグラフ分析方法
ほう酸及びそのナトリウム塩（四ほう酸ナトリウム十水和物（別名ホウ砂）に限る。）	ろ過捕集方法	誘導結合プラズマ発光分光分析方法
無水酢酸	ろ過捕集方法※2	ガスクロマトグラフ分析方法
無水マレイン酸	ろ過捕集方法※2	高速液体クロマトグラフ分析方法
メタクリル酸	固体捕集方法	高速液体クロマトグラフ分析方法
メタクリル酸2，3－エポキシプロピル※5	固体捕集方法	ガスクロマトグラフ分析方法
メタクリル酸メチル	固体捕集方法	ガスクロマトグラフ分析方法
メタクリロニトリル	固体捕集方法	ガスクロマトグラフ分析方法
メチラール	固体捕集方法	ガスクロマトグラフ分析方法
N－メチルアニリン	液体捕集方法	ガスクロマトグラフ分析方法
メチルアミン	固体捕集方法※1	高速液体クロマトグラフ分析方法
N－メチルカルバミン酸2－イソプロピルオキシフェニル（別名プロポキスル）※4	ろ過捕集方法及び固体捕集方法	高速液体クロマトグラフ分析方法
メチル－ターシャリ－ブチルエーテル（別名 MTBE）	固体捕集方法	ガスクロマトグラフ分析方法
5－メチル－2－ヘキサノン	固体捕集方法	ガスクロマトグラフ分析方法
2－メチル－2，4－ペンタンジオール	固体捕集方法	ガスクロマトグラフ分析方法
4，4'－メチレンジアニリン	ろ過捕集方法※2	高速液体クロマトグラフ分析方法
メチレンビス（4，1－シクロヘキシレン）＝ジイソシアネート	ろ過捕集方法※2	高速液体クロマトグラフ分析方法
1－（2－メトキシ－2－メチルエトキシ）－2－プロパノール	固体捕集方法	ガスクロマトグラフ分析方法
沃（よう）素	固体捕集方法※1	イオンクロマトグラフ分析方法
りん化水素	固体捕集方法※1	吸光光度分析方法
りん酸	ろ過捕集方法	イオンクロマトグラフ分析方法
りん酸ジメチル＝1－メトキシカルボニル－1－プロペン－2－イル（別名メビンホス）	ろ過捕集方法及び固体捕集方法	ガスクロマトグラフ分析方法
りん酸トリトリル（りん酸トリ（オルト－トリル）に限る。）	ろ過捕集方法	高速液体クロマトグラフ分析方法
りん酸トリ－ノルマル－ブチル※4	ろ過捕集方法及び固体捕集方法	ガスクロマトグラフ分析方法
りん酸トリフェニル	ろ過捕集方法	ガスクロマトグラフ分析方法
レソルシノール	ろ過捕集方法及び固体捕集方法	高速液体クロマトグラフ分析方法
六塩化ブタジエン	固体捕集方法	ガスクロマトグラフ分析方法※3

備考
1　※1の付されている物質の試料採取方法については、捕集剤との化学反応により測定しようとする物質を採取する方法であること。
2　※2の付されている物質の試料採取方法については、ろ過材に含浸させた化学物質との反応により測定しようとする物質を採取する方法であること。
3　※3の付されている物質の分析方法に用いられる機器は、電子捕獲型検出器（ＥＣＤ）又は質量分析器を有するガスクロマトグラフであること。
4　※4が付されている物質については、蒸気と粒子の両方を捕集すべき物質であり、当該物質の試料採取方法におけるろ過捕集方法は粒子を捕集するための方法、固体捕集方法は蒸気を捕集するための方法に該当するものであること。
5　※5の付されている物質については、発がん性が明確で、長期的な健康影響が生じない安全な閾値としての濃度基準値を設定できない物質。
6　※6の付されている分粒装置は、作業環境測定基準（昭和51年労働省告示第46号）第2条第2項に規定する分粒装置をいうこと。
7　※7の付されている物質の試料採取方法については、分析方法がガスクロマトグラフ分析方法の場合にあっては、捕集剤との化学反応により測定しようとする物質を採取する方法であること。

別表第２　物の種類別濃度基準値一覧（発がん性が明確であるため、長期的な健康影響が生じない安全な閾値としての濃度基準値を設定できない物質を含む。）

編注：▒▒部は、令和７年10月１日より適用

物の種類	8時間濃度基準値	短時間濃度基準値
アクリル酸	2 ppm	−
アクリル酸エチル	2 ppm	−
アクリル酸ノルマル-ブチル	2 ppm	−
アクリル酸メチル	2 ppm	−
アクロレイン	−	0.1 ppm ※1
アセチルサリチル酸（別名アスピリン）	5 mg/m^3	−
アセトアルデヒド	−	10 ppm
アセトニトリル	10 ppm	−
アセトンシアノヒドリン	−	5 ppm
アニリン	2 ppm	−
2-アミノエタノール	20 mg/m^3	−
3-アミノ-1Ｈ-1，2，4-トリアゾール（別名アミトロール）	0.2 mg/m^3	−
アリルアルコール	0.5 ppm	−
1-アリルオキシ-2，3-エポキシプロパン	1 ppm	−
アリル-ノルマル-プロピルジスルフィド	−	1 ppm
3-（アルファ-アセトニルベンジル）-4-ヒドロキシクマリン（別名ワルファリン）	0.01 mg/m^3	−
アルファ-メチルスチレン	10 ppm	−
3-イソシアナトメチル-3，5，5-トリメチルシクロヘキシル=イソシアネート	0.005 ppm	−
イソシアン酸メチル	0.02 ppm	0.04 ppm
イソプレン	3 ppm	−
イソプロピルアミン	2 ppm	−
イソプロピルエーテル	250 ppm	500 ppm
イソホロン	−	5 ppm
一酸化二窒素	100 ppm	−

物の種類	8時間濃度基準値	短時間濃度基準値
イプシロン－カプロラクタム	5 mg/m³	－
エチリデンノルボルネン	2 ppm	4 ppm
エチルアミン	5 ppm	－
エチル-セカンダリ-ペンチルケトン	10 ppm	－
エチル-パラ-ニトロフェニルチオノベンゼンホスホネイト（別名EPN）	0.1 mg/m³	－
2－エチルヘキサン酸	5 mg/m³	－
エチレングリコール	10 ppm	50 ppm
エチレングリコールモノブチルエーテルアセタート	20 ppm	－
エチレングリコールモノメチルエーテルアセテート	1 ppm	－
エチレンクロロヒドリン	2 ppm	－
エチレンジアミン	10 ppm	－
エピクロロヒドリン	0.5 ppm	－
2，3-エポキシ-1-プロパノール※2	－	－
2，3-エポキシプロピル＝フェニルエーテル	0.1 ppm	－
塩化アリル	1 ppm	－
塩化ベンジル※2	－	－
塩化ホスホリル	0.6 mg/m³	－
1，2，4，5，6，7，8，8-オクタクロロ-2，3，3ａ，4，7，7ａ-ヘキサヒドロ- 4，7-メタノ-1Ｈ-インデン（別名クロルデン）	0.5 mg/m³	－
オゾン	－	0.1 ppm
オルト－アニシジン	0.1 ppm	－
過酸化水素	0.5 ppm	－
カーボンブラック	レスピラブル粒子として 0.3 mg/m³	－
ぎ酸メチル	50 ppm	100 ppm
キシリジン	0.5 ppm	－
クメン	10 ppm	－
グルタルアルデヒド	－	0.03 ppm※1
クロム	0.5 mg/m³	－
クロロエタン（別名塩化エチル）	100 ppm	－
2-クロロ-4-エチルアミノ-6-イソプロピルアミノ-1，3，5-トリアジン（別名アトラジン）	2 mg/m³	－
クロロ酢酸	0.5 ppm	－
クロロジフルオロメタン（別名HCFC-22）	1,000 ppm	－
2-クロロ-1，1，2-トリフルオロエチルジフルオロメチルエーテル（別名エンフルラン）	20 ppm	－
クロロピクリン	－	0.1 ppm※1
酢酸	－	15 ppm
酢酸ビニル	10 ppm	15 ppm
酢酸ブチル（酢酸ターシャリ-ブチルに限る。）	20 ppm	150 ppm
三塩化りん	0.2 ppm	0.5 ppm
酸化亜鉛	レスピラブル粒子として 0.1 mg/m³	－
酸化カルシウム	0.2 mg/m³	－
酸化メシチル	2 ppm	－
ジアセトンアルコール	20 ppm	－
2-シアノアクリル酸メチル	0.2 ppm	1 ppm

物の種類	8時間濃度基準値	短時間濃度基準値
ジエタノールアミン	1 mg/m^3	–
2-（ジエチルアミノ）エタノール	2 ppm	–
ジエチルアミン	5 ppm	15 ppm
ジエチルケトン	–	300 ppm
ジエチル-パラ-ニトロフェニルチオホスフェイト（別名パラチオン）	0.05 mg/m^3	–
ジエチレングリコールモノブチルエーテル	60 mg/m^3	–
シクロヘキサン	100 ppm	–
シクロヘキシルアミン	–	5 ppm
ジクロロエタン（1, 1-ジクロロエタンに限る。）	100 ppm	–
ジクロロエチレン（1, 1-ジクロロエチレンに限る。）	5 ppm	–
ジクロロジフルオロメタン（別名CFC-12）	1,000 ppm	–
ジクロロテトラフルオロエタン（別名CFC-114）	1,000 ppm	–
2, 4-ジクロロフェノキシ酢酸	2 mg/m^3	–
ジクロロフルオロメタン（別名HCFC-21）	10 ppm	–
1, 3-ジクロロプロペン	1 ppm	–
ジシクロペンタジエン	0.5 ppm	–
2, 6-ジ-ターシャリ-ブチル-4-クレゾール	10 mg/m^3	–
ジチオりん酸O, O-ジメチル-S-[(4-オキソ-1, 2, 3-ベンゾトリアジン-3（4H）-イル）メチル]（別名アジンホスメチル）	1 mg/m^3	–
ジフェニルアミン	5 mg/m^3	–
ジフェニルエーテル	1 ppm	–
ジボラン	0.01 ppm	–
N, N-ジメチルアセトアミド	5 ppm	–
N, N-ジメチルアニリン	25 mg/m^3	–
ジメチルアミン	2 ppm	–
臭素	–	0.2 ppm
しょう脳	2 ppm	–
水酸化カルシウム	0.2 mg/m^3	–
すず及びその化合物（ジブチルスズ＝オキシド、ジブチルスズ＝ジクロリド、ジブチルスズ＝ジラウラート、ジブチルスズビス（イソオクチル＝チオグリコレート）及びジブチルスズ＝マレアートに限る。）	すずとして 0.1 mg/m^3	–
すず及びその化合物（テトラブチルスズに限る。）	すずとして 0.2 mg/m^3	–
すず及びその化合物（トリフェニルスズ＝クロリドに限る。）	すずとして 0.003 mg/m^3	–
すず及びその化合物（トリブチルスズ＝クロリド及びトリブチルスズ＝フルオリドに限る。）	すずとして 0.05 mg/m^3	–
すず及びその化合物（ブチルトリクロロスズに限る。）	すずとして 0.02 mg/m^3	–
セレン	0.02 mg/m^3	–
タリウム	0.02 mg/m^3	–
チオりん酸O, O-ジエチル-O-（2-イソプロピル-6-メチル-4-ピリミジニル）（別名ダイアジノン）	0.01 mg/m^3	–
テトラエチルチウラムジスルフィド（別名ジスルフィラム）	2 mg/m^3	–
テトラエチルピロホスフェイト（別名TEPP）	0.01 mg/m^3	–
テトラクロロジフルオロエタン（別名CFC-112）	50 ppm	–
テトラメチルチウラムジスルフィド（別名チウラム）	0.2 mg/m^3	–

物の種類	8時間濃度基準値	短時間濃度基準値
トリエタノールアミン	1 mg/m^3	–
トリクロロエタン（1，1，2-トリクロロエタンに限る。）	1 ppm	–
トリクロロ酢酸	0.5 ppm	–
1，1，2-トリクロロ-1，2，2-トリフルオロエタン	500 ppm	–
1，1，1-トリクロロ-2，2-ビス（4-メトキシフェニル）エタン（別名メトキシクロル）	1 mg/m^3	–
2，4，5-トリクロロフェノキシ酢酸	2 mg/m^3	–
1，2，3-トリクロロプロパン※2	–	–
トリニトロトルエン	0.05 mg/m^3	–
トリブロモメタン	0.5 ppm	–
トリメチルアミン	3 ppm	–
トリメチルベンゼン	10 ppm	–
1－ナフチル－N－メチルカルバメート（別名カルバリル）	0.5 mg/m^3	–
二酸化窒素	0.2 ppm	–
ニッケル	1 mg/m^3	–
ニトロエタン	10 ppm	–
ニトログリセリン	0.01 ppm	–
ニトロプロパン（1-ニトロプロパンに限る。）	2 ppm	–
ニトロベンゼン	0.1 ppm	–
ニトロメタン	10 ppm	–
ノナン（ノルマル-ノナンに限る。）	200 ppm	–
ノルマル-ブチルエチルケトン	70 ppm	–
ノルマル-ブチル-2，3-エポキシプロピルエーテル※2	–	–
N-［1-（N-ノルマル-ブチルカルバモイル）-1H-2-ベンゾイミダゾリル］カルバミン酸メチル（別名ベノミル）	1 mg/m^3	–
パラ-アニシジン	0.5 mg/m^3	–
パラ-ジクロロベンゼン（令和7年10月1日より「ジクロロベンゼン（パラ-ジクロロベンゼンに限る）」に改正）	10 ppm	–
パラ-ターシャリ-ブチルトルエン	1 ppm	–
パラ-ニトロアニリン	3 mg/m^3	–
砒（ひ）素及びその化合物（アルシンに限る。）※2	–	–
ヒドラジン及びその一水和物	0.01 ppm	–
ヒドロキノン	1 mg/m^3	–
ビニルトルエン	10 ppm	–
N-ビニル-2-ピロリドン	0.01 ppm	–
ビフェニル	3 mg/m^3	–
ピリジン	1 ppm	–
フェニルオキシラン	1 ppm	–
フェニルヒドラジン※2	–	–
フェニレンジアミン（オルト-フェニレンジアミンに限る。）※2	–	–
フェニレンジアミン（パラ-フェニレンジアミン及びメタ-フェニレンジアミンに限る。）	0.1 mg/m^3	–
フェノチアジン	0.5 mg/m^3	–
ブタノール（ターシャリ-ブタノールに限る。）	20 ppm	–
フタル酸ジエチル	30 mg/m^3	–
フタル酸ジ-ノルマル-ブチル	0.5 mg/m^3	–
フタル酸ビス（2-エチルヘキシル）（別名DEHP）	1 mg/m^3	–
2-ブテナール	–	0.3 ppm※1

物の種類	8時間濃度基準値	短時間濃度基準値
フルフラール	0.2 ppm	−
フルフリルアルコール	0.2 ppm	−
プロピオン酸	10 ppm	−
プロピレングリコールモノメチルエーテル	50 ppm	−
ブロモトリフルオロメタン	1,000 ppm	−
1－ブロモプロパン	0.1 ppm	−
2－ブロモプロパン※2	−	−
ヘキサクロロエタン	1 ppm	−
1，2，3，4，10，10－ヘキサクロロ－6，7－エポキシ－1，4，4a，5，6，7，8，8a－オクタヒドロ－エンド－1，4－エンド－5，8－ジメタノナフタレン（別名エンドリン）	0.1 mg/m^3	−
ヘキサメチレン＝ジイソシアネート	0.005 ppm	−
ヘプタン（ノルマル－ヘプタンに限る。）	500 ppm	−
1，2，4－ベンゼントリカルボン酸1，2－無水物	0.0005 mg/m^3	0.002 mg/m^3
ペンタン（ノルマル－ペンタン及び2－メチルブタンに限る。）	1,000 ppm	−
ほう酸及びそのナトリウム塩（四ほう酸ナトリウム十水和物（別名ホウ砂）に限る。）	ホウ素として 0.1mg/m^3	ホウ素として 0.75mg/m^3
無水酢酸	0.2 ppm	−
無水マレイン酸	0.08 mg/m^3	−
メタクリル酸	20 ppm	−
メタクリル酸2，3－エポキシプロピル※2	−	−
メタクリル酸メチル	20 ppm	−
メタクリロニトリル	1 ppm	−
メチラール	1,000 ppm	−
N－メチルアニリン	2 mg/m^3	−
メチルアミン	4 ppm	−
N－メチルカルバミン酸2－イソプロピルオキシフェニル（別名プロポキスル）	0.5 mg/m^3	−
メチル－ターシャリ－ブチルエーテル（別名MTBE）	50 ppm	−
5－メチル－2－ヘキサノン	10 ppm	−
2－メチル－2，4－ペンタンジオール	120 mg/m^3	−
4，4'－メチレンジアニリン	0.4 mg/m^3	−
メチレンビス（4，1－シクロヘキシレン）＝ジイソシアネート	0.05 mg/m^3	−
1－（2－メトキシ－2－メチルエトキシ）－2－プロパノール	50 ppm	−
沃(よう)素	0.02 ppm	−
りん化水素	0.05 ppm	0.15 ppm
りん酸	1 mg/m^3	−
りん酸ジメチル＝1－メトキシカルボニル－1－プロペン－2－イル（別名メビンホス）	0.01 mg/m^3	−
りん酸トリトリル（りん酸トリ（オルト－トリル）に限る。）	0.03 mg/m^3	−
りん酸トリ－ノルマル－ブチル	5 mg/m^3	−
りん酸トリフェニル	3 mg/m^3	−
レソルシノール	10 ppm	−
六塩化ブタジエン	0.01 ppm	−

備考
1　この表の中欄及び右欄の値は、温度25度、1気圧の空気中における濃度を示す。
2　※1の付されている短時間濃度基準値については、5－1の(2)のイの規定を適用するとともに、５－２の(3)の規定の適用の対象となる天井値として取り扱うものとする。
3　※２の付されている物質については、発がん性が明確であるため、長期的な健康影響が生じない安全な閾値としての濃度基準値を設定できない物質である。事業者は、この物質に労働者がばく露される程度を最小限度にしなければならない。

別表第３－１	（略）	228ページ	第三管理区分測定方法	告示別表第１と同じ
別表第３－２	（略）	228ページ	同	告示別表第２と同じ
別表第３－３	（略）	229ページ	同	告示別表第３と同じ
別表第３－４	（略）	230ページ	同	告示別表第４と同じ
別表第３－５	（略）	231ページ	同	告示別表第５と同じ

（参考１）　８時間時間加重平均値の計算方法

例１：８時間の濃度が0.15mg/m^3 の場合
　８時間時間加重平均値 ＝（0.15mg/m^3×8h）／8h ＝0.15mg/m^3

例２：７時間20分（7.33時間）の濃度が0.12mg/m^3 で、40分間（0.67時間）の濃度がゼロの場合
　８時間時間加重平均値 ＝［(0.12mg/m^3×7.33h)＋(0mg/m^3×0.67h)］／8h
　＝ 0.11mg/m^3

例３：２時間の濃度が0.1mg/m^3 で、２時間の濃度が0.21mg/m^3 で、４時間の濃度がゼロの場合
　８時間時間加重平均値 ＝［(0.1mg/m^3×2h) ＋ (0.21mg/m^3×2h) ＋ (0mg/m^3×4h)］／8h
　＝ 0.078mg/m^3

（参考２） フローチャート

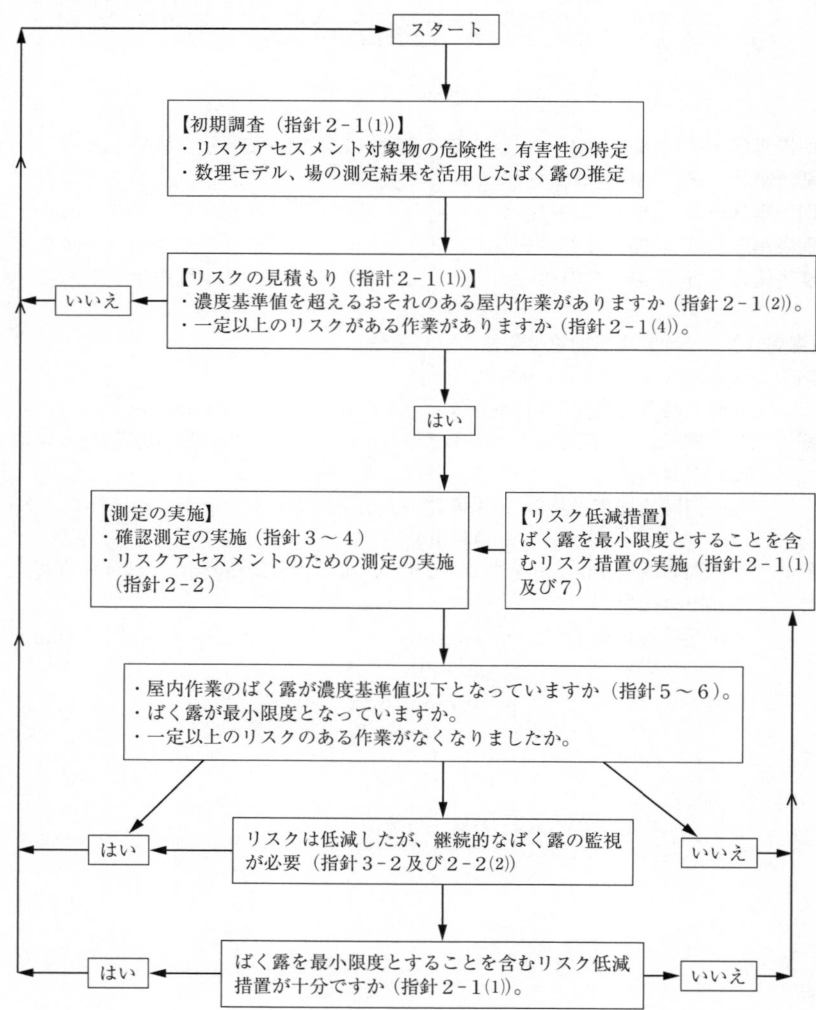
スタート
【初期調査（指針２－１(1)）】
・リスクアセスメント対象物の危険性・有害性の特定
・数理モデル、場の測定結果を活用したばく露の推定
【リスクの見積もり（指計２－１(1)）】
・濃度基準値を超えるおそれのある屋内作業がありますか（指針２－１(2)）。
・一定以上のリスクがある作業がありますか（指針２－１(4)）。
いいえ
はい
【測定の実施】
・確認測定の実施（指針３～４）
・リスクアセスメントのための測定の実施（指針２－２）
【リスク低減措置】
ばく露を最小限度とすることを含むリスク措置の実施（指針２－１(1)及び７）
・屋内作業のばく露が濃度基準値以下となっていますか（指針５～６）。
・ばく露が最小限度となっていますか。
・一定以上のリスクのある作業がなくなりましたか。
はい
リスクは低減したが、継続的なばく露の監視が必要（指針３－２及び２－２(2)）
いいえ
はい
ばく露を最小限度とすることを含むリスク低減措置が十分ですか（指針２－１(1)）。
いいえ

労働安全衛生規則第577条の２第５項の規定に基づきがん原性がある物として厚生労働大臣が定めるもの

労働安全衛生規則第577条の２第５項の規定に基づきがん原性がある物として厚生労働大臣が定めるものの適用について

令和４年厚生労働省告示第 371 号
改正：令和５年８月９日

労働安全衛生規則（昭和47年労働省令第32号）第577条の２第３項の規定に基づき、労働安全衛生規則第577条の２第５項の規定に基づきがん原性がある物として厚生労働大臣が定めるものを次のように定め、令和５年４月１日から適用する。

労働安全衛生規則（昭和47年労働省令第32号）第577条の２第５項の規定に基づきがん原性がある物として厚生労働大臣が定めるものは、同令第12条の５第１項に規定するリスクアセスメント対象物のうち、日本産業規格Ｚ 7252（GHSに基づく化学品の分類方法）の附属書Ｂに定める方法により国が行う化学物質の有害性の分類の結果、発がん性の区分が区分１に該当する物（エタノール及び特定化学物質障害予防規則（昭和47年労働省令第39号）第38条の４に規定する特別管理物質を除く。）であって、令和３年３月31日までの間において当該区分に該当すると分類されたものとする。ただし、事業者が当該物質を臨時に取り扱う場合においては、この限りでない。

令和４年 12 月 26 日付け基発 1226 第４号
改正：令和５年４月 24 日

労働安全衛生規則第577条の２第３項 の規定に基づきがん原性がある物として 厚生労働大臣が定めるもの（令和４年厚生労働省告示第371号）については、令和４年12月26日に告示され、令和５年４月１日から適用することとされたところである 。

その制定の趣旨、内容等については、下記のとおりであるので、関係者への周知徹底を図るとともに、その運用に遺漏なきを期されたい。

第１ 制定の趣旨及び概要等について

１　制定の趣旨

今般、労働安全衛生規則等の一部を改正する省令（令和４年厚生労働省令第91号）第２条による改正後の労働安全衛生規則（昭和47年労働省令第32号。以下「安衛則」という。）第577条の２第５項において、がん原性がある物として厚生労働大臣が定めるもの（以下「がん原性物質」という。）を製造し、又は取り扱う業務に従事する労働者については、労働者のばく露の状況、作業の概要等の記録を30年間保存しなければならないこととされている。

本告示は、安衛則第577条の２第５項の規定に基づき、がん原性物質を定めるものである。

２　告示の概要等

(1)　概要

安衛則第577条の２第５項の規定に基づくがん原性物質は、リスクアセスメント対象物（安衛則第12条の５第１項で定めるものをいう。以下同じ。）のうち、国が行う化学物質の有害性の分類の結果、発がん性の区分が区分１に該当する物であって、令和３年３月31日までの間において当該区分に該当すると分類されたものとする。ただし次に掲げる物及び事業者が当該物質を臨時に取り扱う場合を除く。

ア　エタノール

イ　特定化学物質障害予防規則（昭和47年労働省令第39号。以下「特化則」と

いう。）第38条の４に規定する特別管理物質

⑵　施行日

令和５年４月１日から適用する。

第２　細部事項

１　国が行う化学物質の有害性の分類について

日本産業規格Ｚ 7252（GHSに基づく化学品の分類方法）の附属書Ｂに定める方法により国が行う化学物質の有害性の分類の結果は、独立行政法人製品評価技術基盤機構が運営する「NITE化学物質総合情報提供システム（NITE-CHRIP）」及び「GHS総合情報提供サイト」において公表している。また、本告示によるがん原性物質の一覧は、厚生労働省ホームページで公表する予定であること。

２　発がん性の区分について

本告示においては、ヒトに対する発がん性が知られている又はおそらく発がん性がある物質について、その情報の確からしさの観点から、発がん性区分１に該当する物質をがん原性物質としたこと。また、発がん性の区分１には、細区分の区分1A及び区分1Bを含むものであること。なお、現在、発がん性区分２に分類されている物質又は「分類できない」、「区分に該当しない」とされている物質については、将来的に区分１に分類が見直される可能性があるが、現時点でヒトに対する発がん性の根拠に乏しいことから、がん原性物質には含めない趣旨であること。

３　対象から除外する物質について

エタノールについては、国際がん研究機関において、ヒトに対して発がん性があるものと分類されており、これを踏まえ、国によるGHS分類においても発がん性区分１と分類されているが、これは、アルコール飲料として経口摂取した場合の健康有害性に基づくものであり、業務として大量のエタノールを経口摂取することは通常想定されていないこと、疫学調査から業務起因性が不明であることから、がん原性物質から除外したものであること。また、特別管理物質については、特化則第38条の４において作業記録等の30年間保存が既に義務付けられていることから、二重規制を避けるため、がん原性物質から除外したものであること。

４　当該物質を臨時に取り扱う場合について

本告示でいう「臨時に取り扱う場合」とは、当該事業場において通常の作業工程の一部又は全部として行っている業務以外の業務で、一時的必要に応じて当該物質を取り扱い、繰り返されない業務に従事する場合をいうこと。したがって、通常の作業工程においてがん原性物質を取り扱う場合は、当該物質を取り扱う時間が短時間であっても、又は取扱いの頻度が低くても、「臨時に取り扱う場合」には該当しないこと。

５　GHS分類の年度による対象物質の限定について

本告示においてがん原性物質は、リスクアセスメント対象物のうち、国が行うGHS分類の結果、令和３年３月31日までに発がん性の区分が区分１に該当すると分類されたものに限定していること。令和３年４月１日以降に発がん性区分１に新たに分類され、又は、分類が変更された物質については、本告示を改正することにより、がん原性物質として追加等を行う趣旨であること。

第３　その他

１　がん原性物質の裾切り値について

がん原性物質は、リスクアセスメント対象物であることから、リスクアセスメント対象物のうち発がん性区分１に該当する物を安衛則別表第２に規定する濃度

以上含有する製剤その他のものが対象となること。混合物、副生成物及び不純物であっても同様であること。なお、主として一般消費者の生活の用に供する製品は対象外となること。

2 がん原性物質の対象物質について

令和5年4月1日においては、約120物質ががん原性物質の対象となり、また、労働安全衛生法施行令（昭和47年政令第318号）別表第9の改正によりリスクアセスメント対象物が追加されることに伴い、令和6年4月1日から約80物質ががん原性物質に追加されること。なお、本告示で定めるがん原性物質の一覧は、厚生労働省ホームページで公表する予定であること。

3 がん原性指針との関係について

労働安全衛生法第28条第3項の規定に基づき厚生労働大臣が定める化学物質による健康障害を防止するための指針（健康障害を防止するための指針公示第27号。以下「がん原性指針」という。）は、対象となる物質について、ばく露低減等の健康障害防止のための適切な取扱い等を求める指針であることから、がん原性指針の適用対象物質と、本告示で定めるがん原性物質の両方に該当する物質については、本告示に基づき作業の記録等を30年間保存するとともに、がん原性指針に基づき適切な取扱い等を行う必要があること。

4　がん原性物質に該当する旨のSDS等による通知について

安衛則第34条の2の4第4号（令和6年4月1日以降は第5号）の通知事項である「適用される法令」の「法令」には、本告示が含まれること。この場合、リスクアセスメント対象物の名称が包括的な名称で規定されている物質であってそのうち一部の物質が本告示で定めるがん原性物質に該当するものを譲渡し、又は提供するに当たっては、SDS等に記載する成分の名称は、リスクアセスメント対象物の名称に関わらず、該当するがん原性物質の名称とすること。

※がん原性物質の一覧表については、下記のホームページを参照のこと。
https://www.mhlw.go.jp/content/11300000/001064830.xlsx

第三管理区分に区分された場所に係る有機溶剤等の濃度の測定の方法等

第三管理区分に区分された場所に係る有機溶剤等の濃度の測定の方法等の適用等について

令和４年厚生労働省告示第 341 号 改正：令和６年４月 10 日	令和４年 11 月 30 日付け基発 1130 第１号
有機溶剤中毒予防規則（昭和47年労働省令第36号）第28条の３の２第４項第１号及び第２号、鉛中毒予防規則（昭和47年労働省令第37号）第52条の３の２第４項第１号及び第２号、特定化学物質障害予防規則（昭和47年労働省令第39号）第36条の３の２第４項第１号及び第２号並びに粉じん障害防止規則（昭和54年労働省令第18号）第26条の３の２第４項第１号及び第２号の規定に基づき、第三管理区分に区分された場所に係る有機溶剤等の濃度の測定の方法等を次のように定め、令和６年４月１日から適用する。	第三管理区分に区分された場所に係る有機溶剤等の濃度の測定の方法等（令和４年厚生労働省告示第341号）については、令和４年11月30日に告示され、令和６年４月１日から適用することとされたところである。その制定の趣旨、内容等については、下記のとおりであるので、関係者への周知徹底を図るとともに、その運用に遺漏なきを期されたい。 記

第１　制定の趣旨及び概要等

１　制定の趣旨

今般、労働安全衛生法（昭和47年法律第57号）に基づく新たな化学物質管理の仕組みが定められたことの一環として、労働安全衛生規則等の一部を改正する省令（令和４年厚生労働省令第91号）により、有機溶剤、鉛、特定化学物質及び粉じん（以下「有機溶剤等」という。）に係る作業環境測定の評価の結果、第三管理区分に区分された場所における作業環境の改善の可否等について、作業環境管理専門家の意見を聴き、当該専門家が当該場所を第一管理区分若しくは第二管理区分とすることが困難であると判断した場合等は、厚生労働大臣の定めるところにより、有機溶剤等の濃度を測定しなければならないこと等が義務付けられたところである。

本告示は、労働安全衛生規則等の一部を改正する省令による改正後の有機溶剤中毒予防規則（昭和47年労働省令第36号。以下「有機則」という。）第28条の３の２第４項第１号及び第２号、鉛中毒予防規則（昭和47年労働省令第37号。以下「鉛則」という。）第52条の３の２第４項第１号及び第２号、特定化学物質障害予防規則（昭和47年労働省令第39号。以下「特化則」という。）第36条の３の２第４項第１号及び第２号並びに粉じん障害防止規則（昭和54年労働省令第18号。以下「粉じん則」という。）第26条の３の２第４項第１号及び第２号の規定に基づき、空気中の有機溶剤等の濃度の測定、呼吸用保護具の使用及び当該呼吸用保護具が適切に使用されていることの確認について規定したものである。

２　告示の概要

(1)　有機溶剤等の濃度の測定関係

有機則第28条の３の２第４項第１号、鉛則第52条の３の２第４項第１号、特化則第36条の３の２第４項第１号及び粉じん則第26条の３の２第４項第１号に規定する場所における有機溶剤等の濃度の測定の方法について、作業環境測定基準(昭和51年労働省告示第46号。以下「測定基準」という。）に基づく方法又は個人ばく露測定における測定方法とし、その試料採取方法及び分析方法を規定したものであること。

(2)　呼吸用保護具の使用関係

有機則第28条の３の２第４項第１号、鉛則第52条の３の２第４項第１号、特化則第36条の３の２第４項第１号及び粉じん則第26条の３の２第４項第１号に規定する有効な呼吸用保護具は、当該呼吸用保護具に係る要求防護係数を上回る指定防護係数を有するものでなければならないことを規定するとともに、要求防護係数の計算方法及び呼吸用保護具の種類に応じた指定防護係数の値を規定したものであること。

(3)　呼吸用保護具の装着の確認関係

有機則第28条の３の２第４項第２号、鉛則第52条の３の２第４項第２号、特化則第36条の３の２第４項第２号及び粉じん則第26条の３の２第４項第２号に規定する(2)の呼吸用保護具が適切に装着されていることを確認する方法として、当該呼吸用保護具を使用する労働者の顔面と当該呼吸用保護具の面体との密着の程度を示す係数（以下「フィットファクタ」という。）が呼吸用保護具の種類に応じた要求フィットファクタを上回っていることを確認することを規定するとともに、フィットファクタの計算方法及び呼吸用保護具の種類に応じた要求フィットファクタの値を規定したものであること。

３　適用日

本告示は、令和６年４月１日から適用することとしたこと。

（有機溶剤の濃度の測定の方法等）

第１条　有機溶剤中毒予防規則（昭和47年労働省令第36号。以下「有機則」という。）第28条の３の２第４項（特定化学物質障害予防規則（昭和47年労働省令第39号。以下「特化則」という。）第36条の５において準用する場合を含む。以下同じ。）第１号の規定による測定は、作業環境測定基準（昭和51年労働省告示第46号。以下「測定基準」という。）第13条第５項において読み替えて準用する測定基準第10条第５項各号に定める方法によらなければならない。

第２　細部事項

１　有機溶剤等の濃度の測定関係（第１条、第４条、第７条及び第10条関係）

(1)　第１項関係

ア　本項において規定される測定は、呼吸用保護具の選定のための要求防護係数を算出するための測定であるところ、測定基準第10条第５項各号に定める測定の方法（以下「個人サンプリング法」という。）が、労働者個人のばく露する濃度を適切に測定することができる方法であることを踏まえ、個人サンプリング法を実施することができない物質を除き、個人サンプリング法による測定を義務付ける趣旨であること。同様の趣旨により、個人サンプリング法を実施できる物質については、第２項で規定する測定（以下「個人ばく露測定」という。）を認める趣旨であること。

イ　本項で定める測定は、測定基準に定める測定方法であることから、有機則第28条第２項、鉛則第52条第１項、特化則第36条第１項、粉じん則第26条第

1項に基づく作業環境測定と兼ねることができること。一方、個人ばく露測定は、測定基準で規定する測定方法ではないため、屋内作業場等に対して行う作業環境測定と兼ねることはできず、別途、測定基準に定める方法で作業環境測定を実施する必要があること。

② 前項の規定にかかわらず、有機溶剤（特化則第36条の5において準用する有機則第28条の3の2第4項第1号の規定による測定を行う場合にあっては、特化則第2条第1項第3号の2に規定する特別有機溶剤（次項において「特別有機溶剤」という。）を含む。以下同じ。）の濃度の測定は、次に定めるところによることができる。

1 試料空気の採取は、有機則第28条の3の2第4項柱書に規定する第三管理区分に区分された場所において作業に従事する労働者の身体に装着する試料採取機器を用いる方法により行うこと。この場合において、当該試料採取機器の採取口は、当該労働者の呼吸する空気中の有機溶剤の濃度を測定するために最も適切な部位に装着しなければならない。

2 前号の規定による試料採取機器の装着は、同号の作業のうち労働者にばく露される有機溶剤の量がほぼ均一であると見込まれる作業ごとに、それぞれ、適切な数（二以上に限る。）の労働者に対して行うこと。ただし、当該作業に従事する一の労働者に対して、必要最小限の間隔をおいた二以上の作業日において試料採取機器を装着する方法により試料空気の採取が行われたときは、この限りでない。

3 試料空気の採取の時間は、当該採取を行う作業日ごとに、労働者が第1号の作業に従事する全時間とすること。

(2) 第2項関係

ア 本項第1号の「労働者の呼吸する空気中の有機溶剤等の濃度を測定するために最も適切な部位」とは、労働者の呼吸域（当該労働者が使用する呼吸用保護具の外側であって、両耳を結んだ直線の中央を中心とした、半径30センチメートルの、顔の前方に広がった半球の内側をいう。以下同じ。）をいうものであること。ただし、呼吸用保護具を使用することにより労働者の呼吸域に試料採取機器の吸気口を装着できない場合等は、労働者の呼吸域にできるだけ近い位置とすること。

イ 本項第2号の「労働者にばく露される有機溶剤等の量がほぼ均一であると見込まれる作業」（以下「均等ばく露作業」という。）には、作業方法が同一であり、作業場所等の違いが有機溶剤等の濃度に大きな影響を与えないことが見込まれる作業が含まれること。

ウ 本項第2号の「適切な数（二以上に限る。）の労働者」とは、原則として均等ばく露作業に従事する全ての労働者であるが、作業内容等の調査結果を踏まえ、均等ばく露作業におけるばく露状況の代表性を確保できる方法により抽出した2人以上の労働者を含める趣旨であること。

エ 本項第3号の「第1号の作業に従事する全時間」には、本項第1号の作業の準備作業、当該作業の間に行われる作業、当該作業後の片付け等の関連作業の時間が一連の作業時間として含まれること。ただし、本項第1号の作業と関連しない作業の時間は含まれないこと。なお、有機溶剤等の濃度の測定を断続的に行ったために複数の測定値がある場合は、測定時間に対する時間加重平均により、本項第１号の作業に従事した全時間の有機溶剤等の濃度を評価すること。

オ　本告示第10条第２項第４号イの「分粒装置」（試料空気中の粉じんの分粒のため、試料採取機器に接続する装置をいう。）は、レスピラブル（吸入性）粉じん（分粒特性が４マイクロメートル50％カットである粉じん）を適切に分粒できることが製造者又は輸入者により明らかにされているものであること。

③　前二項に定めるところによる測定は、測定基準別表第２（特別有機溶剤にあっては、測定基準別表第１）の上欄に掲げる物の種類に応じ、それぞれ同表の中欄に掲げる試料採取方法又はこれと同等以上の性能を有する試料採取方法及び同表の下欄に掲げる分析方法又はこれと同等以上の性能を有する分析方法によらなければならない。

(3)　**第３項関係**

ア　本項に規定する測定は、測定精度の確保の観点から、測定の定量下限値が管理濃度の10分の１以下となるものである必要があること。

イ　測定の精度を担保するため、測定方法の決定並びに試料採取方法及び試料採取機器の選定については、第一種作業環境測定士等十分な知識及び経験を有する者により実施されるべきであること。

２　呼吸用保護具の使用関係（第２条、第５条、第８条、第11条及び別表第１～第５関係）

第２条　有機則第28条の３の２第４項第1号に規定する呼吸用保護具（第６項において単に「呼吸用保護具」という。）は、要求防護係数を上回る指定防護係数を有するものでなければならない。

(1)　**第１項関係**

本項は、作業に従事する労働者に十分な性能を有する呼吸用保護具を使用させるため、有機則第28条の３の２第４項第１号、鉛則第52条の３の２第４項第１号、特化則第36条の３の２第４項第１号及び粉じん則第26条の３の２第４項第１号に規定する「有効な」呼吸用保護具の要件を規定する趣旨であること。

②　前項の要求防護係数は、次の式により計算するものとする。

$$PF_r = \frac{C}{C_0}$$

(2)　**第２項関係**

本項で定める要求防護係数は、測定の結果得られた有機溶剤等の濃度の値が管理濃度の何倍であるかを示す趣旨であること。

この式において、PF_r、C 及び C_0 は、それぞれ次の値を表すものとする。
PF_r　要求防護係数
C　有機溶剤の濃度の測定の結果得られた値
C_0　作業環境評価基準（昭和63年労働省告示第79号。以下この条及び第8条において「評価基準」という。）別表の上欄に掲げる物の種類に応じ、それぞれ同表の下欄に掲げる管理濃度

③　前項の有機溶剤の濃度の測定の結果得られた値は、次の各号に掲げる場合の区分に応じ、それぞれ当該各号に定める値とする。

1　C測定（測定基準第13条第5項において読み替えて準用する測定基準第10条第5項第1号から第4号までの規定により行う測定をいう。次号において同じ。）を行った場合又はA測定（測定基準第13条第4項において読み替えて準用する測定基準第2条第1項第1号から第2号までの規定により行う測定をいう。次号において同じ。）を行った場合（次号に掲げる場合を除く。）　空気中の有機溶剤の濃度の第一評価値（評価基準第2条第1項（評価基準第4条において読み替えて準用する場合を含む。）の第一評価値をいう。以下同じ。）

2　C測定及びD測定（測定基準第13条第5項において読み替えて準用する測定基準第10条第5項第5号及び第6号の規定により行う測定をいう。以下この号において同じ。）を行った場合又はA測定及びB測定（測定基準第13条第4項において読み替えて準用する測定基準第2条第1項第2号の2の規定により行う測定をいう。以下この号において同じ。）を行った場合　空気中の有機溶剤の濃度の第一評価値又はB測定若しくはD測定の測定値（二以上の測定点においてB測定を行った場合又は二以上の者に対してD測定を行った場合には、それらの測定値のうちの最大の値）のうちいずれか大きい値

3　前条第2項に定めるところにより測定を行った場合　当該測定における有機溶剤の濃度の測定値のうち最大の値

④　有機溶剤を2種類以上含有する混合物

(3)　**第3項関係**

本項各号で定める「有機溶剤等の濃度の測定の結果得られた値」については、1で定める測定の方法に応じ、測定の結果得られた値のうち、最も高い値とする趣旨であること。

に係る単位作業場所（測定基準第２条第１項第１号に規定する単位作業場所をいう。）においては、評価基準第２条第４項の規定により計算して得た換算値を測定値とみなして前項第２号及び第３号の規定を適用する。この場合において、第２項の管理濃度に相当する値は、１とするものとする。

⑤　第１項の指定防護係数は、別表第１から別表第４までの上欄に掲げる呼吸用保護具の種類に応じ、それぞれ同表の下欄に掲げる値とする。ただし、別表第５の上欄に掲げる呼吸用保護具を使用した作業における当該呼吸用保護具の外側及び内側の有機溶剤の濃度の測定又はそれと同等の測定の結果により得られた当該呼吸用保護具に係る防護係数が、同表の下欄に掲げる指定防護係数を上回ることを当該呼吸用保護具の製造者が明らかにする書面が当該呼吸用保護具に添付されている場合は、同表の上欄に掲げる呼吸用保護具の種類に応じ、それぞれ同表の下欄に掲げる値とすることができる。

(4)　第４項（本告示第２条にあっては第５項）及び別表第１～第５関係

ア　本項（本告示第２条にあっては第５項）及び別表第１から第４までは、呼吸用保護具の種類に応じて、指定防護係数の値を規定する趣旨であること。なお、指定防護係数は、呼吸用保護具の種類ごとに、実際の作業における測定又はそれと同等の測定の結果により得られた防護係数（呼吸用保護具の外側の測定対象物質の濃度を当該呼吸用保護具の内側の測定対象物質の濃度で除したもの。以下同じ。）の値の集団を統計的に処理し、当該集団の下位５％に当たる値として決定された値であること。

イ　本項（本告示第２条にあっては第５項）ただし書及び別表第５は、別表第１から第４までに規定する指定防護係数の例外を規定する趣旨であること。具体的には、別表第５に掲げる呼吸用保護具の種類のうち、特定の呼吸用保護具の防護係数が、別表第５に規定する指定防護係数の値よりも高い値を有することが製造者により明らかにされているものについては、別表第５に規定する値を指定防護係数とすることを認める趣旨であること。

⑥　呼吸用保護具は、ガス状の有機溶剤を製造し、又は取り扱う作業場においては、当該有機溶剤の種類に応じ、十分な除毒能力を有する吸収缶を備えた防毒マスク又は別表第４に規定する呼吸用保護具でなければならない。

⑦　前項の吸収缶は、使用時間の経過により破過したものであってはならない。

(5)　第２条第６項及び第７項並びに第８条第５項及び第６項関係

ア　第２条第６項及び第８条第５項の「十分な除毒能力を有する吸収缶」とは、作業環境中の有機溶剤等の濃度に対して除毒能力に十分な余裕のあるものをいうものであること。

イ　第２条第７項及び第８条第６項の「破過」とは、吸収缶が除毒能力を喪失することをいうものであり、本項は、吸収缶が使用時間の経過により破過することを防止するために、吸収缶が破過する前に、作業を終了し、又は、新しい吸収缶に交換することを求める趣旨であること。

ウ　ガス又は蒸気状の有機溶剤等が粉じ

ん等と混在している作業環境で使用する呼吸用保護具は、粉じん等を捕集する防じん機能と防毒機能の両方を有するものであること。

(6) その他

ア　金属の粉末等、粉じん則の適用と同時に、鉛則又は特化則の適用がある物を取り扱う作業場所での呼吸用保護具の要求防護係数については、本告示第11条及び第５条又は第８条の規定に基づきそれぞれ算出された要求防護係数のうち、最大のものを当該呼吸用保護具の要求防護係数として取り扱うこと。

イ　特化則第２条第１項第３号の３に規定する特別有機溶剤等に該当し、かつ、特化則第36条の５に規定する特定有機溶剤混合物にも該当する物については、本告示第２条第３項各号に基づき含有量が重量の１％を超える特別有機溶剤について当該特別有機溶剤ごとの測定結果の評価を行うとともに、本告示第２条第４項の規定に基づき混合有機溶剤としての測定結果の評価も行わなければならないこと。

第３条　有機則第28条の３の２第４項第２号の厚生労働大臣の定める方法は、同項第１号の呼吸用保護具（面体を有するものに限る。）を使用する労働者について、日本産業規格Ｔ 8150（呼吸用保護具の選択、使用及び保守管理方法）に定める方法又はこれと同等の方法により当該労働者の顔面と当該呼吸用保護具の面体との密着の程度を示す係数（以下この条において「フィットファクタ」という。）を求め、当該フィットファクタが要求フィットファクタを上回っていることを確認する方法とする。

３　呼吸用保護具の装着の確認関係（第３条、第６条、第９条及び第12条関係）

(1)　第１項関係

ア　本項は、作業に従事する労働者が、呼吸用保護具を適切に装着しているかを確認するため、有機則第28条の３の２第４項第２号、鉛則第52条の３の２第４項第２号、特化則第36条の３の２第４項第２号及び粉じん則第26条の３の２第４項第２号に規定する確認の方法を規定する趣旨であること。

また､呼吸用保護具の装着の確認は、面体と顔面の密着性等について確認する趣旨であることから、「呼吸用保護具（面体を有するものに限る。）」という規定は、フード形、フェイスシールド形等の面体を有しない呼吸用保護具を本項の確認の対象から除く趣旨であること。

イ　本項の「日本産業規格Ｔ 8150（呼吸用保護具の選択、使用及び保守管理方法）に定める方法」には、日本産業規格Ｔ 8150に定める「定量的フィットテスト」による方法が含まれること。また、本項の「これと同等の方法」には、日本産業規格Ｔ 8150に定める「定性的フィットテスト」（半面形面体を有する呼吸用保護具に対して行うものに限る。）のうち、定量的な評価ができる方法が含まれること。

ウ　本項に規定する呼吸用保護具の適切な装着の確認は、フィットファクタの精度等を確保するため、十分な知識及び経験を有する者が実施すべきであること。

②　フィットファクタは、次の式により計算するものとする。

$$FF = \frac{C_{out}}{C_{in}}$$

この式において、FF、C_{out}及びC_{in}は、それぞれ次の値を表すものとする。
FF　フィットファクタ
C_{out}　呼吸用保護具の外側の測定対象物の濃度
C_{in}　呼吸用保護具の内側の測定対象物の濃度

⑵　第２項関係

ア　本項の「フィットファクタ」は、呼吸用保護具の外側の測定対象物の濃度が、呼吸用保護具の内側の測定対象物の濃度の何倍であるかを示す趣旨であること。

イ　本項の「測定対象物」には、日本産業規格Ｔ8150に定める「定量的フィットテスト」及び「定性的フィットテスト」で使用される空気中の粉じん、エアロゾル等が含まれること。

③　第１項の要求フィットファクタは、呼吸用保護具の種類に応じ、次に掲げる値とする。
1　全面形面体を有する呼吸用保護具　500
2　半面形面体を有する呼吸用保護具　100

⑶　第３項関係

本項の「要求フィットファクタ」の値は、米国労働安全衛生庁（OSHA）の規則等を踏まえて決定したものであること。

（鉛の濃度の測定の方法等）

第４条　鉛中毒予防規則（昭和47年労働省令第37号。以下「鉛則」という。）第52条の３の２第４項第１号の規定による測定は、測定基準第11条第３項において読み替えて準用する測定基準第10条第５項各号に定める方法によらなければならない。

②　前項の規定にかかわらず、鉛の濃度の測定は、次に定めるところによることができる。
1　試料空気の採取は、鉛則第52条の３の２第４項柱書に規定する第三管理区分に区分された場所において作業に従事する労働者の身体に装着する試料採取機器を用いる方法により行うこと。この場合において、当該試料採取機器の採取口は、当該労働者の呼吸する空気中の鉛の濃度を測定するために最も適切な部位に装着しなければならない。
2　前号の規定による試料採取機器の装着は、同号の作業のうち労働者にばく露される鉛の量がほぼ均一であると見込まれる作業ごとに、それぞれ、適切な数（二以上に限る。）の労働者に対して行うこと。ただし、当該作業に従事する一の労働者に対して、必要最小限の間隔をおいた二以上の作業日において試料採取機器を装着する方法により試料空気の採取が行われたときは、この限りでない。
3　試料空気の採取の時間は、当該採取を行う作業日ごとに、労働者が第１号の作業に従事する全時間とすること。
③　前二項に定めるところによる測定は、ろ過捕集方法又はこれと同等以上の性能を有する試料採取方法及び吸光光度分析方法若しくは原子吸光分析方法又はこれらと同等以上の性能を有する分析方法によらなければならない。

令和７年１月適用

第４条第３項は以下のように改正され、令和７年１月１日より適用
③　前二項に定めるところによる測定は、ろ過捕集方法又はこれと同等以上の性能を有する試料採取方法及び吸光光度分析方法、原子吸光分析方法若しくは誘導結合プラズマ質量分析方法又はこれらと同等以上の性能を有する分析方法によらなければならない。

第５条　鉛則第52条の３の２第４項第１号に規定する呼吸用保護具は、要求防護係数を上回る指定防護係数を有するものでなければならない。
②　前項の要求防護係数は、次の式により計算するものとする。

$$PF_r = \frac{C}{C_0}$$

（この式において、PF_r、C及びC_0は、それぞれ次の値を表すものとする。
PF_r　要求防護係数
C　鉛の濃度の測定の結果得られた値
C_0　0.05mg/m^3）

③　前項の鉛の濃度の測定の結果得られた値は、次の各号に掲げる場合の区分に応じ、それぞれ当該各号に定める値とする。
１　C測定（測定基準第11条第３項において読み替えて準用する測定基準第10条第５項第１号から第４号までの規定により行う測定をいう。次号において同じ。）を行った場合（次号に掲げる場合を除く。）　空気中の鉛の濃度の第一評価値
２　C測定及びD測定（測定基準第11条第３項において準用する測定基準第10条第５項第５号及び第６号の規定により行う測定をいう。以下この号において同じ。）を行った場合　空気中の鉛の濃度の第一評価値又はD測定の測定値（二以上の者に対してD測定を行った場合には、それらの測定値のうちの最大の値）のうちいずれか大きい値
３　前条第２項に定めるところにより測定を行った場合　当該測定における鉛の濃度の測定値のうち最大の値
④　第１項の指定防護係数は、別表第１、別表第３及び別表第４の上欄に掲げる呼吸用保護具の種類に応じ、それぞれ同表の下欄に掲げる値とする。ただし、別表第５の上欄に掲げる呼吸用保護具を使用した作業における当該呼吸用保護具の外側及び内側の鉛の濃度の測定又はそれと同等の測定の結果により得られた当該呼吸用保護具に係る防護係数が、同表の下欄に掲げる指定防護係数を上回ることを当該呼吸用保護具の製造者が明らかにする書面が当該呼吸用保護具に添付されている場合は、同表の上欄に掲げる呼吸用保護具の種類に応じ、それぞれ同表の下欄に掲げる値とすることができる。

第６条　第３条の規定は、鉛則第52条の３の２第４項第２号の厚生労働大臣の定める方法について準用する。

（特定化学物質の濃度の測定の方法等）
第７条　特化則第36条の３の２第４項第１号の規定による測定は、次の各号に掲げる区分に応じ、それぞれ当該各号に定めるところによらなければならない。
１　労働安全衛生法施行令（昭和47年政令第318号。次号において「令」という。）

別表第３第１号６又は同表第２号２、５、８の２から11まで、13、13の２、15、15の２、19、19の４、20から22まで、23、23の２、27の２、30、31の２、33、34の３若しくは36に掲げる物（以下この条において「特定個人サンプリング法対象特化物」という。）の濃度の測定　測定基準第10条第５項各号に定める方法

2　令別表第３第１号3、６若しくは７に掲げる物又は同表第２号１から３まで、３の３から７まで、８の２から11の２まで、13から25まで、27から31の２まで若しくは33から36までに掲げる物（以下第８条において「特定化学物質」という。）であって、前号に掲げる物以外のものの濃度の測定　測定基準第10条第４項において読み替えて準用する測定基準第２条第１項第１号から第３号までに定める方法

②　前項の規定にかかわらず、特定個人サンプリング法対象特化物の濃度の測定は、次に定めるところによることができる。

1　試料空気の採取は、特化則第36条の３の２第４項柱書に規定する第三管理区分に区分された場所において作業に従事する労働者の身体に装着する試料採取機器を用いる方法により行うこと。この場合において、当該試料採取機器の採取口は、当該労働者の呼吸する空気中の特定個人サンプリング法対象特化物の濃度を測定するために最も適切な部位に装着しなければならない。

2　前号の規定による試料採取機器の装着は、同号の作業のうち労働者にばく露される特定個人サンプリング法対象特化物の量がほぼ均一であると見込まれる作業ごとに、それぞれ、適切な数（二以上に限る。）の労働者に対して行うこと。ただし、当該作業に従事する一の労働者に対して、必要最小限の間隔をおいた二以上の作業日において試料採取機器を装着する方法により試料空気の採取が行われたときは、この限りでない。

3　試料空気の採取の時間は、当該採取を行う作業日ごとに、労働者が第１号の作業に従事する全時間とすること。

③　前二項に定めるところによる測定は、測定基準別表第１の上欄に掲げる物の種類に応じ、それぞれ同表の中欄に掲げる試料採取方法又はこれと同等以上の性能を有する試料採取方法及び同表の下欄に掲げる分析方法又はこれと同等以上の性能を有する分析方法によらなければならない。

令和７年１月適用

第７条第１項第１号は以下のように改正され、令和７年１月１日より適用

1　労働安全衛生法施行令（昭和47年政令第318号。次号において「令」という。）別表第３第１号３若しくは６又は同表第２号１、２、５から７まで、８の２から11まで、13、13の２、15から18まで、19、19の４から22まで、23から23の３まで、25、27、27の２、30、31の２、33、34の３若しくは36に掲げる物（以下この条において「特定個人サンプリング法対象特化物」という。）の濃度の測定　測定基準第10条第５項各号に定める方法

第８条　特化則第36条の３の２第４項第１号に規定する呼吸用保護具（第５項において単に「呼吸用保護具」という。）は、要求防護係数を上回る指定防護係数を有するものでなければならない。

②　前項の要求防護係数は、次の式により計算するものとする。

$$PF_r = \frac{C}{C_0}$$

この式において、PF_r、C 及び C_0 は、それぞれ次の値を表すものとする。
PF_r　要求防護係数
C　特定化学物質の濃度の測定の結果得られた値
C_0　評価基準別表の上欄に掲げる物の種類に応じ、それぞれ同表の下欄に掲げる管理濃度

③　前項の特定化学物質の濃度の測定の結果得られた値は、次の各号に掲げる場合の区分に応じ、それぞれ当該各号に定める値とする。
　1　C測定（測定基準第10条第５項第１号から第４号までの規定により行う測定をいう。次号において同じ。）を行った場合又はA測定（測定基準第10条第４項において読み替えて準用する測定基準第２条第１項第１号から第２号までの規定により行う測定をいう。次号において同じ。）を行った場合（次号に掲げる場合を除く。）　空気中の特定化学物質の濃度の第一評価値
　2　C測定及びD測定（測定基準第10条第５項第５号及び第６号の規定により行う測定をいう。以下この号において同じ。）を行った場合又はA測定及びB測定（測定基準第10条第４項において読み替えて準用する測定基準第２条第１項第２号の２の規定により行う測定をいう。以下この号において同じ。）を行った場合　空気中の特定化学物質の濃度の第一評価値又はB測定若しくはD測定の測定値（二以上の測定点においてB測定を行った場合又は二以上の者に対してD測定を行った場合には、それらの測定値のうちの最大の値）のうちいずれか大きい値
　3　前条第２項に定めるところにより測定を行った場合　当該測定における特定化学物質の濃度の測定値のうち最大の値
④　第１項の指定防護係数は、別表第１から別表第４までの上欄に掲げる呼吸用保護具の種類に応じ、それぞれ同表の下欄に掲げる値とする。ただし、別表第５の上欄に掲げる呼吸用保護具を使用した作業における当該呼吸用保護具の外側及び内側の特定化学物質の濃度の測定又はそれと同等の測定の結果により得られた当該呼吸用保護具に係る防護係数が同表の下欄に掲げる指定防護係数を上回ることを当該呼吸用保護具の製造者が明らかにする書面が、当該呼吸用保護具に添付されている場合は、同表の上欄に掲げる呼吸用保護具の種類に応じ、それぞれ同表の下欄に掲げる値とすることができる。
⑤　呼吸用保護具は、ガス状の特定化学物質を製造し、又は取り扱う作業場においては、当該特定化学物質の種類に応じ、十分な除毒能力を有する吸収缶を備えた防毒マスク又は別表第４に規定する呼吸用保護具でなければならない。
⑥　前項の吸収缶は、使用時間の経過により破過したものであってはならない。

第９条　第３条の規定は、特化則第36条の３の２第４項第２号の厚生労働大臣の定める方法について準用する。

（粉じんの濃度の測定の方法等）
第10条　粉じん障害防止規則（昭和54年労働省令第18号。以下「粉じん則」という。）第26条の３の２第４項第１号の規定による測定は、次の各号に掲げる区分に応じ、それぞれ当該各号に定めるところによらなければならない。
　1　粉じん（遊離けい酸の含有率が極めて高いものを除く。）の濃度の測定　測定基準第２条第４項において読み替えて準用する測定基準第10条第５項各号に定める方法
　2　前号に掲げる測定以外のもの　測定基準第２条第１項第１号から第３号までに定める方法
②　前項の規定にかかわらず、粉じんの濃度の測定は、次に定めるところによることができる。
　1　試料空気の採取は、粉じん則第26条の３の２第４項柱書に規定する第三管理区分に区分された場所において作業に従事する労働者の身体に装着する試料採取機器を用いる方法により行うこと。この場合において、当該試料採取機器の採取口は、当該労働者の呼吸する空気中の粉じんの濃度を測定するために最も適切な部位に装着しなければならない。
　2　前号の規定による試料採取機器の装着は、同号の作業のうち労働者にばく露される粉じんの量がほぼ均一であると見込まれる作業ごとに、それぞれ、適切な数（二以上に限る。）の労働者に対して行うこと。ただし、当該作業に従事する一の労働者に対して、必要最小限の間隔をおいた二以上の作業日

において試料採取機器を装着する方法により試料空気の採取が行われたときは、この限りでない。
3　試料空気の採取の時間は、当該採取を行う作業日ごとに、労働者が第1号の作業に従事する全時間とすること。
③　前二項に定めるところによる測定は、次のいずれかの方法によらなければならない。ただし、第2号に掲げる方法による場合においては、粉じん則第26条第3項の規定による厚生労働大臣の登録を受けた者により、1年以内ごとに1回、定期に較正を受けた測定機器を使用しなければならない。
1　測定基準第2条第2項の要件に該当する分粒装置を用いるろ過捕集方法及び重量分析方法
2　相対濃度指示方法（一以上の試料空気の採取において前号に掲げる方法を同時に行うことによって得られた数値又は厚生労働省労働基準局長が示す数値を質量濃度変換係数として使用する場合に限る。）
④　第1項及び第2項に定めるところによる測定のうち土石、岩石又は鉱物の粉じん中の遊離けい酸の含有率の測定は、エックス線回折分析方法又は重量分析方法によらなければならない。

第11条　粉じん則第26条の3の2第4項第1号に規定する呼吸用保護具は、要求防護係数を上回る指定防護係数を有するものでなければならない。
②　前項の要求防護係数は、次の式により計算するものとする。

$$PF_r = \frac{C}{C_0}$$

（この式において、PF_r、C及びC_0は、それぞれ次の値を表すものとする。
PF_r　要求防護係数
C　粉じんの濃度の測定の結果得られた値
C_0　3.0／（1.19Q＋1）（この式において、Qは、当該粉じんの遊離けい酸含有率（単位パーセント）の値を表すものとする。））

③　前項の粉じんの濃度の測定の結果得られた値は、次の各号に掲げる場合の区分に応じ、それぞれ当該各号に定める値とする。
1　A測定（測定基準第2条第1項第1号から第2号までの規定により行う測定をいう。次号において同じ。）を行った場合（次号に掲げる場合を除く。）　空気中の粉じんの濃度の第一評価値
2　A測定及びB測定（測定基準第2条第1項第2号の2の規定により行う測定をいう。以下この号において同じ。）を行った場合　空気中の粉じんの濃度の第一評価値又はB測定の測定値（二以上の測定点においてB測定を行った場合には、それらの測定値のうちの最大の値）のうちいずれか大きい値
3　前条第2項に定めるところにより測定を行った場合　当該測定における粉じんの濃度の測定値のうち最大の値
④　第1項の指定防護係数は、別表第1、別表第3及び別表第4の上欄に掲げる呼吸用保護具の種類に応じ、それぞれ同表の下欄に掲げる値とする。ただし、別表第5の上欄に掲げる呼吸用保護具を使用した作業における当該呼吸用保護具の外側及び内側の粉じんの濃度の測定又はそれと同等の測定の結果により得られた当該呼吸用保護具に係る防護係数が、同表の下欄に掲げる指定防護係数を上回ることを当該呼吸用保護具の製造者が明らかにする書面が当該呼吸用保護具に添付されている場合は、同表の上欄に掲げる呼吸用保護具の種類に応じ、それぞれ同表の下欄に掲げる値とすることができる。

第12条　第3条の規定は、粉じん則第26条の3の2第4項第2号の厚生労働大臣の定める方法について準用する。

告示　**別表第１**（第２条、第５条、第８条及び第11条関係）

防じんマスクの種類			指定防護係数
取替え式	全面形面体	RS3 又は RL3	50
		RS2 又は RL2	14
		RS1 又は RL1	4
	半面形面体	RS3 又は RL3	10
		RS2 又は RL2	10
		RS1 又は RL1	4
使い捨て式		DS3 又は DL3	10
		DS2 又は DL2	10
		DS1 又は DL1	4
備考　RS1、RS2、RS3、RL1、RL2、RL3、DS1、DS2、DS3、DL1、DL2 及び DL3 は、防じんマスクの規格（昭和63年労働省告示第19号）第１条第３項の規定による区分であること。			

告示　**別表第２**（第２条及び第８条関係）

防毒マスクの種類	指定防護係数
全面形面体	50
半面形面体	10

告示　**別表第３**（第２条、第５条、第８条及び第11条関係）

電動ファン付き呼吸用保護具の種類				指定防護係数
防じん機能を有する電動ファン付き呼吸用保護具	全面形面体	S 級	PS3 又は PL3	1,000
		A 級	PS2 又は PL2	90
		A 級又は B 級	PS1 又は PL1	19
	半面形面体	S 級	PS3 又は PL3	50
		A 級	PS2 又は PL2	33
		A 級又は B 級	PS1 又は PL1	14
	フード又はフェイスシールドを有するもの	S 級	PS3 又は PL3	25
		A 級		20
		S 級又は A 級	PS2 又は PL2	20
		S 級、A 級又は B 級	PS1 又は PL1	11
防毒機能を有する電動ファン付き呼吸用保護具	防じん機能を有しないもの	全面形面体		1,000
		半面形面体		50
		フード又はフェイスシールドを有するもの		25
	防じん機能を有するもの	全面形面体	PS3 又は PL3	1,000
			PS2 又は PL2	90
			PS1 又は PL1	19
		半面形面体	PS3 又は PL3	50
			PS2 又は PL2	33
			PS1 又は PL1	14
		フード又はフェイスシールドを有するもの	PS3 又は PL3	25
			PS2 又は PL2	20
			PS1 又は PL1	11
備考　S 級、A 級及び B 級は、電動ファン付き呼吸用保護具の規格（平成 26 年厚生労働省告示第 455 号）第１条第４項の規定による区分（別表第５において同じ。）であること。PS1、PS2、PS3、PL1、PL2 及び PL3 は、同条第５項の規定による区分（別表第５において同じ。）であること。				

告示　**別表第4**（第２条、第５条、第８条及び第11条関係）

その他の呼吸用保護具の種類			指定防護係数
循環式呼吸器	全面形面体	圧縮酸素形かつ陽圧形	10,000
		圧縮酸素形かつ陰圧形	50
		酸素発生形	50
	半面形面体	圧縮酸素形かつ陽圧形	50
		圧縮酸素形かつ陰圧形	10
		酸素発生形	10
空気呼吸器	全面形面体	プレッシャデマンド形	10,000
		デマンド形	50
	半面形面体	プレッシャデマンド形	50
		デマンド形	10
エアラインマスク	全面形面体	プレッシャデマンド形	1,000
		デマンド形	50
		一定流量形	1,000
	半面形面体	プレッシャデマンド形	50
		デマンド形	10
		一定流量形	50
	フード又はフェイスシールドを有するもの	一定流量形	25
ホースマスク	全面形面体	電動送風機形	1,000
		手動送風機形又は肺力吸引形	50
	半面形面体	電動送風機形	50
		手動送風機形又は肺力吸引形	10
	フード又はフェイスシールドを有するもの	電動送風機形	25

告示　**別表第５**（第２条、第５条、第８条及び第11条関係）

呼吸用保護具の種類		指定防護係数
防じん機能を有する電動ファン付き呼吸用保護具であって半面形面体を有するもの	S級かつPS3又はPL3	300
防じん機能を有する電動ファン付き呼吸用保護具であってフードを有するもの		1,000
防じん機能を有する電動ファン付き呼吸用保護具であってフェイスシールドを有するもの		300
防毒機能を有する電動ファン付き呼吸用保護具であって防じん機能を有するもののうち、半面形面体を有するもの	PS3又はPL3	300
防毒機能を有する電動ファン付き呼吸用保護具であって防じん機能を有するもののうち、フードを有するもの		1,000
防毒機能を有する電動ファン付き呼吸用保護具であって防じん機能を有するもののうち、フェイスシールドを有するもの		300
防毒機能を有する電動ファン付き呼吸用保護具であって防じん機能を有しないもののうち、半面形面体を有するもの		300
防毒機能を有する電動ファン付き呼吸用保護具であって防じん機能を有しないもののうち、フードを有するもの		1,000
防毒機能を有する電動ファン付き呼吸用保護具であって防じん機能を有しないもののうち、フェイスシールドを有するもの		300
フードを有するエアラインマスク	一定流量形	1,000

労働安全衛生法施行令第18条第３号及び第18条の２第３号の規定に基づき厚生労働大臣の定める基準

労働安全衛生法施行令第18条第３号及び第18条の２第３号の規定に基づき厚生労働大臣の定める基準の適用について（抄）

令和７年４月適用

令和５年厚生労働省告示第 304 号

労働安全衛生法施行令（昭和47年政令第318号）第18条第３号及び第18条の２第３号の規定に基づき、労働安全衛生法施行令第18条第３号及び第18条の２第３号の規定に基づき厚生労働大臣の定める基準を次のように定める。

令和５年 11 月９日付け基発 1109 第１号

労働安全衛生法施行令第18条第３号及び第18条の２第３号の規定に基づき厚生労働大臣の定める基準（令和５年厚生労働省告示第304号）については、令和５年11月９日に告示され、令和７年４月１日から適用することとされたところである。その制定の趣旨、内容等については、下記のとおりであるので、関係者への周知徹底を図るとともに、その運用に遺漏のなきを期されたい。

記

第１　制定の趣旨及び概要等

１　制定の趣旨

本告示は、労働安全衛生法施行令の一部を改正する政令（令和５年政令第265号。以下「改正政令」という。）による改正後の労働安全衛生法施行令（昭和47年政令第318号。以下「令」という。）第18条第３号及び第18条の２第３号の規定に基づき、厚生労働大臣の定める基準（以下「裾切値」という。）を定めたものである。

２　告示の概要

本告示は、譲渡又は提供に当たって容器等への名称等の表示（以下「ラベル表示」という。）及び文書の交付等（以下「ＳＤＳ交付等」という。）をしなければならない化学物質（以下「ラベル・ＳＤＳ対象物質」という。）を含有する製剤その他の物に係る裾切値を物の種類に応じて定めたものであること。

３　適用期日

令和７年４月１日

４　経過措置

⑴　労働安全衛生規則の一部を改正する省令（令和５年厚生労働省令第121号。以下「改正省令」という。）による改正後の労働安全衛生規則（昭和47年労働省令第32号。以下「安衛則」という。）別表第２にラベル・ＳＤＳ対象物質として個別列挙された物質のうち、改正省令の規定が令和８年４月１日から適用されるものについては、同日から本告示の規定を適用すること。

⑵　現行のラベル・ＳＤＳ対象物質のうち、本告示によってラベル表示に係る裾切値又はＳＤＳ交付等に係る裾切値が改正省令による改正前の安衛則別表第２の値より低い値に変更されるものについては、令和８年３月31日までの間は、

裾切値を改正省令による改正前の安衛則別表第2の値に据え置くこと。
(3) ラベル表示に係る(2)の裾切値の経過措置を適用する物質であって令和8年4月1日において現に存するものについては、令和9年3月31日までの間、ラベル表示に係る裾切値を改正省令による改正前の安衛則別表第2の値に据え置くこと。

(労働安全衛生法施行令別表第9に掲げる物に係る基準)

第1条 労働安全衛生法施行令（以下「令」という。）第18条第1号に掲げる物に係る同条第3号の基準及び令第18条の2第1号に掲げる物に係る同条第3号の基準は、別表第1の左欄に掲げる物の種類に応じ、それぞれ同表の中欄及び右欄に掲げる含有量の値とする。ただし、運搬中及び貯蔵中において固体以外の状態にならず、かつ、粉状にならない物（次の各号のいずれかに該当するものを除く。）に係る令第18条第3号の基準は、100パーセントとする。

1 危険物（令別表第1に掲げる危険物をいう。以下同じ。）
2 危険物以外の可燃性の物等爆発又は火災の原因となるおそれのある物
3 酸化カルシウム、水酸化ナトリウム等を含有する製剤その他の物であって皮膚に対して腐食の危険を生ずるもの

(労働安全衛生規則別表第2に掲げる物に係る基準)

第2条 令第18条第2号に掲げる物（別表第2の左欄に掲げる物に限る。）に係る同条第3号の基準及び令第18条の2第2号に掲げる物（同欄に掲げる物に限る。）に係る同条第3号の基準は、別表第2の左欄に掲げる物の種類に応じ、それぞれ同表の中欄及び右欄に掲げる含有量の値とする。この場合においては、前条ただし書の規定を準用する。

第2 細部事項

1 令別表第9に掲げる物に係る裾切値（第1条及び別表第1関係）

(1) 本告示別表第1は、ラベル・SDS対象物質のうち改正政令による改正後の令別表第9に掲げる物に係る裾切値を物の種類に応じて定めたこと。なお、本告示別表第1に規定する裾切値は、改正省令による改正前の安衛則別表第2の値と同じであること。

(2) 第1条ただし書の規定は、改正省令による改正後の安衛則第30条において、「運搬中及び貯蔵中において固体以外の状態にならず、かつ、粉状にならない物（次の各号のいずれかに該当するものを除く。）」をラベル表示の対象から除外している規定と同様に、当該状態に該当する製剤その他の物の裾切値を100パーセントと規定することにより、当該状態に該当する製剤その他の物をラベル表示の対象から除外する趣旨であること。

2 安衛則別表第2に掲げる物（本告示の別表第2の左欄に掲げる物に限る。）に係る裾切値（第2条及び別表第2関係）

(1) 本告示別表第2は、ラベル・SDS対象物質のうち改正省令による改正後の安衛則別表第2に掲げる物（本告示の別表第2の左欄に掲げる物に限る。）に係る裾切値を物の種類に応じて定めたこと。

(2) 本告示別表第2の左欄に掲げる物質は、国が行う化学品の分類（日本産業規格Z 7252（以下「JIS Z 7252」という。）に定める方法による化学物質の危険性及び有害性の分類をいう。以下同じ。）における異性体混合物の分類結果を踏まえ裾切値を設定したもの、改正省令による改正後の安衛則別表第2において複数の物質をまとめた名称として規定しているもののうち当該名称に含まれる各物質について国が行う化学品の分類における分類結果を踏まえ裾切値を分けて設定した

第3条　令第18条第2号に掲げる物（別表第2の左欄に掲げる物を除く。）に係る同条第3号の基準及び令第18条の2第2号に掲げる物（同欄に掲げる物を除く。）に係る同条第3号の基準は、令第18条第2号に規定する期日までに区分された国が行う化学品の分類（産業標準化法（昭和24年法律第185号）に基づく日本産業規格Z 7252（GHSに基づく化学品の分類方法）に定める方法による化学物質の危険性及び有害性の分類をいう。）の結果に基づき、別表第3の左欄に掲げる有害性区分に応じ、それぞれ同表の中欄及び右欄に掲げる含有量の値（同表の左欄に掲げる有害性区分のうち二以上の有害性区分に該当する物にあっては、その該当する有害性区分に係る同表の中欄及び右欄に掲げる含有量の値のうち、それぞれ最も低いもの）とする。この場合においては、第1条ただし書の規定を準用する。

第4条　前条の化学品の分類の結果、有害性区分が区分されていない物に係る令第18条第3号及び令第18条の2第3号の基準は、それぞれ1パーセントとする。この場合においては、第1条ただし書の規定を準用する。

附　則

（適用期日）

第1条　この告示は、令和7年4月1日から適用する。ただし、労働安全衛生規則の一部を改正する省令（令和5年厚生労

もの、爆発性を踏まえて裾切値を設定しないもの、その他物の種類に応じて個別に裾切値を設定したものであること。

3　安衛則別表第2に掲げる物（本告示の別表第2の左欄に掲げる物を除く。）に係る裾切値（第3条、第4条及び別表第3関係）

(1)　本告示別表第3は、ラベル・SDS対象物質のうち改正省令による改正後の安衛則別表第2に掲げる物（本告示の別表第2の左欄に掲げる物を除く。）に係る裾切値を、国が行う化学品の分類の結果に基づく有害性区分に応じて、次のア及びイに掲げる考え方により規定したこと。なお、混合物であって、JIS Z 7252において濃度限界（未試験の混合物を、成分の危険有害性に基づいて分類する場合に使用する成分の含有濃度の限界値をいう。以下同じ。）が1パーセントを超える値で設定されている物質については、仮に混合物としての有害性分類がなされていない場合であっても、当該物質の物理的及び化学的性質又は取扱い方法によっては高い濃度で当該物質にばく露することによる健康障害のおそれがあることから、人体に及ぼす作用や取扱い上の注意に関する情報を伝達する必要があるため、裾切値を1パーセントとしたものであること。

ア　化学品の分類および表示に関する世界調和システム（GHS）において濃度限界とされている値とし、それが1パーセントを超える場合は1パーセントとする。

イ　複数の有害性区分を有する物質については、アにより得られる数値のうち最も低い数値を採用する。

(2)　第4条中「有害性区分が区分されていない物」とは、ラベル・SDS対象物質のうち、国が行う化学品の分類において、健康に対する有害性が区分されておらず、物理化学的危険性のみが区分されている物をいうこと。

第3　その他

CAS登録番号を併記したラベル・SDS対象物質及びその裾切値の一覧は、厚生労働省ホームページで公表する予定であること。

働省令第121号）附則第2項に該当する物については、令和8年3月31日までの間は、この告示の規定は、適用しない。

（名称等を表示すべき危険物及び有害物に関する経過措置）

第2条 労働安全衛生規則（昭和47年労働省令第32号。以下「則」という。）別表第2の16、19、51、125、319、347、602、631、648、660、661、664、665、721、734、735、778（1，2－ジクロロエタンに限る。）、788、858、895、913、995、1040、1069、1128、1213、1222、1285、1346（1，1，1－トリクロロエタンに限る。）、1359、1387、1454、1462、1497（2－ニトロプロパンに限る。）、1498、1521、1523、1618、1657、1682、1818、1827、1834、1890（ペルフルオロオクタン酸アンモニウムに限る。）、1934（ペンタクロロフェノール（別名PCP）に限る。）、1948（ほう酸ナトリウムに限る。）、2043、2108、2160及び2255の項に掲げる物に対するこの告示の令第18条第2号に掲げる物に係る同条第3号の基準の適用については、令和8年3月31日までの間は、なお従前の例による。

② 前項に規定する物であって、令和8年4月1日において現に存するものに対するこの告示の令第18条第2号に掲げる物に係る同条第3号の基準の適用については、令和9年3月31日までの間は、なお従前の例による。

（名称等を通知すべき危険物及び有害物に関する経過措置）

第3条 則別表第2の57、125、188、321、408、551、631、761、795、820、870、871、996、1224、1371、1454、1458、1462、1521、1557、1562、1582、1766、1791、1804、1844、2043、2094、2255、2257及び2267の項に掲げる物に対するこの告示の令第18条の2第2号に掲げる物に係る同条第3号の基準の適用については、令和8年3月31日までの間は、なお従前の例による。

第4 関係通達の改正 （略）

告示　**別表第１**（第１条関係）

物の種類	令第18条第３号の含有量（重量パーセント）	令第18条の２第３号の含有量（重量パーセント）
アリル水銀化合物	１パーセント	0.1パーセント
アルキルアルミニウム化合物	１パーセント	１パーセント
アルキル水銀化合物	0.3パーセント	0.1パーセント
アルミニウム及びその水溶性塩	１パーセント	１パーセント
アルミニウム	１パーセント	１パーセント
アルミニウム水溶性塩	１パーセント	0.1パーセント
アンチモン及びその化合物（三酸化二アンチモンに限る。）	0.1パーセント	0.1パーセント
アンチモン及びその化合物（三酸化二アンチモンを除く。）	１パーセント	0.1パーセント
イットリウム及びその化合物	１パーセント	１パーセント
インジウム	１パーセント	１パーセント
インジウム化合物	0.1パーセント	0.1パーセント
ウラン及びその化合物	0.1パーセント	0.1パーセント
カドミウム及びその化合物	0.1パーセント	0.1パーセント
銀及びその水溶性化合物	１パーセント	0.1パーセント
クロム及びその化合物	下記２行のとおり	下記２行のとおり
クロム及びその化合物（クロム酸及びクロム酸塩並びに重クロム酸及び重クロム酸塩に限る。）	0.1パーセント	0.1パーセント
クロム及びその化合物（クロム酸及びクロム酸塩並びに重クロム酸及び重クロム酸塩を除く。）	１パーセント	0.1パーセント
コバルト及びその化合物	0.1パーセント	0.1パーセント
ジルコニウム化合物	１パーセント	１パーセント
水銀及びその無機化合物	0.3パーセント	0.1パーセント
すず及びその化合物	１パーセント	0.1パーセント
セレン及びその化合物	１パーセント	0.1パーセント
タリウム及びその水溶性化合物	0.1パーセント	0.1パーセント
タングステン及びその水溶性化合物	１パーセント	１パーセント
タンタル及びその酸化物	１パーセント	１パーセント
鉄水溶性塩	１パーセント	１パーセント
テルル及びその化合物	１パーセント	0.1パーセント
銅及びその化合物	１パーセント	0.1パーセント
鉛及びその無機化合物	0.1パーセント	0.1パーセント
ニッケル	１パーセント	0.1パーセント
ニッケル化合物	0.1パーセント	0.1パーセント
白金及びその水溶性塩	１パーセント	0.1パーセント
ハフニウム及びその化合物	１パーセント	１パーセント
バリウム及びその水溶性化合物	１パーセント	１パーセント
砒（ひ）素及びその化合物	0.1パーセント	0.1パーセント
弗素及びその水溶性無機化合物	１パーセント	0.1パーセント
マンガン	0.3パーセント	0.1パーセント
無機マンガン化合物	１パーセント	0.1パーセント
モリブデン及びその化合物	１パーセント	0.1パーセント
沃化物	１パーセント	１パーセント

物の種類	令第18条第3号の含有量（重量パーセント）	令第18条の2第3号の含有量（重量パーセント）
沃素	1パーセント	0.1パーセント
ロジウム及びその化合物	1パーセント	0.1パーセント

告示　**別表第2**（第2条関係）

物の種類	令第18条第3号の含有量（重量パーセント）	令第18条の2第3号の含有量（重量パーセント）
石綿（令第16条第1項第4号イからハまでに掲げる物で同号の厚生労働省令で定めるものに限る。）	0.1パーセント	0.1パーセント
キシリジン	1パーセント	0.1パーセント
キシレン	0.3パーセント	0.1パーセント
クロロフェノール	1パーセント	0.1パーセント
鉱油	1パーセント	0.1パーセント
四アルキル鉛	－（加鉛ガソリンにあっては100パーセント。）	0.1パーセント
ジクロロエタン（1，1－ジクロロエタンに限る。）	1パーセント	1パーセント
ジクロロエタン（1，2－ジクロロエタンに限る。）	0.1パーセント	0.1パーセント
ジクロロエチレン（1，1－ジクロロエチレンに限る。）	1パーセント	0.1パーセント
ジクロロエチレン（1，2－ジクロロエチレンに限る。）	1パーセント	1パーセント
ジクロロベンゼン（パラ－ジクロロベンゼンに限る。）	1パーセント	0.1パーセント
ジクロロベンゼン（パラ－ジクロロベンゼンを除く。）	1パーセント	1パーセント
ジシクロヘキシルアミン	1パーセント	0.1パーセント
ジシクロヘキシルアミン亜硝酸塩	1パーセント	1パーセント
ジニトロフェノール（2，4－ジニトロフェノールに限る。）	1パーセント	0.1パーセント
ジニトロフェノール（2，4－ジニトロフェノールを除く。）	1パーセント	1パーセント
ジメチルヒドラジン（1，1－ジメチルヒドラジンに限る。）	1パーセント	0.1パーセント
ジメチルヒドラジン（1，2－ジメチルヒドラジンに限る。）	0.1パーセント	0.1パーセント
1，1'－ジメチル－4，4'－ビピリジニウム塩（1，1'－ジメチル－4，4'－ビピリジニウム＝ジクロリド（別名パラコート）及び1，1'－ジメチル－4，4'－ビピリジニウム二メタンスルホン酸塩に限る。）	1パーセント	1パーセント
1，1'－ジメチル－4，4'－ビピリジニウム塩（1，1'－ジメチル－4，4'－ビピリジニウム＝ジクロリド（別名パラコート）及び1，1'－ジメチル－4，4'－ビピリジニウム二メタンスルホン酸塩を除く。）	1パーセント	0.1パーセント
硝酸アンモニウム	－	－
人造鉱物繊維（リフラクトリーセラミックファイバーに限る。）	0.1パーセント	0.1パーセント
人造鉱物繊維（リフラクトリーセラミックファイバーを除く。）	1パーセント	1パーセント
ダイオキシン類（2，3，7，8－テトラクロロジベンゾ－1，4－ジオキシンに限る。）	0.1パーセント	0.1パーセント

物の種類	令第18条第3号の含有量（重量パーセント）	令第18条の2第3号の含有量（重量パーセント）
ダイオキシン類（令別表第3第1号3に掲げるもの及び2，3，7，8－テトラクロロジベンゾ－1，4－ジオキシンを除く。）	0.3パーセント	0.1パーセント
トリクロロエタン（1，1，1－トリクロロエタンに限る。）	0.1パーセント	0.1パーセント
トリクロロエタン（1，1，2－トリクロロエタンに限る。）	1パーセント	0.1パーセント
2，4，5－トリメチルアニリン	1パーセント	0.1パーセント
2，4，5－トリメチルアニリン塩酸塩	1パーセント	1パーセント
トルイジン	0.1パーセント	0.1パーセント
ニトログリセリン	－（98パーセント以上の不揮発性で水に溶けない鈍感剤で鈍性化した物にあっては、1パーセント。）	－（98パーセント以上の不揮発性で水に溶けない鈍感剤で鈍性化した物にあっては、0.1パーセント。）
ニトロセルローズ	－	－
ニトロトルエン（2－ニトロトルエンに限る。）	0.1パーセント	0.1パーセント
ニトロトルエン（3－ニトロトルエンに限る。）	1パーセント	0.1パーセント
ニトロトルエン（4－ニトロトルエンに限る。）	1パーセント	1パーセント
ニトロプロパン（1－ニトロプロパンに限る。）	1パーセント	1パーセント
ニトロプロパン（2－ニトロプロパンに限る。）	0.1パーセント	0.1パーセント
ピクリン酸	－	－
ブタノール（イソブチルアルコール及び1－ブタノールに限る。）	1パーセント	1パーセント
ブタノール（ターシャリ－ブタノール及び2－ブタノールに限る。）	1パーセント	0.1パーセント
ペンタクロロフェノール（別名PCP）	0.1パーセント	0.1パーセント
ペンタクロロフェノールナトリウム塩	1パーセント	0.1パーセント
ポリ（オキシエチレン）＝アルキルエーテル（アルキル基の炭素数が12から15までのもの及びその混合物に限る。）	1パーセント	1パーセント
メチルピリジン（3－メチルピリジンに限る。）	1パーセント	0.1パーセント
メチルピリジン（3－メチルピリジンを除く。）	1パーセント	1パーセント
硫酸亜鉛	1パーセント	0.1パーセント
硫酸亜鉛の一水和物及び七水和物	1パーセント	1パーセント
りん酸トリトリル（りん酸トリ（オルト－トリル）に限る。）	1パーセント	1パーセント
りん酸トリトリル（りん酸トリ（オルト－トリル）を除く。）	0.3パーセント	0.1パーセント

告示　**別表第３**（第３条関係）

有害性区分		令第18条第３号の含有量（重量パーセント）	令第18条の２第３号の含有量（重量パーセント）
有害性クラス	区分		
急性毒性	１～４	１パーセント	１パーセント
皮膚腐食性／皮膚刺激性	１～２	１パーセント	１パーセント
眼に対する重篤な損傷性／眼刺激性	１～２	１パーセント	１パーセント
呼吸器感作性（固体／液体）	1	１パーセント	0.1パーセント
呼吸器感作性（気体）	1	0.2パーセント	0.1パーセント
皮膚感作性	1	１パーセント	0.1パーセント
生殖細胞変異原性	1	0.1パーセント	0.1パーセント
	2	１パーセント	１パーセント
発がん性	1	0.1パーセント	0.1パーセント
	2	１パーセント	0.1パーセント
生殖毒性	1	0.3パーセント	0.1パーセント
	2	１パーセント	0.1パーセント
特定標的臓器毒性（単回ばく露）	１～３	１パーセント	１パーセント
特定標的臓器毒性（反復ばく露）	１～２	１パーセント	１パーセント
誤えん有害性	1	１パーセント	１パーセント

第５部
化学物質管理関係
主要通達・ガイドライン

第５部では、化学物質の「自律的な管理」に向けて発出された主要な通達を紹介する。

労働安全衛生規則等の一部を改正する省令等の施行について（抄）

令和４年５月31日付け基発0531第９号
最終改正 令和５年10月17日

労働安全衛生規則等の一部を改正する省令（令和４年厚生労働省令第91号。以下「改正省令」という。）及び化学物質等の危険性又は有害性等の表示又は通知等の促進に関する指針の一部を改正する件（令和４年厚生労働省告示第190号。以下「改正告示」という。）については、令和４年５月31日に公布され、公布日から施行（一部については、令和５年４月１日又は令和６年４月１日から施行）することとされたところである。その改正の趣旨、内容等については、下記のとおりであるので、関係者への周知徹底を図るとともに、その運用に遺漏なきを期されたい。

記

第１　改正の趣旨及び概要等

１　改正の趣旨

今般、国内で輸入、製造、使用されている化学物質は数万種類にのぼり、その中には、危険性や有害性が不明な物質が多く含まれる。さらに、化学物質による休業４日以上の労働災害（がん等の遅発性疾病を除く。）のうち、特定化学物質障害予防規則（昭和47年労働省令第39号。以下「特化則」という。）等の特別則の規制の対象となっていない物質を起因とするものが約８割を占めている。これらを踏まえ、従来、特別則による規制の対象となっていない物質への対策の強化を主眼とし、国によるばく露の上限となる基準等の制定、危険性・有害性に関する情報の伝達の仕組みの整備・拡充を前提として、事業者が、危険性・有害性の情報に基づくリスクアセスメントの結果に基づき、国の定める基準等の範囲内で、ばく露防止のために講ずべき措置を適切に実施する制度を導入することとしたところである。

これらを踏まえ、今般、労働安全衛生規則（昭和47年労働省令第32号。以下「安衛則」という。）、特化則、有機溶剤中毒予防規則（昭和47年労働省令第36号。以下「有機則」という。）、鉛中毒予防規則（昭和47年労働省令第37号。以下「鉛則」という。）、四アルキル鉛中毒予防規則（昭和47年労働省令第38号。以下「四アルキル則」という。）、粉じん障害防止規則（昭和54年労働省令第18号。以下「粉じん則」という。）（以下特化則、有機則、鉛則及び粉じん則を「特化則等」と総称する。）、石綿障害予防規則（平成17年厚生労働省令第21号）及び厚生労働省の所管する法令の規定に基づく民間事業者等が行う書面の保存等における情報通信の技術の利用に関する省令（平成17年厚生労働省令第44号）並びに化学物質等の危険性又は有害性等の表示又は通知等の促進に関する指針（平成24年厚生労働省告示第133号。以下「告示」という。）について、所要の改正を行ったものである。

２　改正省令の概要

(1)　事業場における化学物質の管理体制の強化

ア　化学物質管理者の選任（安衛則第12条の５関係）

①　事業者は、労働安全衛生法（昭和47年法律第57号。以下「法」という。）第57条の３第１項の危険性又は有害性の調査（主として一般消費者の生活の用に供される製品に係るものを除く。以下「リスクアセスメント」という。）をしなければならない労働安全衛生法施行令（昭和47年政令第318号。以下「令」という。）第18条各号に掲げる物及び法第57条の２第１項に規定する通知対象物（以下「リスクアセスメント対象物」という。）を製造し、又は取り扱う事業場ごとに、化学物質管理者を選任し、その者に化学物質に係るリ

スクアセスメントの実施に関すること等の当該事業場における化学物質の管理に係る技術的事項を管理させなければならないこと。

② 事業者は、リスクアセスメント対象物の譲渡又は提供を行う事業場（①の事業場を除く。）ごとに、化学物質管理者を選任し、その者に当該事業場におけるラベル表示及び安全データシート（以下「SDS」という。）等による通知等（以下「表示等」という。）並びに教育管理に係る技術的事項を管理させなければならないこと。

③ 化学物質管理者の選任は、選任すべき事由が発生した日から14日以内に行い、リスクアセスメント対象物を製造する事業場においては、厚生労働大臣が定める化学物質の管理に関する講習を修了した者等のうちから選任しなければならないこと。

④ 事業者は、化学物質管理者を選任したときは、当該化学物質管理者に対し、必要な権限を与えるとともに、当該化学物質管理者の氏名を事業場の見やすい箇所に掲示すること等により関係労働者に周知させなければならないこと。

イ 保護具着用管理責任者の選任（安衛則第12条の６関係）

① 化学物質管理者を選任した事業者は、リスクアセスメントの結果に基づく措置として、労働者に保護具を使用させるときは、保護具着用管理責任者を選任し、有効な保護具の選択、保護具の保守管理その他保護具に係る業務を担当させなければならないこと。

② 保護具着用管理責任者の選任は、選任すべき事由が発生した日から14日以内に行うこととし、保護具に関する知識及び経験を有すると認められる者のうちから選任しなければならないこと。

③ 事業者は、保護具着用管理責任者を選任したときは、当該保護具着用管理責任者に対し、必要な権限を与えるとともに、当該保護具着用管理責任者の氏名を事業場の見やすい箇所に掲示すること等により関係労働者に周知させなければならないこと。

ウ 雇入れ時等における化学物質等に係る教育の拡充（安衛則第35条関係）

労働者を雇い入れ、又は労働者の作業内容を変更したときに行わなければならない安衛則第35条第１項の教育について、令第２条第３号に掲げる業種の事業場の労働者については、安衛則第35条第１項第１号から第４号までの事項の教育の省略が認められてきたが、改正省令により、この省略規定を削除し、同項第１号から第４号までの事項の教育を事業者に義務付けたこと。

(2) 化学物質の危険性・有害性に関する情報の伝達の強化

ア SDS等による通知方法の柔軟化（安衛則第24条の15第１項及び第３項※、第34条の２の３関係） ※注釈　略

法第57条の２第１項及び第２項の規定による通知の方法として、相手方の承諾を要件とせず、電子メールの送信や、通知事項が記載されたホームページのアドレス（二次元コードその他のこれに代わるものを含む。）を伝達し閲覧を求めること等による方法を新たに認めたこと。

イ 「人体に及ぼす作用」の定期確認及び「人体に及ぼす作用」についての記載内容の更新（安衛則第24条の15第２項及び第３項、第34条の２の５第２項及び第３項関係）

法第57条の２第１項の規定による通知事項の１つである「人体に及ぼす作用」について、直近の確認を行った日から起算して５年以内ごとに１回、記載内容の変更の要否を確認し、変更を行う必要があると認めるときは、当該確認をした日から１年以内に変更を行わなければならないこと。また、変更を行ったときは、当該通知を行った相手方に対して、適切な時期に、変更内容を通知するものとし

たこと。加えて、安衛則第24条の15第２項及び第３項の規定による特定危険有害化学物質等に係る通知における「人体に及ぼす作用」についても、同様の確認及び更新を努力義務としたこと。

ウ　SDS等における通知事項の追加及び成分含有量表示の適正化（安衛則第24条の15第１項、第34条の２の４、第34条の２の６関係）

法第57条の２第１項の規定により通知するSDS等における通知事項に、「想定される用途及び当該用途における使用上の注意」を追加したこと。また、安衛則第24条の15第１項の規定により通知を行うことが努力義務となっている特定危険有害化学物質等に係る通知事項についても、同事項を追加したこと。

また、法第57条の２第１項の規定により通知するSDS等における通知事項のうち、「成分の含有量」について、重量パーセントを通知しなければならないこととしたこと。

エ　化学物質を事業場内において別容器等で保管する際の措置の強化（安衛則第33条の２関係）

事業者は、令第17条に規定する物（以下「製造許可物質」という。）又は令第18条に規定する物（以下「ラベル表示対象物」という。）をラベル表示のない容器に入れ、又は包装して保管するときは、当該容器又は包装への表示、文書の交付その他の方法により、当該物を取り扱う者に対し、当該物の名称及び人体に及ぼす作用を明示しなければならないこと。

(3)　リスクアセスメントに基づく自律的な化学物質管理の強化

ア　リスクアセスメントに係る記録の作成及び保存並びに労働者への周知（安衛則第34条の２の８関係）

事業者は、リスクアセスメントを行ったときは、リスクアセスメント対象物の名称等の事項について、記録を作成し、次にリスクアセスメントを行うまでの期間（リスクアセスメントを行った日から起算して３年以内に次のリスクアセスメントを行ったときは、３年間）保存するとともに、当該事項を、リスクアセスメント対象物を製造し、又は取り扱う業務に従事する労働者に周知させなければならないこと。

イ　化学物質による労働災害が発生した事業場等における化学物質管理の改善措置（安衛則第34条の２の10関係）

①　労働基準監督署長は、化学物質による労働災害が発生した、又はそのおそれがある事業場の事業者に対し、当該事業場において化学物質の管理が適切に行われていない疑いがあると認めるときは、当該事業場における化学物質の管理の状況について、改善すべき旨を指示することができること。

②　①の指示を受けた事業者は、遅滞なく、事業場の化学物質の管理の状況について必要な知識及び技能を有する者として厚生労働大臣が定めるもの（以下「化学物質管理専門家」という。）から、当該事業場における化学物質の管理の状況についての確認及び当該事業場が実施し得る望ましい改善措置に関する助言を受けなければならないこと。

③　②の確認及び助言を求められた化学物質管理専門家は、事業者に対し、確認後速やかに、当該確認した内容及び当該事業場が実施し得る望ましい改善措置に関する助言を、書面により通知しなければならないこと。

④　事業者は、③の通知を受けた後、１月以内に、当該通知の内容を踏まえた改善措置を実施するための計画を作成するとともに、当該計画作成後、速やかに、当該計画に従い改善措置を実施しなければならないこと。

⑤　事業者は、④の計画を作成後、遅滞なく、当該計画の内容について、③の通知及び当該計画の写しを添えて、改善計画報告書（安衛則様式第４号）により所轄労働基準監督署長に報告しな

ければならないこと。

⑥　事業者は、④の計画に基づき実施した改善措置の記録を作成し、当該記録について、③の通知及び当該計画とともにこれらを３年間保存しなければならないこと。

ウ　リスクアセスメント対象物に係るばく露低減措置等の事業者の義務（安衛則第577条の２、第577条の３関係）

①　労働者がリスクアセスメント対象物にばく露される程度の低減措置（安衛則第577条の２第１項関係）

事業者は、リスクアセスメント対象物を製造し、又は取り扱う事業場において、リスクアセスメントの結果等に基づき、労働者の健康障害を防止するため、代替物の使用等の必要な措置を講ずることにより、リスクアセスメント対象物に労働者がばく露される程度を最小限度にしなければならないこと。

②　労働者がばく露される程度を一定の濃度の基準以下としなければならない物質に係るばく露濃度の抑制措置（安衛則第577条の２第２項関係）

事業者は、リスクアセスメント対象物のうち、一定程度のばく露に抑えることにより、労働者に健康障害を生ずるおそれがない物として厚生労働大臣が定めるものを製造し、又は取り扱う業務（主として一般消費者の生活の用に供される製品に係るものを除く。）を行う屋内作業場においては、当該業務に従事する労働者がこれらの物にばく露される程度を、厚生労働大臣が定める濃度の基準（以下「濃度基準値」という。）以下としなければならないこと。

③　リスクアセスメントの結果に基づき事業者が行う健康診断、健康診断の結果に基づく必要な措置の実施等（安衛則第577条の２第３項から第５項まで、第８項及び第９項関係）

事業者は、リスクアセスメント対象物による健康障害の防止のため、リスクアセスメントの結果に基づき、関係労働者の意見を聴き、必要があると認めるときは、医師又は歯科医師（以下「医師等」という。）が必要と認める項目について、医師等による健康診断を行い、その結果に基づき必要な措置を講じなければならないこと。

また、事業者は、安衛則第577条の２第２項の業務に従事する労働者が、濃度基準値を超えてリスクアセスメント対象物にばく露したおそれがあるときは、速やかに、医師等が必要と認める項目について、医師等による健康診断を行い、その結果に基づき必要な措置を講じなければならないこと。

事業者は、上記の健康診断（以下「リスクアセスメント対象物健康診断」という。）を行ったときは、リスクアセスメント対象物健康診断個人票（安衛則様式第24号の２）を作成し、５年間（がん原性物質（がん原性がある物として厚生労働大臣が定めるものをいう。以下同じ。）に係るものは30年間）保存しなければならないこと。

事業者は、リスクアセスメント対象物健康診断を受けた労働者に対し、遅滞なく、当該健康診断の結果を通知しなければならないこと。

④　ばく露低減措置の内容及び労働者のばく露の状況についての労働者の意見聴取、記録作成・保存（安衛則第577条の２第10項から第12項まで※関係）

※注釈　略

事業者は、安衛則第577条の２第１項、第２項及び第８項の規定により講じたばく露低減措置等について、関係労働者の意見を聴くための機会を設けなければならないこと。

また、事業者は、(i)安衛則第577条の２第１項、第２項及び第８項の規定により講じた措置の状況、(ii)リスクアセスメント対象物を製造し、又は取り扱う業務に従事する労働者のばく露状況、(iii)労働者の氏名、従事した作業の概要及び当該作業に従事した期間並びにがん原性物質により著しく汚染される事態が生じたときはその概要及び事業者が講じた応急の措置の概要（リスクアセスメント対象物ががん原性物質である場合に限る。)、(iv)安衛則第577条の２第10項の規定による関係労働者の意見の聴取状況について、１年を超えない期間ごとに１回、定期に、記録を作成し、当該記録を３年間（(ii)及び(iii)について、がん原性物質に係るものは30年間）保存するとともに、(i)及び(iv)の事項を労働者に周知させなければならないこと。

⑤　リスクアセスメント対象物以外の物質にばく露される程度を最小限とする努力義務（安衛則第577条の３関係）

事業者は、リスクアセスメント対象物以外の化学物質を製造し、又は取り扱う事業場において、当該化学物質に係る危険性又は有害性等の調査結果等に基づき、労働者の健康障害を防止するため、代替物の使用等の必要な措置を講ずることにより、リスクアセスメント対象物以外の化学物質にばく露される程度を最小限度にするよう努めなければならないこと。

エ　保護具の使用による皮膚等障害化学物質等への直接接触の防止（安衛則第594条の２及び安衛則第594条の３※関係）

※注釈　略

事業者は、化学物質又は化学物質を含有する製剤（皮膚若しくは眼に障害を与えるおそれ又は皮膚から吸収され、若しくは皮膚に浸入して、健康障害を生ずるおそれがあることが明らかなものに限る。以下「皮膚等障害化学物質等」という。）を製造し、又は取り扱う業務（法及びこれに基づく命令の規定により労働者に保護具を使用させなければならない業務及びこれらの物を密閉して製造し、又は取り扱う業務を除く。）に労働者を従事させるときは、不浸透性の保護衣、保護手袋、履物又は保護眼鏡等適切な保護具を使用させなければならないこと。

また、事業者は、化学物質又は化学物質を含有する製剤（皮膚等障害化学物質等及び皮膚若しくは眼に障害を与えるおそれ又は皮膚から吸収され、若しくは皮膚に浸入して、健康障害を生ずるおそれがないことが明らかなものを除く。）を製造し、又は取り扱う業務（法及びこれに基づく命令の規定により労働者に保護具を使用させなければならない業務及びこれらの物を密閉して製造し、又は取り扱う業務を除く。）に労働者を従事させるときは、当該労働者に保護衣、保護手袋、履物又は保護眼鏡等適切な保護具を使用させることに努めなければならないこと。

(4)　衛生委員会の付議事項の追加（安衛則第22条関係）

衛生委員会の付議事項に、(3)ウ①及び②により講ずる措置に関すること並びに(3)ウ③の医師等による健康診断の実施に関することを追加すること。

(5)　事業場におけるがんの発生の把握の強化（安衛則第97条の２関係）

事業者は、化学物質又は化学物質を含有する製剤を製造し、又は取り扱う業務を行う事業場において、１年以内に２人以上の労働者が同種のがんに罹患したことを把握したときは、当該罹患が業務に起因するかどうかについて、遅滞なく、医師の意見を聴かなければならないこととし、当該医師が、当該がんへの罹患が業務に起因するものと疑われると判断したときは、遅滞なく、当該がんに罹患した労働者が取り扱った化学物質の名称等の事項について、所轄都道府県労働局長に報告しなければならないこと。

(6)　化学物質管理の水準が一定以上の事業場に対する個別規制の適用除外（特化則第２条の３、有機則第４条の２、鉛則第３条の２及び粉じん則第３条の２関係）

ア　特化則等の規定（健康診断及び呼吸用保護具に係る規定を除く。）は、専属の化学物質管理専門家が配置されていること等の一定の要件を満たすことを所轄都道府県労働局長が認定した事業場については、特化則等の規制対象物質を製造し、又は取り扱う業務等について、適用しないこと。

イ　アの適用除外の認定を受けようとする事業者は、適用除外認定申請書（特化則様式第１号、有機則様式第１号の２、鉛則様式第１号の２、粉じん則様式第１号の２）に、当該事業場がアの要件に該当することを確認できる書面を添えて、所轄都道府県労働局長に提出しなければならないこと。

ウ　所轄都道府県労働局長は、適用除外認定申請書の提出を受けた場合において、認定をし、又はしないことを決定したときは、遅滞なく、文書でその旨を当該申請書を提出した事業者に通知すること。

エ　認定は、３年ごとにその更新を受けなければ、その期間の経過によって、その効力を失うこと。

オ　上記のアからウまでの規定は、エの認定の更新について準用すること。

カ　認定を受けた事業者は、当該認定に係る事業場がアの要件を満たさなくなったときは、遅滞なく、文書で、その旨を所轄都道府県労働局長に報告しなければならないこと。

キ　所轄都道府県労働局長は、認定を受けた事業者がアの要件を満たさなくなったと認めるとき等の取消要件に該当するに至ったときは、その認定を取り消すことができること。

(7)　作業環境測定結果が第三管理区分の作業場所に対する措置の強化

ア　作業環境測定の評価結果が第三管理区分に区分された場合の義務（特化則第36条の３の２第１項から第３項まで、有機則第28条の３の２第１項から第３項まで、鉛則第52条の３の２第１項から第３項まで、粉じん則第26条の３の２第１項から第３項まで関係）

特化則等に基づく作業環境測定結果の評価の結果、第三管理区分に区分された場所について、作業環境の改善を図るため、事業者に対して以下の措置の実施を義務付けたこと。

①　当該場所の作業環境の改善の可否及び改善が可能な場合の改善措置について、事業場における作業環境の管理について必要な能力を有すると認められる者（以下「作業環境管理専門家」という。）であって、当該事業場に属さない者からの意見を聴くこと。

②　①において、作業環境管理専門家が当該場所の作業環境の改善が可能と判断した場合、当該場所の作業環境を改善するために必要な措置を講じ、当該措置の効果を確認するため、当該場所における対象物質の濃度を測定し、その結果の評価を行うこと。

イ　作業環境管理専門家が改善困難と判断した場合等の義務（特化則第36条の３の２第４項、有機則第28条の３の２第４項、鉛則第52条の３の２第４項、粉じん則第26条の３の２第４項関係）

ア①で作業環境管理専門家が当該場所の作業環境の改善は困難と判断した場合及びア②の評価の結果、なお第三管理区分に区分された場合、事業者は、以下の措置を講ずること。

①　労働者の身体に装着する試料採取器等を用いて行う測定その他の方法による測定（以下「個人サンプリング測定等」という。）により対象物質の濃度測定を行い、当該測定結果に応じて、労働者に有効な呼吸用保護具を使用させること。また、当該呼吸用保護具

（面体を有するものに限る。）が適切に着用されていることを確認し、その結果を記録し、これを３年間保存すること。なお、当該場所において作業の一部を請負人に請け負わせる場合にあっては、当該請負人に対し、有効な呼吸用保護具を使用する必要がある旨を周知させること。

② 保護具に関する知識及び経験を有すると認められる者のうちから、保護具着用管理責任者を選任し、呼吸用保護具に係る業務を担当させること。

③ ア①の作業環境管理専門家の意見の概要並びにア②の措置及び評価の結果を労働者に周知すること。

④ 上記①から③までの措置を講じたときは、第三管理区分措置状況届（特化則様式第１号の４、有機則様式第２号の３、鉛則様式第１号の４、粉じん則様式第５号）を所轄労働基準監督署長に提出すること。

ウ 作業環境測定の評価結果が改善するまでの間の義務（特化則第36条の３の２第５項、有機則第28条の３の２第５項、鉛則第52条の３の２第５項、粉じん則第26条の３の２第５項関係）

特化則等に基づく作業環境測定結果の評価の結果、第三管理区分に区分された場所について、第一管理区分又は第二管理区分と評価されるまでの間、上記イ①の措置に加え、以下の措置を講ずること。

６月以内ごとに１回、定期に、個人サンプリング測定等により特定化学物質等の濃度を測定し、その結果に応じて、労働者に有効な呼吸用保護具を使用させること。

エ 記録の保存

イ①又はウの個人サンプリング測定等を行ったときは、その都度、結果及び評価の結果を記録し、３年間（ただし、粉じんについては７年間、クロム酸等については30年間）保存すること。

(8) 作業環境管理やばく露防止措置等が適切に実施されている場合における特殊健康診断の実施頻度の緩和（特化則第39条第４項、有機則第29条第６項、鉛則第53条第４項及び四アルキル則第22条第４項関係）

本規定による特殊健康診断の実施について、以下の①から③までの要件のいずれも満たす場合（四アルキル則第22条第４項の規定による健康診断については、以下の②及び③の要件を満たす場合）には、当該特殊健康診断の対象業務に従事する労働者に対する特殊健康診断の実施頻度を６月以内ごとに１回から、１年以内ごとに１回に緩和することができること。ただし、危険有害性が特に高い製造禁止物質及び特別管理物質に係る特殊健康診断の実施については、特化則第39条第４項に規定される実施頻度の緩和の対象とはならないこと。

① 当該労働者が業務を行う場所における直近３回の作業環境測定の評価結果が第一管理区分に区分されたこと。

② 直近３回の健康診断の結果、当該労働者に新たな異常所見がないこと。

③ 直近の健康診断実施後に、軽微なものを除き作業方法の変更がないこと。

３ 改正告示の概要

改正省令による２(2)アのSDS等による通知方法の柔軟化及び２(2)エのラベル表示対象物を事業場内において別容器等で保管する際の措置の強化に伴い、告示においても、同趣旨の改正を行ったこと。

４ 施行日及び経過措置

(1) 施行日（改正省令附則第１条関係）

改正省令及び改正告示は、公布日から施行することとしたこと。ただし、２(2)イ及びエ、(3)ア、ウ①、④、⑤、エ前段（努力義務）、エ後段、(4)（２(3)ウ①に係るものに限る。）、(5)、(6)、(8)に係る規定及び当該規定に係る経過措置については、令和５年４月１日から、２(1)、２(2)ウ、(3)イ、ウ②、③、エ前段（義務）、(4)（２(3)ウ②及び③に係るものに限る。）、(7)に係る規定及び当該規定に係る経過措置については、令和6年4月1日から施行することとしたこと。

(2) 経過措置（改正省令附則第3条から第5条関係）

ア 改正省令の施行の際現にある、改正省令第4条及び第8条による改正前の様式による用紙は、当分の間、これを取り繕って使用することができることとしたこと。

イ 改正省令（改正省令第1条を除く。）の施行前にした行為に対する罰則の適用については、なお従前の例によること。

第2 細部事項（公布日施行）

1 SDS等による通知方法の柔軟化関係

(1) 安衛則第24条の15第1項及び第2項※、第34条の2の3関係 ※注釈 略

化学物質の危険性・有害性に係る情報伝達がより円滑に行われるようにするため、譲渡提供を受ける相手方が容易に確認可能な方法であれば、相手方の承諾を要件とせずに通知できるよう、SDS等による通知方法を柔軟化したこと。なお、電子メールの送信により通知する場合は、送信先の電子メールアドレスを事前に確認する等により確実に相手方に通知できるよう配慮すべきであること。

(2) 告示第3条第1項、第4条第3項関係

改正省令によるSDS等による通知方法の柔軟化に伴い、告示においても、通知方法の選択に当たって相手方の承諾を要件としないこと等、同趣旨の改正を行ったこと。

第3 細部事項（令和5年4月1日施行）

1 SDS等における通知事項である「人体に及ぼす作用」の定期確認及び更新関係

(1) 安衛則第24条の15第2項及び第3項、第34条の2の5第2項及び第3項関係

ア SDS等における通知事項である「人体に及ぼす作用」については、当該物質の有害性情報であり、リスクアセスメントの実施に当たって最も重要な情報であることから、定期的な確認及び更新を新たに義務付けたこと。定期確認及び更新の対象となるSDS等は、現に譲渡又は提供を行っている通知対象物又は特定危険有害化学物質等に係るものに限られ、既に譲渡提供を中止したものに係るSDS等まで含む趣旨ではないこと。

イ 確認の結果、SDS等の更新を行った場合、変更後の当該事項を再通知する対象となる、過去に当該物を譲渡提供した相手方の範囲については、各事業者における譲渡提供先に関する情報の保存期間、当該物の使用期限等を踏まえて合理的な期間とすれば足りること。また、確認の結果、SDS等の更新の必要がない場合には、更新及び相手方への再通知の必要はないが、各事業者においてSDS等の改訂情報を管理する上で、更新の必要がないことを確認した日を記録しておくことが望ましいこと。

ウ SDS等を更新した場合の再通知の方法としては、各事業者で譲渡提供先に関する情報を保存している場合に当該情報を元に譲渡提供先に再通知する方法のほか、譲渡提供者のホームページにおいてSDS等を更新した旨を分かりやすく周知し、当該ホームページにおいて該当物質のSDS等を容易に閲覧できるようにする方法等があること。

エ 本規定の施行日において現に存するSDS等については、施行日から起算して5年以内（令和10年3月31日まで）に初回の確認を行う必要があること。また、確認の頻度である「5年以内ごとに1回」には、5年より短い期間で確認することも含まれること。

2　製造許可物質又はラベル表示対象物を事業場内において別容器等で保管する際の措置の強化関係

(1)　安衛則第33条の２関係

ア　製造許可物質及びラベル表示対象物を事業場内で取り扱うに当たって、他の容器に移し替えたり、小分けしたりして保管する際の容器等にも対象物の名称及び人体に及ぼす作用の明示を義務付けたこと。なお、本規定は、対象物を保管することを目的として容器に入れ、又は包装し、保管する場合に適用されるものであり、保管を行う者と保管された対象物を取り扱う者が異なる場合の危険有害性の情報伝達が主たる目的であるため、対象物の取扱い作業中に一時的に小分けした際の容器や、作業場所に運ぶために移し替えた容器にまで適用されるものではないこと。また、譲渡提供者がラベル表示を行っている物について、既にラベル表示がされた容器等で保管する場合には、改めて表示を求める趣旨ではないこと。

イ　明示の際の「その他の方法」としては、使用場所への掲示、必要事項を記載した一覧表の備え付け、磁気ディスク、光ディスク等の記録媒体に記録しその内容を常時確認できる機器を設置すること等のほか、日本産業規格Z 7253（GHSに基づく化学品の危険有害性情報の伝達方法－ラベル、作業場内の表示及び安全データシート（SDS））（以下「JIS Z 7253」という。）の「５．３．３作業場内の表示の代替手段」に示された方法として、作業手順書又は作業指示書によって伝達する方法等によることも可能であること。

(2)　告示第４条第３項関係

改正省令による(1)のラベル表示対象物を事業場内において別容器等で保管する際の措置の強化に伴い、告示においても、化学物質等の譲渡提供を受けた事業者が対象物を労働者に取り扱わせる場合の容器等への表示事項として「人体に及ぼす作用」を追加したこと。

3　リスクアセスメントの結果等の記録の作成及び保存並びに労働者への周知

（安衛則第34条の２の８関係）

事業場における化学物質管理の実施状況について事後に検証できるようにするため、従前より規定されていたリスクアセスメントの結果等の労働者への周知に加え、リスクアセスメントの結果等の記録の作成及び保存を新たに義務付けたこと。

4　事業場におけるがんの発生の把握の強化関係

(1)　安衛則第97条の２第１項関係

ア　本規定は、化学物質のばく露に起因するがんを早期に把握した事業場におけるがんの再発防止のみならず、国内の同様の作業を行う事業場における化学物質によるがんの予防を行うことを目的として規定したものであること。

イ　本規定の「１年以内に２人以上の労働者」の労働者は、現に雇用する同一の事業場の労働者であること。

ウ　本規定の「同種のがん」については、発生部位等医学的に同じものと考えられるがんをいうこと。

エ　本規定の「同種のがんに罹患したことを把握したとき」の「把握」とは、労働者の自発的な申告や休職手続等で職務上、事業者が知り得る場合に限るものであり、本規定を根拠として、労働者本人の同意なく、本規定に関係する労働者の個人情報を収集することを求める趣旨ではないこと。なお、アの趣旨から、広くがん罹患の情報について事業者が把握できることが望ましく、衛生委員会等においてこれらの把握の方法をあらかじめ定めておくことが望ましいこと。

オ　アの趣旨を踏まえ、例えば、退職者も含め10年以内に複数の者が同種のがんに罹患したことを把握した場合等、本規定の要件に該当しない場合であっても、それが化学物質を取り扱う業務に起因することが疑われると医師から意見があった場合は、本規定に準じ、都道府県労働局に報告することが望ましいこと。

カ　本規定の「医師」には、産業医のみならず、定期健康診断を委託している機関に所属する医師や労働者の主治医等も含まれること。また、これらの適当な医師がいない場合は、各都道府県の産業保健総合支援センター等に相談することも考えられること。

⑵　安衛則第97条の２第２項関係

ア　本規定の「罹患が業務に起因するものと疑われると判断」については、⑴アの趣旨から、その時点では明確な因果関係が解明されていないため確実なエビデンスがなくとも、同種の作業を行っていた場合や、別の作業であっても同一の化学物質にばく露した可能性がある場合等、化学物質に起因することが否定できないと判断されれば対象とすべきであること。

イ　本項第１号の「がんに罹患した労働者が当該事業場で従事した業務において製造し、又は取り扱った化学物質の名称」及び本項第２号の「がんに罹患した労働者が当該事業場で従事していた業務の内容及び当該業務に従事していた期間」については、⑴アの趣旨から、その時点ではがんの発症に係る明確な因果関係が解明されていないため、当該労働者が当該事業場において在職中ばく露した可能性がある全ての化学物質、業務及びその期間が対象となること。また、記録等がなく、製剤中の化学物質の名称や作業歴が不明な場合であっても、その後の都道府県労働局等が行う調査に資するよう、製剤の製品名や関係者の記憶する関連情報をできる限り記載し、報告することが望ましいこと。

5　リスクアセスメントに基づく自律的な化学物質管理の強化

⑴　安衛則第577条の２第１項及び第577条の３関係

本規定における「リスクアセスメント」とは、法第57条の３第１項の規定により行われるリスクアセスメントをいうものであり、安衛則第34条の２の７第１項に定める時期において、化学物質等による危険性又は有害性等の調査等に関する指針（平成27年９月18日付け危険性又は有害性等の調査等に関する指針公示第３号）に従って実施すること。

ただし、事業者は、化学物質のばく露を最低限に抑制する必要があることから、同項のリスクアセスメント実施時期に該当しない場合であっても、ばく露状況に変化がないことを確認するため、過去の化学物質の測定結果に応じた適当な頻度で、測定等を実施することが望ましいこと。

⑵　安衛則第577条の２第２項※関係

※注釈　略

本規定における「関係労働者の意見を聞くための機会を設けなければならない」については、関係労働者又はその代表が衛生委員会に参加している場合等は、安衛則第22条第11号の衛生委員会における調査審議又は安衛則第23条の２に基づき行われる意見聴取と兼ねて行っても差し支えないこと。

⑶　安衛則第577条の２第３項※関係

※注釈　略

ア　本規定におけるがん原性物質を製造し、又は取り扱う労働者に関する記録については、晩発性の健康障害であるがんに対する対応を適切に行うため、当該労働者が離職した後であっても、当該記録を作成した時点から30年間保存する必要があること。

イ　「第１項の規定により講じた措置の状況」の記録については、法第57条の３に基づくリスクアセスメントの結果に基づいて措置を講じた場合は、安衛則第34条の２の８の記録と兼ねても差し支えないこと。また、リスクアセスメントに基づく措置を検討し、これらの措置をまとめたマニュアルや作業規程（以下「マニュアル等」という。）を別途定めた場合は、当該マニュアル等を引用しつつ、マニュアル等のとおり措置を講じた旨の記録でも差し支えないこと。

ウ 「労働者のリスクアセスメント対象物のばく露の状況」については、実際にばく露の程度を測定した結果の記録等の他、マニュアル等を作成した場合であって、その作成過程において、実際に当該マニュアル等のとおり措置を講じた場合の労働者のばく露の程度をあらかじめ作業環境測定等により確認している場合は、当該マニュアル等に従い作業を行っている限りにおいては、当該マニュアル等の作成時に確認されたばく露の程度を記録することでも差し支えないこと。

エ 「労働者の氏名、従事した作業の概要及び当該作業に従事した期間並びにがん原性物質により著しく汚染される事態が生じたときはその概要及び事業者が講じた応急の措置の概要」の記録に関し、従事した作業の概要については、取り扱う化学物質の種類を記載する、又はSDS等を添付して、取り扱う化学物質の種類が分かるように記録すること。また、出張等作業で作業場所が毎回変わるものの、いくつかの決まった製剤を使い分け、同じ作業に従事しているのであれば、出張等の都度の作業記録を求めるものではなく、当該関連する作業を一つの作業とみなし、作業の概要と期間をまとめて記載することで差し支えないこと。

オ 「関係労働者の意見の聴取状況」の記録に関し、労働者に意見を聴取した都度、その内容と労働者の意見の概要を記録すること。なお、衛生委員会における調査審議と兼ねて行う場合は、これらの記録と兼ねて記録することで差し支えないこと。

6　保護具の使用による皮膚等障害化学物質等への直接接触の防止（安衛則第594条の２第１項※関係）

※注釈　略

本規定の「皮膚若しくは眼に障害を与えるおそれ又は皮膚から吸収され、若しくは皮膚に侵入して、健康障害を生ずるおそれがないことが明らかなもの」とは、国が公表するGHS（化学品の分類および表示に関する世界調和システム）に基づく危険有害性の分類の結果及び譲渡提供者より提供されたSDS等に記載された有害性情報のうち「皮膚腐食性・刺激性」、「眼に対する重篤な損傷性・眼刺激性」及び「呼吸器感作性又は皮膚感作性」のいずれも「区分に該当しない」と記載され、かつ、「皮膚腐食性・刺激性」、「眼に対する重篤な損傷性・眼刺激性」及び「呼吸器感作性又は皮膚感作性」を除くいずれにおいても、経皮による健康有害性のおそれに関する記載がないものが含まれること。

7　化学物質管理の水準が一定以上の事業場の個別規制の適用除外

⑴　特化則第２条の３第１項、有機則第４条の２第１項、鉛則第３条の２第１項及び粉じん則第３条の２第１項関係

ア　本規定は、事業者による化学物質の自律的な管理を促進するという考え方に基づき、作業環境測定の対象となる化学物質を取り扱う業務等について、化学物質管理の水準が一定以上であると所轄都道府県労働局長が認める事業場に対して、当該化学物質に適用される特化則等の特別則の規定の一部の適用を除外することを定めたものであること。適用除外の対象とならない規定は、特殊健康診断に係る規定及び保護具の使用に係る規定である。なお、作業環境測定の対象となる化学物質以外の化学物質に係る業務等については、本規定による適用除外の対象とならないこと。

また、所轄都道府県労働局長が特化則等で示す適用除外の要件のいずれかを満たさないと認めるときには、適用除外の認定は取消しの対象となること。適用除外が取り消された場合、適

用除外となっていた当該化学物質に係る業務等に対する特化則等の規定が再び適用されること。

イ　特化則第２条の３第１項第１号、有機則第４条の２第１項第１号、鉛則第３条の２第１項第１号及び粉じん則第３条の２第１項第１号の化学物質管理専門家については、作業場の規模や取り扱う化学物質の種類、量に応じた必要な人数が事業場に専属の者として配置されている必要があること。

ウ　特化則第２条の３第１項第２号、有機則第４条の２第１項第２号、鉛則第３条の２第１項第２号及び粉じん則第３条の２第１項第２号については、過去３年間、申請に係る当該物質による死亡災害又は休業４日以上の労働災害を発生させていないものであること。「過去３年間」とは、申請時を起点として遡った３年間をいうこと。

エ　特化則第２条の３第１項第３号、有機則第４条の２第１項第３号、鉛則第３条の２第１項第３号及び粉じん則第３条の２第１項第３号については、申請に係る事業場において、申請に係る特化則等において作業環境測定が義務付けられている全ての化学物質等（例えば、特化則であれば、申請に係る全ての特定化学物質）について特化則等の規定に基づき作業環境測定を実施し、作業環境の測定結果に基づく評価が第一管理区分であることを過去３年間維持している必要があること。

オ　特化則第２条の３第１項第４号、有機則第４条の２第１項第４号、鉛則第３条の２第1項第４号及び粉じん則第３条の２第１項第４号第４号については、申請に係る事業場において、申請に係る特化則等において健康診断の実施が義務付けられている全ての化学物質等（例えば、特化則であれば、申請に係る全ての特定化学物質）について、過去３年間の健康診断で異常所見がある労働者が一人も発見されないことが求められること。また、粉じん則については、じん肺法（昭和35年法律第30号）の規定に基づくじん肺健康診断の結果、新たにじん肺管理区分が管理２以上に決定された労働者、又はじん肺管理区分が決定されていた者でより上位の区分に決定された労働者が一人もいないことが求められること。

なお、安衛則に基づく定期健康診断の項目だけでは、特定化学物質等による異常所見かどうかの判断が困難であるため、安衛則の定期健康診断における異常所見については、適用除外の要件とはしないこと。

カ　特化則第２条の３第１項第５号、有機則第４条の２第１項第５号、鉛則第３条の２第１項第５号及び粉じん則第３条の２第１項第５号については、客観性を担保する観点から、認定を申請する事業場に属さない化学物質管理専門家から、安衛則第34条の２の８第１項第３号及び第４号に掲げるリスクアセスメントの結果やその結果に基づき事業者が講ずる労働者の危険又は健康障害を防止するため必要な措置の内容に対する評価を受けた結果、当該事業場における化学物質による健康障害防止措置が適切に講じられていると認められることを求めるものであること。なお、本規定の評価については、ISO（JIS Q）45001の認証等の取得を求める趣旨ではないこと。

キ　特化則第２条の３第１項第６号、有機則第４条の２第１項第６号、鉛則第３条の２第１項第６号及び粉じん則第３条の２第１項第６号については、過去３年間に事業者が当該事業場について法及びこれに基づく命令に違反していないことを要件とするが、軽微な違反まで含む趣旨ではないこと。なお、法及びそれに基づく命令の違反により送検されている場合、労働基準監督機関から使用停止等命令を受けた場合、又は労働基準監督機関から違反の是正の勧告を受けたにもかかわらず期限までに是正措置を行わなかった場合は、軽微な違反には含まれないこと。

⑵　特化則第２条の３第２項、有機則第４条の２第２項、鉛則第３条の２第２項及び粉じん則第３条の２第２項関係

本規定に係る申請を行う事業者は、適用除外認定申請書に、様式ごとにそれぞれ、⑴イ、エからカまでに規定する要件に適合することを証する書面に加え、適用除外認定申請書の備考欄で定める書面を添付して所轄都道府県労働局長に提出する必要があること。

⑶　特化則第２条の３第４項及び第５項、有機則第４条の２第４項及び第５項、鉛則第３条の２第４項及び第５項並びに粉じん則第３条の２第４項及び第５項関係

ア　特化則第２条の３第４項、有機則第４条の２第４項、鉛則第３条の２第４項及び粉じん則第３条の２第４項について、適用除外の認定は、３年以内ごとにその更新を受けなければ、その期間の経過によって、その効果を失うものであることから、認定の更新の申請は、認定の期限前に十分な時間的な余裕をもって行う必要があること。

イ　特化則第２条の３第５項、有機則第４条の２第５項、鉛則第３条の２第５項及び粉じん則第３条の２第５項については、認定の更新に当たり、それぞれ、特化則第２条の３第１項から第３項まで、有機則第４条の２第１項から第３項まで、鉛則第３条の２第１項から第３項まで、粉じん則第３条の２第１項から第３項までの規定が準用されるものであること。

⑷　特化則第２条の３第６項、有機則第４条の２第６項、鉛則第３条の２第６項及び粉じん則第３条の２第６項関係

本規定は、所轄都道府県労働局長が遅滞なく事実を把握するため、当該認定に係る事業場がそれぞれ⑴イからカまでに掲げる事項のいずれかに該当しなくなったときは、遅滞なく報告することを事業者に求める趣旨であること。

⑸　特化則第２条の３第７項、有機則第４条の２第７項、鉛則第３条の２第７項及び粉じん則第３条の２第７項関係

本規定は、認定を受けた事業者がそれぞれ特化則第２条の３第７項、有機則第４条の２第７項、鉛則第３条の２第７項及び粉じん則第３条の２第７項に掲げる認定の取消し要件のいずれかに該当するに至ったときは、所轄都道府県労働局長は、その認定を取り消すことができることを規定したものであること。この場合、認定を取り消された事業場は、適用を除外されていた全ての特化則等の規定を速やかに遵守する必要があること。

⑹　特化則第２条の３第８項、有機則第４条の２第８項、鉛則第３条の２第８項及び粉じん則第３条の２第８項関係

特化則第２条の３第５項から第７項まで、有機則第４条の２第５項から第７項まで、鉛則第３条の２第５項から第７項まで、粉じん則第３条の２第５項から第７項までの場合における特化則第２条の３第１項第３号、有機則第４条の２第１項第３号、鉛則第３条の２第１項第３号、粉じん則第３条の２第１項第３号の規定の適用については、過去３年の期間、申請に係る当該物質に係る作業環境測定の結果に基づく評価が、第一管理区分に相当する水準を維持していることを何らかの手段で評価し、その評価結果について、当該事業場に属さない化学物質管理専門家の評価を受ける必要があること。なお、第一管理区分に相当する水準を維持していることを評価する方法には、個人ばく露測定の結果による評価、作業環境測定の結果による評価又は数理モデルによる評価が含まれること。これらの評価の方法については、別途示すところに留意する必要があること。

⑺　特化則様式第１号、有機則様式第１号の２、鉛則様式第１号の２、粉じん則様式第１号の２関係

適用除外の認定の申請は、特化則及び有機則においては、対象となる製造又は

取り扱う化学物質を、鉛則においては、対象となる鉛業務を、粉じん則においては、対象となる特定粉じん作業を、それぞれ列挙する必要があること。

8　作業環境管理やばく露防止措置等が適切に実施されている場合における特殊健康診断の実施頻度の緩和（特化則第39条第４項、有機則第29条第６項、鉛則第53条第４項及び四アルキル則第22条第４項関係）

ア　本規定は、労働者の化学物質のばく露の程度が低い場合は健康障害のリスクが低いと考えられることから、作業環境測定の評価結果等について一定の要件を満たす場合に健康診断の実施頻度を緩和できることとしたものであること。

イ　本規定による健康診断の実施頻度の緩和は、事業者が労働者ごとに行う必要があること。

ウ　本規定の「健康診断の実施後に作業方法を変更（軽微なものを除く。）していないこと」とは、ばく露量に大きな影響を与えるような作業方法の変更がないことであり、例えば、リスクアセスメント対象物の使用量又は使用頻度に大きな変更がない場合等をいうこと。

エ　事業者が健康診断の実施頻度を緩和するに当たっては、労働衛生に係る知識又は経験のある医師等の専門家の助言を踏まえて判断することが望ましいこと。

オ　本規定による健康診断の実施頻度の緩和は、本規定施行後の直近の健康診断実施日以降に、本規定に規定する要件を全て満たした時点で、事業者が労働者ごとに判断して実施すること。なお、特殊健康診断の実施頻度の緩和に当たって、所轄労働基準監署や所轄都道府県労働局に対して届出等を行う必要はないこと。

第４　細部事項（令和６年４月１日施行）

1　化学物質管理者の選任、管理すべき事項等

(1)　安衛則第12条の５第１項関係

ア　化学物質管理者は、ラベル・SDS等の作成の管理、リスクアセスメント実施等、化学物質の管理に関わるもので、リスクアセスメント対象物に対する対策を適切に進める上で不可欠な職務を管理する者であることから、事業場の労働者数によらず、リスクアセスメント対象物を製造し、又は取り扱う全ての事業場において選任することを義務付けたこと。

　なお、衛生管理者の職務は、事業場の衛生全般に関する技術的事項を管理することであり、また有機溶剤作業主任者といった作業主任者の職務は、個別の化学物質に関わる作業に従事する労働者の指揮等を行うことであり、それぞれ選任の趣旨が異なるが、化学物質管理者が、化学物質管理者の職務の遂行に影響のない範囲で、これらの他の法令等に基づく職務等と兼務することは差し支えないこと。

イ　化学物質管理者は、工場、店社等の事業場単位で選任することを義務付けたこと。したがって、例えば、建設工事現場における塗装等の作業を行う請負人の場合、一般的に、建設現場での作業は出張先での作業に位置付けられるが、そのような出張作業先の建設現場にまで化学物質管理者の選任を求める趣旨ではないこと。

ウ　化学物質管理者については、その職務を適切に遂行するために必要な権限が付与される必要があるため、事業場内の労働者から選任されるべきであること。また、同じ事業場で化学物質管理者を複数人選任し、業務を分担することも差し支えないが、その場合、業務に抜け落ちが発生しないよう、業務を分担する化学物質管理者や実務を担う者との間で十分な連携を図る必要があること。なお、化学物質管理者の管理の下、具体的な実務の一部を化学物質管理に詳しい専門家等に請け負わせることは可能であること。

エ　本規定の「リスクアセスメント対象物」は、改正省令による改正前の安衛則第34条の２の７第１項第１号の「通知対象物」と同じものであり､例えば､原材料を混合して新たな製品を製造する場合であって、その製品がリスクアセスメント対象物に該当する場合は、当該製品は本規定のリスクアセスメント対象物に含まれること。

オ　本規定の「リスクアセスメント対象物を製造し、又は取り扱う」には、例えば、リスクアセスメント対象物を取り扱う作業工程が密閉化、自動化等されていることにより、労働者が当該物にばく露するおそれがない場合であっても、リスクアセスメント対象物を取り扱う作業が存在する以上、含まれること。ただし、一般消費者の生活の用に供される製品はリスクアセスメントの対象から除かれているため、それらの製品のみを取り扱う事業場は含まれないこと。

　また、密閉された状態の製品を保管するだけで容器の開閉等を行わない場合や、火災や震災後の復旧、事故等が生じた場合の対応等、応急対策のためにのみ臨時的にリスクアセスメント対象物を取り扱うような場合は､「リスクアセスメント対象物を製造し、又は取り扱う」には含まれないこと。

カ　本規定の表示等及び教育管理に係る技術的事項を「他の事業場において行っている場合」とは、例えば、ある工場でリスクアセスメント対象物を製造し、当該工場とは別の事業場でラベル表示の作成を行う場合等のことをいい、その場合、当該工場と当該事業場それぞれで化学物質管理者の選任が必要となること。安衛則第12条の５第２項についてもこれと同様であること。

キ　本項第４号については、実際に労働災害が発生した場合の対応のみならず、労働災害が発生した場合を想定した応急措置等の訓練の内容やその計画を定めること等も含まれること。

ク　本項第７号については、必要な教育の実施における計画の策定等の管理を求めるもので、必ずしも化学物質管理者自らが教育を実施することを求めるものではなく、労働者に対して外部の教育機関等で実施している必要な教育を受けさせること等を妨げるものではないこと。また、本規定の施行の前に既に雇い入れ教育等で労働者に対する必要な教育を実施している場合には、施行後に改めて教育の実施を求める趣旨ではないこと。

⑵　安衛則第12条の５第３項関係

ア　本項第２号イの「厚生労働大臣が定める化学物質の管理に関する講習」は、厚生労働大臣が定める科目について、自ら講習を行えば足りるが、他の事業者の実施する講習を受講させることも差し支えないこと。また、「これと同等以上の能力を有すると認められる者」については、本項第２号イの厚生労働大臣が定める化学物質の管理に関する講習に係る告示と併せて、おって示すこととすること。

イ　本項第２号ロの「必要な能力を有すると認められる者」とは、安衛則第12条の５第１項各号の事項に定める業務の経験がある者が含まれること。また、適切に業務を行うために、別途示す講習等を受講することが望ましいこと。

⑶　安衛則第12条の５第４項関係

　化学物質管理者の選任に当たっては、当該管理者が実施すべき業務をなし得る権限を付与する必要があり、事業場において相応するそれらの権限を有する役職に就いている者を選任すること。

⑷　安衛則第12条の５第５項関係

　本規定の「事業場の見やすい箇所に掲示すること等」の「等」には、化学物質管理者に腕章を付けさせる、特別の帽子を着用させる、事業場内部のイントラネットワーク環境を通じて関係労働者に周知する方法等が含まれること。

2　保護具着用管理責任者の選任、管理すべき事項等

(1)　安衛則第12条の６第１項関係

本規定は、保護具着用管理責任者を選任した事業者について、当該責任者に本項各号に掲げる事項を管理させなければならないこととしたものであり、保護具着用管理責任者の職務内容を規定したものであること。

保護具着用管理責任者の職務は、次に掲げるとおりであること。

ア　保護具の適正な選択に関すること。

イ　労働者の保護具の適正な使用に関すること。

ウ　保護具の保守管理に関すること。

これらの職務を行うに当たっては、平成17年２月７日付け基発第0207006号「防じんマスクの選択、使用等について」[編注]、平成17年２月７月付け基発第0207007号「防毒マスクの選択、使用等について」[編注]及び平成29年１月12日付け基発0112第６号「化学防護手袋の選択、使用等について」に基づき対応する必要があることに留意すること。

編注　両通達は令和５年５月25日に廃止され、同日付け基発0525第３号「防じんマスク、防毒マスク及び電動ファン付き呼吸用保護具の選択、使用等について」が示されている。⇒p296

(2)　安衛則第12条の６第２項関係

本項第２号中の「保護具に関する知識及び経験を有すると認められる者」には、次に掲げる者が含まれること。なお、次に掲げる者に該当する場合であっても、別途示す保護具の管理に関する教育を受講することが望ましいこと。また、次に掲げる者に該当する者を選任することができない場合は、上記の保護具の管理に関する教育を受講した者を選任すること。

①　別に定める化学物質管理専門家の要件に該当する者

②　９(1)ウに定める作業環境管理専門家の要件に該当する者

③　法第83条第１項の労働衛生コンサルタント試験に合格した者

④　安衛則別表第４に規定する第一種衛生管理者免許又は衛生工学衛生管理者免許を受けた者

⑤　安衛則別表第１の上欄に掲げる、令第６条第18号から第20号までの作業及び令第６条第22号の作業に応じ、同表の中欄に掲げる資格を有する者（作業主任者）

⑥　安衛則第12条の３第１項の都道府県労働局長の登録を受けた者が行う講習を終了した者その他安全衛生推進者等の選任に関する基準（昭和63年労働省告示第80号）の各号に示す者（安全衛生推進者に係るものに限る。）

(3)　安衛則第12条の６第３項関係

保護具着用管理責任者の選任に当たっては、その業務をなし得る権限を付与する必要があり、事業場において相応するそれらの権限を有する役職に就いている者を選任することが望ましいこと。なお、選任に当たっては、事業場ごとに選任することが求められるが、大規模な事業場の場合、保護具着用管理責任者の職務が適切に実施できるよう、複数人を選任することも差し支えないこと。また、職務の実施に支障がない範囲内で、作業主任者が保護具着用管理責任者を兼任しても差し支えないこと（９(4)に係る職務を除く。）。

(4)　安衛則第12条の６第４項関係

本規定の「事業場の見やすい箇所に掲示すること等」の「等」には、保護具着用管理責任者に腕章を付けさせる、特別の帽子を着用させる、事業場内部のイントラネットワーク環境を通じて関係労働者に周知する方法等が含まれること。

3　衛生委員会の付議事項の追加（安衛則第22条関係）

ア　本条第11号の安衛則第577条の２第１項、第２項及び第８項に係る措置並びに本条第３項及び第４項の健康診断の実施に関する事項は、既に付議事項

として義務付けられている本条第２号の「法第28条の２第１項又は第57条の３第１項及び第２項の危険性又は有害性等の調査及びその結果に基づき講ずる措置のうち、衛生に係るものに関すること」と相互に密接に関係することから、本条第２号と第11号の事項を併せて調査審議して差し支えないこと。

イ　衛生委員会の設置を要しない常時労働者数50人未満の事業場においても、安衛則第23条の２に基づき、本条第11号の事項について、関係労働者の意見を聴く機会を設けなければならないことに留意すること。

４　SDS等における通知事項の追加及び含有量の重量パーセント表示

⑴　安衛則第24条の15第１項、第34条の２の４関係

ア　SDS等における通知事項に追加する「想定される用途及び当該用途における使用上の注意」は、譲渡提供者が譲渡又は提供を行う時点で想定される内容を記載すること。

イ　譲渡提供を受けた相手方は、当該譲渡提供を受けた物を想定される用途で使用する場合には、当該用途における使用上の注意を踏まえてリスクアセスメントを実施することとなるが、想定される用途以外の用途で使用する場合には、使用上の注意に関する情報がないことを踏まえ、当該物の有害性等をより慎重に検討した上でリスクアセスメントを実施し、その結果に基づく措置を講ずる必要があること。

⑵　安衛則第34条の２の６第１項関係

本項は、SDS等における通知事項のうち「成分の含有量」について、重量パーセントによる濃度の通知を原則とする趣旨であること。なお、通知対象物であって製品の特性上含有量に幅が生じるもの等については、濃度範囲による記載も可能であること。また、重量パーセント以外の表記による含有量の表記がなされているものについては、平成12年３月24日付け基発第162号「労働安全衛生法及び作業環境測定法の一部を改正する法律の施行について」の記のⅢ第８の２⑵に示したとおり、重量パーセントへの換算方法を明記していれば、重量パーセントによる表記を行ったものと見なすこと。

５　雇入れ時等の教育の拡充（安衛則第35条関係）

本規定の改正は、雇入れ時等の教育のうち本条第１項第１号から第４号までの事項の教育に係る適用業種を全業種に拡大したもので、当該事項に係る教育の内容は従前と同様であるが、新たな対象となった業種においては、各事業場の作業内容に応じて安衛則第35条第１項各号に定められる必要な教育を実施する必要があること。

６　化学物質による労働災害が発生した事業場等における化学物質管理の改善措置

⑴　安衛則第34条の２の10第１項関係

ア　本規定は、化学物質による労働災害が発生した又はそのおそれがある事業場で、管理が適切に行われていない可能性があるものとして労働基準監督署長が認めるものについて、自主的な改善を促すため、化学物質管理専門家による当該事業場における化学物質の管理の状況についての確認･助言を受け、その内容を踏まえた改善計画の作成を指示することができるようにする趣旨であること。

イ「化学物質による労働災害発生が発生した、又はそのおそれがある事業場」とは、過去１年間程度で、①化学物質等による重篤な労働災害が発生、又は休業４日以上の労働災害が複数発生していること、②作業環境測定の結果、第三管理区分が継続しており、改善が見込まれないこと、③特殊健康診断の結果、同業種の平均と比較して有所見率の割合が相当程度高いこと、④化学物質等に係る法令違反があり、改善が見込まれないこと等の状況について、

労働基準監督署長が総合的に判断して決定するものであること。

ウ 「化学物質による労働災害」には、一酸化炭素、硫化水素等による酸素欠乏症、化学物質（石綿を含む。）による急性又は慢性中毒、がん等の疾病を含むが、物質による切創等のけがは含まないこと。また、粉じん状の化学物質による中毒等は化学物質による労働災害を含むが、粉じんの物理的性質による疾病であるじん肺は含まないこと。

(2) 安衛則第34条の２の10第２項関係

ア 化学物質管理専門家に確認を受けるべき事項には、以下のものが含まれること。

① リスクアセスメントの実施状況
② リスクアセスメントの結果に基づく必要な措置の実施状況
③ 作業環境測定又は個人ばく露測定の実施状況
④ 特別則に規定するばく露防止措置の実施状況
⑤ 事業場内の化学物質の管理、容器への表示、労働者への周知の状況
⑥ 化学物質等に係る教育の実施状況

イ 化学物質管理専門家は客観的な判断を行う必要があるため、当該事業場に属さない者であることが望ましいが、同一法人の別事業場に属する者であっても差し支えないこと。

ウ 事業者が複数の化学物質管理専門家からの助言を求めることを妨げるものではないが、それぞれの専門家から異なる助言が示された場合、自らに都合良い助言のみを選択することのないよう、全ての専門家からの助言等を踏まえた上で必要な措置を実施するとともに、労働基準監督署への改善計画の報告に当たっては、全ての専門家からの助言等を添付する必要があること。

(3) 安衛則第34条の２の10第３項関係

化学物質管理専門家は、本条第２項の確認を踏まえて、事業場の状況に応じた実施可能で具体的な改善の助言を行う必要があること。

(4) 安衛則第34条の２の10第４項関係

ア 本規定の改善計画には、改善措置の趣旨、実施時期、実施事項（化学物質管理専門家が立ち会って実施するものを含む。）を記載するとともに、改善措置の実施に当たっての事業場内の体制、責任者も記載すること。

イ 本規定の改善措置を実施するための計画の作成にあたり、化学物質管理専門家の支援を受けることが望ましいこと。また、当該計画作成後、労働基準監督署長への報告を待たず、速やかに、当該計画に従い必要な措置を実施しなければならないこと。

(5) 安衛則第34条の２の10第５項関係

本規定の所轄労働基準監督署長への報告にあたっては、化学物質管理専門家の助言内容及び改善計画に加え、改善計画報告書（安衛則様式第４号等）の備考欄に定める書面を添付すること。

(6) 安衛則第34条の２の10関係第６項関係

本規定は、改善措置の実施状況を事後的に確認できるようにするため、改善計画に基づき実施した改善措置の記録を作成し、化学物質管理専門家の助言の通知及び改善計画とともに３年間保存することを義務付けた趣旨であること。

7 リスクアセスメント対象物に係る事業者の義務関係

(1) 安衛則第577条の２第２項関係

本規定の「厚生労働大臣が定める濃度の基準」については、順次、厚生労働大臣告示[編注]で定めていく予定であること。なお、濃度基準値が定められるまでの間は、日本産業衛生学会の許容濃度、米国政府労働衛生専門家会議（ACGIH）のばく露限界値（TLV-TWA）等が設定されている物質については、これらの値を参考にし、これらの物質に対する労働者

のばく露を当該許容濃度等以下とすることが望ましいこと。

本規定の労働者のばく露の程度が濃度基準値以下であることを確認する方法には、次に掲げる方法が含まれること。この場合、これら確認の実施に当たっては、別途定める事項に留意する必要があること。

① 個人ばく露測定の測定値と濃度基準値を比較する方法、作業環境測定（C・D測定）の測定値と濃度基準値を比較する方法

② 作業環境測定（A・B測定）の第一評価値と第二評価値を濃度基準値と比較する方法

③ 厚生労働省が作成したCREATE-SIMPLE等の数理モデルによる推定ばく露濃度と濃度基準値と比較する等の方法

編注 「労働安全衛生規則第577条の２第２項の規定に基づき厚生労働大臣が定める物及び厚生労働大臣が定める濃度の基準」（令和５年厚生労働省告示第177号）⇒p180

⑵ 安衛則第577条の２第３項関係

ア 本規定は、リスクアセスメント対象物について、一律に健康診断の実施を求めるのではなく、リスクアセスメントの結果に基づき、関係労働者の意見を聴き、リスクの程度に応じて健康診断の実施を事業者が判断する仕組みとしたものであること。

イ 本規定の「常時従事する労働者」には、当該業務に従事する時間や頻度が少なくても、反復される作業に従事している者を含むこと。

ウ 歯科領域のリスクアセスメント対象物健康診断は、GHS分類において歯科領域の有害性情報があるもののうち、職業性ばく露による歯科領域への影響が想定され、既存の健康診断の対象となっていないクロルスルホン酸、三臭化ほう素、５，５－ジフェニル－２，４－イミダゾリジンジオン、臭化水素及び発煙硫酸の５物質を対象とすること。

エ リスクアセスメント対象物のうち、個別規則に基づく特殊健康診断及び安衛則第48条に基づく歯科健康診断の実施が義務づけられている物質については、リスクアセスメント対象物健康診断を重複して実施する必要はないこと。

オ 本規定の「必要があると認めるとき」に係る判断方法及び「医師又は歯科医師が必要と認める項目」は、令和５年10月17日付け基発1017第１号「リスクアセスメント対象物健康診断に関するガイドラインの策定等について」（以下「リスクアセスメント対象物健康診断ガイドライン」という。）に留意する必要があること。

カ リスクアセスメント対象物健康診断（安衛則第577条の２第４項に基づくものを含む。以下この号において同じ。）は、リスクアセスメント対象物を製造し、又は取り扱う業務による健康障害発生リスクがある労働者に対して実施するものであることから、その費用は事業者が負担しなければならないこと。また、派遣労働者については、派遣先事業者にリスクアセスメント対象物健康診断の実施義務があることから、その費用は派遣先事業者が負担しなければならないこと。なお、リスクアセスメント対象物健康診断の受診に要する時間の賃金については、労働時間として事業者が支払う必要があること。

⑶ 安衛則第577条の２第４項関係

ア 本規定は、事業者によるばく露防止措置が適切に講じられなかったこと等により、結果として労働者が濃度基準値を超えてリスクアセスメント対象物にばく露したおそれがあるときに、健康障害を防止する観点から、速やかに健康診断の実施を求める趣旨であること。

イ 本規定の「リスクアセスメント対象物にばく露したおそれがあるとき」には、リスクアセスメントにおける実測

（数理モデルで推計した呼吸域の濃度が濃度基準値の２分の１程度を超える等により事業者が行う確認測定（化学物質による健康障害防止のための濃度の基準の適用等に関する技術上の指針（令和５年４月27日付け技術上の指針公示第24号））の濃度を含む。）、数理モデルによる呼吸域の濃度の推計又は定期的な濃度測定による呼吸域の濃度が、濃度基準値を超えていることから、労働者のばく露の程度を濃度基準値以下に抑制するために局所排気装置等の工学的措置の実施又は呼吸用保護具の使用等の対策を講じる必要があるにも関わらず、工学的措置が適切に実施されていない（局所排気装置が正常に稼働していない等）ことが判明した場合、労働者が必要な呼吸用保護具を使用していないことが判明した場合、労働者による呼吸用保護具の使用方法が不適切で要求防護係数が満たされていないと考えられる場合、その他、工学的措置や呼吸用保護具でのばく露の制御が不十分な状況が生じていることが判明した場合及び漏洩事故等により、濃度基準値がある物質に大量ばく露した場合が含まれること。

ウ　本規定の「医師又は歯科医師が必要と認める項目」は、リスクアセスメント対象物健康診断ガイドラインに留意する必要があること。

(4)　安衛則第577条の２第５項関係

本規定の「がん原性物質」は、別途厚生労働大臣告示[編注]で定める予定であること。

編注　「労働安全衛生規則第577条の２第５項の規定に基づきがん原性がある物として厚生労働大臣が定めるもの」（令和４年厚生労働省告示第371号、最終改正：令和５年８月９日）⇒p213

８　保護具の使用による皮膚等障害化学物質等への直接接触の防止（安衛則第594条の２第１項関係）

(1)　本規定は、皮膚等障害化学物質等を製造し、又は取り扱う業務において、労働者に適切な不浸透性の保護衣等を使用させなければならないことを規定する趣旨であること。

(2)　本規定の「皮膚等障害化学物質等」には、国が公表するGHS分類の結果及び譲渡提供者より提供されたSDS等に記載された有害性情報のうち「皮膚腐食性・刺激性」、「眼に対する重篤な損傷性・眼刺激性」及び「呼吸器感作性又は皮膚感作性」のいずれかで区分１に分類されているもの及び別途示すものが含まれること。

９　作業環境測定結果が第三管理区分の事業場に対する措置の強化

(1)　作業環境測定の評価結果が第三管理区分に区分された場合に講ずべき措置（特化則第36条の３の２第１項、有機則第28条の３の２第１項、鉛則第52条の３の２第１項、粉じん則第26条の３の２第１項関係）

ア　本規定は、第三管理区分となる作業場所には、局所排気装置の設置等が技術的に困難な場合があることから、作業環境を改善するための措置について高度な知見を有する専門家の視点により改善の可否、改善措置の内容について意見を求め、改善の取組等を図る趣旨であること。このため、客観的で幅広い知見に基づく専門的意見が得られるよう、作業環境管理専門家は、当該事業場に属さない者に限定していること。

イ　本規定の作業環境管理専門家の意見は、必要な措置を講ずることにより、第一管理区分又は第二管理区分とすることの可能性の有無についての意見を聴く趣旨であり、当該改善結果を保証することまで求める趣旨ではないこと。また、本規定の作業環境管理専門家の意見聴取にあたり、事業者は、作業環境管理専門家から意見聴取を行う上で必要となる業務に関する情報を求められたときは、速やかに、これを提供する必要があること。

ウ　本規定の「作業環境管理専門家」に

は、次に掲げる者が含まれること。

① 別に定める化学物質管理専門家の要件に該当する者

② 労働衛生コンサルタント（試験の区分が労働衛生工学であるものに合格した者に限る。）又は労働安全コンサルタント（試験の区分が化学であるものに合格した者に限る。）であって、3年以上化学物質又は粉じんの管理に係る業務に従事した経験を有する者

③ 6年以上、衛生工学衛生管理者としてその業務に従事した経験を有する者

④ 衛生管理士（法第83条第1項の労働衛生コンサルタント試験（試験の区分が労働衛生工学であるものに限る。）に合格した者に限る。）に選任された者であって、3年以上労働災害防止団体法第11条第1項の業務又は化学物質の管理に係る業務をを行った経験を有する者

⑤ 6年以上、作業環境測定士としてその業務に従事した経験を有する者

⑥ 4年以上、作業環境測定士としてその業務に従事した経験を有する者であって、公益社団法人日本作業環境測定協会が実施する研修又は講習のうち、同協会が化学物質管理専門家の業務実施に当たり、受講することが適当と定めたものを全て修了した者

⑦ オキュペイショナル・ハイジニスト資格又はそれと同等の外国の資格を有する者

(2) 第三管理区分に対する必要な改善措置の実施（特化則第36条の3の2第2項、有機則第28条の3の2第2項、鉛則第52条の3の2第2項、粉じん則第26条の3の2第2項関係）

本規定の「直ちに」については、作業環境管理専門家の意見を踏まえた改善措置の実施準備に直ちに着手するという趣旨であり、措置そのものの実施を直ちに求める趣旨ではなく、準備に要する合理的な時間の範囲内で実施すれば足りるものであること。

(3) 改善措置を講じた場合の測定及びその結果の評価（特化則第36条の3の2第3項、有機則第28条の3の2第3項、鉛則第52条の3の2第3項、粉じん則第26条の3の2第3項関係）

本規定の測定及びその結果の評価は、作業環境管理専門家の意見を踏まえて講じた改善措置の効果を確認するために行うものであるから、改善措置を講ずる前に行った方法と同じ方法で行うこと。なお、作業場所全体の作業環境を評価する場合は、作業環境測定基準及び作業環境評価基準に従って行うこと。

また、本規定の測定及びその結果の評価は、作業環境管理専門家が作業場所の作業環境を改善することが困難と判断した場合であっても、事業者が必要と認める場合は実施して差し支えないこと。

(4) 作業環境管理専門家が改善困難と判断した場合等に講ずべき措置（特化則第36条の3の2第4項、有機則第28条の3の2第4項、鉛則第52条の3の2第4項、粉じん則第26条の3の2第4項関係）

ア 本規定は、有効な呼吸用保護具の選定にあたっての対象物質の濃度の測定において、個人サンプリング測定等により行い、その結果に応じて、労働者に有効な呼吸用保護具を選定する趣旨であること。

イ 本規定の呼吸用保護具の装着の確認は、面体と顔面の密着性等について確認する趣旨であることから、フード形、フェイスシールド形等の面体を有しない呼吸用保護具を確認の対象から除く趣旨であること。

(5) 作業環境測定の評価結果が改善するまでの間に講ずべき措置（特化則第36条の3の2第5項、有機則第28条の3の2第5項、鉛則第52条の3の2第5項、粉じん則第26条の3の2第5項関係）

本規定は、作業環境管理専門家の意見に基づく改善措置等を実施してもなお、第三管理区分に区分された場所について、化学物質等へのばく露による健康障害から労働者を守るため、定期的な測定を行い、その結果に基づき労働者に有効な呼吸用保護具を使用させる等の必要な措置の実施を義務付ける趣旨であること。

(6) 所轄労働基準監督署長への報告（特化則第36条の3の3、有機則第28条の3の3、鉛則第52条の3の3、粉じん則第26条の3の3関係）

本規定は、第三管理区分となった作業場所について(4)の措置を講じた場合、その措置内容等を第三管理区分措置状況届により所轄労働基準監督署長に提出することを求める趣旨であり、この様式の提出後、当該作業場所が第二管理区分又は第一管理区分になった場合に、所轄労働基準監督署長へ改めて報告を求める趣旨ではないこと。

労働安全衛生法施行令の一部を改正する政令等の施行について(抄)

令和４年２月24日付け基発0224第１号

労働安全衛生法施行令の一部を改正する政令（令和４年政令第51号。以下「改正政令」という。）及び労働安全衛生規則及び特定化学物質障害予防規則の一部を改正する省令（令和４年厚生労働省令第25号。以下「改正省令」という。）については、令和４年２月24日に公布され、令和５年４月１日から施行（一部令和６年４月１日から施行）することとされたところである。その改正の趣旨、内容等については、下記のとおりであるので、関係者への周知徹底を図るとともに、その運用に遺漏のなきを期されたい。

記

第１　改正の趣旨

「職場における化学物質等の管理のあり方に関する検討会報告書」（令和３年７月19日公表）を踏まえ、化学物質のばく露による健康障害を防止するため、労働安全衛生施行令（昭和47年政令第318号。以下「令」という。）、労働安全衛生規則(昭和47年労働省令第32号。以下「安衛則」という。）及び特定化学物質障害予防規則（昭和47年労働省令第39号）について、所要の改正を行ったものである。

第２　改正の要点

１　改正政令関係

⑴　労働災害を防止するため注文者が必要な措置を講じなければならない設備の範囲の拡大（令第９条の３関係）

労働安全衛生法(昭和47年法律第57号。以下「法」という。）第31条の２の規定により、注文者が請負人の労働者の労働災害を防止するために必要な措置を講じなければならない設備の範囲について、危険有害性を有する化学物質である法第57条の２の通知対象物を製造し、又は取り扱う設備に対象を拡大したこと。

⑵　職長等に対する安全衛生教育の対象となる業種の拡大（令第19条関係）

法第60条の職長等に対する安全衛生教育の対象となる業種に、化学物質を取り扱う業種を追加するため、これまで対象外であった「食料品製造業（うま味調味料製造業及び動植物油脂製造業を除く。)」、「新聞業、出版業、製本業及び印刷物加工業」の２業種を追加したこと。なお、「うま味調味料製造業及び動植物油脂製造業を除く。」とされているのは、うま味調味料製造業及び動植物油脂製造業については、従前から職長等に対する安全衛生教育の対象業種となっており、新たに追加されるものではないという趣旨である。したがって、今般の改正により、全ての食料品製造業が職長等に対する安全衛生教育の対象となること。

⑶　名称等を表示及び通知すべき化学物質等の追加（令別表第９関係）

法第57条第１項の規定による化学物質等の名称等の表示（ラベル表示)、法第57条の２第１項の規定による化学物質等の名称等の通知（安全データシート（SDS）の交付）及び法第57条の３第１項の規定による化学物質等の危険性又は有害性等の調査等（リスクアセスメントの実施等）を行わなければならない化学物質等として、令別表第９に234物質を追加したこと。

⑷　その他

その他所要の改正を行ったものであること。

⑸　施行期日(改正政令附則第１項関係)

改正政令は、令和５年４月１日（⑶については令和６年４月１日）から施行することとしたこと。

⑹　経過措置関係（改正政令附則第２項関係）

ア　⑴により新たに令第９条の３に追加された設備に係る法第31条の２に規定する作業に係る仕事であって、改正政令の施行の日前に請負契約が締結されたものについては、令和５年９月30日までの間、同条の規定は適用しないこととすること。

イ　⑶により令別表第9に追加された物について、改正政令の施行の日において現に存するものについては、法第57条第１項の表示の規定は、令和７年３月31日までの間、適用しないこととすること。

２　改正省令関係

⑴　表示及び通知対象物の裾切り値の設定（安衛則別表第２関係）

１の⑶により新たに令別表第９に追加された234物質の裾切り値（製剤等について、当該物質の含有量がその値未満の場合に法第57条第１項の表示及び法第57条の２第１項の通知の対象とならない値）を定めたこと。

⑵　その他

その他所要の規定の整備を行ったものであること。

⑶　施行期日（改正省令附則関係）

改正省令は、令和５年４月１日（⑴については令和６年４月１日）から施行することとしたこと。

第３　細部事項

１　改正政令関係

⑴　労働災害を防止するため注文者が必要な措置を講じなければならない設備の範囲の拡大について（法第31条の２、令第９条の３関係）

ア　化学物質の製造・取扱設備の改造、修理、清掃等の作業に係る仕事における労働災害を防止するため、化学物質の譲渡・提供時に通知される危険性・有害性情報等が当該仕事の請負人にも伝達されるよう、法第57条の２第１項に規定する通知対象物を製造し、又は取り扱う設備を、対象設備として新たに規定し、対象設備の範囲を拡大したものであること。

イ　「附属設備」とは、従前、平成18年２月24日付け基発第0224003号「労働安全衛生法等の一部を改正する法律（労働安全衛生法関係）等の施行について」の記のⅡ第２の２⑴エにより示したとおりであること。

ウ　なお、法第31条の２の対象となる設備は、設備ごとに、その適否が判断されるものである。例えば、解体等を予定している区画において、危険有害性のある化学物質を製造等する設備が複数存在した場合に、法第31条の２の対象となる設備は、請負人が解体等工事を請け負う設備及び当該設備の附属設備に限られ、同じ区画にあるというだけで、予定している解体等工事に一切関わりの無い設備や附属設備まで法第31条の２に基づく措置を講ずる必要は無いことに留意すること。なお、対象設備について、同一生産ライン上にある設備であっても、別区画の遮蔽された設備であれば同様に考えること。

⑵　職長等に対する安全衛生教育の対象となる業種の拡大について（法第60条、令第19条関係）

「食料品製造業（うまみ調味料製造業及び動植物油脂製造業を除く。）」、「新聞業、出版業、製本業及び印刷物加工業」については、近年の化学物質による労働災害の発生状況を鑑み、新たに職長等に対する安全衛生教育の対象としたこと。

⑶　名称等を表示及び通知すべき化学物質等の追加等について（法第57条第１項、法第57条の２第１項、令別表第９関係）

改正政令による令別表第９への追加対象物質は、令和２年度までに国がGHS（化学品の分類および表示に関する世界調和システム）に基づく分類を行った物質のうち、発がん性、生殖細胞変異原性、生殖毒性及び急性毒性のいずれかの有害性クラスで区分１相当の有害性を有する物質（既に令別表第９に規定されている物を除く。）を選定したものであること。

ア　令別表第９に追加される物質の留意事項

改正政令で令別表第９に追加される対象物の範囲についての留意事項は以下のとおりであること。

(ア)　ダイオキシン類（別表第３第１号３に掲げる物に該当するものを除く。）（改正政令による改正後の令別表第９（以下「新令別表第９」という。）第333号の２）

ダイオキシン類とは、ダイオキシン類対策特別措置法（平成11年法律第105号）第２条に掲げる「ポリ塩化ジベンゾフラン」、「ポリ塩化ジベンゾ-パラ-ジオキシン」及び「コプラナーポリ塩化ビフェニル」をいうものであるが、このうち「コプラナーポリ塩化ビフェニル」は令別表第３第１号「第一類物質」の「３塩素化ビフエニル（別名PCB）」に該当し、既に名称等を表示及び通知すべき化学物質であることから、当該物質を「別表第３第１号３に掲げる物に該当するもの」として令別表第９の追加対象から除外したものであること。

イ　令別表第９から削除等される物質の留意事項

今般の改正に伴い、追加対象物質に包含される等の理由により、以下の物質が令別表第９から削除されるが、これらの物質は引き続きラベル表示及びSDS交付の対象物質であることに留意すること。

(ア)　1,1'-ジメチル-4,4'-ビピリジニウム＝ジクロリド（別名パラコート）（改正政令による改正前の令別表第９（以下「旧令別表第９」という。）第296号）及び1,1'-ジメチル-4,4'-ビピリジニウム二メタンスルホン酸塩(同表第297号)

1,1'-ジメチル-4,4'-ビピリジニウム塩(新令別表第９第296号）に包含されることから削除したものであること。

(イ)　2,3,7,8-テトラクロロジベンゾ-1,4-ジオキシン（旧令別表第９第362号）

ダイオキシン類（別表第３第１号３に掲げる物に該当するものを除く。）（新令別表第９第333号の２）に包含されることから削除したものであること。

(ウ)　ヒドラジン（旧令別表第９第459号）及びヒドラジン一水和物（同表第460号）

ヒドラジン及びその一水和物（新令別表第９第459号）に統合したものであること。

(エ)　りん酸トリ（オルト-トリル）（旧令別表第９第625号）

りん酸トリトリル（新令別表第９第626号の３）に包含されることから削除したものであること。

また、1,4,5,6,7,8,8-ヘプタクロロ-2,3-エポキシ-2,3,3a,4,7,7a-ヘキサヒドロ-4,7-メタノ-1H-インデン（別名ヘプタクロルエポキシド）（新令別表第９第524号）は、旧令別表第９同号の物質をより適正な名称に修正したものであり、対象物質の範囲に変更はないこと。

今般の改正に伴い、234物質が令別表第９に追加されるが、上記のとおり追加対象物質に包含される等の理由により削除される物質もあるため、改正後の表示及び通知対象物の数は903物質（令別表第３第１号の７物質を含む。）となること。

２　改正省令関係

(1)　表示及び通知対象物の裾切り値の設定について（安衛則別表第２関係）

改正政令により新たに令別表第９に追加された234物質の裾切り値は、平成27年８月３日付け基発0803第２号「労働安全衛生法施行令及び厚生労働省組織令の一部を改正する政令等の施行について（化学物質等の表示及び危険性又は有害性等の調査に係る規定等関係）」の記の第3の2(2)の考え方により設定されているものであること。これら対象物の裾切り値とCAS登録番号の一覧は、別紙のとおりであり、この一覧は、独立行政法人労働者健康安全機構労働安全衛生総合研究所のホームページ（https://www.jniosh.johas.go.jp/groups/ghs/arikataken_report.html）にて公開していること。

また、従前から表示及び通知対象物であった物質の一部について、令別表第9における物質の名称との関係を明確にする観点から、安衛則別表第2における名称を変更したところであるが、これらの対象物の範囲及び裾切り値に変更はないこと。

第4　関係通達の改正　（略）

別紙　労働安全衛生法施行令別表第９に追加する234物質及びその裾切値一覧

※裾切値は、含有量がその値未満の場合に労働安全衛生法第57条の表示・第57条の２の通知の義務対象とならない値である。
※ CAS登録番号（CAS RN）は参考として示したものである。構造異性体等が存在する場合には異なるCAS登録番号が割り振られることがあるが、対象物質の当否の判断は物質名で行う。

名　称	CAS RN	ラベル裾切値（重量%）	SDS裾切値（重量%）	備考
アクリル酸２－（ジメチルアミノ）エチル	2439-35-2	1	0.1	
アザチオプリン	446-86-6	0.1	0.1	
アセタゾラミド（別名アセタゾールアミド）	59-66-5	0.3	0.1	
アセトンチオセミカルバゾン	1752-30-3	1	1	
アニリンとホルムアルデヒドの重縮合物	25214-70-4	0.1	0.1	
アフラトキシン	1402-68-2	0.1	0.1	
２－アミノエタンチオール（別名システアミン）	60-23-1	0.3	0.1	
Ｎ－（２－アミノエチル）－２－アミノエタノール	111-41-1	0.2	0.1	
３－アミノ－Ｎ－エチルカルバゾール	132-32-1	0.1	0.1	
(S)－２－アミノ－３－［４－［ビス（２－クロロエチル）アミノ］フェニル］プロパン酸（別名メルファラン）	148-82-3	0.1	0.1	
２－アミノ－４－［ヒドロキシ（メチル）ホスホリル］ブタン酸及びそのアンモニウム塩	51276-47-2 77182-82-2（アンモニウム塩）	0.3	0.1	
３－アミノ－１－プロペン	107-11-9	1	1	
４－アミノ－１－ベーター－Ｄ－リボフラノシル－1,3,5－トリアジン－２（１Ｈ）－オン	320-67-2	0.1	0.1	
４－アリル－1,2－ジメトキシベンゼン	93-15-2	0.1	0.1	
17アルファ－アセチルオキシ－６－クロロ－プレグナ－4,6－ジエン－3,20－ジオン	302-22-7	0.3	0.1	
アントラセン	120-12-7	0.1	0.1	
イソシアン酸3,4－ジクロロフェニル	102-36-3	1	1	
4,4'－イソプロピリデンジフェノール（別名ビスフェノールＡ）	80-05-7	0.3	0.1	
イブプロフェン	15687-27-1	0.3	0.1	
ウラン	7440-61-1	0.1	0.1	
Ｏ－エチル－Ｏ－（２－イソプロポキシカルボニルフェニル）－Ｎ－イソプロピルチオホスホルアミド（別名イソフェンホス）	25311-71-1 1	1	0.1	
Ｏ－エチル＝Ｓ，Ｓ－ジプロピル＝ホスホロジチオアート（別名エトプロホス）	13194-48-4	0.1	0.1	
Ｎ－エチル－Ｎ－ニトロソ尿素	759-73-9	0.1	0.1	
１－エチルピロリジン－２－オン	2687-91-4	0.3	0.1	
５－エチル－５－フェニルバルビツル酸（別名フェノバルビタール）	50-06-6	0.1	0.1	
Ｓ－エチル＝ヘキサヒドロ－１Ｈ－アゼピン－１－カルボチオアート（別名モリネート）	2212-67-1	0.3	0.1	

名　称	CAS RN	ラベル裾切値（重量%）	SDS裾切値（重量%）	備考
(3S,4R)－3－エチル－4－［(1－メチル－1H－イミダゾール－5－イル) メチル］オキソラン－2－オン（別名ピロカルピン）	92-13-7	1	1	
O－エチル＝S－1－メチルプロピル＝(2－オキソ－3－チアゾリジニル) ホスホノチオアート（別名ホスチアゼート）	98886-44-3	0.3	0.1	
エチレングリコールジエチルエーテル（別名1,2－ジエトキシエタン）	629-14-1	0.3	0.1	
N,N'－エチレンビス（ジチオカルバミン酸）マンガン（別名マンネブ）	12427-38-2	0.3	0.1	
エフェドリン	299-42-3	0.3	0.1	
塩化アクリロイル	814-68-6	1	1	
塩基性フタル酸鉛	57142-78-6	0.1	0.1	
1,1'－オキシビス（2,3,4,5,6－ペンタブロモベンゼン）（別名デカブロモジフェニルエーテル）	1163-19-5	0.3	0.1	
オキシラン－2－カルボキサミド	5694-00-8	0.1	0.1	
オクタクロルテトラヒドロメタノフタラン	297-78-9	1	0.1	
オクタブロモジフェニルエーテル	32536-52-0	0.3	0.1	異性体あり
オクタメチルピロホスホルアミド（別名シュラーダン）	152-16-9	1	1	
オクチルアミン（別名モノオクチルアミン）	111-86-4	1	1	
過酢酸	79-21-0	1	1	
キノリン及びその塩酸塩	91-22-5 530-64-3（塩酸塩）	0.1	0.1	
2－クロロエタンスルホニル＝クロリド	1622-32-8	1	1	
N－(2－クロロエチル)－N'－シクロヘキシル－N－ニトロソ尿素	13010-47-4	0.1	0.1	
N－(2－クロロエチル)－N－ニトロソ－N'－［(2R,3R,4S,5R)－3,4,5,6－テトラヒドロキシ－1－オキソヘキサン－2－イル］尿素	54749-90-5	0.1	0.1	
N－(2－クロロエチル)－N'－(4－メチルシクロヘキシル)－N－ニトロソ尿素	13909-09-6	0.1	0.1	
2－クロロ－N－(エトキシメチル)－N－(2－エチル－6－メチルフェニル) アセトアミド	34256-82	0.1	0.1	
クロロぎ酸エチル（別名クロロ炭酸エチル）	541-41-3	1	1	
3－クロロ－N－(3－クロロ－5－トリフルオロメチル－2－ピリジル)－アルファ,アルファ,アルファ－トリフルオロ－2,6－ジニトロ－パラ－トルイジン（別名フルアジナム）	79622-59-6	0.3	0.1	
クロロ炭酸フェニルエステル	1885-14-9	1	1	
1－クロロ－4－(トリクロロメチル) ベンゼン	5216-25-1	0.1	0.1	
クロロトリフルオロエタン（別名HCFC-133）	75-88-7	0.3	0.1	
2－クロロニトロベンゼン	88-73-3	0.1	0.1	

名　称	CAS RN	ラベル裾切値（重量%）	SDS裾切値（重量%）	備考
3－（6－クロロピリジン－3－イルメチル）－1,3－チアゾリジン－2－イリデンシアナミド（別名チアクロプリド）	111988-49-9	0.3	0.1	
4－［4－（4－クロロフェニル）－4－ヒドロキシピペリジン－1－イル］－1－（4－フルオロフェニル）ブタン－1－オン（別名ハロペリドール）	52-86-8	0.3	0.1	
3－クロロ－1,2－プロパンジオール	96-24-2	0.3	0.1	
1－クロロ－2－メチル－1－プロペン（別名1－クロロイソブチレン）	513-37-1	1	0.1	
コレカルシフェロール（別名ビタミンD 3）	67-97-0	0.3	0.1	
酢酸マンガン（Ⅱ）	638-38-0	0.3	0.1	
三塩化ほう素	10294-34-5	0.3	0.1	
ジアセトキシプロペン	869-29-4	1	1	
（SP－4－2）－ジアンミンジクロリド白金（別名シスプラチン）	15663-27-1	0.1	0.1	
ジイソブチルアミン	110-96-3	1	1	
2,3：4,5－ジ－O－イソプロピリデン－1－O－スルファモイル－ベーター－D－フルクトピラノース	97240-79-4	0.3	0.1	
ジイソプロピル－S－（エチルスルフィニルメチル）－ジチオホスフェイト	5827-05-4	1	1	
N，N－ジエチル亜硝酸アミド	55-18-5	0.1	0.1	
ジエチル－4－クロルフェニルメルカプトメチルジチオホスフェイト	786-19-6	1	0.1	
ジエチル－1－（2',4'－ジクロルフェニル）－2－クロルビニルホスフェイト	470-90-6	1	1	
ジエチル－（1,3－ジチオシクロペンチリデン）－チオホスホルアミド	333-29-9	1	1	
ジエチルスチルベストロール（別名スチルベストロール）	56-53-1	0.1	0.1	
ジエチルホスホロクロリドチオネート	2524-04-1	1	1	
ジエチレングリコールモノメチルエーテル（別名メチルカルビトール）	111-77-3	0.3	0.1	
2－（1,3－ジオキソラン－2－イル）－フェニル－N－メチルカルバメート	6988-21-2	0.3	0.1	
シクロスポリン	79217-60-0	0.1	0.1	
シクロヘキシミド	66-81-9	0.3	0.1	
シクロホスファミド及びその一水和物	50-18-0 6055-19-2 （一水和物）	0.1	0.1	
2,4－ジクロルフェニル4'－ニトロフェニルエーテル（別名NIP）	1836-75-5	0.3	0.1	
4,4'－（2,2－ジクロロエタン－1,1－ジイル）ジ（クロロベンゼン）	72-54-8	0.1	0.1	
ジクロロエチルホルマール	111-91-1	1	1	
4,4'－（2,2－ジクロロエテン－1,1－ジイル）ジ（クロロベンゼン）	72-55-9	0.1	0.1	
1,4－ジクロロ－2－ニトロベンゼン	89-61-2	0.1	0.1	

名　称	CAS RN	ラベル裾切値（重量%）	SDS裾切値（重量%）	備考
2,4－ジクロロ－1－ニトロベンゼン	611-06-3	0.1	0.1	
2,2－ジクロロ－N－［2－ヒドロキシ－1－（ヒドロキシメチル）－2－（4－ニトロフェニル）エチル］アセトアミド（別名クロラムフェニコール）	56-75-7	0.1	0.1	
（RS）－3－（3,5－ジクロロフェニル）－5－メチル－5－ビニル－1,3－オキサゾリジン－2,4－ジオン（別名ビンクロゾリン）	50471-44-8	0.3	0.1	
3－（3,4－ジクロロフェニル）－1－メトキシ－1－メチル尿素（別名リニュロン）	330-55-2	0.3	0.1	
（RS）－2－（2,4－ジクロロフェノキシ）プロピオン酸（別名ジクロルプロップ）	120-36-5	0.3	0.1	
ジシアノメタン（別名マロノニトリル）	109-77-3	1	1	
ジナトリウム＝4－アミノ－3－［4'－（2,4－ジアミノフェニルアゾ）－1,1'－ビフェニル－4－イルアゾ］－5－ヒドロキシ－6－フェニルアゾ－2,7－ナフタレンジスルホナート（別名CIダイレクトブラック38）	1937-37-7	0.1	0.1	
2,6－ジニトロトルエン	606-20-2	0.1	0.1	
2,4－ジニトロフェノール	51-28-5	1	0.1	
2,4－ジニトロ－6－（1－メチルプロピル）－フェノール	88-85-71	1	0.1	
ジビニルスルホン（別名ビニルスルホン）	77-77-0	1	1	
2－ジフェニルアセチル－1,3－インダンジオン	82-66-6	1	1	
5,5－ジフェニル－2,4－イミダゾリジンジオン	57-41-0	0.1	0.1	
ジプロピル－4－メチルチオフェニルホスフェイト	7292-16-2	1	1	
ジベンゾ［a,j］アクリジン	224-42-0	0.1	0.1	
ジベンゾ［a,h］アントラセン（別名1,2：5,6－ジベンゾアントラセン）	53-70-3	0.1	0.1	
(4－[[4－(ジメチルアミノ)フェニル](フェニル)メチリデン］シクロヘキサ－2,5－ジエン－1－イリデン）（ジメチル）アンモニウム＝クロリド（別名マラカイトグリーン塩酸塩）	569-64-2	0.1	0.1	
N，N－ジメチルエチルアミン	598-56-1	1	1	
3,7－ジメチルキサンチン（別名テオブロミン）	83-67-0	0.3	0.1	
N，N－ジメチルチオカルバミン酸S－4－フェノキシブチル（別名フェノチオカルブ）	62850-32-2	0.3	0.1	
O，O－ジメチル－チオホスホリル＝クロリド	2524-03-0	1	1	
1,1'－ジメチル－4,4'－ビピリジニウム塩	4685-14-7	1	0.1	＊1
（1R,3R）－2,2－ジメチル－3－（2－メチル－1－プロペニル）シクロプロパンカルボン酸（5－フェニルメチル－3－フラニル）メチル	28434-01-7	0.3	0.1	
1,2－ジメトキシエタン	110-71-4	0.3	0.1	
十三酸化八ほう素二ナトリウム四水和物	12280-03-4	0.3	0.1	
硝酸リチウム	7790-69-4	0.3	0.1	

名　称	CAS RN	ラベル裾切値（重量%）	SDS裾切値（重量%）	備考
L－セリル－L－バリル－L－セリル－L－グルタミル－L－イソロイシル－L－グルタミニル－L－ロイシル－L－メチオニル－L－ヒスチジル－L－アスパラギニル－L－ロイシルグリシル－L－リシル－L－ヒスチジル－L－ロイシル－L－アスパラギニル－L－セリル－L－メチオニル－L－グルタミル－L－アルギニル－L－バリル－L－グルタミル－L－トリプトフィル－L－ロイシル－L－アルギニル－L－リシル－L－リシル－L－ロイシル－L－グルタミニル－L－アスパルチル－L－バリル－L－ヒスチジル－L－アスパラギニル－L－フェニルアラニン（別名テリパラチド）	52232-67-4	0.1	0.1	
ダイオキシン類（塩素化ビフェニル（別名PCB）に該当するものを除く。		0.3	0.1	＊2
3－（4－ターシャリ－ブチルフェニル）－2－メチルプロパナール	80-54-6	0.3	0.1	
炭酸リチウム	554-13-2	0.3	0.1	
2－（1,3－チアゾール－4－イル）－1H－ベンゾイミダゾール	148-79-8	0.3	0.1	
2－チオキソ－3,5－ジメチルテトラヒドロ－2H－1,3,5－チアジアジン（別名ダゾメット）	533-74-4	0.3	0.1	
チオりん酸O，O－ジエチル－O－（2－ピラジニル）（別名チオナジン）	297-97-2	1	1	
デキストラン鉄	9004-66-4	0.1	0.1	
1,2,3,4－テトラクロロベンゼン	634-66-2	0.3	0.1	
2,3,5,6－テトラフルオロ－4－メチルベンジル＝（Z）－3－（2－クロロ－3,3,3－トリフルオロ－1－プロペニル）－2,2－ジメチルシクロプロパンカルボキシラート（別名テフルトリン）	79538-32-2	1	1	
テトラメチル尿素	632-22-4	0.3	0.1	
(1' S－トランス）－7－クロロ－2',4,6－トリメトキシ－6'－メチルスピロ［ベンゾフラン－2（3H）,1'－シクロヘキサ－2'－エン］－3,4'－ジオン（別名グリセオフルビン）	126-07-8	0.1	0.1	
トリウム＝ビス（エタンジオアート）	2040-52-0	0.1	0.1	
トリエチレンチオホスホルアミド（別名チオテパ）	52-24-4	0.1	0.1	
トリクロロアセトアルデヒド（別名クロラール）	75-87-6	0.1	0.1	
2,2,2－トリクロロ－1,1－エタンジオール（別名抱水クロラール）	302-17-0	0.1	0.1	
トリクロロ（フェニル）シラン	98-13-5	1	1	
トリニトロレゾルシン鉛	15245-44-0	0.1	0.1	
トリブチルアミン	102-82-9	1	1	異性体あり
2,4,6－トリメチルアニリン（別名メシジン）	88-05-1	1	1	
1,3,7－トリメチルキサンチン（別名カフェイン）	58-08-2	0.3	0.1	
1,1,1－トリメチロールプロパントリアクリル酸エステル	15625-89-5	0.3	0.1	

名　称	CAS RN	ラベル裾切値（重量％）	SDS裾切値（重量％）	備考
5－［(3,4,5－トリメトキシフェニル）メチル］ピリミジン－2,4－ジアミン	738-70-5	0.3	0.1	
ナトリウム＝2－プロピルペンタノアート	1069-66-5	0.3	0.1	
ナフタレン－1,4－ジオン	130-15-4	1	1	
二酢酸ジオキシドウラン（Ⅵ）及びその二水和物	541-09-3 6159-44-0 （二水和物）	0.1	0.1	
二硝酸ジオキシドウラン（Ⅵ）六水和物	13520-83-7	0.1	0.1	
6－ニトロクリセン	7496-02-8	0.1	0.1	
N－ニトロソフェニルヒドロキシルアミンアンモニウム塩	135-20-6	0.1	0.1	
1－ニトロピレン	5522-43-0	0.1	0.1	
1－（4－ニトロフェニル）－3－（3－ピリジルメチル）ウレア	53558-25-1	1	1	
二ナトリウム＝エタン－1,2－ジイルジカルバモジチオアート	142-59-6	0.3	0.1	
発煙硫酸	8014-95-7	0.1	0.1	
パラ－エトキシアセトアニリド（別名フェナセチン）	62-44-2	0.1	0.1	
パラ－クロロ－アルファ，アルファ，アルファ－トリフルオロトルエン	98-56-6	0.1	0.1	
パラ－クロロトルエン	106-43-4	0.3	0.1	
パラ－ターシャリ－ブチル安息香酸	98-73-7	0.3	0.1	
パラ－ニトロ安息香酸	62-23-7	0.3	0.1	
パラ－メトキシニトロベンゼン	100-17-4	0.1	0.1	
2,2'－ビオキシラン	1464-53-5	0.1	0.1	
4－［4－［ビス（2－クロロエチル）アミノ］フェニル］ブタン酸	305-03-3	0.1	0.1	
N，N－ビス（2－クロロエチル）－2－ナフチルアミン	494-03-1	0.1	0.1	
N，N'－ビス（2－クロロエチル）－N－ニトロソ尿素	154-93-8	0.1	0.1	
ビス（2－クロロエチル）メチルアミン（別名HN2）	51-75-2	0.1	0.1	
ビス（3,4－ジクロロフェニル）ジアゼン	14047-09-7	0.1	0.1	
2,2－ビス(4'－ハイドロキシ－3',5'－ジブロモフェニル）プロパン	79-94-7	0.1	0.1	
5,8－ビス［2－（2－ヒドロキシエチルアミノ）エチルアミノ］－1,4－アントラキノンジオール＝二塩酸塩	70476-82-3	0.3	0.1	
3,3－ビス（4－ヒドロキシフェニル）－1,3－ジヒドロイソベンゾフラン－1－オン（別名フェノールフタレイン）	77-09-8	0.3	0.1	
S,S－ビス（1－メチルプロピル）＝O－エチル＝ホスホロジチオアート（別名カズサホス）	95465-99-9	1	0.1	
ヒドラジンチオカルボヒドラジド	2231-57-4	1	1	
2－ヒドロキシアセトニトリル	107-16-4	1	1	

名　称	CAS RN	ラベル裾切値（重量％）	SDS裾切値（重量％）	備考
3－ヒドロキシ－1,3,5（10）－エストラトリエン－17－オン（別名エストロン）	53-16-7	0.1	0.1	
8－ヒドロキシキノリン（別名8－キノリノール）	148-24-3	0.3	0.1	
(5S,5aR,8aR,9R)－9－（4－ヒドロキシ－3,5－ジメトキシフェニル)－8－オキソ－5,5 a ,6,8,8 a ,9－ヘキサヒドロフロ［3',4'：6,7］ナフト［2,3－d］［1,3］ジオキソール－5－イル＝4,6－O－［(R)－エチリデン］－ベーター－D－グルコピラノシド（別名エトポシド）	33419-42-0	0.1	0.1	
(5S,5aR,8aR,9R)－9－（4－ヒドロキシ－3,5－ジメトキシフェニル）－8－オキソ－5,5a,6,8,8a,9－ヘキサヒドロフロ［3',4'：6,7］ナフト［2,3－d］［1,3］ジオキソール－5－イル＝4,6－O－［(R)－2－チエニルメチリデン］－ベーター－D－グルコピラノシド（別名テニポシド）	29767-20-2	0.1	0.1	
N－（ヒドロキシメチル）アクリルアミド	924-42-5	0.3	0.1	
4－ビニルピリジン	100-43-6	1	0.1	
フィゾスチグミン（別名エセリン）	57-47-6	1	1	
フェニルアセトニトリル（別名シアン化ベンジル）	140-29-4	1	1	
2－（フェニルパラクロルフェニルアセチル）－1,3－インダンジオン	3691-35-8	0.3	0.1	
フタル酸ジイソブチル	84-69-5	0.3	0.1	
フタル酸ジシクロヘキシル	84-61-7	0.3	0.1	
フタル酸ジヘキシル	84-75-3（フタル酸ジヘキシル），71850-09-4（フタル酸ジイソヘキシル），68515-50-4（直鎖及び分枝）	0.3	0.1	異性体あり
フタル酸ジペンチル	131-18-0	0.3	0.1	異性体あり
フタル酸ノルマル－ブチル＝ベンジル	85-68-7	0.3	0.1	
ブタン－1,4－ジイル＝ジメタンスルホナート	55-98-1	0.1	0.1	
ブチルイソシアネート	111-36-4	1	0.1	異性体あり
ブチルリチウム	109-72-8	0.3	0.1	異性体あり
弗素エデン閃石	－	0.1	0.1	
5－フルオロウラシル	51-21-8	0.3	0.1	
プロパンニトリル（別名プロピオノニトリル）	107-12-0	0.3	0.1	
2－プロピル吉草酸	99-66-1	0.3	0.1	
N,N'－プロピレンビス（ジチオカルバミン酸）と亜鉛の重合物（別名プロピネブ）	12071-83-9	0.1	0.1	
ブロムアセトン	598-31-2	1	1	

名　称	CAS RN	ラベル裾切値（重量％）	SDS裾切値（重量％）	備考
ブロモジクロロ酢酸	71133-14-7	0.1	0.1	
ヘキサブロモシクロドデカン	25637-99-4	0.3	0.1	異性体あり
ヘキサメチルパラローズアニリンクロリド（別名クリスタルバイオレット）	548-62-9	0.1	0.1	
ペルフルオロ（オクタン－１－スルホン酸）（別名PFOS）	1763-23-1	0.3	0.1	
ペルフルオロノナン酸	375-95-1	0.3	0.1	異性体あり
ペンタカルボニル鉄	13463-40-6	1	1	
ほう酸アンモニウム	12007-89-5	0.3	0.1	
ポリ［グアニジン－N，N'－ジイルヘキサン－1,6－ジイルイミノ（イミノメチレン）］塩酸塩	27083-27-8	1	0.1	
メタクリル酸２－イソシアナトエチル	30674-80-7	1	1	
メタクリル酸2,3－エポキシプロピル	106-91-2	0.1	0.1	
メタクリル酸クロリド	920-46-7	1	1	
メタクリル酸２－（ジエチルアミノ）エチル	105-16-8	0.3	0.1	
メタバナジン酸アンモニウム	7803-55-6	0.1	0.1	
メタンスルホニル＝クロリド	124-63-0	1	1	
メタンスルホニル＝フルオリド	558-25-8	1	1	
メチル＝イソチオシアネート	556-61-6	1	1	
メチルイソプロペニルケトン	814-78-8	1	1	
メチル＝カルボノクロリダート	79-22-1	1	1	
メチル＝３－クロロ－５－（4,6－ジメトキシ－２－ピリミジニルカルバモイルスルファモイル）－１－メチルピラゾール－４－カルボキシラート（別名ハロスルフロンメチル）	100784-20-1	0.3	0.1	
N－メチルジチオカルバミン酸（別名カーバム）	144-54-7	0.3	0.1	
メチル－N',N'－ジメチル－N－［(メチルカルバモイル）オキシ］－１－チオオキサムイミデート（別名オキサミル）	23135-22-0	1	0.1	
N－メチル－N－ニトロソ尿素	684-93-5	0.1	0.1	
N－メチル－N'－ニトロ－N－ニトロソグアニジン	70-25-7	0.1	0.1	
３－（１－メチル－２－ピロリジニル）ピリジン硫酸塩（別名ニコチン硫酸塩）	65-30-5	1	0.1	
３－メチル－１－（プロパン－２－イル）－1H－ピラゾール－５－イル＝ジメチルカルバマート	119-38-0	1	1	
メチル－（４－ブロム－2,5－ジクロルフェニル）－チオノベンゼンホスホネイト	21609-90-5	0.3	0.1	
メチル＝ベンゾイミダゾール－２－イルカルバマート（別名カルベンダジム）	10605-21-7	0.1	0.1	
メチルホスホン酸ジクロリド	676-97-1	1	1	
メチルホスホン酸ジメチル	756-79-6	0.1	0.1	
N－メチルホルムアミド	123-39-7	0.3	0.1	

名　称	CAS RN	ラベル裾切値（重量％）	SDS裾切値（重量％）	備考
2－メチル－1－［4－（メチルチオ）フェニル］－2－モルホリノ－1－プロパノン	71868-10-5	0.3	0.1	
7－メチル－3－メチレン－1,6－オクタジエン	123-35-3	0.3	0.1	
4,4'－メチレンビス（N，N－ジメチルアニリン）	101-61-1	0.1	0.1	
メチレンビスチオシアネート	6317-18-6	1	0.1	
4,4'－メチレンビス（2－メチルシクロヘキサンアミン）	6864-37-5	1	1	
メトキシ酢酸	625-45-6	0.3	0.1	
4－メトキシ－7H－フロ［3,2－g］［1］ベンゾピラン－7－オン	484-20-8	0.1	0.1	
9－メトキシ－7H－フロ［3,2－g］［1］ベンゾピラン－7－オン	298-81-7	0.1	0.1	
4－メトキシベンゼン－1,3－ジアミン硫酸塩	39156-41-7	0.1	0.1	
6－メルカプトプリン	50-44-2	0.1	0.1	
2－メルカプトベンゾチアゾール	149-30-4	0.1	0.1	
モノフルオール酢酸	144-49-0	1	1	
モノフルオール酢酸アミド	640-19-7	1	0.1	
モノフルオール酢酸パラブロムアニリド	351-05-3	1	1	
四ナトリウム＝6,6'－［(3,3'－ジメトキシ［1,1'－ビフェニル］－4,4'－ジイル）ビス（ジアゼニル)］ビス(4－アミノ－5－ヒドロキシナフタレン－1,3－ジスルホナート）	2610-05-1	0.1	0.1	
四ナトリウム＝6,6'－［(［1,1'－ビフェニル］－4,4'－ジイル）ビス（ジアゼニル)］ビス（4－アミノ－5－ヒドロキシナフタレン－2,7－ジスルホナート）	2602-46-2	0.1	0.1	
ラクトニトリル（別名アセトアルデヒドシアンヒドリン）	78-97-7	1	1	
ラサロシド	11054-70-9	0.3	0.1	
リチウム＝ビス（トリフルオロメタンスルホン）イミド	90076-65-6	0.3	0.1	
硫化カリウム	1312-73-8	1	1	
りん酸トリス（2－クロロエチル）	115-96-8	0.3	0.1	
りん酸トリス（ジメチルフェニル）	25155-23-1	0.3	0.1	
りん酸トリトリル	1330-78-5	0.3	0.1	＊3
りん酸トリメチル	512-56-1	0.1	0.1	

＊1　1,1'－ジメチル－4,4'－ビピリジニウム塩のうち、1,1'－ジメチル－4,4'－ビピリジニウム＝ジクロリド（別名パラコート）及び1,1'－ジメチル－4,4'－ビピリジニウム二メタンスルホン酸塩の裾切値は、現行規定どおり表示1%、通知1%

＊2　ダイオキシン類のうち、労働安全衛生法施行令別表第3第1号第一類物質の「塩素化ビフェニル（別名PCB)」に該当する「コプラナーポリ塩化ビフェニル」を除いたもの。ダイオキシン類（塩素化ビフェニル（別名PCB）に該当するものを除く。）のうち、2, 3, 7, 8－テトラクロロジベンゾ－1,4－ジオキシンの裾切値は、現行規定どおり表示0.1%、通知0.1%

＊3　りん酸トリトリルのうち、りん酸トリ（オルト－トリル）の裾切値は、現行規定どおり表示1%、通知1%

保護具着用管理責任者に対する教育の実施について（抄）

令和４年12月26日付け基安化発1226第１号

保護具着用管理責任者については、「労働安全衛生規則等の一部を改正する省令等の施行について」（令和４年５月31日付け基発0531第９号）の記の第４の２(2)において、「保護具に関する知識及び経験を有すると認められる者」から選任することができない場合は、別途示す保護具の管理に関する教育（以下「保護具着用管理責任者教育」という。）を受講した者を選任すること、また、「保護具に関する知識及び経験を有すると認められる者」から選任する場合であっても、保護具着用管理責任者教育を受講することが望ましいとされている。

今般、保護具着用管理責任者に対する教育実施要領を別紙のとおり定めたので、事業者に対し周知するとともに、同要領に基づく教育の実施を積極的に勧奨されたい。

なお、安全衛生関係団体等に対し、本教育を事業者自ら行うことが困難な場合もあることから、当該事業者の委託を受けて教育を行う等の支援を要請されたい。

おって、別添１～別添３（略）のとおり関係団体あて協力を要請したので了知されたい。

（別紙）

保護具着用管理責任者に対する教育実施要領

１　目的

本要領は、保護具着用管理責任者教育のカリキュラム及び具体的実施方法等を示すとともに、この教育の実施により、十分な知識及び技能を有する保護具着用管理責任者の確保を促進し、もって保護具等の正しい選択・使用・保守管理についての普及を図ることを目的とする。

２　教育の対象者

本教育の対象者は、次のとおりとする。

- 施行通達の記の第４の２(2)①から⑥までに定める保護具着用管理責任者の資格を有しない者で、保護具着用管理責任者になろうとする者
- 上記資格を有する者

３　教育の実施者

上記２対象者を使用する事業者、安全衛生団体等があること。

４　実施方法

実施方法は、次に掲げるところによること。

(1)　別表「保護具着用管理責任者教育カリキュラム」に掲げるそれぞれの科目に応じ、範囲の欄に掲げる事項について、学科教育又は実技教育により、時間の欄に掲げる時間数以上を行うものとすること。

なお、

①　学科教育は、集合形式のほか、オンライン形式でも差し支えないこと。

②　学科教育と実技教育を分割して行うこととしても差し支えないこと。この場合、以下のア及びイのいずれも満たすこと。

ア　実技教育は、学科教育の全ての科目を修了した者を対象とすること。

イ　学科教育を修了した者と実技教育を受講する者が同一者であることが確認できること。

(2)　講師は、対象となる保護具等に関する十分な知識を有し、指導経験がある者等、別表のカリキュラムの科目について十分な知識と経験を有する者を、科目ごとに１名ないし複数名充てること

(3) 教育の実施に当たっては、教育効果を高めるため、既存のテキストの活用を行うことが望ましいこと。特に、呼吸用保護具については、日本産業規格T 8150（呼吸用保護具の選択、使用及び保守管理方法）の内容を含む等、別表のカリキュラムの科目について内容を十分満足した教材を使用すること。

(4) 安全衛生団体等が行う場合の受講人数にあっては、学科教育（集合形式の場合）は概ね100人以下、実技教育は概ね30人以下を一単位として行うこと。

5 実施結果の保存等

(1) 事業者が教育を実施した場合は、受講者、科目等の記録を作成し、保存すること。

(2) 安全衛生団体等が教育を実施した場合は、全ての科目を修了した者に対して修了を証する書面を交付する等の方法により、当該教育を修了したことを証明するとともに、教育の修了者名簿を作成し、保存すること。

6 実践的な教育・訓練等の実施

保護具等や機器等に習熟する観点から、教育を修了した者は、保護具メーカーや測定機器メーカーが実施する研修や、これらメーカーの協力を得て行う教育・訓練等、実践的な教育・訓練等を定期的に受けることが望ましいこと。

別表 保護具着用管理責任者教育カリキュラム

学科科目	範囲	時間
Ⅰ 保護具着用管理	① 保護具着用管理責任者の役割と職務 ② 保護具に関する教育の方法	0.5時間
Ⅱ 保護具に関する知識	① 保護具の適正な選択に関すること。 ② 労働者の保護具の適正な使用に関すること。 ③ 保護具の保守管理に関すること。	3時間
Ⅲ 労働災害の防止に関する知識	保護具使用に当たって留意すべき労働災害の事例及び防止方法	1時間
Ⅳ 関係法令	安衛法、安衛令及び安衛則中の関係条項	0.5時間

実技科目	範囲	時間
Ⅴ 保護具の使用方法等	① 保護具の適正な選択に関すること。 ② 労働者の保護具の適正な使用に関すること。 ③ 保護具の保守管理に関すること。	1時間

（計 6時間）

労働安全衛生法等の一部を改正する法律等の施行等（化学物質等に係る表示及び文書交付制度の改善関係）に係る留意事項について

平成18年10月20日付け基安化発第1020001号
最終改正　令和６年１月９日

化学物質（純物質）及び化学物質を含有する製剤その他の物（混合物）（以下「化学物質等」という。）に係る表示及び文書交付制度の改善については、平成18年10月20日付け基安化発第1020001号「労働安全衛生法等の一部を改正する法律等の施行について（化学物質等に係る表示及び文書交付制度の改善関係）」及び令和４年５月31日付け基発0531第９号「労働安全衛生規則等の一部を改正する省令等の施行について」等をもって通達されたところであるが、労働安全衛生法（昭和47年法律第57号。以下「法」という。）第57条の規定に基づく表示及び法第57条の２の規定に基づく文書交付等（安全データシート（SDS）等による通知をいう。以下同じ。）の運用に当たっての留意事項は、下記のとおりであるので、円滑な施行に遺漏なきを期されたい。

記

Ⅰ　化学物質等に係る表示制度の改善関係

第１　容器・包装等に表示しなければならない事項

１　名称（法第57条第１項第１号イ関係）

⑴　化学物質等の名称を記載すること。ただし、製品名により含有する化学物質等が特定できる場合においては、当該製品名を記載することで足りること。

⑵　化学物質等について、表示される名称と文書交付により通知される名称を一致させること。

２　人体に及ぼす作用（法第57条第１項第１号ロ関係）

⑴「人体に及ぼす作用」は、化学物質等の有害性を示すこと。

⑵　化学品の分類および表示に関する世界調和システム（以下「GHS」という。）に従った分類に基づき決定された危険有害性クラス（可燃性固体等の物理化学的危険性、発がん性、急性毒性等の健康有害性及び水生環境有害性等の環境有害性の種類）及び危険有害性区分（危険有害性の強度）に対してGHS附属書３又は日本産業規格Z 7253（GHSに基づく化学品の危険有害性情報の伝達方法－ラベル，作業場内の表示及び安全データシート（SDS））（以下「JIS Z 7253」という。）附属書Aにより割り当てられた「危険有害性情報」の欄に示されている文言を記載すること。

なお、GHSに従った分類については、日本産業規格Z 7252（GHSに基づく化学品の分類方法）（以下「JIS Z 7252」という。）及び事業者向けGHS分類ガイダンスを参考にすること。また、GHS に従った分類結果については、独立行政法人製品評価技術基盤機構が公開している「NITE 化学物質総合情報提供システム（NITE-CHRIP）」（https://www.nite.go.jp/chem/chrip/chrip_search/systemTop）、厚生労働省が作成し「職場のあんぜんサイト」で公開している「GHS対応モデルラベル・モデルSDS情報」（http://anzeninfo.mhlw.go.jp/anzen_pg/GHS_MSD_FND.aspx）等を参考にすること。

⑶　混合物において、混合物全体として有害性の分類がなされていない場合には、含有する表示対象物質の純物質としての有害性を、物質ごとに記載することで差し支えないこと。

⑷　GHSに従い分類した結果、危険有害性クラス及び危険有害性区分が決定

されない場合は、記載を要しないこと。

3　貯蔵又は取扱い上の注意（法第57条第1項第1号ハ関係）

化学物質等のばく露又はその不適切な貯蔵若しくは取扱いから生じる被害を防止するために取るべき措置を記載すること。

4　標章（法第57条第1項第2号関係）

(1)　混合物において、混合物全体として危険性又は有害性の分類がなされていない場合には、含有する表示対象物質の純物質としての危険性又は有害性を表す標章を、物質ごとに記載することで差し支えないこと。

(2)　GHSに従い分類した結果、危険有害性クラス及び危険有害性区分が決定されない場合は、記載を要しないこと。

5　表示をする者の氏名（法人にあつては、その名称）、住所及び電話番号（労働安全衛生規則（以下「則」という。）第33条第1号関係）

(1)　化学物質等を譲渡し又は提供する者の情報を記載すること。また、当該化学品の国内製造・輸入業者の情報を、当該事業者の了解を得た上で追記しても良いこと。

(2)　緊急連絡電話番号等についても記載することが望ましいこと。

6　注意喚起語（則第33条第2号関係）

(1)　GHSに従った分類に基づき、決定された危険有害性クラス及び危険有害性区分に対してGHS附属書3又はJIS Z 7253 附属書Aに割り当てられた「注意喚起語」の欄に示されている文言を記載すること。

なお、GHSに従った分類については、JIS Z 7252 及び事業者向け分類ガイダンスを参考にすること。また、GHSに従った分類結果については、独立行政法人製品評価技術基盤機構が公開している「NITE 化学物質総合情報提供システム（NITE-CHRIP）」や厚生労働省が作成し「職場のあんぜんサイト」で公開している「GHS 対応モデルラベル・モデルSDS 情報」等を参考にすること。

(2)　混合物において、混合物全体として危険性又は有害性の分類がなされていない場合には、含有する表示対象物質の純物質としての危険性又は有害性を表す注意喚起語を、物質ごとに記載することで差し支えないこと。

(3)　GHS に基づき分類した結果、危険有害性クラス及び危険有害性区分が決定されない場合、記載を要しないこと。

7　安定性及び反応性（則第33条第3号関係）

(1)　「安定性及び反応性」は、化学物質等の危険性を示すこと。

(2)　GHSに従った分類に基づき、決定された危険有害性クラス及び危険有害性区分に対してGHS附属書3又はJIS Z 7253 附属書Aに割り当てられた「危険有害性情報」の欄に示されている文言を記載すること。

なお、「GHSに従った分類結果」については、独立行政法人製品評価技術基盤機構が公開している「NITE 化学物質総合情報提供システム（NITE-CHRIP）」、厚生労働省が作成し「職場のあんぜんサイト」で公開している「GHS 対応モデルラベル・モデルSDS情報」等を参考にすること。

(3)　混合物において、混合物全体として危険性の分類がなされていない場合には、含有する全ての表示対象物質の純物質としての危険性を、物質ごとに記載することで差し支えないこと。

(4)　GHSに従い分類した結果、危険有害性クラス及び危険有害性区分が決定されない場合、記載を要しないこと。

第2　その他

1　GHSに従った分類を行う際に参考とするべきJIS Z 7252 については、JIS Z 7252：2019（GHSに基づく化学品の分類方法）（以下「JIS Z 7252：

2019」という。）を用いること。なお、JIS Z 7252：2019 については日本産業標準調査会のホームページ（http://www.jisc.go.jp/）において検索及び閲覧が可能であること。

2　JIS Z 7253：2019（GHSに基づく化学品の危険有害性情報の伝達方法－ラベル、作業場内の表示及び安全データシート（SDS））（以下「JIS Z 7253：2019」という。）に準拠した記載を行えば、労働安全衛生法関係法令において規定する容器・包装等に表示しなければならない事項を満たすこと。なお、JIS Z 7253：2019については日本産業標準調査会ホームページにおいて検索及び閲覧が可能であること。

Ⅱ　化学物質等に係る文書交付制度の改善関係等

第１　文書交付等により通知しなければならない事項

1　名称（法第57条の２第１項第１号関係）

化学物質等の名称を記載すること。ただし、製品名により含有する化学物質等が特定できる場合においては、当該製品名を記載することで足りること。

2　成分及びその含有量（法第57条の２第１項第２号関係）

(1)　法及び政令で通知対象としている物質（以下「通知対象物質」という。）が裾切値以上含有される場合、当該通知対象物質の名称を列記するとともに、その含有量についても記載すること。

(2)　ケミカルアブストラクトサービス登録番号（CAS番号）及び別名についても記載することが望ましいこと。

(3)　(1)以外の化学物質の成分の名称及びその含有量についても、本項目に記載することが望ましいこと。

(4)　労働安全衛生法施行令（昭和47年政令第318号。以下「令」という。）第17条の製造許可物質並びに有機溶剤中毒予防規則（昭和47年労働省令第36号）、鉛中毒予防規則（昭和47年労働省令第37号。以下「鉛則」という。）、四アルキル鉛中毒予防規則（昭和47年労働省令第38号。以下「四アルキル鉛則」という。）及び特定化学物質障害予防規則（昭和47年労働省令第39号）の対象物質以外の物質であって、成分の含有量が営業上の秘密に該当する場合の含有量の通知の方法については、則第34条の２の６第２項の規定によることができること。

3　物理的及び化学的性質（法第57条の２第１項第３号関係）

(1) JIS Z 7253の付属書Eを参考として、次の項目に係る情報について記載すること。

ア　物理状態
イ　色
ウ　臭い
エ　融点・凝固点
オ　沸点又は初留点及び沸点範囲
カ　可燃性
キ　爆発下限界及び上限界／可燃限界
ク　引火点
ケ　自然発火点
コ　分解温度
サ　pH
シ　動粘性率
ス　溶解度
セ　n-オクタノール／水分配係数（log値）
ソ　蒸気圧
タ　密度及び／又は相対密度
チ　相対ガス密度
ツ　粒子特性

(2)　次の項目に係る情報について記載することが望ましいこと。

ア　放射性
イ　かさ密度
ウ　燃焼継続性

(3)　上記以外の項目についても、当該化学物質等の安全な使用に関係するその他のデータを示すことが望ましいこと。

(4)　測定方法についても記載することが

望ましいこと。

⑸ 混合物において、混合物全体として危険性の試験がなされていない場合には、含有する通知対象物質の純物質としての情報を、物質ごとに記載することで差し支えないこと。

4 人体に及ぼす作用（法第57条の2第1項第4号関係）

⑴ 「人体に及ぼす作用」は、化学物質等の有害性を示すこと。

⑵ 取扱者が化学物質等に接触した場合に生じる健康への影響について、簡明かつ包括的な説明を記載すること。なお、以下の項目に係る情報を記載すること。

ア 急性毒性

イ 皮膚腐食性・刺激性

ウ 眼に対する重篤な損傷性・眼刺激性

エ 呼吸器感作性又は皮膚感作性

オ 生殖細胞変異原性

カ 発がん性

キ 生殖毒性

ク 特定標的臓器毒性—単回ばく露

ケ 特定標的臓器毒性—反復ばく露

コ 誤えん有害性

⑶ ばく露直後の影響と遅発性の影響とをばく露経路ごとに区別し、毒性の数値的尺度を含めることが望ましいこと。

⑷ 混合物において、混合物全体として有害性の試験がなされていない場合には、含有する通知対象物質の純物質としての有害性を、物質ごとに記載することで差し支えないこと。

⑸ GHSに従い分類した結果、分類の判断を行うのに十分な情報が得られなかった場合（以下「分類できない」という。）又は、常態が液体や気体のものについては固体に関する危険有害性クラスの区分が付かないなど分類の対象とならない場合及び分類を行うのに十分な情報が得られているものの、分類を行った結果、GHSで規定する危険有害性クラスにおいていずれの危険有害性区分にも該当しない場合（発がん性など証拠の確からしさで分類する危険有害性クラスにおいて、専門家による総合的な判断から当該毒性を持たないと判断される場合、又は得られた証拠が区分するには不十分な場合を含む。以下「区分に該当しない」という。）のいずれかに該当することにより、危険有害性クラス及び危険有害性区分が決定されない場合は、GHSでは当該危険有害性クラスの情報は、必ずしも記載は要しないとされているが、「分類できない」、「区分に該当しない」の旨を記載することが望ましい。

なお、記載にあたっては、事業者向けGHS 分類ガイダンスを参考にすること。

5 貯蔵又は取扱い上の注意（法第57条の2第1項第5号関係）

次の事項を記載すること。このうち、⑸については、想定される用途での使用において吸入又は皮膚や眼との接触を保護具で防止することを想定した場合に必要とされる保護具の種類を必ず記載すること。

⑴ 適切な保管条件、避けるべき保管条件等

⑵ 混合接触させてはならない化学物質等（混触禁止物質）との分離を含めた取扱い上の注意

⑶ 管理濃度、濃度基準値（則第577条の2第2項の厚生労働大臣が定める濃度の基準をいう。）、許容濃度等

⑷ 密閉装置、局所排気装置等の設備対策

⑸ 保護具の使用

⑹ 廃棄上の注意及び輸送上の注意

6 流出その他の事故が発生した場合において講ずべき応急の措置（法第57条の2第1項第6号関係）

次の事項を記載すること。

⑴ 吸入した場合、皮膚に付着した場合、眼に入った場合又は飲み込んだ場合に取るべき措置等

(2)　火災の際に使用するのに適切な消火剤又は使用してはならない消火剤
(3)　事故が発生した際の退避措置、立ち入り禁止措置、保護具の使用等
(4)　漏出した化学物質等に係る回収、中和、封じ込め及び浄化の方法並びに使用する機材

7　通知を行う者の氏名（法人にあつては、その名称）、**住所及び電話番号**（則第34条の２の４第１号関係）
(1)　化学物質等を譲渡し又は提供する者の情報を記載すること。なお、当該化学品の国内製造・輸入業者の情報を、当該事業者の了解を得た上で追記しても良いこと。
(2)　緊急連絡電話番号、ファックス番号及び電子メールアドレスも記載することが望ましいこと。

8　危険性又は有害性の要約（則第34条の２の４第２号関係）
(1)　GHSに従った分類に基づき決定された危険有害性クラス、危険有害性区分、絵表示、注意喚起語、危険有害性情報及び注意書きに対してGHS附属書３又はJIS Z 7253 附属書Aにより割り当てられた絵表示と文言を記載すること。

なお、GHSに従った分類については、JIS Z 7252及び事業者向けGHS分類ガイダンスを参考にすること。また、GHSに従った分類結果については、独立行政法人製品評価技術基盤機構が公開している「NITE化学物質総合情報提供システム（NITE-CHRIP）」、厚生労働省が作成し「職場のあんぜんサイト」で公開している「GHS対応モデルラベル・モデルSDS情報」等を参考にすること。
(2)　混合物において、混合物全体として危険性又は有害性の分類がなされていない場合には、含有する通知対象物質の純物質としての危険性又は有害性を、物質ごとに記載することで差し支えないこと。
(3)　GHSに従い分類した結果、「分類できない」又は「区分に該当しない」のいずれかに該当することにより、危険有害性クラス及び危険有害性区分が決定されない場合は、GHSでは当該危険有害性クラスの情報は、必ずしも記載を要しないとされているが、「分類できない」、「区分に該当しない」の旨を記載することが望ましい。

なお、記載にあたっては、事業者向けGHS分類ガイダンスを参考にすること。
(4)　標章は白黒の図で記載しても差し支えないこと。また、標章を構成する画像要素（シンボル）の名称（「炎」、「どくろ」等）をもって当該標章に代えても差し支えないこと。
(5)　粉じん爆発危険性等の危険性又は有害性についても記載することが望ましいこと。

9　安定性及び反応性（則第34条の２の４第３号関係）
次の事項を記載すること。
(1)　避けるべき条件（静電放電、衝撃、振動等）
(2)　混触危険物質
(3)　通常発生する一酸化炭素、二酸化炭素及び水以外の予想される危険有害な分解生成物

10　想定される用途及び当該用途における使用上の注意（則第34条の２の４第４号関係）
JIS Z 7253：2019 附属書Ｄ「D.　２項目１－化学品及び会社情報」の項目において記載が望ましいとされている化学品の推奨用途及び使用上の制限に相当する内容を記載すること。

11　適用される法令（則第34条の２の４第４号（令和６年４月１日以降は第５号）関係）
化学物質等に適用される法令の名称を記載するとともに、当該法令に基づく規制に関する情報を記載すること。労働安

全衛生法関係法令における適用法令としては、令第18条（表示対象物）及び令第18条の２（通知対象物）のほか、令別表第１（危険物）、令別表第３（特定化学物質、製造許可物質）、令別表第６の２（有機溶剤）、鉛則（鉛及び令別表第４第６号に規定する鉛化合物）、四アルキル鉛則（令別表第５第１号に規定する四アルキル鉛）、則第577条の２（がん原性物質）、則第594条の２（皮膚等障害化学物質等）等を記載すること。

なお、すでに交付されたSDSに係る製品に含有される成分の中に、新たに法令が適用される物質がある場合は、可能な限り速やかに新たな適用法令及び当該法令が適用される含有成分の名称を盛り込んだSDSを譲渡・提供先に通知するように努めるとともに、変更されたSDSが通知されるまでの間、ホームページへの掲載等により、譲渡・提供先に対して、新たな適用法令及び当該法令が適用される含有成分の名称を通知するよう努めること。

12　その他参考となる事項（則第34条の２の４第５号（令和６年４月１日以降は第６号）関係）

(1)　SDS等を作成する際に参考とした出典を記載することが望ましいこと。

(2)　環境影響情報については、本項目に記載することが望ましいこと。

第２　成分の含有量の表記の方法（則第34条の２の６関係）

通知対象物であって製品の特性上含有量に幅が生じるもの等については、濃度範囲による記載も可能であること。また、重量パーセント以外の表記による含有量の表記がなされているものについては、重量パーセントへの換算方法を明記していれば重量パーセントによる表記を行ったものと見なすこと。

第３　その他

1　JIS Z 7253：2019 に準拠した記載を行えば、労働安全衛生法関係法令に規定する文書交付等により通知しなければならない事項を満たすこと。

なお、JIS Z 7253：2019 については、日本産業標準調査会のホームページにおいて検索及び閲覧が可能であること。

2　事業者向けGHS分類ガイダンスは経済産業省のホームページ（https://www.meti.go.jp/policy/chemical_management/int/ghs_tool_01GHSmanual.html）で閲覧が可能であること。

3　表示及びSDSの記載にあたっては、邦文で記載するものとする。また、事業場内においては、当該物質を取り扱う労働者に記載内容について周知するものとする。なお、取り扱う労働者が理解できる言語で表示及びSDS を記載することが望ましいこと。

4　SDSの記載に当たっては、事業者団体が記載例を公表している場合には、当該記載例も参考にすることが望ましいこと。

皮膚等障害化学物質等に該当する化学物質について

令和５年７月４日付け基発0704第１号
最終改正　令和５年11月９日

労働安全衛生規則等の一部を改正する省令（令和４年厚生労働省令第91号）により改正され、令和６年４月１日から施行される労働安全衛生規則（昭和47年労働省令第32号。以下「安衛則」という。）第594条の２第１項に規定する皮膚等障害化学物質等については、「労働安全衛生規則等の一部を改正する省令等の施行について」（令和４年５月31日付け基発0531第９号。以下「施行通達」という。）の記の第４の８⑵において、「別途示すものが含まれること」とされているところであるが、今般、「別途示すもの」について下記のとおり示すので、関係者への周知徹底を図るとともに、その運用に遺漏なきを期されたい。

記

１　趣旨

本通達は、安衛則第594条の２第１項が適用される皮膚等障害化学物質等のうち、皮膚から吸収され、若しくは皮膚に侵入して、健康障害を生ずるおそれがあることが明らかな化学物質に該当する物を示すとともに、皮膚等障害化学物質等についての留意事項を示す趣旨であること。

本通達は、現時点での知見に基づくものであり、国が行う化学品の分類（日本産業規格Z 7252（GHSに基づく化学品の分類方法）に定める方法による化学物質の危険性及び有害性の分類をいう。）の結果（以下「国が公表するGHS分類の結果」という。）の見直しや新たな知見が示された場合は、必要に応じ、見直されることがあること。

２　用語の定義

⑴　皮膚刺激性有害物質

皮膚等障害化学物質等のうち、皮膚刺激性有害物質は、皮膚又は眼に障害を与えるおそれがあることが明らかな化学物質をいうこと。具体的には、施行通達記の第４の８⑵の「国が公表するGHS分類の結果及び譲渡提供者より提供されたSDS等に記載された有害性情報のうち「皮膚腐食性・刺激性」、「眼に対する重篤な損傷性・眼刺激性」及び「呼吸器感作性又は皮膚感作性」のいずれかで区分１に分類されているもの」に該当する化学物質をいうこと。ただし、特定化学物質障害予防規則（昭和47年労働省令第39号。以下「特化則」という。）等の特別規則において、皮膚又は眼の障害を防止するために不浸透性の保護衣等の使用が義務付けられているものを除く。

⑵　皮膚吸収性有害物質

皮膚等障害化学物質等のうち、皮膚吸収性有害物質は、皮膚から吸収され、若しくは皮膚に侵入して、健康障害を生ずるおそれがあることが明らかな化学物質をいうこと。ただし、特化則等の特別規則において、皮膚又は眼の障害等を防止するために不浸透性の保護衣等の使用が義務付けられているものを除く。

３　皮膚吸収性有害物質に該当する物

皮膚吸収性有害物質には、次の⑴から⑶までのいずれかに該当する化学物質が含まれること。

⑴　国が公表するGHS分類の結果、危険性又は有害性があるものと区分された化学物質のうち、濃度基準値（安衛則第577条の２第２項の厚生労働大臣が定める濃度の基準をいう。）又は米国産業衛生専門家会議（ACGIH）等が公表する職業ばく露限界値(以下「濃度基準値等」という。）が設定されているものであって、次のアからウまでのいずれかに該当するもの

ア　ヒトにおいて、経皮ばく露が関与する健康障害を示す情報(疫学研究、症例報告、被験者実験等）があること

イ　動物において、経皮ばく露による毒性影響を示す情報があること

ウ　動物において、経皮ばく露による体内動態情報があり、併せて職業ばく露限界値を用いたモデル計算等により経皮ばく露による毒性影響を示す情報があること

(2)　国が公表するGHS分類の結果、経皮ばく露によりヒトまたは動物に発がん性（特に皮膚発がん）を示すことが知られている物質

(3)　国が公表するGHS分類の結果がある化学物質のうち、濃度基準値等が設定されていないものであって、経皮ばく露による動物急性毒性試験により急性毒性（経皮）が区分１に分類されている物質

4　皮膚等障害化学物質を含有する製剤の裾切値について

(1)　次のア及びイに掲げる皮膚等障害化学物質の区分に応じ、その含有量がそれぞれ次のア及びイに掲げる含有量の値（ア及びイの両方に該当する物質にあっては、ア又はイに係る値のうち最も低いもの、イに該当する物質であって、二以上の有害性区分に該当するものにあっては、その該当する有害性区分に係る値のうち最も低いもの）未満であるものについては、皮膚等障害化学物質等には該当しないものとして取り扱うこと。なお、パーセントは重量パーセントであること。

ア　皮膚刺激性有害物質　１パーセント

イ　皮膚吸収性有害物質　１パーセント（国が公表するGHS分類の結果、生殖細胞変異原性区分１又は発がん性区分１に区分されているものは0.1パーセント、生殖毒性区分１に区分されているものは0.3パーセント）

(2)　(1)に定める値は、労働安全衛生法施行令第18 条第３号及び第18 条の２第３号の規定に基づき厚生労働大臣の定める基準（令和５年厚生労働省告示第304号）の別表第３における容器等への名称等の表示に係る裾切値の考え方を用い、皮膚刺激性有害物質については、「皮膚腐食性・刺激性」、「眼に対する重篤な損傷性･眼刺激性」及び「呼吸器感作性又は皮膚感作性」（呼吸器感作性については気体を除く。）の裾切値、皮膚吸収性有害物質については、その他の関係する有害性区分の裾切値を踏まえて設定したものであること。

5　該当物質の一覧

(1)　３の皮膚吸収性有害物質に該当する物は､別添に掲げるとおりであること。

(2)　次に掲げる物質の一覧を厚生労働省ホームページ[編注]で公表する予定であること。

ア　３の皮膚吸収性有害物質

イ　皮膚刺激性有害物質（国が公表するGHS分類の結果があるものに限る）

ウ　特化則等の特別規則において不浸透性の保護衣等の使用が義務付けられている物質

編注　https://www.mhlw.go.jp/content/11300000/001164701.xlsx

別添　皮膚吸収性有害物質一覧

通し番号	労働安全衛生法令の名称	備考
1	アクリル酸	
2	アクリル酸 2- ヒドロキシプロピル	
3	アクリル酸メチル	
4	アクロレイン	
5	アジ化ナトリウム	
6	アジポニトリル	
7	アスファルト	
8	アセチルアセトン	
9	アセトニトリル	
10	アセトンシアノヒドリン	
11	アニリン	
12	アフラトキシン	
13	3- アミノ -1H-1,2,4- トリアゾール（別名アミトロール）	
14	3- アミノ -1- プロペン	
15	アリルアルコール	
16	1- アリルオキシ -2,3- エポキシプロパン	
17	アリル＝メタクリレート	国による GHS 分類の名称
18	3-（アルファ - アセトニルベンジル）-4- ヒドロキシクマリン（別名ワルファリン）	
19	安息香酸	国による GHS 分類の名称
20	安息香酸カリウム塩	国による GHS 分類の名称
21	イソオクタノール	国による GHS 分類の名称
22	イソシアン酸メチル	
23	N- イソプロピルアニリン	
24	N- イソプロピルアミノホスホン酸 O- エチル -O-（3- メチル -4- メチルチオフェニル）（別名フェナミホス）	
25	イソプロピルアミン	
26	インデノ［1,2,3-cd］ピレン	国による GHS 分類の名称
27	ウラン	
28	エチルアミン	
29	エチル =3- エトキシプロパノアート	国による GHS 分類の名称
30	O- エチル＝ S,S- ジプロピル＝ホスホロジチオアート（別名エトプロホス）	
31	エチル - パラ - ニトロフェニルチオノベンゼンホスホネイト（別名 EPN）	
32	O- エチル -S- フェニル＝エチルホスホノチオロチオナート（別名ホノホス）	
33	(3S,4R) -3- エチル -4-［(1- メチル -1H- イミダゾール -5- イル）メチル］オキソラン -2- オン（別名ピロカルピン）	
34	N- エチルモルホリン	
35	エチレングリコール	
36	エチレングリコールモノエチルエーテル（別名セロソルブ）	

通し番号	労働安全衛生法令の名称	備考
37	エチレングリコールモノエチルエーテルアセテート（別名セロソルブアセテート）	
38	エチレングリコールモノ－ノルマル－ブチルエーテル（別名ブチルセロソルブ）	
39	エチレングリコールモノブチルエーテルアセタート	
40	エチレングリコールモノメチルエーテル（別名メチルセロソルブ）	
41	エチレングリコールモノメチルエーテルアセテート	
42	エチレンクロロヒドリン	
43	エチレンジアミン	
44	1,1'－エチレン－2,2'－ビピリジニウム＝ジブロミド（別名ジクアット）	
45	エピクロロヒドリン	
46	2,3－エポキシ－1－プロパノール	
47	2,3－エポキシプロピル＝フェニルエーテル	
48	塩化アリル	
49	塩素化カンフェン（別名トキサフェン）	
50	塩素化ジフェニルオキシド	
51	オキシビス（チオホスホン酸）O,O,O',O'－テトラエチル（別名スルホテップ）	
52	オクタクロルテトラヒドロメタノフタラン	
53	オクタクロロナフタレン	
54	1,2,4,5,6,7,8,8－オクタクロロ－2,3,3a,4,7,7a－ヘキサヒドロ－4,7－メタノ－1H－インデン（別名クロルデン）	
55	2-n－オクチル－4－イソチアゾリン－3－オン	国による GHS 分類の名称
56	オルト－アニシジン	
57	オルト－ジクロロベンゼン	
58	オルト－セカンダリ－ブチルフェノール	
59	カテコール	
60	カルシウムシアナミド	
61	ぎ酸メチル	
62	キシリジン	
63	キシレン	
64	グリオキサール	国による GHS 分類の名称
65	クリセン	国による GHS 分類の名称
66	クレゾール	
67	クロム及びその化合物	オキシ塩化クロム（Ⅵ）に限る。
68	クロルデコン	国による GHS 分類の名称
69	クロロアセチル＝クロリド	
70	クロロアセトアミド	国による GHS 分類の名称
71	クロロアセトン	
72	o－クロロアニリン	国による GHS 分類の名称
73	クロロアニリン（3－クロロアニリン）／クロロアニリン	国による GHS 分類の名称
74	クロロ酢酸	
75	クロロ酢酸メチル	国による GHS 分類の名称

通し番号	労働安全衛生法令の名称	備考
76	1- クロロ -4-（トリクロロメチル）ベンゼン	
77	2- クロロニトロベンゼン	
78	3-（6- クロロピリジン -3- イルメチル）-1,3- チアゾリジン -2- イリデンシアナミド（別名チアクロプリド）	
79	2- クロロ -1,3- ブタジエン	
80	1- クロロ -2- プロパノール	
81	2- クロロ -1- プロパノール	
82	2- クロロプロピオン酸	
83	クロロメタン（別名塩化メチル）	
84	4- クロロ -2- メチルアニリン及びその塩酸塩	4- クロロ -2- メチルアニリンに限る。
85	O-3- クロロ -4- メチル -2- オキソ -2H- クロメン -7- イル =O',O''- ジエチル = ホスホロチオアート	
86	1,2- 酸化ブチレン	
87	シアナミド	
88	2,4- ジアミノアニソール	
89	2,4- ジアミノトルエン	
90	シアン化カルシウム	
91	ジイソプロピル -S-（エチルスルフィニルメチル）- ジチオホスフェイト	
92	ジエタノールアミン	
93	N,N- ジエチル亜硝酸アミド	
94	2-（ジエチルアミノ）エタノール	
95	ジエチルアミン	
96	ジエチル -4- クロルフェニルメルカプトメチルジチオホスフェイト	
97	ジエチル -1-（2',4'- ジクロルフェニル）-2- クロルビニルホスフェイト	
98	ジエチル -（1,3- ジチオシクロペンチリデン）- チオホスホルアミド	
99	ジエチル - パラ - ニトロフェニルチオホスフェイト（別名パラチオン）	
100	ジエチレングリコールジメチルエーテル	国による GHS 分類の名称
101	ジエチレントリアミン	
102	1,4- ジオキサン -2,3- ジイルジチオビス（チオホスホン酸）O,O,O',O'- テトラエチル（別名ジオキサチオン）	
103	シクロヘキサノール	
104	シクロヘキサノン	
105	3,4- ジクロロアニリン	国による GHS 分類の名称
106	ジクロロ酢酸	
107	1,2- ジクロロ -4- ニトロベンゼン	国による GHS 分類の名称
108	2,4- ジクロロフェノキシ酢酸	
109	1,4- ジクロロ -2- ブテン	
110	1,3- ジクロロプロペン	
111	ジシクロヘキシルアミン	国による GHS 分類の名称

通し番号	労働安全衛生法令の名称	備考
112	ジチオりん酸O-エチル-O-（4-メチルチオフェニル）-S-ノルマル-プロピル（別名スルプロホス）	
113	ジチオりん酸O,O-ジエチル-S-（2-エチルチオエチル）（別名ジスルホトン）	
114	ジチオりん酸O,O-ジエチル-S-エチルチオメチル（別名ホレート）	
115	ジチオりん酸O,O-ジエチル-S-（ターシャリ-ブチルチオメチル）（別名テルブホス）	
116	ジチオりん酸O,O-ジメチル-S-［(4-オキソ-1,2,3-ベンゾトリアジン-3(4H)-イル)メチル］(別名アジンホスメチル)	
117	ジチオりん酸O,O-ジメチル-S-1,2-ビス（エトキシカルボニル）エチル（別名マラチオン）	
118	ジニトロトルエン	国によるGHS分類の名称
119	ジニトロベンゼン	
120	2,4-ジニトロ-6-（1-メチルプロピル）-フェノール	
121	2-（ジ-ノルマル-ブチルアミノ）エタノール	
122	ジビニルスルホン（別名ビニルスルホン）	
123	2-ジフェニルアセチル-1,3-インダンジオン	
124	1,2-ジブロモエタン（別名ＥＤＢ）	
125	1,2-ジブロモ-3-クロロプロパン	
126	ジベンゾ［a,h］アントラセン（別名1,2:5,6-ジベンゾアントラセン）	
127	ジベンゾ［a,h］ピレン	国によるGHS分類の名称
128	ジベンゾ［a,i］ピレン	国によるGHS分類の名称
129	N,N-ジメチルアセトアミド	
130	N,N-ジメチルアニリン	
131	ジメチルエチルメルカプトエチルチオホスフェイト（別名メチルジメトン）	
132	3,7-ジメチル-2,6-オクタジエナール（別名シトラール）	国によるGHS分類の名称
133	ジメチルカルバモイル＝クロリド	
134	ジメチルジスルフィド	
135	ジメチルスルホキシド	国によるGHS分類の名称
136	N,N-ジメチルニトロソアミン	
137	ジメチル-パラ-ニトロフェニルチオホスフェイト（別名メチルパラチオン）	
138	1,1'-ジメチル-4,4'-ビピリジニウム塩	
139	2,2-ジメチル-1,3-ベンゾジオキソール-4-イル-N-メチルカルバマート（別名ベンダイオカルブ）	国によるGHS分類の名称
140	N,N-ジメチルホルムアミド	
141	臭化エチル	
142	すず及びその化合物	テトラメチルスズに限る
143	4-ターシャリ-ブチルフェノール	国によるGHS分類の名称
144	タリウム及びその化合物	国によるGHS分類の名称
145	チオジ（パラ-フェニレン）-ジオキシ-ビス（チオホスホン酸）O,O,O',O'-テトラメチル（別名テメホス）	
146	チオフェノール	

通し番号	労働安全衛生法令の名称	備考
147	チオりん酸 O,O- ジエチル -O-（2- イソプロピル -6- メチル -4- ピリミジニル）（別名ダイアジノン）	
148	チオりん酸 O,O- ジエチル - エチルチオエチル（別名ジメトン）	
149	チオりん酸 O,O- ジエチル -O-（6- オキソ -1- フェニル -1,6- ジヒドロ -3- ピリダジニル）（別名ピリダフェンチオン）	
150	チオりん酸 O,O- ジエチル -O-（3,5,6- トリクロロ -2- ピリジル）（別名クロルピリホス）	
151	チオりん酸 O,O- ジエチル -O-（2- ピラジニル）（別名チオナジン）	
152	チオりん酸 O,O- ジエチル -O-［4-（メチルスルフィニル）フェニル］（別名フェンスルホチオン）	
153	チオりん酸 O,O- ジメチル -O-（3- メチル -4- ニトロフェニル）（別名フェニトロチオン）	
154	チオりん酸 O,O- ジメチル -O-（3- メチル -4- メチルチオフェニル）（別名フェンチオン）	
155	デカボラン	
156	テトラエチルピロホスフェイト（別名 TEPP）	
157	N-（1,1,2,2- テトラクロロエチルチオ）-1,2,3,6- テトラヒドロフタルイミド（別名キャプタフォル）	
158	テトラヒドロフラン	
159	テトラヒドロメチル無水フタル酸	
160	テトラメチルこはく酸ニトリル	
161	灯油	
162	トリエチルアミン	
163	トリクロロエタン	
164	トリクロロナフタレン	
165	1,1,1- トリクロロ -2,2- ビス（4- メトキシフェニル）エタン（別名メトキシクロル）	
166	2,4,5- トリクロロフェノキシ酢酸	
167	2,3,4- トリクロロ -1- ブテン	国による GHS 分類の名称
168	1,2,3- トリクロロプロパン	
169	1,2,3- トリクロロベンゼン	国による GHS 分類の名称
170	1,3,5- トリクロロベンゼン	国による GHS 分類の名称
171	トリニトロトルエン	2,4,6- トリニトロトルエンに限る。
172	トルイジン	オルト - トルイジンを除く。
173	トルエン	
174	ナトリウム =1- オキソ -1 λ(5) - ピリジン -2- チオラート	国による GHS 分類の名称
175	1- ナフチルチオ尿素	
176	1- ナフチル -N- メチルカルバメート（別名カルバリル）	
177	ニコチン	
178	二硝酸プロピレン	
179	ニトログリセリン	
180	N- ニトロソジエタノールアミン	国による GHS 分類の名称

通し番号	労働安全衛生法令の名称	備考
181	N-ニトロソモルホリン	
182	ニトロトルエン	2-ニトロトルエン及び3-ニトロトルエンに限る
183	ニトロプロパン	1-ニトロプロパンに限る
184	ニトロベンゼン	
185	二硫化炭素	
186	ノルマル-ブチルアミン	
187	ノルマル-ブチル-2,3-エポキシプロピルエーテル	
188	ノルマルヘキサン	
189	パラ-アニシジン	
190	パラ-クロロアニリン	
191	パラ-ターシャリ-ブチル安息香酸	
192	パラ-ニトロアニリン	
193	ピクリン酸	
194	ビス（2-クロロエチル）エーテル	
195	ビス（2-クロロエチル）スルフィド（別名マスタードガス）	
196	ビス（2-クロロエチル）メチルアミン（別名HN2）	
197	ビス（ジチオりん酸）S,S'-メチレン-O,O,O',O'-テトラエチル（別名エチオン）	
198	S,S-ビス（1-メチルプロピル）=O-エチル＝ホスホロジチオアート（別名カズサホス）	
199	ヒドラジン及びその一水和物	ヒドラジンに限る
200	ヒドロキノン	
201	4-ビニルシクロヘキセンジオキシド	
202	N-ビニル-2-ピロリドン	
203	ビフェニル	
204	ピリジン	
205	2-ピリジンチオール-1-オキシドの亜鉛塩（別名ジンクピリチオン）	国によるGHS分類の名称
206	フェナントレン	国によるGHS分類の名称
207	フェニルオキシラン	
208	フェニルヒドラジン	
209	N-フェニル-1,4-ベンゼンジアミン	国によるGHS分類の名称
210	フェニレンジアミン	m-フェニレンジアミンに限る
211	フェノチアジン	
212	1-ブタノール	
213	o-フタルアルデヒド	国によるGHS分類の名称
214	フタル酸ビス（2-エチルヘキシル）（別名DEHP）	
215	ブタン-2-オン＝オキシム	国によるGHS分類の名称
216	2,3-ブタンジオン（別名ジアセチル）	
217	1-ブタンチオール	
218	tert-ブチル＝ヒドロペルオキシド	
219	2-ブテナール	国によるGHS分類の名称
220	フルオロ酢酸ナトリウム	

通し番号	労働安全衛生法令の名称	備考
221	フルフラール	
222	フルフリルアルコール	
223	プロピルアルコール	ノルマル－プロピルアルコールに限る
224	プロピレンイミン	
225	プロピレングリコールエチルエーテル（別名 1- エトキシ -2- プロパノール）	国による GHS 分類の名称
226	2- プロピン -1- オール	
227	2- プロポキシエタノール	国による GHS 分類の名称
228	ブロモクロロメタン	
229	ブロモジクロロメタン	
230	2- ブロモ -2- ニトロプロパン -1,3- ジオール（別名ブロノポル）	国による GHS 分類の名称
231	2- ブロモプロパン	
232	3- ブロモ -1- プロペン（別名臭化アリル）	
233	ヘキサクロロエタン	
234	1,2,3,4,10,10- ヘキサクロロ -6,7- エポキシ -1,4,4a,5,6,7,8,8a- オクタヒドロ－エキソ -1,4- エンド -5,8- ジメタノナフタレン（別名ディルドリン）	
235	1,2,3,4,10,10- ヘキサクロロ -6,7- エポキシ -1,4,4a,5,6,7,8,8a- オクタヒドロ－エンド－ 1,4- エンド -5,8- ジメタノナフタレン（別名エンドリン）	
236	1,2,3,4,5,6- ヘキサクロロシクロヘキサン（別名リンデン）	
237	ヘキサクロロナフタレン	
238	1,2,3,4,10,10- ヘキサクロロ -1,4,4a,5,8,8a- ヘキサヒドロ－エキソ -1,4- エンド -5,8- ジメタノナフタレン（別名アルドリン）	
239	ヘキサクロロヘキサヒドロメタノベンゾジオキサチエピンオキサイド（別名ベンゾエピン）	
240	ヘキサクロロベンゼン	
241	ヘキサヒドロ -1,3,5- トリニトロ -1,3,5- トリアジン（別名シクロナイト）	
242	ヘキサフルオロアセトン	
243	ヘキサメチルホスホリックトリアミド	
244	1,4,5,6,7,8,8- ヘプタクロロ -2,3- エポキシ -2,3,3a,4,7,7a- ヘキサヒドロ -4,7- メタノ -1H- インデン（別名ヘプタクロルエポキシド）	
245	1,4,5,6,7,8,8- ヘプタクロロ -3a,4,7,7a- テトラヒドロ -4,7- メタノ -1H- インデン（別名ヘプタクロル）	
246	ペルフルオロオクタン酸及びそのアンモニウム塩	
247	ペルフルオロ（オクタン -1- スルホン酸）（別名 PFOS）	
248	ベンジルアルコール	
249	1,2,4- ベンゼントリカルボン酸 1,2- 無水物	
250	ベンゾ［a］アントラセン	
251	ベンゾ［a］ピレン	
252	ベンゾ［e］フルオラセン	
253	ベンゾ［j］フルオランテン	国による GHS 分類の名称

通し番号	労働安全衛生法令の名称	備考
254	ベンゾ［k］フルオランテン	国による GHS 分類の名称
255	ペンタクロロナフタレン	
256	ホルムアミド	
257	無水フタル酸	
258	メタ－キシリレンジアミン	
259	メタクリル酸	
260	メタクリル酸 2,3- エポキシプロピル	
261	メタクリロニトリル	
262	メタノール	
263	N- メチルアニリン	
264	メチル＝イソチオシアネート	
265	メチルエチルケトン	
266	N- メチルカルバミン酸 2- セカンダリ－ブチルフェニル（別名フェノブカルブ）	
267	メチルシクロヘキサノン	
268	2- メチル -4,6- ジニトロフェノール	
269	2- メチル -4-（2- トリルアゾ）アニリン	
270	メチルナフタレン	
271	メチル－ノルマル－ブチルケトン	
272	メチルヒドラジン	
273	メチルビニルケトン	
274	N- メチル -2- ピロリドン	
275	3- メチル -1-（プロパン -2- イル）-1H- ピラゾール -5- イル＝ジメチルカルバマート	
276	4- メチル -2- ペンタノール	
277	N- メチルホルムアミド	
278	S- メチル -N-（メチルカルバモイルオキシ）チオアセチミデート（別名メソミル）	
279	4,4'- メチレンジアニリン	
280	メチレンビス（4,1- フェニレン）＝ジイソシアネート（別名 MDI）	
281	1-（2- メトキシ -2- メチルエトキシ）-2- プロパノール	
282	メルカプト酢酸	
283	モノフルオール酢酸パラブロムアニリド	
284	モルホリン	
285	ヨードホルム	
286	ラクトニトリル（別名アセトアルデヒドシアンヒドリン）	
287	りん酸ジ－ノルマル－ブチル	
288	りん酸ジ－ノルマル－ブチル＝フェニル	
289	りん酸 1,2- ジブロモ -2,2- ジクロロエチル＝ジメチル（別名ナレド）	
290	りん酸ジメチル＝（E）-1-（N,N- ジメチルカルバモイル）-1- プロペン -2- イル（別名ジクロトホス）	
291	りん酸ジメチル＝（E）-1-（N- メチルカルバモイル）-1- プロペン -2- イル（別名モノクロトホス）	

通し番号	労働安全衛生法令の名称	備考
292	りん酸ジメチル =1- メトキシカルボニル -1- プロペン -2- イル（別名メビンホス）	
293	りん酸トリトリル	りん酸トリ（オルト－トリル）に限る
294	りん酸トリ－ノルマル－ブチル	
295	六塩化ブタジエン	
296	ロテノン	

防じんマスク、防毒マスク及び電動ファン付き呼吸用保護具の選択、使用等について

令和５年５月25日付け基発0525第３号

標記について、これまで防じんマスク、防毒マスク等の呼吸用保護具を使用する労働者の健康障害を防止するため、「防じんマスクの選択、使用等について」（平成17年２月７日付け基発第0207006号。以下「防じんマスク通達」という。）及び「防毒マスクの選択、使用等について」（平成17年２月７日付け基発第0207007号。以下「防毒マスク通達」という。）により、その適切な選択、使用、保守管理等に当たって留意すべき事項を示してきたところである。

今般、労働安全衛生規則等の一部を改正する省令（令和４年厚生労働省令第91号。以下「改正省令」という。）等により、新たな化学物質管理が導入されたことに伴い、呼吸用保護具の選択、使用等に当たっての留意事項を下記のとおり定めたので、関係事業場に対して周知を図るとともに、事業場の指導に当たって遺漏なきを期されたい。

なお、防じんマスク通達及び防毒マスク通達は、本通達をもって廃止する。

記

第１　共通事項

１　趣旨等

改正省令による改正後の労働安全衛生規則（昭和47年労働省令第32号。以下「安衛則」という。）第577条の２第１項において、事業者に対し、リスクアセスメントの結果等に基づき、代替物の使用、発散源を密閉する設備、局所排気装置又は全体換気装置の設置及び稼働、作業の方法の改善、有効な呼吸用保護具を使用させること等必要な措置を講ずることにより、リスクアセスメント対象物に労働者がばく露される程度を最小限度にすることが義務付けられた。さらに、同条第２項において、厚生労働大臣が定めるものを製造し、又は取り扱う業務を行う屋内作業場においては、労働者がこれらの物にばく露される程度を、厚生労働大臣が定める濃度の基準（以下「濃度基準値」という。）以下とすることが事業者に義務付けられた。

これらを踏まえ、化学物質による健康障害防止のための濃度の基準の適用等に関する技術上の指針（令和５年４月27日付け技術上の指針第24 号。以下「技術上の指針」という。）が定められ、化学物質等による危険性又は有害性等の調査等に関する指針（平成27年９月18日付け危険性又は有害性等の調査等に関する指針公示第３号。以下「化学物質リスクアセスメント指針」という。）と相まって、リスクアセスメント及びその結果に基づく必要な措置のために実施すべき事項が規定されている。

本指針は、化学物質リスクアセスメント指針及び技術上の指針で定めるリスク低減措置として呼吸用保護具を使用する場合に、その適切な選択、使用、保守管理等に当たって留意すべき事項を示したものである。

２　基本的考え方

(1)　事業者は、化学物質リスクアセスメント指針に規定されているように、危険性又は有害性の低い物質への代替、工学的対策、管理的対策、有効な保護具の使用という優先順位に従い、対策を検討し、労働者のばく露の程度を濃度基準値以下とすることを含めたリスク低減措置を実施すること。その際、保護具については、適切に選択され、使用されなければ効果を発揮しないことを踏まえ、本質安全化、工学的対策等の信頼性と比較し、最も低い優先順

位が設定されていることに留意すること。

(2) 事業者は、労働者の呼吸域における物質の濃度が、保護具の使用を除くリスク低減措置を講じてもなお、当該物質の濃度基準値を超えること等、リスクが高い場合、有効な呼吸用保護具を選択し、労働者に適切に使用させること。その際、事業者は、呼吸用保護具の選択及び使用が適切に実施されなければ、所期の性能が発揮されないことに留意し、呼吸用保護具が適切に選択及び使用されているかの確認を行うこと。

3 管理体制等

(1) 事業者は、リスクアセスメントの結果に基づく措置として、労働者に呼吸用保護具を使用させるときは、保護具に関して必要な教育を受けた保護具着用管理責任者（安衛則第12条の6第1項に規定する保護具着用管理責任者をいう。以下同じ。）を選任し、次に掲げる事項を管理させなければならないこと。

ア 呼吸用保護具の適正な選択に関すること

イ 労働者の呼吸用保護具の適正な使用に関すること

ウ 呼吸用保護具の保守管理に関すること

エ 改正省令による改正後の特定化学物質障害予防規則（昭和47年労働省令第39号。以下「特化則」という。）第36条の3の2第4項等で規定する第三管理区分に区分された場所（以下「第三管理区分場所」という。）における、同項第1号及び第2号並びに同条第5項第1号から第3号までに掲げる措置のうち、呼吸用保護具に関すること

オ 第三管理区分場所における特定化学物質作業主任者の職務（呼吸用保護具に関する事項に限る。）について必要な指導を行うこと

(2) 事業者は、化学物質管理者の管理の下、保護具着用管理責任者に、呼吸用保護具を着用する労働者に対して、作業環境中の有害物質の種類、発散状況、濃度、作業時のばく露の危険性の程度等について教育を行わせること。また、事業者は、保護具着用管理責任者に、各労働者が着用する呼吸用保護具の取扱説明書、ガイドブック、パンフレット等（以下「取扱説明書等」という。）に基づき、適正な装着方法、使用方法及び顔面と面体の密着性の確認方法について十分な教育や訓練を行わせること。

(3) 事業者は、保護具着用管理責任者に、安衛則第577条の2第11項に基づく有害物質のばく露の状況の記録を把握させ、ばく露の状況を踏まえた呼吸用保護具の適正な保守管理を行わせること。

4 呼吸用保護具の選択

(1) 呼吸用保護具の種類の選択

ア 事業者は、あらかじめ作業場所に酸素欠乏のおそれがないことを労働者等に確認させること。酸素欠乏又はそのおそれがある場所及び有害物質の濃度が不明な場所ではろ過式呼吸用保護具を使用させてはならないこと。酸素欠乏のおそれがある場所では、日本産業規格 T 8150「呼吸用保護具の選択、使用及び保守管理方法」（以下「JIS T 8150」という。）を参照し、指定防護係数が1000以上の全面形面体を有する、別表2及び別表3に記載している循環式呼吸器、空気呼吸器、エアラインマスク及びホースマスク（以下「給気式呼吸用保護具」という。）の中から有効なものを選択すること。

イ 防じんマスク及び防じん機能を有する電動ファン付き呼吸用保護具（以下「P-PAPR」という。）は、酸素濃度18%以上の場所であっても、有害なガス及び蒸気（以下「有毒ガス等」という。）が存在する場所においては使用しないこと。このような場所では、防毒マスク、防毒機能を有する電動ファ

ン付き呼吸用保護具（以下「G-PAPR」という。）又は給気式呼吸用保護具を使用すること。粉じん作業であっても、他の作業の影響等によって有毒ガス等が流入するような場合には、改めて作業場の作業環境の評価を行い、適切な防じん機能を有する防毒マスク、防じん機能を有するG-PAPR又は給気式呼吸用保護具を使用すること。

ウ　安衛則第280条第１項において、引火性の物の蒸気又は可燃性ガスが爆発の危険のある濃度に達するおそれのある箇所において電気機械器具（電動機、変圧器、コード接続器、開閉器、分電盤、配電盤等電気を通ずる機械、器具その他の設備のうち配線及び移動電線以外のものをいう。以下同じ。）を使用するときは、当該蒸気又はガスに対しその種類及び爆発の危険のある濃度に達するおそれに応じた防爆性能を有する防爆構造電気機械器具でなければ使用してはならない旨規定されており、非防爆タイプの電動ファン付き呼吸用保護具を使用してはならないこと。また、引火性の物には、常温以下でも危険となる物があることに留意すること。

エ　安衛則第281条第１項又は第282条第１項において、それぞれ可燃性の粉じん（マグネシウム粉、アルミニウム粉等爆燃性の粉じんを除く。）又は爆燃性の粉じんが存在して爆発の危険のある濃度に達するおそれのある箇所及び爆発の危険のある場所で電気機械器具を使用するときは、当該粉じんに対し防爆性能を有する防爆構造電気機械器具でなければ使用してはならない旨規定されており、非防爆タイプの電動ファン付き呼吸用保護具を使用してはならないこと。

⑵　要求防護係数を上回る指定防護係数を有する呼吸用保護具の選択

ア　金属アーク等溶接作業を行う事業場においては、「金属アーク溶接等作業を継続して行う屋内作業場に係る溶接ヒュームの濃度の測定の方法等」（令和２年厚生労働省告示第286号。以下「アーク溶接告示」という。）で定める方法により、第三管理区分場所においては、「第三管理区分に区分された場所に係る有機溶剤等の濃度の測定の方法等」（令和４年厚生労働省告示第341号。以下「第三管理区分場所告示」という。）に定める方法により濃度の測定を行い、その結果に基づき算出された要求防護係数を上回る指定防護係数を有する呼吸用保護具を使用しなければならないこと。

イ　濃度基準値が設定されている物質については、技術上の指針の３から６に示した方法により測定した当該物質の濃度を用い、技術上の指針の７－３に定める方法により算出された要求防護係数を上回る指定防護係数を有する呼吸用保護具を選択すること。

ウ　濃度基準値又は管理濃度が設定されていない物質で、化学物質の評価機関によりばく露限界の設定がなされている物質については、原則として、技術上の指針の２－１⑶及び２－２に定めるリスクアセスメントのための測定を行い、技術上の指針の５－１⑵アで定める８時間時間加重平均値を８時間時間加重平均のばく露限界（TWA）と比較し、技術上の指針の５－１⑵イで定める15分間時間加重平均値を短時間ばく露限界値（STEL）と比較し、別紙１の計算式によって要求防護係数を求めること。

さらに、求めた要求防護係数と別表１から別表３までに記載された指定防護係数を比較し、要求防護係数より大きな値の指定防護係数を有する呼吸用保護具を選択すること。

エ　有害物質の濃度基準値やばく露限界に関する情報がない場合は、化学物質管理者、化学物質管理専門家をはじめ、労働衛生に関する専門家に相談し、適切な指定防護係数を有する呼吸用保護具を選択すること。

(3) 法令に保護具の種類が規定されている場合の留意事項

安衛則第592条の５、有機溶剤中毒予防規則（昭和47年労働省令第36号。以下「有機則」という。）第33条、鉛中毒予防規則（昭和47年労働省令第37号。以下「鉛則」という。）第58条、四アルキル鉛中毒予防規則（昭和47年労働省令第38号。以下「四アルキル鉛則」という。）第４条、特化則第38条の13及び第43条、電離放射線障害防止規則（昭和47年労働省令第41号。以下「電離則」という。）第38条並びに粉じん障害防止規則（昭和54年労働省令第18号。以下「粉じん則」という。）第27条のほか労働安全衛生法令に定める防じんマスク、防毒マスク、P-PAPR又はG-PAPRについては、法令に定める有効な性能を有するものを労働者に使用させなければならないこと。なお、法令上、呼吸用保護具のろ過材の種類等が指定されているものについては、別表５を参照すること。

なお、別表５中の金属のヒューム（溶接ヒュームを含む。）及び鉛については、化学物質としての有害性に着目した基準値により要求防護係数が算出されることとなるが、これら物質については、粉じんとしての有害性も配慮すべきことから、算出された要求防護係数の値にかかわらず、ろ過材の種類をRS2、RL2、DS2、DL2以上のものとしている趣旨であること。

(4) 呼吸用保護具の選択に当たって留意すべき事項

ア　事業者は、有害物質を直接取り扱う作業者について、作業環境中の有害物質の種類、作業内容、有害物質の発散状況、作業時のばく露の危険性の程度等を考慮した上で、必要に応じ呼吸用保護具を選択、使用等させること。

イ　事業者は、防護性能に関係する事項以外の要素（着用者、作業、作業強度、環境等）についても考慮して呼吸用保護具を選択させること。なお、呼吸用保護具を着用しての作業は、通常より身体に負荷がかかることから、着用者によっては、呼吸用保護具着用による心肺機能への影響、閉所恐怖症、面体との接触による皮膚炎、腰痛等の筋骨格系障害等を生ずる可能性がないか、産業医等に確認すること。

ウ　事業者は、保護具着用管理責任者に、呼吸用保護具の選択に際して、目の保護が必要な場合は、全面形面体又はルーズフィット形呼吸用インタフェースの使用が望ましいことに留意させること。

エ　事業者は、保護具着用管理責任者に、作業において、事前の計画どおりの呼吸用保護具が使用されているか、着用方法が適切か等について確認させること。

オ　作業者は、事業者、保護具着用管理責任者等から呼吸用保護具着用の指示が出たら、それに従うこと。また、作業中に臭気、息苦しさ等の異常を感じたら、速やかに作業を中止し避難するとともに、状況を保護具着用管理責任者等に報告すること。

５　呼吸用保護具の適切な装着

(1) フィットテストの実施

金属アーク溶接等作業を行う作業場所においては、アーク溶接告示で定める方法により、第三管理区分場所においては、第三管理区分場所告示に定める方法により、１年以内ごとに１回、定期に、フィットテストを実施しなければならないこと。

上記以外の事業場であって、リスクアセスメントに基づくリスク低減措置として呼吸用保護具を労働者に使用させる事業場においては、技術上の指針の７－４及び次に定めるところにより、１年以内ごとに１回、フィットテストを行うこと。

ア　呼吸用保護具（面体を有するものに限る。）を使用する労働者について、JIS T 8150 に定める方法又はこれと同等の方法により当該労働者の顔面と当該呼吸用保護具の面体との密着の程度を示す係数（以下「フィットファクタ」という。）を求め、当該フィットファクタが要求フィットファクタを上回っていることを確認する方法とすること。

イ　フィットファクタは、別紙２により計算するものとすること。

ウ　要求フィットファクタは、別表４に定めるところによること。

(2)　フィットテストの実施に当たっての留意事項

ア　フィットテストは、労働者によって使用される面体がその労働者の顔に密着するものであるか否かを評価する検査であり、労働者の顔に合った面体を選択するための方法（手順は、JIS T 8150 を参照。）である。なお、顔との密着性を要求しないルーズフィット形呼吸用インタフェースは対象外である。面体を有する呼吸用保護具は、面体が労働者の顔に密着した状態を維持することによって初めて呼吸用保護具本来の性能が得られることから、フィットテストにより適切な面体を有する呼吸用保護具を選択することは重要であること。

イ　面体を有する呼吸用保護具については、着用する労働者の顔面と面体とが適切に密着していなければ、呼吸用保護具としての本来の性能が得られないこと。特に、着用者の吸気時に面体内圧が陰圧（すなわち、大気圧より低い状態）になる防じんマスク及び防毒マスクは、着用する労働者の顔面と面体とが適切に密着していない場合は、粉じんや有毒ガス等が面体の接顔部から面体内へ漏れ込むことになる。また、通常の着用状態であれば面体内圧が常に陽圧（すなわち、大気圧より高い状態）になる面体形の電動ファン付き呼吸用保護具であっても、着用する労働者の顔面と面体とが適切に密着していない場合は、多量の空気を使用することになり、連続稼働時間が短くなり、場合によっては本来の防護性能が得られない場合もある。

ウ　面体については、フィットテストによって、着用する労働者の顔面に合った形状及び寸法の接顔部を有するものを選択及び使用し、面体を着用した直後には、(3)に示す方法又はこれと同等以上の方法によってシールチェック（面体を有する呼吸用保護具を着用した労働者自身が呼吸用保護具の装着状態の密着性を調べる方法。以下同じ。）を行い、各着用者が顔面と面体とが適切に密着しているかを確認すること。

エ　着用者の顔面と面体とを適正に密着させるためには、着用時の面体の位置、しめひもの位置及び締め方等を適切にさせることが必要であり、特にしめひもについては、耳にかけることなく、後頭部において固定させることが必要であり、加えて、次の①、②、③のような着用を行わせないことに留意すること。

①　面体と顔の間にタオル等を挟んで使用すること。

②　着用者のひげ、もみあげ、前髪等が面体の接顔部と顔面の間に入り込む、排気弁の作動を妨害する等の状態で使用すること。

③　ヘルメットの上からしめひもを使用すること。

オ　フィットテストは、定期に実施するほか、面体を有する呼吸用保護具を選択するとき又は面体の密着性に影響すると思われる顔の変形（例えば、顔の手術などで皮膚にくぼみができる等）があったときに、実施することが望ましいこと。

カ　フィットテストは、個々の労働者と当該労働者が使用する面体又はこの面体と少なくとも接顔部の形状、サイズ及び材質が同じ面体との組合せで行うこと。合格した場合は、フィットテストと同じ型式、かつ、同じ寸法の面体を労働者に使用させ、不合格だった場合は、同じ型式であって寸法が異なる面体若しくは異なる型式の面体を選択すること又はルーズフィット形呼吸用インタフェースを有する呼吸用保護具を使用すること等について検討する必要があること。

(3)　シールチェックの実施

シールチェックは、ろ過式呼吸用保護具（電動ファン付き呼吸用保護具については、面体形のみ）の取扱説明書に記載されている内容に従って行うこと。シールチェックの主な方法には、陰圧法と陽圧法があり、それぞれ次のとおりであること。なお、ア及びイに記載した方法とは別に、作業場等に備え付けた簡易機器等によって、簡易に密着性を確認する方法（例えば、大気じんを利用する機器、面体内圧の変動を調べる機器等）がある。

ア　陰圧法によるシールチェック

面体を顔面に押しつけないように、フィットチェッカー等を用いて吸気口をふさぐ（連結管を有する場合は、連結管の吸気口をふさぐ又は連結管を握って閉塞させる）。息をゆっくり吸って、面体の顔面部と顔面との間から空気が面体内に流入せず、面体が顔面に吸いつけられることを確認する。

イ　陽圧法によるシールチェック

面体を顔面に押しつけないように、フィットチェッカー等を用いて排気口をふさぐ。息を吐いて、空気が面体内から流出せず、面体内に呼気が滞留することによって面体が膨張することを確認する。

6　電動ファン付き呼吸用保護具の故障時等の措置

(1)　電動ファン付き呼吸用保護具に付属する警報装置が警報を発したら、速やかに安全な場所に移動すること。警報装置には、ろ過材の目詰まり、電池の消耗等による風量低下を警報するもの、電池の電圧低下を警報するもの、面体形のものにあっては、面体内圧が陰圧に近づいていること又は達したことを警報するもの等があること。警報装置が警報を発した場合は、新しいろ過材若しくは吸収缶又は充電された電池との交換を行うこと。

(2)　電動ファン付き呼吸用保護具が故障し、電動ファンが停止した場合は、速やかに退避すること。

第2　防じんマスク及びP-PAPRの選択及び使用に当たっての留意事項

1　防じんマスク及びP-PAPRの選択

(1)　防じんマスク及びP-PAPRは、機械等検定規則(昭和47年労働省令第45号。以下「検定則」という。) 第14条の規定に基づき付されている型式検定合格標章により、型式検定合格品であることを確認すること。なお、吸気補助具付き防じんマスクについては、検定則に定める型式検定合格標章に「補」が記載されている。

また、吸気補助具が分離できるもの等、2箇所に型式検定合格標章が付されている場合は、型式検定合格番号が同一となる組合せが適切な組合せであり、当該組合せで使用して初めて型式検定に合格した防じんマスクとして有効に機能するものであること。

(2)　安衛則第592条の5、鉛則第58条、特化則第43条、電離則第38条及び粉じん則第27条のほか労働安全衛生法令に定める呼吸用保護具のうちP-PAPRについては、粉じん等の種類及び作業内容に応じ、令和5年厚生労働省告示第88号による改正後の電動ファン付き呼吸用保護具の規格（平成26年厚生労働省告示第455号。以下「改正規格」という。）第2条第4項及び第5項のいずれかの区分に該当するものを使用すること。

(3)　防じんマスクを選択する際は、次の事項について留意の上、防じんマスクの性能等が記載されている取扱説明書等を参考に、それぞれの作業に適した防じんマスクを選択するすること。

ア　粉じん等の有害性が高い場合又は高濃度ばく露のおそれがある場合は、できるだけ粒子捕集効率が高いものであること。

イ　粉じん等とオイルミストが混在する場合には、区分がLタイプ（RL3、

RL2、RL1、DL3、DL2 及びDL1）の防じんマスクであること。

ウ　作業内容、作業強度等を考慮し、防じんマスクの重量、吸気抵抗、排気抵抗等が当該作業に適したものであること。特に、作業強度が高い場合にあっては、P-PAPR、送気マスク等、吸気抵抗及び排気抵抗の問題がない形式の呼吸用保護具の使用を検討すること。

(4)　P-PAPRを選択する際は、次の事項について留意の上、P-PAPRの性能が記載されている取扱説明書等を参考に、それぞれの作業に適したP-PAPRを選択すること。

ア　粉じん等の種類及び作業内容の区分並びにオイルミスト等の混在の有無の区分のうち、複数の性能のP-PAPR を使用することが可能（別表５参照）であっても、作業環境中の粉じん等の種類、作業内容、粉じん等の発散状況、作業時のばく露の危険性の程度等を考慮した上で、適切なものを選択すること。

イ　粉じん等とオイルミストが混在する場合には、区分がＬタイプ（PL3、PL2 及びPL1）のろ過材を選択すること。

ウ　着用者の作業中の呼吸量に留意して、「大風量形」又は「通常風量形」を選択すること。

エ　粉じん等に対して有効な防護性能を有するものの範囲で、作業内容を考慮して、呼吸用インタフェース（全面形面体、半面形面体、フード又はフェイスシールド）について適するものを選択すること。

2　防じんマスク及びP-PAPRの使用

(1)　ろ過材の交換時期については、次の事項に留意すること。

ア　ろ過材を有効に使用できる時間は、作業環境中の粉じん等の種類、粒径、発散状況、濃度等の影響を受けるため、これらの要因を考慮して設定する必要があること。なお、吸気抵抗上昇値が高いものほど目詰まりが早く、短時間で息苦しくなる場合があるので、作業時間を考慮すること。

イ　防じんマスク又はP-PAPRの使用中に息苦しさを感じた場合には、ろ過材を交換すること。オイルミストを捕集した場合は、固体粒子の場合とは異なり、ほとんど吸気抵抗上昇がない。ろ過材の種類によっては、多量のオイルミストを捕集すると、粒子捕集効率が低下するものもあるので、製造者の情報に基づいてろ過材の交換時期を設定すること。

ウ　砒素、クロム等の有害性が高い粉じん等に対して使用したろ過材は、１回使用するごとに廃棄すること。また、石綿、インジウム等を取り扱う作業で使用したろ過材は、そのまま作業場から持ち出すことが禁止されているので、１回使用するごとに廃棄すること。

エ　使い捨て式防じんマスクにあっては、当該マスクに表示されている使用限度時間に達する前であっても、息苦しさを感じる場合、又は著しい型くずれを生じた場合には、これを廃棄し、新しいものと交換すること。

(2)　粉じん則第27条では、ずい道工事における呼吸用保護具の使用が義務付けられている作業が決められており、P-PAPRの使用が想定される場合もある。しかし、「雷管取扱作業」を含む坑内作業でのP-PAPR の使用は、漏電等による爆発の危険がある。このような場合は爆発を防止するために防じんマスクを使用する必要があるが、面体形のP-PAPRは電動ファンが停止しても防じんマスクと同等以上の防じん機能を有することから、「雷管取扱作業」を開始する前に安全な場所で電池を取り外すことで、使用しても差し支えないこと（平成26年11月28日付け基発1128第12号「電動ファン付き呼吸用保護具の規格の適用等について」）とされていること。

第３　防毒マスク及びG-PAPRの選択及び使用に当たっての留意事項

１　防毒マスク及びG-PAPRの選択及び使用

⑴　防毒マスクは、検定則第14条の規定に基づき、吸収缶（ハロゲンガス用、有機ガス用、一酸化炭素用、アンモニア用及び亜硫酸ガス用のものに限る。）及び面体ごとに付されている型式検定合格標章により、型式検定合格品であることを確認すること。この場合、吸収缶と面体に付される型式検定合格標章は、型式検定合格番号が同一となる組合せが適切な組合せであり、当該組合せで使用して初めて型式検定に合格した防毒マスクとして有効に機能するものであること。ただし、吸収缶については、単独で型式検定を受けることが認められているため、型式検定合格番号が異なっている場合があるため、製品に添付されている取扱説明書により、使用できる組合せであることを確認すること。

なお、ハロゲンガス、有機ガス、一酸化炭素、アンモニア及び亜硫酸ガス以外の有毒ガス等に対しては、当該有毒ガス等に対して有効な吸収缶を使用すること。なお、これらの吸収缶を使用する際は、日本産業規格Ｔ 8152「防毒マスク」に基づいた吸収缶を使用すること又は防毒マスクの製造者、販売業者又は輸入業者（以下「製造者等」という。）に問い合わせること等により、適切な吸収缶を選択する必要があること。

⑵　G-PAPRは、令和５年厚生労働省令第29号による改正後の検定則第14条の規定に基づき、電動ファン、吸収缶（ハロゲンガス用、有機ガス用、アンモニア用及び亜硫酸ガス用のものに限る。）及び面体ごとに付されている型式検定合格標章により、型式検定合格品であることを確認すること。この場合、電動ファン、吸収缶及び面体に付される型式検定合格標章は、型式検定合格番号が同一となる組合せが適切な組合せであり、当該組合せで使用して初めて型式検定に合格したG-PAPRとして有効に機能するものであること。

なお、ハロゲンガス、有機ガス、アンモニア及び亜硫酸ガス以外の有毒ガス等に対しては、当該有毒ガス等に対して有効な吸収缶を使用すること。なお、これらの吸収缶を使用する際は、日本産業規格 T 8154「有毒ガス用電動ファン付き呼吸用保護具」に基づいた吸収缶を使用する又はG-PAPRの製造者等に問い合わせるなどにより、適切な吸収缶を選択する必要があること。

⑶　有機則第33条、四アルキル鉛則第２条、特化則第38条の13第１項のほか労働安全衛生法令に定める呼吸用保護具のうちG-PAPRについては、粉じん又は有毒ガス等の種類及び作業内容に応じ、改正規格第２条第１項表中の面体形又はルーズフィット形を使用すること。

⑷　防毒マスク及びG-PAPRを選択する際は、次の事項について留意の上、防毒マスクの性能が記載されている取扱説明書等を参考に、それぞれの作業に適した防毒マスク及びG-PAPRを選択すること。

ア　作業環境中の有害物質（防毒マスクの規格（平成２年労働省告示第68号）第１条の表下欄及び改正規格第１条の表下欄に掲げる有害物質をいう。）の種類、濃度及び粉じん等の有無に応じて、面体及び吸収缶の種類を選ぶこと。

イ　作業内容、作業強度等を考慮し、防毒マスクの重量、吸気抵抗、排気抵抗等が当該作業に適したものを選ぶこと。

ウ　防じんマスクの使用が義務付けられている業務であっても、近くで有毒ガス等の発生する作業等の影響によって、有毒ガス等が混在する場合には、改めて作業環境の評価を行い、有効な防じん機能を有する防毒マスク、防じん機能を有するG-PAPR又は給気式呼吸用保護具を使用すること。

エ　吹付け塗装作業等のように、有機溶剤の蒸気と塗料の粒子等の粉じんとが混在している場合については、有効な防じん機能を有する防毒マスク、防じん機能を有するG-PAPR又は給気式呼吸用保護具を使用すること。

オ　有毒ガス等に対して有効な防護性能を有するものの範囲で、作業内容について、呼吸用インタフェース（全面形面体、半面形面体、フード又はフェイスシールド）について適するものを選択すること。

(5)　防毒マスク及びG-PAPRの吸収缶等の選択に当たっては、次に掲げる事項に留意すること。

ア　要求防護係数より大きい指定防護係数を有する防毒マスクがない場合は、必要な指定防護係数を有するG-PAPR又は給気式呼吸用保護具を選択すること。

また、対応する吸収缶の種類がない場合は、第1の4(1)の要求防護係数より高い指定防護係数を有する給気式呼吸用保護具を選択すること。

イ　防毒マスクの規格第2条及び改正規格第2条で規定する使用の範囲内で選択すること。ただし、この濃度は、吸収缶の性能に基づくものであるので、防毒マスク及びG-PAPRとして有効に使用できる濃度は、これより低くなることがあること。

ウ　有毒ガス等と粉じん等が混在する場合は、第2に記載した防じんマスク及びP-PAPRの種類の選択と同様の手順で、有毒ガス等及び粉じん等に適した面体の種類及びろ過材の種類を選択すること。

エ　作業環境中の有毒ガス等の濃度に対して除毒能力に十分な余裕のあるものであること。なお、除毒能力の高低の判断方法としては、防毒マスク、G-PAPR、防毒マスクの吸収缶及びG-PAPRの吸収缶に添付されている破過曲線図から、一定のガス濃度に対する破過時間（吸収缶が除毒能力を喪失するまでの時間。以下同じ。）の長短を比較する方法があること。

例えば、次の図に示す吸収缶A及び吸収缶Bの破過曲線図では、ガス濃度0.04％の場合を比べると、破過時間は吸収缶Aが200分、吸収缶Bが300分となり、吸収缶Aに比べて吸収缶Bの除毒能力が高いことがわかること。

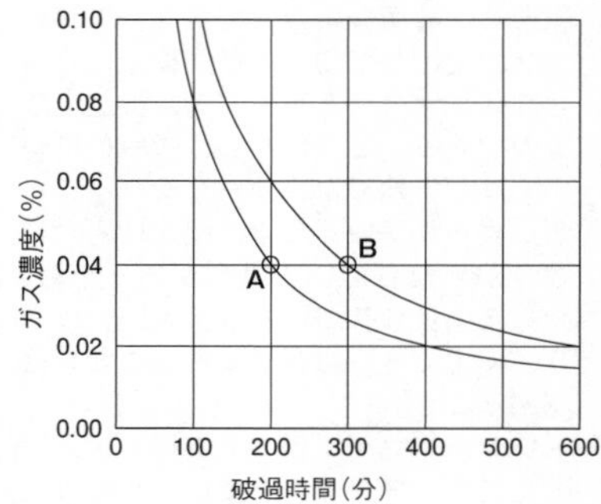

オ　有機ガス用防毒マスク及び有機ガス用G-PAPRの吸収缶は、有機ガスの種類により防毒マスクの規格第7条及び改正規格第7条に規定される除毒能力試験の試験用ガス（シクロヘキサン）と異なる破過時間を示すので、対象物質の破過時間について製造者に問い合わせること。

カ　メタノール、ジクロロメタン、二硫化炭素、アセトン等に対する破過時間は、防毒マスクの規格第7条及び改正規格第7条に規定される除毒能力試験の試験用ガスによる破過時間と比べて著しく短くなるので注意すること。この場合、使用時間の管理を徹底するか、対象物質に適した専用吸収缶について製造者に問い合わせること。

(6)　有毒ガス等が粉じん等と混在している作業環境中では、粉じん等を捕集する防じん機能を有する防毒マスク又は防じん機能を有するG-PAPRを選択すること。その際、次の事項について留意すること。

ア　防じん機能を有する防毒マスク及びG-PAPRの吸収缶は、作業環境中の粉じん等の種類、発散状況、作業時のばく露の危険性の程度等を考慮した上で、適切な区分のものを選ぶこと。なお、作業環境中に粉じん等に混じってオイルミスト等が存在する場合にあっては、試験粒子にフタル酸ジオクチルを用いた粒子捕集効率試験に合格した防じん機能を有する防毒マスク（L3、L2、L1）又は防じん機能を有するG-PAPR（PL3、PL2、PL1）を選ぶこと。また、粒子捕集効率が高いほど、粉じん等をよく捕集できること。

イ　吸収缶の破過時間に加え、捕集する作業環境中の粉じん等の種類、粒径、発散状況及び濃度が使用限度時間に影響するので、これらの要因を考慮して選択すること。なお、防じん機能を有する防毒マスク及び防じん機能を有するG-PAPRの吸収缶の取扱説明書には、吸気抵抗上昇値が記載されているが、これが高いものほど目詰まりが早く、より短時間で息苦しくなることから、使用限度時間は短くなること。

ウ　防じん機能を有する防毒マスク及び防じん機能を有するG-PAPRの吸収缶のろ過材は、一般に粉じん等を捕集するに従って吸気抵抗が高くなるが、防毒マスクのS3、S2又はS1のろ過材（G-PAPRの場合はPL3、PL2、PL1のろ過材）では、オイルミスト等が堆積した場合に吸気抵抗が変化せずに急激に粒子捕集効率が低下するものがあり、また、防毒マスクのL3、L2又はL1のろ過材（G-PAPRの場合はPL3、PL2、PL1のろ過材）では、多量のオイルミスト等の堆積により粒子捕集効率が低下するものがあるので、吸気抵抗の上昇のみを使用限度の判断基準にしないこと。

(7)　2種類以上の有毒ガス等が混在する作業環境中で防毒マスク又はG-PAPRを選択及び使用する場合には、次の事項について留意すること。

①　作業環境中に混在する2種類以上の有毒ガス等についてそれぞれ合格した吸収缶を選定すること。

②　この場合の吸収缶の破過時間は、当該吸収缶の製造者等に問い合わせること。

2　防毒マスク及びG-PAPRの吸収缶

(1)　防毒マスク又はG-PAPRの吸収缶の使用時間については、次の事項に留意すること。

ア　防毒マスク又はG-PAPRの使用時間について、当該防毒マスク又はG-PAPRの取扱説明書等及び破過曲線図、製造者等への照会結果等に基づいて、作業場所における空気中に存在する有毒ガス等の濃度並びに作業場所における温度及び湿度に対して余裕のある使用限度時間をあらかじめ設定し、その設定時間を限度に防毒マスク又はG-PAPRを使用すること。

使用する環境の温度又は湿度によっては、吸収缶の破過時間が短くなる場合があること。例えば、有機ガス用防毒マスクの吸収缶及び有機ガス用G-PAPRの吸収缶は、使用する環境の温度又は湿度が高いほど破過時間が短くなる傾向があり、沸点の低い物質ほど、その傾向が顕著であること。また、一酸化炭素用防毒マスクの吸収缶は、使用する環境の湿度が高いほど破過時間が短くなる傾向にあること。

イ　防毒マスク、G-PAPR、防毒マスクの吸収缶及びG-PAPRの吸収缶に添付されている使用時間記録カード等に、使用した時間を必ず記録し、使用限度時間を超えて使用しないこと。

ウ　着用者の感覚では、有毒ガス等の危険性を感知できないおそれがあるので、吸収缶の破過を知るために、有毒ガス等の臭いに頼るのは、適切ではないこと。

エ　防毒マスク又はG-PAPRの使用中に有毒ガス等の臭気等の異常を感知した場合は、速やかに作業を中止し避難するとともに、状況を保護具着用管理責任者等に報告すること。

オ　一度使用した吸収缶は、破過曲線図、使用時間記録カード等により、十分な除毒能力が残存していることを確認できるものについてのみ、再使用しても差し支えないこと。ただし、メタノール、二硫化炭素等破過時間が試験用ガスの破過時間よりも著しく短い有毒ガス等に対して使用した吸収缶は、吸収缶の吸収剤に吸着された有毒ガス等が時間とともに吸収剤から微量ずつ脱着して面体側に漏れ出してくることがあるため、再使用しないこと。

第４　呼吸用保護具の保守管理上の留意事項

１　呼吸用保護具の保守管理

(1)　事業者は、ろ過式呼吸用保護具の保守管理について、取扱説明書に従って適切に行わせるほか、交換用の部品（ろ過材、吸収缶、電池等）を常時備え付け、適時交換できるようにすること。

(2)　事業者は、呼吸用保護具を常に有効かつ清潔に使用するため、使用前に次の点検を行うこと。

ア　吸気弁、面体、排気弁、しめひも等に破損、亀裂又は著しい変形がないこと。

イ　吸気弁及び排気弁は、弁及び弁座の組合せによって機能するものであることから、これらに粉じん等が付着すると機能が低下することに留意すること。なお、排気弁に粉じん等が付着している場合には、相当の漏れ込みが考えられるので、弁及び弁座を清掃するか、弁を交換すること。

ウ　弁は、弁座に適切に固定されていること。また、排気弁については、密閉状態が保たれていること。

エ　ろ過材及び吸収缶が適切に取り付けられていること。

オ　ろ過材及び吸収缶に水が侵入したり、破損（穴あき等）又は変形がないこと。

カ　ろ過材及び吸収缶から異臭が出ていないこと。

キ　ろ過材が分離できる吸収缶にあっては、ろ過材が適切に取り付けられていること。

ク　未使用の吸収缶にあっては、製造者が指定する保存期限を超えていないこと。また、包装が破損せず気密性が保たれていること。

(3)　ろ過式呼吸用保護具を常に有効かつ清潔に保持するため、使用後は粉じん等及び湿気の少ない場所で、次の点検を行うこと。

ア　ろ過式呼吸用保護具の破損、亀裂、変形等の状況を点検し、必要に応じ交換すること。

イ　ろ過式呼吸用保護具及びその部品（吸気弁、面体、排気弁、しめひも等）の表面に付着した粉じん、汗、汚れ等を乾燥した布片又は軽く水で湿らせた布片で取り除くこと。なお、著しい汚れがある場合の洗浄方法、電気部品を含む箇所の洗浄の可否等については、製造者の取扱説明書に従うこと。

ウ　ろ過材の使用に当たっては、次に掲げる事項に留意すること。

①　ろ過材に付着した粉じん等を取り除くために、圧搾空気等を吹きかけたり、ろ過材をたたいたりする行為は、ろ過材を破損させるほか、粉じん等を再飛散させることとなるので行わないこと。

②　取扱説明書等に、ろ過材を再使用すること（水洗いして再使用することを含む。）ができる旨が記載されている場合は、再使用する前に粒子捕集効率及び吸気抵抗が

当該製品の規格値を満たしていることを、測定装置を用いて確認すること。

(4)　吸収缶に充塡されている活性炭等は吸湿又は乾燥により能力が低下するものが多いため、使用直前まで開封しないこと。また、使用後は上栓及び下栓を閉めて保管すること。栓がないものにあっては、密封できる容器又は袋に入れて保管すること。

(5)　電動ファン付き呼吸用保護具の保守点検に当たっては、次に掲げる事項に留意すること。

ア　使用前に電動ファンの送風量を確認することが指定されている電動ファン付き呼吸用保護具は、製造者が指定する方法によって使用前に送風量を確認すること。

イ　電池の保守管理について、充電式の電池は、電圧警報装置が警報を発する等、製造者が指定する状態になったら、再充電すること。なお、充電式の電池は、繰り返し使用していると使用時間が短くなることを踏まえて、電池の管理を行うこと。

(6)　点検時に次のいずれかに該当する場合には、ろ過式呼吸用保護具の部品を交換し、又はろ過式呼吸用保護具を廃棄すること。

ア　ろ過材については、破損した場合、穴が開いた場合、著しい変形を生じた場合又はあらかじめ設定した使用限度時間に達した場合。

イ　吸収缶については、破損した場合、著しい変形が生じた場合又はあらかじめ設定した使用限度時間に達した場合。

ウ　呼吸用インタフェース、吸気弁、排気弁等については、破損、亀裂若しくは著しい変形を生じた場合又は粘着性が認められた場合。

エ　しめひもについては、破損した場合又は弾性が失われ、伸縮不良の状態が認められた場合。

オ　電動ファン（又は吸気補助具）本体及びその部品（連結管等）については、破損、亀裂又は著しい変形を生じた場合。

カ　充電式の電池については、損傷を負った場合若しくは充電後においても極端に使用時間が短くなった場合又は充電ができなくなった場合。

(7)　点検後、直射日光の当たらない、湿気の少ない清潔な場所に専用の保管場所を設け、管理状況が容易に確認できるように保管すること。保管の際、呼吸用インタフェース、連結管、しめひも等は、積み重ね、折り曲げ等によって、亀裂、変形等の異常を生じないようにすること。

(8)　使用済みのろ過材、吸収缶及び使い捨て式防じんマスクは、付着した粉じんや有毒ガス等が再飛散しないように容器又は袋に詰めた状態で廃棄すること。

第５　製造者等が留意する事項

ろ過式呼吸用保護具の製造者等は、次の事項を実施するよう努めること。

①　ろ過式呼吸用保護具の販売に際し、事業者等に対し、当該呼吸用保護具の選択、使用等に関する情報の提供及びその具体的な指導をすること。

②　ろ過式呼吸用保護具の選択、使用等について、不適切な状態を把握した場合には、これを是正するように、事業者等に対し指導すること。

③　ろ過式呼吸用保護具で各々の規格に適合していないものが認められた場合には、使用する労働者の健康障害防止の観点から、原因究明や再発防止対策と並行して、自主回収やホームページ掲載による周知など必要な対応を行うこと。

別紙１　要求防護係数の求め方

要求防護係数の求め方は、次による。

測定の結果得られた化学物質の濃度がCで、化学物質の濃度基準値（有害物質のばく露限界濃度を含む）がC_0であるときの要求防護係数（PF_r）は、式(1)によって算出される。

$$PF_r = \frac{C}{C_0} \cdots\cdots (1)$$

複数の有害物質が存在する場合で、これらの物質による人体への影響(例えば、ある器官に与える毒性が同じか否か）が不明な場合は、労働衛生に関する専門家に相談すること。

別紙２　フィットファクタの求め方

フィットファクタは、次の式により計算するものとする。

呼吸用保護具の外側の測定対象物の濃度がC_{out}で、呼吸用保護具の内側の測定対象物の濃度がC_{in}であるときのフィットファクタ（FF）は式(2)によって算出される。

$$FF = \frac{C_{out}}{C_{in}} \cdots\cdots (2)$$

別表１　ろ過式呼吸用保護具の指定防護係数

当該呼吸用保護具の種類					指定防護係数
防じんマスク	取替え式	全面形面体	RS3 又は RL3		50
			RS2 又は RL2		14
			RS1 又は RL1		4
		半面形面体	RS3 又は RL3		10
			RS2 又は RL2		10
			RS1 又は RL1		4
	使い捨て式		DS3 又は DL3		10
			DS2 又は DL2		10
			DS1 又は DL1		4
防毒マスク a)	全面形面体				50
	半面形面体				10
防じん機能を有する電動ファン付き呼吸用保護具（P-PAPR）	面体形	全面形面体	S 級	PS3 又は PL3	1,000
			A 級	PS2 又は PL2	90
			A 級又は B 級	PS1 又は PL1	19
		半面形面体	S 級	PS3 又は PL3	50
			A 級	PS2 又は PL2	33
			A 級又は B 級	PS1 又は PL1	14
	ルーズフィット形	フード又はフェイスシールド	S 級	PS3 又は PL3	25
			A 級	PS3 又は PL3	20
			S 級又は A 級	PS2 又は PL2	20
			S 級、A 級又は B 級	PS1 又は PL1	11
防毒機能を有する電動ファン付き呼吸用保護具（G-PAPR）b)	防じん機能を有しないもの	面体形	全面形面体		1,000
			半面形面体		50
		ルーズフィット形	フード又はフェイスシールド		25
	防じん機能を有するもの	面体形	全面形面体	PS3 又は PL3	1,000
				PS2 又は PL2	90
				PS1 又は PL1	19
			半面形面体	PS3 又は PL3	50
				PS2 又は PL2	33
				PS1 又は PL1	14
		ルーズフィット形	フード又はフェイスシールド	PS3 又は PL3	25
				PS2 又は PL2	20
				PS1 又は PL1	11

注 a)　防じん機能を有する防毒マスクの粉じん等に対する指定防護係数は、防じんマスクの指定防護係数を適用する。

有毒ガス等と粉じん等が混在する環境に対しては、それぞれにおいて有効とされるものについて、面体の種類が共通のものが選択の対象となる。

注 b)　防毒機能を有する電動ファン付き呼吸用保護具の指定防護係数の適用は、次による。なお、有毒ガス等と粉じん等が混在する環境に対しては、①と②のそれぞれにおいて有効とされるものについて、呼吸用インタフェースの種類が共通のものが選択の対象となる。

① 有毒ガス等に対する場合：防じん機能を有しないものの欄に記載されている数値を適用。

② 粉じん等に対する場合：防じん機能を有するものの欄に記載されている数値を適用。

別表２　その他の呼吸用保護具の指定防護係数

呼吸用保護具の種類			指定防護係数
循環式呼吸器	全面形面体	圧縮酸素形かつ陽圧形	10,000
		圧縮酸素形かつ陰圧形	50
		酸素発生形	50
	半面形面体	圧縮酸素形かつ陽圧形	50
		圧縮酸素形かつ陰圧形	10
		酸素発生形	10
空気呼吸器	全面形面体	プレッシャデマンド形	10,000
		デマンド形	50
	半面形面体	プレッシャデマンド形	50
		デマンド形	10
エアラインマスク	全面形面体	プレッシャデマンド形	1,000
		デマンド形	50
		一定流量形	1,000
	半面形面体	プレッシャデマンド形	50
		デマンド形	10
		一定流量形	50
	フード又はフェイスシールド	一定流量形	25
ホースマスク	全面形面体	電動送風機形	1,000
		手動送風機形又は肺力吸引形	50
	半面形面体	電動送風機形	50
		手動送風機形又は肺力吸引形	10
	フード又はフェイスシールド	電動送風機形	25

別表３　高い指定防護係数で運用できる呼吸用保護具の種類の指定防護係数

呼吸用保護具の種類				指定防護係数
防じん機能を有する電動ファン付き呼吸用保護具	半面形面体		S 級かつ PS3 又は PL3	300
	フード		S 級かつ PS3 又は PL3	1,000
	フェイスシールド		S 級かつ PS3 又は PL3	300
防毒機能を有する電動ファン付き呼吸用保護具 a)	防じん機能を有しないもの	半面形面体		300
		フード		1,000
		フェイスシールド		300
	防じん機能を有するもの	半面形面体	PS3 又は PL3	300
		フード	PS3 又は PL3	1,000
		フェイスシールド	PS3 又は PL3	300
フードを有するエアラインマスク			一定流量形	1,000

注記　この表の指定防護係数は、JIS T 8150 の附属書 JC に従って該当する呼吸用保護具の防護係数を求め、この表に記載されている指定防護係数を上回ることを該当する呼吸用保護具の製造者が明らかにする書面が製品に添付されている場合に使用できる。

注 a)　防毒機能を有する電動ファン付き呼吸用保護具の指定防護係数の適用は、次による。なお、有毒ガス等と粉じん等が混在する環境に対しては、①と②のそれぞれにおいて有効とされるものについて、呼吸用インタフェースの種類が共通のものが選択の対象となる。

① 有毒ガス等に対する場合：防じん機能を有しないものの欄に記載されている数値を適用。

② 粉じん等に対する場合：防じん機能を有するものの欄に記載されている数値を適用。

別表４　要求フィットファクタ及び使用できるフィットテストの種類

面体の種類	要求フィットファクタ	フィットテストの種類	
		定性的フィットテスト	定量的フィットテスト
全面形面体	500	–	○
半面形面体	100	○	○
注記　半面形面体を用いて定性的フィットテストを行った結果が合格の場合、フィットファクタは 100 以上とみなす。			

別表５　粉じん等の種類及び作業内容に応じて選択可能な防じんマスク及び防

粉じん等の種類及び作業内容	オイルミストの有無	防じんマスク		
		種類	呼吸用インタフェースの種類	ろ過材の種類
○ 安衛則第 592 条の 5 廃棄物の焼却施設に係る作業で、ダイオキシン類の粉じんばく露のおそれのある作業において使用する防じんマスク及び防じん機能を有する電動ファン付き呼吸用保護具	混在しない	取替え式	全面形面体	RS3、RL3
			半面形面体	RS3、RL3
	混在する	取替え式	全面形面体	RL3
			半面形面体	RL3
○ 電離則第 38 条 放射性物質がこぼれたとき等による汚染のおそれがある区域内の作業又は緊急作業において使用する防じんマスク及び防じん機能を有する電動ファン付き呼吸用保護具	混在しない	取替え式	全面形面体	RS3、RL3
			半面形面体	RS3、RL3
	混在する	取替え式	全面形面体	RL3
			半面形面体	RL3
○ 鉛則第 58 条、特化則第 38 条の 21、特化則第 43 条及び粉じん則第 27 条 金属のヒューム（溶接ヒュームを含む。）を発散する場所における作業において使用する防じんマスク及び防じん機能を有する電動ファン付き呼吸用保護具（※１）	混在しない	取替え式	全面形面体	RS3、RL3、RS2、RL2
			半面形面体	RS3、RL3、RS2、RL2
		使い捨て式		DS3、DL3、DS2、DL2
	混在する	取替え式	全面形面体	RL3、RL2
			半面形面体	RL3、RL2
		使い捨て式		DL3、DL2
○ 鉛則第 58 条及び特化則第 43 条 管理濃度が 0.1 mg/m^3 以下の物質の粉じんを発散する場所における作業において使用する防じんマスク及び防じん機能を有する電動ファン付き呼吸用保護具（※１）	混在しない	取替え式	全面形面体	RS3、RL3、RS2、RL2
			半面形面体	RS3、RL3、RS2、RL2
		使い捨て式		DS3、DL3、DS2、DL2
	混在する	取替え式	全面形面体	RL3、RL2
			半面形面体	RL3、RL2
		使い捨て式		DL3、DL2
○ 石綿則第 14 条 負圧隔離養生及び隔離養生（負圧不要）の内部で、石綿等の除去等を行う作業<吹き付けられた石綿等の除去、石綿含有保温材等の除去、石綿等の封じ込めもしくは囲い込み、石綿含有成形板等の除去、石綿含有仕上塗材の除去>において使用する防じん機能を有する電動ファン付き呼吸用保護具	混在しない			
	混在する			
○ 石綿則第 14 条 負圧隔離養生及び隔離養生（負圧不要）の外部（又は負圧隔離及び隔離養生措置を必要としない石綿等の除去等を行う作業場）で、石綿等の除去等を行う作業<吹き付けられた石綿等の除去、石綿含有保温材等の除去、石綿等の封じ込めもしくは囲い込み、石綿含有成形板等の除去、石綿含有仕上塗材の除去>において使用する防じんマスク及び防じん機能を有する電動ファン付き呼吸用保護具（※３）	混在しない	取替え式	全面形面体	RS3、RL3
			半面形面体	RS3、RL3
	混在する	取替え式	全面形面体	RL3
			半面形面体	RL3
○ 石綿則第 14 条 負圧隔離養生及び隔離養生（負圧不要）の外部（又は負圧隔離及び隔離養生措置を必要としない石綿等の除去等を行う作業場）で、石綿等の切断等を伴わない囲い込み／石綿含有形板等の切断等を伴わずに除去する作業において使用する防じんマスク	混在しない	取替え式	全面形面体	RS3、RL3、RS2、RL2
			半面形面体	RS3、RL3、RS2、RL2
	混在する	取替え式	全面形面体	RL3、RL2
			半面形面体	RL3、RL2

じん機能を有する電動ファン付き呼吸用保護具

防じん機能を有する電動ファン付き呼吸用保護具			
種類	呼吸用インタフェースの種類	漏れ率の区分	ろ過材の種類
面体形	全面形面体	S級	PS3、PL3
	半面形面体	S級	PS3、PL3
ルーズフィット形	フード	S級	PS3、PL3
	フェイスシールド	S級	PS3、PL3
面体形	全面形面体	S級	PL3
	半面形面体	S級	PL3
ルーズフィット形	フード	S級	PL3
	フェイスシールド	S級	PL3
面体形	全面形面体	S級	PS3、PL3
	半面形面体	S級	PS3、PL3
ルーズフィット形	フード	S級	PS3、PL3
	フェイスシールド	S級	PS3、PL3
面体形	全面形面体	S級	PL3
	半面形面体	S級	PL3
ルーズフィット形	フード	S級	PL3
	フェイスシールド	S級	PL3
面体形	全面形面体	S級	PS3、PL3
	半面形面体	S級	PS3、PL3
ルーズフィット形	フード	S級	PS3、PL3
	フェイスシールド	S級	PS3、PL3
面体形	全面形面体	S級	PL3
	半面形面体	S級	PL3
ルーズフィット形	フード	S級	PL3
	フェイスシールド	S級	PL3
面体形	全面形面体	S級	PS3、PL3
	半面形面体	S級	PS3、PL3
ルーズフィット形	フード	S級	PS3、PL3
	フェイスシールド	S級	PS3、PL3
面体形	全面形面体	S級	PL3
	半面形面体	S級	PL3
ルーズフィット形	フード	S級	PL3
	フェイスシールド	S級	PL3

粉じん等の種類及び作業内容	オイルミストの有無	防じんマスク		
		種類	呼吸用インタフェースの種類	ろ過材の種類
○ 石綿則第14条 石綿含有成形板等及び石綿含有仕上塗材の除去等作業を行う作業場で、石綿等の除去等以外の作業を行う場合において使用する防じんマスク	混在しない	取替え式	全面形面体	RS3、RL3、RS2、RL2
			半面形面体	RS3、RL3、RS2、RL2
	混在する	取替え式	全面形面体	RL3、RL2
			半面形面体	RL3、RL2
○ 除染則第16条 高濃度汚染土壌等を取り扱う作業であって、粉じん濃度が10ミリグラム毎立方メートルを超える場所において使用する防じんマスク（※2）	混在しない	取替え式	全面形面体	RS3、RL3、RS2、RL2
			半面形面体	RS3、RL3、RS2、RL2
		使い捨て式		DS3、DL3、DS2、DL2
	混在する	取替え式	全面形面体	RL3、RL2
			半面形面体	RL3、RL2
		使い捨て式		DL3、DL2

※1：防じん機能を有する電動ファン付き呼吸用保護具のろ過材は、粒子捕集効率が95パーセント以上であればよい。
※2：それ以外の場所において使用する防じんマスクのろ過材は、粒子捕集効率が80パーセント以上であればよい。
※3：防じん機能を有する電動ファン付き呼吸用保護具を使用する場合は、大風量型とすること。

防じん機能を有する電動ファン付き呼吸用保護具			
種類	呼吸用インタフェースの種類	漏れ率の区分	ろ過材の種類

労働安全衛生法施行令の一部を改正する政令等の施行について

令和５年８月30日付け基発0830第１号

令和７年４月までに順次適用

労働安全衛生法施行令の一部を改正する政令（令和５年政令第265号。以下「改正政令」という。）及び労働安全衛生規則及び労働安全衛生規則及び特定化学物質障害予防規則の一部を改正する省令の一部を改正する省令（令和５年厚生労働省令第108号。以下「改正省令」という。）については、令和５年８月30日に公布され、公布日から施行（一部については、令和７年４月１日から施行）することとされたところである。その改正の趣旨、内容等については、下記のとおりであるので、関係者への周知徹底を図るとともに、その運用に遺漏のなきを期されたい。

記

第１　改正の趣旨

労働安全衛生法（昭和47年法律第57号。以下「法」という。）第57条第１項の規定に基づき、労働安全衛生法施行令（昭和47年政令第318号。以下「令」という。）第18条に定める化学物質については、譲渡又は提供に当たって容器等に名称等を表示（以下「ラベル表示」という。）しなければならないとされている。また、法第57条の２第１項の規定に基づき、令第18条の２に定める化学物質については、譲渡又は提供に当たって名称等を文書の交付等（以下「SDS交付等」という。）により相手方に通知しなければならないとされている。

今般、化学物質による危険性・有害性に関する情報伝達の仕組みの整備・拡充を図るため、ラベル・SDS対象物質（ラベル表示をしなければならない化学物質及びSDS交付等をしなければならない化学物質をいう。以下同じ。）の範囲について、国が行うGHS分類（日本産業規格Ｚ 7252（GHSに基づく化学品の分類方法）に定める方法による化学物質の危険性及び有害性の分類をいう。以下同じ。）の結果、危険性又は有害性があると区分された全ての化学物質とする考え方に転換する。

これに伴い、ラベル・SDS対象物質の規定方法を令第18条及び第18条の２の規定に基づき令別表第９に個々の物質名を列挙する方法から、令において性質や基準を包括的に示し、規制対象の外枠を規定した上で、厚生労働省令において当該性質や基準に基づき個々の物質名を列挙する方法へ改正を行うとともに、ラベル・SDS対象物質の追加等を行うため、令及び労働安全衛生規則（昭和47年労働省令第32号。以下「安衛則」という。）について、所要の改正を行ったものである。

第２　改正の要点

１　改正政令関係

⑴　ラベル・SDS対象物質に係る規定方法の変更（令第18条、第18条の２及び別表第９関係）

ラベル・SDS対象物質を、国が行うGHS分類の結果、危険性又は有害性があるものと令和３年３月31日までに区分された物のうち厚生労働省令で定めるものとし、元素及び当該元素から構成される化合物であって包括的にラベル・SDS対象物質とすべきものについては、改正政令による改正後の令別表第９で定めたこと。

⑵　ラベル・SDS対象物質の削除（令別表第９関係）

⑴の規定方法の変更により、ラベル・SDS対象物質から除外される７物質について、⑴の施行に先立ってラベル・SDS対象物質から削除したこと。

⑶　その他

ラベル・SDS対象物質を含有する製剤その他の物に関する裾切値を安衛則別表第２で規定していたところ、告示で定めること、その他所要の改正を行ったものであること。

⑷　施行期日（改正政令附則第１条関係）

改正政令は、公布日（⑴については令和７年４月１日）から施行すること。

⑸　経過措置（改正政令附則第２条及び第３条関係）

ア　改正政令により新たにラベル・SDS対象物質に追加される物質のうち、国が行うGHS分類の結果、有害性の区分が区分１以外と区分されたものについては、令和８年３月31日までの間は、法第57条及び第57条の２の規定を適用しないこと。

イ　改正政令により新たにラベル・SDS対象物質に追加される物質のうち、令和７年４月１日に施行される物質であって施行の日において現に存するものについては令和８年３月31日までの間、アの経過措置の対象となる物質であって令和８年４月１日において現に存するものについては令和９年３月31日までの間は、ラベル表示に係る法第57条第１項の規定を適用しないこと。

２　改正省令関係

⑴　ラベル・SDS対象物質の削除に伴う裾切値の規定の削除（安衛則別表第２関係）

改正政令の施行に伴い、ラベル・SDS対象物質から除外される７物質について、安衛則別表第２より削除したこと。

⑵　その他

その他所要の改正を行ったこと。

⑶　施行期日（改正省令附則関係）

改正省令は、公布日から施行すること。

第３　細部事項

１　改正政令関係

⑴　ラベル・SDS対象物質に係る規定方法の変更（令第18条、第18条の２及び別表第９関係）

ア　令第18条第１号及び第18条の２第１号で規定する令別表第９に掲げる物は、特定の元素から構成される化合物について米国産業衛生専門家会議（ACGIH）等の諸機関において職業ばく露限界値が包括的に設定されていることから、元素及び当該元素から構成される化合物を包括的にラベル・SDS対象物質として規定したものであること。

イ　令第18条第１号括弧書きで規定する化学物質のうち、改正政令による改正前の令第18条第１号においてラベル表示の適用対象から除外されていた白金、フェロバナジウム、モリブデンについては、国が行うGHS分類の結果、皮膚刺激性の区分に該当するものと区分されているため、ラベル表示の適用の対象としたこと。

ウ　令第18条第２号の「危険性又は有害性があるものと令和３年３月31日までに区分された物」とは、令和２年度までに実施された国が行うGHS分類の結果、物理化学的危険性又は健康に対する有害性のいずれかの区分に該当すると区分された物をいうこと。なお、国が行うGHS分類の結果については、独立行政法人製品評価技術基盤機構のホームページにおいて公表されていること。

エ　令第18条第２号ハ及び第18条の２第２号ハについては、国が行うGHS分類の結果、特定標的臓器毒性（単回ばく露）又は特定標的臓器毒性（反復ばく露）の呼吸器又は気道刺激性のいずれかの区分に該当し、かつ、危険性又はその他の有害性の区分に該当すると区分されていないものをいうこと。なお、当該物質は、粉じんとしての有害性のみを有する物質であり、従来、じん肺法（昭和35年法律第30号）や粉じん障害防止規則（昭和54年労働省令第18号。以下「粉じん則」という。）において粉じんとしての物理的な作用による健康障害を防止するために必要な規制を行っていることから、ラベル・SDS対象物質から除外した趣旨であること。

オ　令第18条第２号及び第18条の２第２号の「厚生労働省令で定めるもの」については、別途厚生労働省令[編注]で示される予定であること。

編注　「労働安全衛生規則の一部を改正する省令」（令和５年９月29日厚生労働省令第121号）

カ　令第18条第３号及び第18条の２第３号で定める厚生労働大臣の定める基準（裾切値）については、改正前は安衛則別表第２で規定していたところ、規定方法の見直しを踏まえ、改正後は、告示[編注]で定める予定であること。

編注　「労働安全衛生法施行令第18条第３号及び第18条の２第３号の規定に基づき厚生労働大臣の定める基準」（令和５年厚生労働省告示第304号）⇒p232

キ　令別表第９に掲げる物の範囲についての留意事項は以下のとおりであること。

(ア)　令別表第９第１号の「アリル水銀化合物」とは、芳香族環を有する有機水銀化合物をいうこと。

(イ)　令別表第９第４号のアルミニウムについては、アルミニウム単体又はアルミニウムを含有する製剤その他の物（以下「アルミニウム等」という。）であって、サッシ等の最終の用途が限定される製品であり、かつ当該製品の労働者による組立て、取付施工等の際の作業によってアルミニウム等が固体以外のものにならずかつ粉状（インハラブル粒子）にならないものは、一般消費者の生活の用に供するものとしてラベル表示・SDS交付等及び危険性又は有害性等の調査等の対象にならないものとして取り扱って差し支えないこと。

(ウ)　令別表第９第４号の「水溶性」とは、当該物質１グラムを溶かすのに必要な水の量が100ミリリットル未満であるものをいうこと（令別表第９第10号、第17号、第18号、第20号、第25号、第27号、第29号において同じ。）。

(エ)　令別表第９第８号の「ウラン及びその化合物」には、改正政令による改正前の令別表第９第59号の２「ウラン」、第413号の２「二酢酸ジオキシドウラン（Ⅵ）及びその二水和物」及び第416号の２「二硝酸ジオキシドウラン（Ⅵ）六水和物」を含むものであること。

(オ)　令別表第９第15号の「すず及びその化合物」には、改正政令による改正前の令別表第９第396号「トリシクロヘキシルすず＝ヒドロキシド」を含むものであること。

(カ)　令別表第９第32号の「沃素及びその化合物」のうち、「その化合物」とは、沃化物をいうものであること。なお、沃化物とは、沃素とそれより陽性な原子又は基との化合物をいうこと。

(2)　ラベル・SDS対象物質の削除（令別表第９関係）

ア　令別表第９から削除された７物質のうち、酸化アルミニウム及びポルトランドセメント（以下「酸化アルミニウム等」という。）については令第18条第２号ハ及び令第18条の２第２号ハに該当することから、ラベル・SDS対象物質から削除したものであること。酸化アルミニウム等以外の５物質については、国が行うGHS分類の結果、危険性又は有害性があるものと区分されていないことから、ラベル・SDS対象物質から削除したものであること。

ただし、酸化アルミニウム等の取扱い作業については、じん肺法や粉じん則に規定する措置を適切に講じる必要があること。また、酸化アルミニウム等以外の５物質については、GHS分類を行うための十分な情報が得られなかったため、危険性又は有害性があるものと区分されていない場合も含まれていることから、令別表第９から削除された７物質は危険性又は有害性がないことを理由に令別表第９から削除されたものではないことに留意すること。

なお、ポルトランドセメントについては、その粉じんが皮膚や眼に付着した場合に水と反応して水酸化カルシウム等が生成され、当該物質により皮膚や眼に障害を与えることが報告されていることから、ポルトランドセメントを皮膚や眼に触れる状態で譲渡又は提供する場合には、安衛則第24条の14及び第24条の15の規定によるラベル表示及びSDS交付等において、水酸化カルシウムの皮膚や眼に触れた場合の有害性について記載することが望ましいこと。

イ　令別表第９から削除された７物質を含有する製剤その他の物であって他のラベル・SDS対象物質を裾切値以上含有するものについては、令第18条第３号及び第18条の２第３号の規定に基づき、引き続きラベル表示・SDS交付等の義務対象であること。

労働安全衛生規則の一部を改正する省令の施行について

令和５年９月29日付け基発0929第１号

令和７年４月適用

労働安全衛生規則の一部を改正する省令（令和５年厚生労働省令第121号。以下「改正省令」という。）については、令和５年９月29日に公布され、令和７年４月１日から施行することとされたところである。その改正の趣旨、内容等については、下記のとおりであるので、関係者への周知徹底を図るとともに、その運用に遺漏のなきを期されたい。

記

第１　改正の趣旨

本改正省令は、労働安全衛生法施行令の一部を改正する政令（令和５年政令第265号。以下「改正政令」という。）の施行に伴い、改正政令による改正後の労働安全衛生法施行令（昭和47年政令第318号。以下「令」という。）第18条第２号及び令第18条の２第２号の規定に基づき譲渡又は提供に当たって容器等への名称等の表示及び文書の交付等をしなければならない化学物質（以下「ラベル・SDS対象物質」という。）の物質名を労働安全衛生規則（昭和47年労働省令第32号。以下「安衛則」という。）で定める等の所要の改正を行ったものである。

第２　改正の要点

１　ラベル・SDS対象物質の裾切値に係る規定の削除（安衛則第30条、第34条の２及び別表第２関係）

改正政令による改正後の令第18条第３号及び令第18条の２第３号の規定により、ラベル・SDS対象物質を含有する製剤その他の物に係る裾切値を告示で規定することに伴い、安衛則における当該裾切値に係る規定を削除したこと。

２　ラベル・SDS対象物質の個別列挙（安衛則第30条、第34条の２及び別表第２関係）

改正政令による改正後の令第18条第２号及び令第18条の２第２号の規定に基づき、ラベル・SDS対象物質を安衛則別表第２に列挙したこと。

３　その他

その他所要の改正を行ったものであること。

４　施行期日（改正省令附則第１項関係）

改正省令は、令和７年４月１日から施行すること。

５　経過措置（改正省令附則第２項関係）

改正省令附則第２項に規定した項に掲げる物については、令和８年３月31日までの間は、労働安全衛生法（昭和47年法律第57号。以下「法」という。）第57条並びに第57条の２第１項及び第２項の規定は適用しないこと。

第３　細部事項

１　ラベル・SDS対象物質の個別列挙（安衛則別表第２関係）

⑴　アルキル基を有する物質のうち、第128項「2-［（アルキルオキシ）メチル］オキシラン（アルキル基の炭素数が12から14までのもの及びその混合物に限る。）」等の改正省令により新たにラベル・SDS対象物質に追加された物質については、構造を示す接頭辞がない場合は直鎖アルキル基のみを指すものであること。一方、アルキル基を有する物質のうち、改正政令による改正前の令別表第９と同一の名称で規定された以下のアからツまでの物質については、従前通り、すべての異性体の総称

であり、その適用範囲に変更はないこと。

ア 第361項 オクタン
イ 第603項 酢酸ブチル
ウ 第604項 酢酸プロピル
エ 第607項 酢酸ペンチル（別名酢酸アミル）
オ 第1395項 トリブチルアミン
カ 第1515項 ノナン
キ 第1705項 ブタノール
ク 第1714項 フタル酸ジヘキシル
ケ 第1716項 フタル酸ジペンチル
コ 第1720項 ブタン
サ 第1730項 ブチルイソシアネート
シ 第1738項 ブチルリチウム
ス 第1780項 プロピルアルコール
セ 第1861項 ヘキサン
ソ 第1882項 ヘプタン
タ 第1894項 ペルフルオロノナン酸
チ 第1944項 ペンタン
ツ 第2135項 メチルプロピルケトン

(2) 第358項「オクタブロモジフェニルエーテル」、第419項「キシリジン」等の構造異性体（(1)に該当する物を除く。）を有する物質については、すべての異性体の総称であること。なお、これにより、改正政令による改正前の令別表第9と同一の名称で規定された物質について、その適用範囲に変更はないこと。

(3) 備考欄の「高圧のガスの状態のもの」とは、日本産業規格Z 7252（GHSに基づく化学品の分類方法）（以下「JIS Z 7252」という。）における高圧ガスの判定基準で定める圧縮ガス、液化ガス、深冷液化ガス又は溶解ガスに区分されたものをいうこと。

(4) 第40項の「アスファルト」について、建設業者が舗装・防水工事後、施主に引き渡す際には、当該アスファルト単体又はアスファルトを含有する製剤その他の物は「主として一般消費者の生活の用に供するためのもの」に該当するので、ラベル表示及びSDS交付等並びに法第57条の3第1項のリスクアセスメント実施の対象にならないものとして取り扱って差し支えないこと。

(5) 第127項「アルカノール（炭素数が10から16までのもの及びその混合物に限る。）」（令和8年4月1日施行）の成分には、第1317項「1-ドデカノール（別名ノルマル-ドデシルアルコール）」（令和7年4月1日施行）が含まれるが、当該2物質の混合物にあっては当該成分を重複してSDSに記載する必要はなく、令和8年4月1日以降は「アルカノール（炭素数が10から16までのもの及びその混合物に限る。）」としてラベル表示・SDS交付等を行えばよいこと。

(6) 第136項「アルファ-シアノ-3-フェノキシベンジル=2-（4-クロロフェニル）-3-メチルブチラート」の成分には第137項「(S)-アルファ-シアノ-3-フェノキシベンジル=(S)-2-(4-クロロフェニル)-3-メチルブチラート（別名エスフェンバレレート）」が含まれるが、R体とS体の混合物にあっては当該成分を重複してSDSに記載する必要はなく、「アルファ-シアノ-3-フェノキシベンジル=2-（4-クロロフェニル）-3-メチルブチラート」としてラベル表示・SDS交付等を行えばよいこと。第139項「アルファ-シアノ-3-フェノキシベンジル=3-(2,2-ジクロロビニル)-2,2-ジメチルシクロプロパンカルボキシラート（別名シペルメトリン）」と第140項「(S)-アルファ-シアノ-3-フェノキシベンジル=3-(2,2-ジクロロビニル)-2,2-ジメチル-シス-シクロプロパンカルボキシラート」についても同様であること。

(7) 第186項の「一酸化窒素」には、当該物質が水と反応してできる亜硝酸は含まれないこと。

(8) 第201項の「ウレタン」とは、カルバミン酸エチルをいうこと。

(9) 第316項の「塩化ビニル」とは、塩化ビニルのモノマー（単量体）をいうこと。

(10) 第577項の「けつ岩油」とは、油けつ岩の乾留によって得られる油状物質をいうこと。

⑾　第580項の「ゲルマン」とは、モノゲルマン（GeH_4）をいうこと。

⑿　第583項の「固形パラフィン」には、炭素数が20～32の飽和炭化水素が含まれること。

⒀　第584項の「ココアルキルアミン」は、原料がヤシ油由来のもののみが対象となること。なお、「ココアルキルアミン」の成分には、第349項「(Z) -オクタデカ-9-エン-1-アミン」、第350項「オクタデカン-1-アミン」、第365項「オクチルアミン（別名モノオクチルアミン）」が通常含まれるが、この場合であっても「ココアルキルアミン」に含まれる当該成分を重複してSDSに記載する必要はなく、「ココアルキルアミン」としてラベル表示・SDS交付等を行えばよいこと。

⒁　第585項の「ココアルキルジメチルアミン＝オキシド」は、原料がヤシ油由来のもののみが対象となること。なお、「ココアルキルジメチルアミン＝オキシド」の成分には、第1039項「N,N-ジメチルドデシルアミン＝N-オキシド」が通常含まれるが、この場合であっても「ココアルキルジメチルアミン＝オキシド」に含まれる当該成分を重複してSDSに記載する必要はなく、「ココアルキルジメチルアミン＝オキシド」としてラベル表示・SDS交付等を行えばよいこと。

⒂　第589項の「コールタール」には、コールタールピッチが含まれること。

⒃　第631項の「三酸化二ほう素」には、当該物質が水と反応してできるオルトほう酸（H_3BO_3）及びメタほう酸（HBO_2）は含まれないこと。

⒄　第638項の「三弗化ほう素」には、当該物質が水と反応してできるフルオロヒドロキシほう酸類は含まれないこと。

⒅　第852項の「ジクロロベンゼン」には、改正政令による改正前の令別表第９第122号「オルト-ジクロロベンゼン」及び同第441号「パラ-ジクロロベンゼン」が含まれること。

⒆　第920項の「ジニトロフェノール」には、改正政令による改正前の令別表第９第272号の３「2,4-ジニトロフェノール」が含まれること。

⒇　第989項の「ジペンテン」は、第2220項「d-リモネン」とl-リモネンの等量混合物であること。なお、「ジペンテン」に成分として含まれる「d-リモネン」を重複してSDSに記載する必要はなく、「ジペンテン」としてラベル表示・SDS交付等を行えばよいこと。

(21)　第1116項の「シラン」とは、モノシラン（SiH_4）をいうこと。

(22)　第1118項の「人造鉱物繊維」には、ガラス長繊維は含まれないこと。

(23)　第1151項の「ダイオキシン類」とは、ダイオキシン類対策特別措置法（平成11年法律第105号）第２条に掲げる「ポリ塩化ジベンゾフラン」、「ポリ塩化ジベンゾ-パラ-ジオキシン」及び「コプラナーポリ塩化ビフェニル」をいうものであるが、このうち「コプラナーポリ塩化ビフェニル」は令別表第３第１号「第一類物質」の「３　塩素化ビフエニル（別名PCB）」に該当し、当該規定によりラベル・SDS対象物質となっていることから、備考欄の「令別表第３第１号３に掲げる物に該当するもの」として除外したものであること。

(24)　第1315項の「灯油」とは、日本産業規格K 2203に該当するものをいうこと。

(25)　第1746項の「ブテン」は、1-ブテン、cis-2-ブテン、trans-2-ブテン及びイソブテンを含むこと。

(26)　第2081項の「メチルナフタレン」は、1-メチルナフタレン及び2-メチルナフタレンを含むこと。

(27)　第2161項の「1,1'-メチレンビス（イソシアナトベンゼン）」には、改正政令による改正前の令別表第９第599号「メチレンビス（4,1-フェニレン）＝ジイソシアネート（別名MDI）」及びその異性体である2,4'-ジフェニルメタンジイソシアネートが含まれること。

(28) 第2274項の「ロジン」とは、天然松等の油状抽出成分をいうこと。

第4 その他

1 ラベル・SDS対象物質から除外される物質

改正政令による改正前の令別表第9第400号「トリフェニルアミン」については、国が行うGHS分類の結果、急性毒性区分5と区分されているが、当該区分はJIS Z 7252で採用されていないため、ラベル・SDS対象物質として規定しないこととしたこと。これにより「トリフェニルアミン」は、令和7年4月1日以降、ラベル・SDS対象物質から除外されること。

2 ラベル・SDS対象物質の一覧

CAS登録番号を併記したラベル・SDS対象物質の一覧は、厚生労働省ホームページ[編注]で公表する予定であること。

編注 https://www.mhlw.go.jp/content/11300000/001168179.xlsx

リスクアセスメント対象物健康診断に関するガイドラインの策定等について（抄）

令和５年10月17日付け基発1017第１号

事業者による自律的な化学物質管理の強化 の一環として、労働安全衛生規則等の一部を改正する省令（令和４年厚生労働省令第91号）による改正後の労働安全衛生規則により、令和6年４月１日から、リスクアセスメント対象物を製造し、又は取り扱う業務に常時従事する労働者に対し、リスクアセスメントの結果に基づき、関係労働者の意見を聴き、必要があると認めるときは、医師又は歯科医師（以下「医師等」という。）が必要と認める項目について、医師等による健康診断を行い、その結果に基づき必要な措置を講じなければならないこと、また、リスクアセスメント対象物のうち、一定程度のばく露に抑えることにより、労働者に健康障害を生ずるおそれがない物として厚生労働大臣が定めるものを製造し、又は取り扱う業務に従事する労働者が、厚生労働大臣が定める濃度の基準を超えてリスクアセスメント対象物にばく露したおそれがあるときは、速やかに、医師等が必要と認める項目について、医師等による健康診断を行い、その結果に基づき必要な措置を講じなければならないことが事業者に義務付けられる。

今般、上記の健康診断（以下「リスクアセスメント対象物健康診断」という。）が適切に実施されるよう、「労働安全衛生規則等の一部を改正する省令等の施行について」（令和４年５月31日付け基発0531第９号）の一部を別紙の表（編注・略）のとおり改正するとともに、事業者、労働者、産業医、健康診断実施機関及び健康診断の実施に関わる医師等が、リスクアセスメント対象物健康診断の趣旨・目的を正しく理解し、その適切な実施が図られるよう、基本的な考え方及び留意すべき事項を示した「リスクアセスメント対象物健康診断に関するガイドライン」を別添のとおり策定したので、関係者への周知徹底を図るとともに、その運用に遺漏なきを期されたい。

リスクアセスメント対象物健康診断に関する ガイドライン

第１　趣旨・目的

本ガイドラインは、労働安全衛生規則等の一部を改正する省令（令和４年厚生労働省令第91号）による改正後の労働安全衛生規則（昭和47年労働省令第32号。以下「安衛則」という。）第577条の２第３項及び第４項に規定する医師又は歯科医師による健康診断（以下「リスクアセスメント対象物健康診断」という。）に関して、事業者、労働者、産業医、健康診断実施機関及び健康診断の実施に関わる医師又は歯科医師（以下「医師等」という。）が、リスクアセスメント対象物健康診断の趣旨・目的を正しく理解し、その適切な実施が図られるよう、基本的な考え方及び留意すべき事項を示したものである。

第２　基本的な考え方

リスクアセスメント対象物健康診断のうち、安衛則第577条の２第３項に基づく健康診断（以下「第３項健診」という。）は、有機溶剤中毒予防規則（昭和47年労働省令第36号）第29条に基づく特殊健康診断等のように、特定の業務に常時従事する労働者に対して一律に健康診断の実施を求めるものではなく、事業者による自律的な化学物質管理の一環として、労働安全衛生法（昭和47年法律第57号）第57条の３第１項に規定する化学物質の危険性又は有害性等の調査（以下「リスクアセスメント」といい、化学物質等による危険性又は有害性等の調査等に関する指針（令和５年４月27日付け危険性又は有害性等の調査等に関する指針公示第4号）に従って実施するものをいう。）の結果に基づき、当該化学物質のばく露による健康障害発生リスク（健康障害を発生させるおそれをいう。以下同じ。）が高いと判断された労働者に対し、医師等が必要と認める項目について、健康障害発生リスクの程度及び有害性の種類に応じた頻度で実施するものである。

化学物質による健康障害を防止するためには、工学的対策、管理的対策、保護具の使用等により、ばく露そのものをなくす又は低減する措置（以下「ばく露防止対策」という。）を講じなければならず、これらのばく露防止対策が適切に実施され、労働者の健康障害発生リスクが許容される範囲を超えないと事業者が判断すれば、基本的にはリスクアセスメント対象物健康診断を実施する必要はない。なお、これらのばく露防止対策を十分に行わず、リスクアセスメント対象物健康診断で労働者のばく露防止対策を補うという考え方は適切ではない。

第３　留意すべき事項

１　リスクアセスメント対象物健康診断の種類と目的

⑴　安衛則第577条の２第３項に基づく健康診断

第３項健診は、リスクアセスメント対象物に係るリスクアセスメントにおいて健康障害発生リスクを評価した結果、その健康障害発生リスクが許容される範囲を超えると判断された場合に、関係労働者の意見を聴き、必要があると認められた者について、当該リスクアセスメント対象物による健康影響を確認するために実施するものである。

なお、リスクアセスメント対象物を製造し、又は取り扱う事業場においては、安衛則第577 条の２第１項の規定により、労働者がリスクアセスメント対象物にばく露される程度を最小限度にしなければならないとされており、労働者の健康障害発生リスクが許容される範囲を超えるような状態で、労働者を作業に従事させるようなことは避けるべきであることに留意すること。

⑵　安衛則第577条の２第４項に基づく健康診断

安衛則第577条の２第４項に基づく健康診断（以下「第４項健診」という。）は、安衛則第577条の２第２項に規定する厚生労働大臣が定める濃度の基準（以下「濃度基準値」といい、労働安全衛生規則第577条の２第２項の規定に基づき厚生労働大臣が定める物及び厚生労働大臣が定める濃度の基準（令和５年厚生労働省告示第177号。以下「濃度基準告示」という。）に規定する８時間濃度基準値又は短時間濃度基準値をいう。）があるリスクアセスメント対象物について、濃度基準値を超えてばく露したおそれがある労働者に対し、当該リスクアセスメント対象物による健康影響（８時間濃度基準値を超えてばく露したおそれがある場合で急性の健康影響が発生している可能性が低いと考えられる場合は主として急性以外の健康影響（遅発性健康障害を含む。）、短時間濃度基準値を超えてばく露したおそれがある場合は主として急性の健康影響）を速やかに確認するために実施するものである。

なお、安衛則第577条の２第２項の規定により、当該リスクアセスメント対象物について、濃度基準値を超えてばく露することはあってはならないことから、第４項健診は、ばく露の程度を抑制するための局所排気装置が正常に稼働していない又は使用されているはずの呼吸用保護具が使用されていないなど何らかの異常事態が判明した場合及び漏洩事故等により濃度基準値がある物質に大量ばく露した場合など、労働者が濃度基準値を超えて当該リスクアセスメント対象物にばく露したおそれが生じた場合に実施する趣旨であること。

2　リスクアセスメント対象物健康診断の実施の要否の判断方法

リスクアセスメント対象物健康診断の実施の要否は、労働者の化学物質のばく露による健康障害発生リスクを評価して判断する必要がある。

(1)　第３項健診の実施の要否の判断の考え方

第３項健診の実施の要否の判断は、リスクアセスメントにおいて、以下の状況を勘案して、労働者の健康障害発生リスクを評価し、当該労働者の健康障害発生リスクが許容できる範囲を超えるか否か検討することが適当である。

- 当該化学物質の有害性及びその程度
- ばく露の程度（呼吸用保護具を使用していない場合は労働者が呼吸する空気中の化学物質の濃度（以下「呼吸域の濃度」という。）、呼吸用保護具を使用している場合は、呼吸用保護具の内側の濃度（呼吸域の濃度を呼吸用保護具の指定防護係数で除したもの）で表される。以下同じ。）や取扱量
- 労働者のばく露履歴（作業期間、作業頻度、作業（ばく露）時間）
- 作業の負荷の程度
- 工学的措置（局所排気装置等）の実施状況（正常に稼働しているか等）
- 呼吸用保護具の使用状況（要求防護係数による選択状況、定期的なフィットテストの実施状況）
- 取扱方法（皮膚等障害化学物質等（皮膚若しくは眼に障害を与えるおそれ又は皮膚から吸収され、若しくは皮膚に侵入して、健康障害を生ずるおそれがあることが明らかな化学物質をいう。）を取り扱う場合、不浸透性の保護具の使用状況、直接接触するおそれの有無や頻度）

第３項健診の実施の要否を判断するタイミングについて、過去にリスクアセスメントを実施して以降、作業の方法や取扱量等に変化がないこと等から、リスクアセスメントを実施していない場合は、過去に実施したリスクアセスメントの結果に基づき、実施の要否を判断する必要があるので、安衛則第577条の２第11項に基づく記録の作成（同項の規定では、リスクアセスメントの結果に基づき講じたリスク低減措置や労働者のリスクアセスメント対象物へのばく露の状況等について、１年を超えない期間ごとに１回、定期に記録を作成することが義務づけられている。）の時期に、労働者のリスクアセスメント対象物へのばく露の状況、工学的措置や保護具使用が適正になされているかを確認し、第３項健診の実施の要否を判断することが望ましい。また、過去に一度もリスクアセスメントを実施したことがない場合は、安衛則第577条の２第３項及び第４項の施行後１年以内にリスクアセスメントを実施し、第３項健診の実施の 要否を判断することが望ましい。なお、第３項健診の実施の要否を判断したときは、その判断根拠について記録を作成し、保存しておくことが望ましい。

さらに、第３項健診の実施の要否を判断した後も、安衛則第577条の２第11項に基づく記録の作成の時期などを捉え、事業者は、前回の リスクアセスメントを実施した時点の作業条件等から変化がないことを定期的に確認し、作業条件等に変化がある場合は、リスクアセスメントを再実施し、第３項健診の実施の要否を判断し直すこと。

(注１)

以下のいずれかに該当する場合は、健康障害発生リスクが高いことが想定されるため、健康診断（①及び②については、経気道ばく露を想定しているため、歯科医師による健康診断を含むが、③及び④については、皮膚へのばく露を想定しているため、歯科医師による健康診断 は含まない。）を実施することが望ましい。

① 濃度基準値がある物質について、労働者のばく露の程度が第４項健診の対象とならないものであっても、８時間濃度基準値を超える短時間ばく露が１日に５回以上ある場合等、濃度基準告示第３号に規定する努力義務を満たしていない場合

② 濃度基準値がない物質について、以下に掲げる場合を含めて、工学的措置や呼吸用保護具でのばく露の制御が不十分と判断される場合

ア リスク低減措置（リスクアセスメントを実施し、その結果に基づき講じられる労働者の危険又は健康障害を防止するための必要な措置をいう。以下同じ。）としてばく露の程度を抑制するための工学的措置が必要とされている場合に、当該措置が適切に稼働していない（局所排気装置が正常に稼働していない等）場合

イ リスク低減措置として呼吸用保護具の使用が必要とされる場合に、呼吸用保護具を使用していない場合

ウ リスク低減措置として呼吸用保護具を使用している場合に、呼吸用保護具の使用方法が不適切で要求防護係数を満たしていないと考えられる場合

③ 不浸透性の保護手袋等の保護具を適切に使用せず、皮膚吸収性有害物質（皮膚から吸収され、又は皮膚に侵入して、健康障害を生ずるおそれがあることが明らかな化学物質をいう（皮膚吸収性有害物質の一覧については、皮膚等障害化学物質等に該当する化学物質について（令和５年７月４日付け基発0704第１号）を参照のこと。）。以下同じ。）に直接触れる作業を行っている場合

④ 不浸透性の保護手袋等の保護具を適切に使用せず、皮膚刺激性有害物質（皮膚又は眼に障害を与えるおそれのある化学物質をいう（皮膚刺激性有害物質を含めた一覧については、厚生労働省のホームページに掲載の「皮膚等障害化学物質（労働安全衛生規則第594条の２（令和６年４月１日施行））及び特別規則に基づく不浸透性の保護具等の使用義務物質リスト」（https://www.mhlw.go.jp/stf/seisakunitsuite/bunya/0000099121_00005.html）を参照のこと。）。以下同じ。）に直接触れる作業を行っている場合

⑤ 濃度基準値がない物質について、漏洩事故等により、大量ばく露した場合

（注）この場合、まずは医師等の診察を受けることが望ましい。

⑥ リスク低減措置が適切に講じられているにも関わらず、当該化学物質による可能性がある体調不良者が出るなど何らかの健康障害が顕在化した場合

（注２）

濃度基準値がないリスクアセスメント対象物には、発がんが確率的影響であることから、長期的な健康影響が発生しない安全な閾値である濃度基準値を定めることが困難なため濃度基準値を設定していない発がん性物質も含まれており、このような遅発性の健康障害のおそれがある物質については、過去の当該物質のばく露履歴（ばく露の程度、ばく露期間、保護具の着用状況等）を考慮し、リスクアセスメント対象物健康診断の実施の要否について検討する必要がある。

（注３）

濃度基準値がないリスクアセスメント対象物には、職業性ばく露限界値等（日本産業衛生学会の許容濃度、米国政府労働衛生専門家会議（ACGIH）のばく露限界値（TLV-TWA）等をいう。以下同じ。）は設定されているが濃度基準値が検討中であり、そのため濃度基準値が設定されていない物質も含まれている。当該物質については、濃度基準値が設定されるまでの間は、職業性ばく露限界値等を参考にリスクアセスメントを実施することが推奨されている（労働安全衛生規則等の一部を改正する省令等の施行について（令和４年５月31日付け基発0531第９号）第４の７）ため、リスクアセスメント対象物健康診断の実施の要否の判断においては、当該職業性ばく露限界値等を超えてばく露したおそれがあるか否かを判断基準とすることが望ましい。

（注４）

リスクアセスメント対象物健康診断のうち、歯科領域に係るものについては、歯科領域への影響について確立されたリスク評価手法が現時点ではないこと、歯科領域のリスクアセスメント対象物健康診断の対象である５物質（クロルスルホン酸、三臭化ほう素、5,5-ジフェニル-2,4-イミダゾリジンジオン、臭化水素及び発煙硫酸）につい

ては、歯科領域への影響がそれ以外の臓器等への健康影響よりも低い濃度で発生するエビデンスが明確ではないことから、歯科領域以外の健康障害発生リスクの評価に基づいて行われるリスクアセスメント対象物健康診断の実施の要否の判断に準じて、歯科領域に関する検査の実施の要否を判断することが適切である。

（注５）

健康診断の実施の要否の判断に際して、産業医を選任している事業場においては、必要に応じて、産業医の意見を聴取すること。産業医を選任していない小規模事業場においては、本社等で産業医を選任している場合は当該産業医、それ以外の場合は、健康診断実施機関、産業保健総合支援センター又は地域産業保健センターに必要に応じて相談することも考えられる。その際、これらの者が事業場のリスクアセスメント対象物に関する状況を具体的に把握した上で助言できるよう、事業場において使用している化学物質の種類、作業内容、作業環境等の情報を提供すること。

（注６）

同一の作業場所で複数の事業者が化学物質を取り扱う作業を行っている場合であって、作業環境管理等を実質的に他の事業者が行っている場合等においては、作業環境管理等に関する情報を事業者間で共有し、連携してリスクアセスメントを実施するなど、健康診断の実施の要否を判断するための必要な情報収集において、十分な連携を図ること。

(2)　第４項健診の実施の要否の判断の考え方

第４項健診については、以下のいずれかに該当する場合は、労働者が濃度基準値を超えてばく露したおそれがあることから、速やかに実施する必要がある。

・リスクアセスメントにおける実測（数理モデルで推計した呼吸域の濃度が濃度基準値の２分の１程度を超える等により事業者が行う確認測定（化学物質による健康障害防止のための濃度の基準の適用等に関する技術上の指針（令和５年４月27日付け技術上の指針公示第24号））の濃度を含む。）、数理モデルによる呼吸域の濃度の推計又は定期的な濃度測定による呼吸域の濃度が、濃度基準値を超えていることから、労働者のばく露の程度を濃度基準値以下に抑制するために局所排気装置等の工学的措置の実施又は呼吸用保護具の使用等の対策を講じる必要があるにも関わらず、以下に該当する状況が生じた場合

①　工学的措置が適切に実施されていない（局所排気装置が正常に稼働していない等）ことが判明した場合

②　労働者が必要な呼吸用保護具を使用していないことが判明した場合

③　労働者による呼吸用保護具の使用方法が不適切で要求防護係数が満たされていないと考えられる場合

④　その他、工学的措置や呼吸用保護具でのばく露の制御が不十分な状況が生じていることが判明した場合

・漏洩事故等により、濃度基準値がある物質に大量ばく露した場合

（注）この場合、まずは医師等の診察を受けることが望ましい。

３　リスクアセスメント対象物健康診断を実施する場合の対象者の選定方法等

(1)　対象者の選定方法

リスクアセスメント対象物健康診断を実施する場合の対象者の選定は、個人ごとに健康障害発生リスクの評価を行い、個人ごとに健康診 断の実施の要否を判断することが原則であるが、同様の作業を行っている労働者についてはまとめて評価･判断することも可能である。また、漏洩事故等によるばく露の場合は、ばく露した労働者のみを対象者としてよいこと。

なお、安衛則第577条の２第３項に規定される「リスクアセスメント対象物を製造し、又は取り扱う業務に常時従事する労働者」には、当該業務に従事する時間や頻度が少なくても、反復される作業に従事している者を含むこと。

⑵　労働者に対する事前説明

リスクアセスメント対象物健康診断は、検査項目が法令で定められていないことから、当該健康診断を実施する際には、当該健康診断の対象となる労働者に対し、設定した検査項目について、その理由を説明することが望ましい。なお、労働者に対する説明は、労働者に対する口頭やメールによる通知のほか、事業場のイントラネットでの掲載、パンフレットの配布、事業場の担当窓口の備付け、掲示板への掲示等があり、労働者本人に認識される合理的かつ適切な方法で行う必要があること。

また、リスクアセスメント対象物健康診断は、健康障害の早期発見のためにも、実施が必要な労働者は受診することが重要であるから、事業者は関係労働者に対し、あらかじめその旨説明しておくことが望ましい。ただし、事業者は、当該健康診断の対象となる労働者が受診しないことを理由に、当該労働者に対して不利益な取扱いを行ってはならない。

4　リスクアセスメント対象物健康診断の実施頻度及び実施時期

⑴　第３項健診の実施頻度

第３項健診の実施頻度は、健康障害発生リスクの程度に応じて、産業医を選任している事業場においては産業医、選任していない事業場においては医師等の意見に基づき事業者が判断すること。具体的な実施頻度は、例えば以下のように設定することが考えられる。

①　皮膚腐食性／刺激性、眼に対する重篤な損傷性／眼刺激性、呼吸器感作性、皮膚感作性、特定標的臓器毒性（単回ばく露）による急性の健康障害発生リスクが許容される範囲を超えると判断された場合：６月以内に１回（ばく露低減対策を講じても、健康障害発生リスクが許容される範囲を超える状態が継続している場合は、継続して６月以内ごとに１回実施する必要がある。）

②　がん原性物質（労働安全衛生規則第577条の２第３項の規定に基づきがん原性がある物として厚生労働大臣が定めるもの（令和４年厚生労働省告示第371号）により、がん原性があるものとして厚生労働大臣が定めるものをいう。以下同じ。）又は国が行うGHS分類の結果、発がん性の区分が区分１に該当する化学物質にばく露し、健康障害発生リスクが許容される範囲を超えると判断された場合：業務におけるばく露があり、健康障害発生リスクが高い労働者を対象とすることから、がん種によらず１年以内ごとに１回（ばく露低減対策により健康障害発生リスクが許容される範囲を超えない状態に改善した場合も、産業医を選任している事業場においては産業医、選任していない事業場においては医師等の意見も踏まえ、必要な期間継続的に実施することを検討すること。）

③　上記①、②以外の健康障害（歯科領域の健康障害を含む。）発生リスクが許容される範囲を超えると判断された場合：３年以内ごとに１回（ばく露低減対策により健康障害発生リスクが許容される範囲を超えない状態に改善した場合も、産業医を選任している事業場においては産業医、選任していない事業場においては医師等の意見も踏まえ、必要な期間継続的に実施することを検討すること。）

⑵　第４項健診の実施時期

なお、第４項健診は、濃度基準値を超えてばく露したおそれが生じた時点で、事業者及び健康診断実施機関等の調整により合理的に実施可能な範囲で、速やかに実施する必要があること。また、濃度基準値以下となるよう有効なリスク低減措置を講じた後においても、急性以外の健康障害（遅発性健康障害を含む。）が懸念される場合は、産業医を選任している事業場においては産業医、選任していない事業場においては医師等の意見も踏まえ、必要な期間継続的に健康診断を実施することを検討すること。

5　リスクアセスメント対象物健康診断の検査項目

(1)　検査項目の設定に当たって参照すべき有害性情報

リスクアセスメント対象物健康診断を実施する医師等は、事業者からの依頼を受けて検査項目を設定するに当たっては、まず濃度基準値がある物質の場合には濃度基準値の根拠となった一次文献における有害性情報（当該有害性情報は、厚生労働省ホームページに順次追加される「化学物質管理に係る専門家検討会報告書」から入手可能）を参照すること。それに加えて、濃度基準値がない物質も含めてSDSに記載されたGHS分類に基づく有害性区分及び有害性情報 を参照すること。

その際、GHS分類に基づく有害性区分のうち、以下のア～エに掲げるものについては、以下のとおりの取扱いとすること。

ア　急性毒性

GHS分類における急性毒性は定期的な検査になじまないため、急性の健康障害に関する検査項目の設定は、特定標的臓器毒性（単回ばく露）、皮膚腐食性／刺激性、眼に対する重篤な損傷性／眼刺激性、呼吸器感作性、皮膚感作性等のうち急性の健康影響を参照すること。

イ　生殖細胞変異原性及び誤えん有害性

検査項目の設定が困難であることから、検査の対象から除外すること。

ウ　発がん性

検査項目の設定のためのエビデンスが十分でないがん種については、対象から除外すること。

エ　生殖毒性

職業ばく露による健康影響を確認するためのスクリーニング検査の実施方法が確立していないことから、生殖毒性に係る検査は一般的には推奨されない。なお、生殖毒性に係る検査を実施する場合は、労働者に対する身体的・心理的負担を考慮して検査方法を選択するとともに、業務とは直接関係のない個人のプライバシーに留意する必要があることから、労使で十分に話し合うことが重要であること。

歯科領域のリスクアセスメント対象物健康診断は、GHS分類において歯科領域の有害性情報があるもののうち、職業性ばく露による歯科領域への影響が想定され、既存の健康診断の対象となっていないクロルスルホン酸、三臭化ほう素、5,5-ジフェニル-2,4-イミダゾリジンジオン、臭化水素及び発煙硫酸の５物質を対象とすること。歯科領域での検査項目の設定においては、まずは現時点でのGHS分類において記載のある歯牙及び歯肉を含む支持組織への影響を考慮することとする。

(2)　検査項目の設定方法

リスクアセスメント対象物健康診断を実施する医師等は、検査項目を設定するに当たっては、以下の点に留意すること。

①　特殊健康診断の一次健康診断及び二次健康診断の考え方を参考としつつ、スクリーニング検査として実施する検査と、確定診断等を目的とした検査との目的の違いを認識し、リスクアセスメント対象物健康診断としてはスクリーニングとして必要と考えられる検査項目を実施すること。

②　労働者にとって過度な侵襲となる検査項目や事業者にとって過度な経済的負担となる検査項目は、その検査の実施の有用性等に鑑み慎重に検討、判断すべきであること。

以上を踏まえ、具体的な検査項目の設定に当たっては、以下の考え方を参考とすること。

(ア)　第３項健診の検査項目

業務歴の調査、作業条件の簡易な調査等によるばく露の評価及び自他覚症状の有無の検査等を実施する。必要と判断された場合には、標的とする健康影響に関するスクリーニングに係る検査項目を設定する。

(イ)　第４項健診の検査項目

「８時間濃度基準値」を超えてばく

露した場合で、ただちに健康影響が発生している可能性が低いと考えられる場合は、業務歴の調査、作業条件の簡易な調査等によるばく露の評価及び自他覚症状の有無の検査等を実施する。ばく露の程度を評価することを目的に生物学的ばく露モニタリング等が有効であると判断される場合は、その実施も推奨される。また、長期にわたるばく露があるなど、健康影響の発生が懸念される場合には、急性以外の標的影響（遅発性健康障害を含む。）のスクリーニングに係る検査項目を設定する。

「短時間濃度基準値（天井値を含む。）」を超えてばく露した場合は、主として急性の影響に関する検査項目を設定する。ばく露の程度を評価することを目的に生物学的ばく露モニタリング等が有効であると判断される場合は、その実施も推奨される。

(ウ) 歯科領域の検査項目

スクリーニングとしての歯科領域に係る検査項目は、歯科医師による問診及び歯牙・口腔内の視診とする。

6　配置前及び配置転換後の健康診断

リスクアセスメント対象物健康診断には、配置前の健康診断は含まれていないが、配置前の健康状態を把握しておくことが有意義であることから、一般健康診断で実施している自他覚症状の有無の検査等により健康状態を把握する方法が考えられる。

また、化学物質による遅発性の健康障害が 懸念される場合には、配置転換後であっても、例えば一定期間経過後等、必要に応じて、医師 等の判断に基づき定期的に健康診断を実施することが望ましい。配置転換後に健康診断を実施したときは、リスクアセスメント対象物健康診断に準じて、健康診断結果の個人票を作成し、同様の期間保存しておくことが望ましい。

7　リスクアセスメント対象物健康診断の対象とならない労働者に対する対応

リスクアセスメント対象物健康診断の対象とならない労働者としては、以下が挙げられる。

① リスクアセスメント対象物以外の化学物質を製造し、又は取り扱う業務に従事する労働者

② リスクアセスメント対象物に係るリスクアセスメントの結果、健康障害発生リスクが許容される範囲を超えないと判断された労働者

これらの労働者については、安衛則第44条第１項に基づく定期健康診断で実施されている業務歴の調査や自他覚症状の有無の検査において、化学物質を取り扱う業務による所見等の有無について留意することが望ましい。また、労働者について業務による健康影響が疑われた場合は、当該労働者については早期の医師等の診察の受診を促し、②の労働者と同様の作業を行っている労働者については、リスクアセスメントの再実施及びその結果に基づくリスクアセスメント対象物健康診断の実施を検討すること。

なお、これらの対応が適切に行われるよう、事業者は定期健康診断を実施する医師等に対し、関係労働者に関する化学物質の取扱い状況の情報を提供することが望ましい。また、健康診断を実施する医師等が、同様の作業を行っている労働者ごとに自他覚症状を集団的に評価し、健康影響の集積発生や検査結果の変動等を把握することも、異常の早期発見の手段の一つと考えられる。

8 リスクアセスメント対象物健康診断の費用負担

リスクアセスメント対象物健康診断は、リスクアセスメント対象物を製造し、又は取り扱う業務による健康障害発生リスクがある労働者に対して実施するものであることから、その費用は事業者が負担しなければならないこと。また、派遣労働者については、派遣先事業者にリスクアセスメント対象物健康診断の実施義

務があることから、その費用は派遣先事業者が負担しなければならないこと 。

なお、リスクアセスメント対象物健康診断の受診に要する時間の賃金については、労働時間として事業者が支払う必要があること。

9　既存の特殊健康診断との関係について

特殊健康診断の実施が義務づけられている物質及び安衛則第48条に基づく歯科健康診断の実施が義務づけられている物質については、リスクアセスメント対象物健康診断を重複して実施する必要はないこと 。

附　録

○「労働安全衛生規則等の一部を改正する省令」（令和４年厚生労働省令第91号）等による特別則の主要改正条項

・特定化学物質障害予防規則（抄）（昭和47年労働省令第39号）

・有機溶剤中毒予防規則（抄）（昭和47年労働省令第36号）

・鉛中毒予防規則（抄）（昭和47年労働省令第37号）

・粉じん障害防止規則（抄）（昭和54年労働省令第18号）

・四アルキル鉛中毒予防規則（抄）（昭和47年労働省令第38号）

・石綿障害予防規則（抄）（平成17年厚生労働省令第21号）

○参考資料リンク先一覧

「労働安全衛生規則等の一部を改正する省令」（令和４年厚生労働省令第91号）等による特別則の主要改正条項

最終改正 令和５年12月27日

※下線部は改正箇所

特定化学物質障害予防規則（抄）

（昭和47年労働省令第39号）

第２条の３　この省令（第22条、第22条の２、第38条の８（有機則第７章の規定を準用する場合に限る。）、第38条の13第３項から第５項まで、第38条の14、第38条の20第２項から第４項まで及び第７項、第６章並びに第７章の規定を除く。）は、事業場が次の各号（令第22条第１項第３号の業務に労働者が常時従事していない事業場については、第４号を除く。）に該当すると当該事業場の所在地を管轄する都道府県労働局長（以下この条において「所轄都道府県労働局長」という。）が認定したときは、第36条の２第１項に掲げる物（令別表第３第１号３、６又は７に掲げる物を除く。）を製造し、又は取り扱う作業又は業務（前条の規定により、この省令が適用されない業務を除く。）については、適用しない。

１　事業場における化学物質の管理について必要な知識及び技能を有する者として厚生労働大臣が定めるもの（第５号において「化学物質管理専門家」という。）であつて、当該事業場に専属の者が配置され、当該者が当該事業場における次に掲げる事項を管理していること。

　イ　特定化学物質に係る労働安全衛生規則（昭和47年労働省令第32号）第34条の２の７第１項に規定するリスクアセスメントの実施に関すること。

　ロ　イのリスクアセスメントの結果に基づく措置その他当該事業場における特定化学物質による労働者の健康障害を予防するため必要な措置の内容及びその実施に関すること。

２　過去３年間に当該事業場において特定化学物質による労働者が死亡する労働災害又は休業の日数が４日以上の労働災害が発生していないこと。

３　過去３年間に当該事業場の作業場所について行われた第36条の２第１項の規定による評価の結果が全て第一管理区分に区分されたこと。

４　過去３年間に当該事業場の労働者について行われた第39条第１項の健康診断の結果、新たに特定化学物質による異常所見があると認められる労働者が発見されなかつたこと。

５　過去３年間に１回以上、労働安全衛生規則第34条の２の８第１項第３号及び第４号に掲げる事項について、化学物質管理専門家（当該事業場に属さない者に限る。）による評価を受け、当該評価の結果、当該事業場において特定化学物質による労働者の健康障害を予防するため必要な措置が適切に講じられていると認められること。

６　過去３年間に事業者が当該事業場について労働安全衛生法（以下「法」という。）及びこれに基づく命令に違反していないこと。

②　前項の認定（以下この条において単に「認定」という。）を受けようとする事業場の事業者は、特定化学物質障害予防規則適用除外認定申請書（様式第１号）により、当該認定に係る事業場が同項第１号及び第３号から第５号までに該当することを確認できる書面を添えて、所轄都道府県労働局長に提出しなければならない。

③　所轄都道府県労働局長は、前項の申請書の提出を受けた場合において、認定をし、又はしないことを決定したときは、遅滞なく、文書で、その旨を当該申請書を提出した事業者に通知しなければならない。
④　認定は、３年ごとにその更新を受けなければ、その期間の経過によつて、その効力を失う。
⑤　第１項から第３項までの規定は、前項の認定の更新について準用する。
⑥　認定を受けた事業者は、当該認定に係る事業場が第１項第１号から第５号までに掲げる事項のいずれかに該当しなくなつたときは、遅滞なく、文書で、その旨を所轄都道府県労働局長に報告しなければならない。
⑦　所轄都道府県労働局長は、認定を受けた事業者が次のいずれかに該当するに至つたときは、その認定を取り消すことができる。
　１　認定に係る事業場が第１項各号に掲げる事項のいずれかに適合しなくなつたと認めるとき。
　２　不正の手段により認定又はその更新を受けたとき。
　３　特定化学物質に係る法第22条及び第57条の３第２項の措置が適切に講じられていないと認めるとき。
⑧　前三項の場合における第１項第３号の規定の適用については、同号中「過去３年間に当該事業場の作業場所について行われた第36条の２第１項の規定による評価の結果が全て第一管理区分に区分された」とあるのは、「過去３年間の当該事業場の作業場所に係る作業環境が第36条の２第１項の第一管理区分に相当する水準にある」とする。

（評価の結果に基づく措置）
第36条の３　事業者は、前条第１項の規定による評価の結果、第三管理区分に区分された場所については、直ちに、施設、設備、作業工程又は作業方法の点検を行い、その結果に基づき、施設又は設備の設置又は整備、作業工程又は作業方法の改善その他作業環境を改善するため必要な措置を講じ、当該場所の管理区分が第一管理区分又は第二管理区分となるようにしなければならない。
②　事業者は、前項の規定による措置を講じたときは、その効果を確認するため、同項の場所について当該特定化学物質の濃度を測定し、及びその結果の評価を行わなければならない。
③　事業者は、第１項の場所については、労働者に有効な呼吸用保護具を使用させるほか、健康診断の実施その他労働者の健康の保持を図るため必要な措置を講ずるとともに、前条第２項の規定による評価の記録、第１項の規定に基づき講ずる措置及び前項の規定に基づく評価の結果を次に掲げるいずれかの方法によつて労働者に周知させなければならない。
　１　常時各作業場の見やすい場所に掲示し、又は備え付けること。
　２　書面を労働者に交付すること。
　３　事業者の使用に係る電子計算機に備えられたファイル又は電磁的記録媒体（電磁的記録（電子的方式、磁気的方式その他人の知覚によつては認識することができない方式で作られる記録であつて、電子計算機による情報処理の用に供されるものをいう。）に係る記録媒体をいう。以下同じ。）をもつて調製するファイルに記録し、かつ、各作業場に労働者が当該記録の内容を常時確認できる機器を設置すること。
④　事業者は、第１項の場所において作業に従事する者（労働者を除く。）に対し、有効な呼吸用保護具を使用する必要がある旨を周知させなければならない。

第36条の３の２　事業者は、前条第２項の規定による評価の結果、第三管理区分に区分された場所（同条第１項に規定する措置を講じていないこと又は当該措置を講じた後同条第２項の評価を行つていないことにより、第一管理区分又は第二管理区分となつていないものを含み、第５項各号の措置を講じているものを除く。）については、遅滞なく、次に掲げる事項について、事業場における作業環境の管理について必要な能力を有すると認められる者（当該事業場に属さない者に限る。以下この条において「作業環境管理専門家」という。）の意見を聴かなければならない。

１　当該場所について、施設又は設備の設置又は整備、作業工程又は作業方法の改善その他作業環境を改善するために必要な措置を講ずることにより第一管理区分又は第二管理区分とすることの可否

２　当該場所について、前号において第一管理区分又は第二管理区分とすることが可能な場合における作業環境を改善するために必要な措置の内容

②　事業者は、前項の第三管理区分に区分された場所について、同項第１号の規定により作業環境管理専門家が第一管理区分又は第二管理区分とすることが可能と判断した場合は、直ちに、当該場所について、同項第２号の事項を踏まえ、第一管理区分又は第二管理区分とするために必要な措置を講じなければならない。

③　事業者は、前項の規定による措置を講じたときは、その効果を確認するため、同項の場所について当該特定化学物質の濃度を測定し、及びその結果を評価しなければならない。

④　事業者は、第１項の第三管理区分に区分された場所について、前項の規定による評価の結果、第三管理区分に区分された場合又は第１項第１号の規定により作業環境管理専門家が当該場所を第一管理区分若しくは第二管理区分とすることが困難と判断した場合は、直ちに、次に掲げる措置を講じなければならない。

１　当該場所について、厚生労働大臣の定めるところにより、労働者の身体に装着する試料採取器等を用いて行う測定その他の方法による測定（以下この条において「個人サンプリング測定等」という。）により、特定化学物質の濃度を測定し、厚生労働大臣の定めるところにより、その結果に応じて、労働者に有効な呼吸用保護具を使用させること（当該場所において作業の一部を請負人に請け負わせる場合にあつては、労働者に有効な呼吸用保護具を使用させ、かつ、当該請負人に対し、有効な呼吸用保護具を使用する必要がある旨を周知させること。）。ただし、前項の規定による測定（当該測定を実施していない場合（第１項第１号の規定により作業環境管理専門家が当該場所を第一管理区分又は第二管理区分とすることが困難と判断した場合に限る。）は、前条第２項の規定による測定）を個人サンプリング測定等により実施した場合は、当該測定をもつて、この号における個人サンプリング測定等とすることができる。

２　前号の呼吸用保護具（面体を有するものに限る。）について、当該呼吸用保護具が適切に装着されていることを厚生労働大臣の定める方法により確認し、その結果を記録し、これを３年間保存すること。

３　保護具に関する知識及び経験を有すると認められる者のうちから保護具着用管理責任者を選任し、次の事項を行わせること。

イ　前二号及び次項第１号から第３号までに掲げる措置に関する事項（呼吸用保護具に関する事項に限る。）を管理すること。

ロ　特定化学物質作業主任者の職務（呼吸用保護具に関する事項に限る。）について必要な指導を行うこと。

ハ　第１号及び次項第２号の呼吸用保護具を常時有効かつ清潔に保持

することｏ

4　第１項の規定による作業環境管理専門家の意見の概要、第２項の規定に基づき講ずる措置及び前項の規定に基づく評価の結果を、前条第３項各号に掲げるいずれかの方法によつて労働者に周知させること。

⑤　事業者は、前項の措置を講ずべき場所について、第一管理区分又は第二管理区分と評価されるまでの間、次に掲げる措置を講じなければならない。この場合においては、第36条第１項の規定による測定を行うことを要しない。

1　６月以内ごとに１回、定期に、個人サンプリング測定等により特定化学物質の濃度を測定し、前項第１号に定めるところにより、その結果に応じて、労働者に有効な呼吸用保護具を使用させること。

2　前号の呼吸用保護具（面体を有するものに限る。）を使用させるときは、１年以内ごとに１回、定期に、当該呼吸用保護具が適切に装着されていることを前項第２号に定める方法により確認し、その結果を記録し、これを３年間保存すること。

3　当該場所において作業の一部を請負人に請け負わせる場合にあつては、当該請負人に対し、第１号の呼吸用保護具を使用する必要がある旨を周知させること。

⑥　事業者は、第４項第１号の規定による測定（同号ただし書の測定を含む。）又は前項第１号の規定による測定を行つたときは、その都度、次の事項を記録し、これを３年間保存しなければならない。

1　測定日時
2　測定方法
3　測定箇所
4　測定条件
5　測定結果
6　測定を実施した者の氏名
7　測定結果に応じた有効な呼吸用保護具を使用させたときは、当該呼吸用保護具の概要

⑦　第36条第３項の規定は、前項の測定の記録について準用する。

⑧　事業者は、第４項の措置を講ずべき場所に係る前条第２項の規定による評価及び第３項の規定による評価を行つたときは、次の事項を記録し、これを３年間保存しなければならない。

1　評価日時
2　評価箇所
3　評価結果
4　評価を実施した者の氏名

⑨　第36条の２第３項の規定は、前項の評価の記録について準用する。

第36条の３の３　事業者は、前条第４項各号に掲げる措置を講じたときは、遅滞なく、第三管理区分措置状況届（様式第１号の４）を所轄労働基準監督署長に提出しなければならない。

第36条の４　事業者は、第36条の２第１項の規定による評価の結果、第二管理区分に区分された場所については、施設、設備、作業工程又は作業方法の点検を行い、その結果に基づき、施設又は設備の設置又は整備、作業工程又は作業方法の改善その他作業環境を改善するため必要な措置を講ずるよう努めなければならない。

②　前項に定めるもののほか、事業者は、同項の場所については、第36条の２第２項の規定による評価の記録及び前項の規定に基づき講ずる措置を次に掲げるいずれかの方法によつて労働者に周知させなければならない。

1　常時各作業場の見やすい場所に掲示し、又は備え付けること。
2　書面を労働者に交付すること。
3　事業者の使用に係る電子計算機に備えられたファイル又は電磁的記録媒体をもつて調製するファイルに記録し、かつ、各作業場に労働者が当該記録の内容を常時確認できる機器を設置すること。

（掲示）

第38条の３　事業者は、特定化学物質を製造し、又は取り扱う作業場には、次の事項を、見やすい箇所に掲示しなければならない。

１　特定化学物質の名称

２　特定化学物質により生ずるおそれのある疾病の種類及びその症状

３　特定化学物質の取扱い上の注意事項

４　次条に規定する作業場（次号に掲げる場所を除く。）にあつては、使用すべき保護具

５　次に掲げる場所にあつては、有効な保護具を使用しなければならない旨及び使用すべき保護具

イ　第６条の２第１項の許可に係る作業場（同項の濃度の測定を行うときに限る。）

ロ　第６条の３第１項の許可に係る作業場であつて、第36条第１項の測定の結果の評価が第36条の２第１項の第一管理区分でなかつた作業場及び第一管理区分を維持できないおそれがある作業場

ハ　第22条第１項第10号の規定により、労働者に必要な保護具を使用させる作業場

ニ　第22条の２第１項第６号の規定により、労働者に必要な保護具を使用させる作業場

ホ　金属アーク溶接等作業を行う作業場

ヘ　第36条の３第１項の場所

ト　第36条の３の２第４項及び第５項の規定による措置を講ずべき場所

チ　第38条の７第１項第２号の規定により、労働者に有効な呼吸用保護具を使用させる作業場

リ　第38条の13第３項第２号に該当する場合において、同条第４項の措置を講ずる作業場

ヌ　第38条の20第２項各号に掲げる作業を行う作業場

ル　第44条第３項の規定により、労働者に保護眼鏡並びに不浸透性の保護衣、保護手袋及び保護長靴を使用させる作業場

（健康診断の実施）

第39条　事業者は、令第22条第１項第３号の業務（石綿等の取扱い若しくは試験研究のための製造又は石綿分析用試料等（石綿則第２条第４項に規定する石綿分析用試料等をいう。）の製造に伴い石綿の粉じんを発散する場所における業務及び別表第１第37号に掲げる物を製造し、又は取り扱う業務を除く。）に常時従事する労働者に対し、別表第３の上欄に掲げる業務の区分に応じ、雇入れ又は当該業務への配置替えの際及びその後同表の中欄に掲げる期間以内ごとに１回、定期に、同表の下欄に掲げる項目について医師による健康診断を行わなければならない。

②　事業者は、令第22条第２項の業務（石綿等の製造又は取扱いに伴い石綿の粉じんを発散する場所における業務を除く。）に常時従事させたことのある労働者で、現に使用しているものに対し、別表第３の上欄に掲げる業務のうち労働者が常時従事した同項の業務の区分に応じ、同表の中欄に掲げる期間以内ごとに１回、定期に、同表の下欄に掲げる項目について医師による健康診断を行わなければならない。

③　事業者は、前二項の健康診断（シアン化カリウム（これをその重量の５パーセントを超えて含有する製剤その他の物を含む。）、シアン化水素（これをその重量の１パーセントを超えて含有する製剤その他の物を含む。）及びシアン化ナトリウム（これをその重量の５パーセントを超えて含有する製剤その他の物を含む。）を製造し、又は取り扱う業務に従事する労働者に対し行われた第１項の健康診断を除く。）の結果、他覚症状が認められる者、自覚症状を訴える者その他異常の疑いがある者で、医師が必要と認めるものについては、別表第４の上欄に掲げる業

務の区分に応じ、それぞれ同表の下欄に掲げる項目について医師による健康診断を行わなければならない。

④　第１項の業務（令第16第１項各号に掲げる物（同項第４号に掲げる物及び同項第９号に掲げる物で同項第４号に係るものを除く。）及び特別管理物質に係るものを除く。）が行われる場所について第36条の２第１項の規定による評価が行われ、かつ、次の各号のいずれにも該当するときは、当該業務に係る直近の連続した３回の第１項の健康診断（当該健康診断の結果に基づき、前項の健康診断を実施した場合については、同項の健康診断）の結果、新たに当該業務に係る特定化学物質による異常所見があると認められなかつた労働者については、当該業務に係る第１項の健康診断に係る別表第３の規定の適用については、同表中欄中「６月」とあるのは、「１年」とする。

１　当該業務を行う場所について、第36条の２第１項の規定による評価の結果、直近の評価を含めて連続して３回、第一管理区分に区分された（第２条の３第１項の規定により、当該場所について第36条の２第１項の規定が適用されない場合は、過去１年６月の間、当該場所の作業環境が同項の第一管理区分に相当する水準にある）こと。

２　当該業務について、直近の第１項の規定に基づく健康診断の実施後に作業方法を変更（軽微なものを除く。）していないこと。

⑤　令第22条第２項第24号の厚生労働省令で定める物は、別表第５に掲げる物とする。

⑥　令第22条第１項第３号の厚生労働省令で定めるものは、次に掲げる業務とする。

１　第２条の２各号に掲げる業務

２　第38条の８において準用する有機則第３条第１項の場合における同項の業務（別表第１第37号に掲げる物に係るものに限る。次項第３号において同じ。）

⑦　令第22条第２項の厚生労働省令で定めるものは、次に掲げる業務とする。

１　第２条の２各号に掲げる業務

２　第２条の２第１号イに掲げる業務（ジクロロメタン（これをその重量の１パーセントを超えて含有する製剤その他の物を含む。）を製造し、又は取り扱う業務のうち、屋内作業場等において行う洗浄又は払拭の業務を除く。）

３　第38条の８において準用する有機則第３条第１項の場合における同項の業務

有機溶剤中毒予防規則（抄）

（昭和47年労働省令第36号）

（化学物質の管理が一定の水準にある場合の適用除外）

第４条の２　この省令（第６章及び第７章の規定（第32条及び第33条の保護具に係る規定に限る。）を除く。）は、事業場が次の各号（令第22条第１項第６号の業務に労働者が常時従事していない事業場については、第４号を除く。）に該当すると当該事業場の所在地を管轄する都道府県労働局長（以下この条において「所轄都道府県労働局長」という。）が認定したときは、第28条第１項の業務（第２条第１項の規定により、第２章、第３章、第４章中第19条、第19条の２及び第24条から第26条まで、第７章並びに第９章の規定が適用されない業務を除く。）については、適用しない。

１　事業場における化学物質の管理について必要な知識及び技能を有する者として厚生労働大臣が定めるもの（第５号において「化学物質管理専門家」という。）であつて、当該事業場に専属の者が配置され、当該者が当該事業場における次に掲げる事項を管理していること。

イ　有機溶剤に係る労働安全衛生規則（昭和47年労働省令第32号）第

34条の2の7第1項に規定するリスクアセスメントの実施に関すること。

ロ　イのリスクアセスメントの結果に基づく措置その他当該事業場における有機溶剤による労働者の健康障害を予防するため必要な措置の内容及びその実施に関すること。

2　過去3年間に当該事業場において有機溶剤等による労働者が死亡する労働災害又は休業の日数が4日以上の労働災害が発生していないこと。

3　過去3年間に当該事業場の作業場所について行われた第28条の2第1項の規定による評価の結果が全て第一管理区分に区分されたこと。

4　過去3年間に当該事業場の労働者について行われた第29条第2項、第3項又は第5項の健康診断の結果、新たに有機溶剤による異常所見があると認められる労働者が発見されなかつたこと。

5　過去3年間に1回以上、労働安全衛生規則第34条の2の8第1項第3号及び第4号に掲げる事項について、化学物質管理専門家（当該事業場に属さない者に限る。）による評価を受け、当該評価の結果、当該事業場において有機溶剤による労働者の健康障害を予防するため必要な措置が適切に講じられていると認められること。

6　過去3年間に事業者が当該事業場について労働安全衛生法（以下「法」という。）及びこれに基づく命令に違反していないこと。

②　前項の認定（以下この条において単に「認定」という。）を受けようとする事業場の事業者は、有機溶剤中毒予防規則適用除外認定申請書（様式第1号の2）により、当該認定に係る事業場が同項第1号及び第3号から第5号までに該当することを確認できる書面を添えて、所轄都道府県労働局長に提出しなければならない。

③　所轄都道府県労働局長は、前項の申請書の提出を受けた場合において、認定をし、又はしないことを決定したときは、遅滞なく、文書で、その旨を当該申請書を提出した事業者に通知しなければならない。

④　認定は、3年ごとにその更新を受けなければ、その期間の経過によつて、その効力を失う。

⑤　第1項から第3項までの規定は、前項の認定の更新について準用する。

⑥　認定を受けた事業者は、当該認定に係る事業場が第1項第1号から第5号までに掲げる事項のいずれかに該当しなくなつたときは、遅滞なく、文書で、その旨を所轄都道府県労働局長に報告しなければならない。

⑦　所轄都道府県労働局長は、認定を受けた事業者が次のいずれかに該当するに至つたときは、その認定を取り消すことができる。

1　認定に係る事業場が第1項各号に掲げる事項のいずれかに適合しなくなつたと認めるとき。

2　不正の手段により認定又はその更新を受けたとき。

3　有機溶剤に係る法第22条及び第57条の3第2項の措置が適切に講じられていないと認めるとき。

⑧　前三項の場合における第1項第3号の規定の適用については、同号中「過去3年間に当該事業場の作業場所について行われた第28条の2第1項の規定による評価の結果が全て第一管理区分に区分された」とあるのは、「過去3年間の当該事業場の作業場所に係る作業環境が第28条の2第1項の第一管理区分に相当する水準にある」とする。

（掲示）

第24条　事業者は、屋内作業場等において有機溶剤業務に労働者を従事させるときは、次の事項を、見やすい場所に掲示しなければならない。

1　有機溶剤により生ずるおそれのある疾病の種類及びその症状

2　有機溶剤等の取扱い上の注意事項
3　有機溶剤による中毒が発生したときの応急処置
4　次に掲げる場所にあつては、有効な呼吸用保護具を使用しなければならない旨及び使用すべき呼吸用保護具
イ　第13条の2第1項の許可に係る作業場（同項に規定する有機溶剤の濃度の測定を行うときに限る。）
ロ　第13条の3第1項の許可に係る作業場であつて、第28条第2項の測定の結果の評価が第28条の2第1項の第一管理区分でなかつた作業場及び第一管理区分を維持できないおそれがある作業場
ハ　第18条の2第1項の許可に係る作業場（同項に規定する有機溶剤の濃度の測定を行うときに限る。）
ニ　第28条の2第1項の規定による評価の結果、第三管理区分に区分された場所
ホ　第28条の3の2第4項及び第5項の規定による措置を講ずべき場所
ヘ　第32条第1項各号に掲げる業務を行う作業場
ト　第33条第1項各号に掲げる業務を行う作業場

（評価の結果に基づく措置）
第28条の3　事業者は、前条第1項の規定による評価の結果、第三管理区分に区分された場所については、直ちに、施設、設備、作業工程又は作業方法の点検を行い、その結果に基づき、施設又は設備の設置又は整備、作業工程又は作業方法の改善その他作業環境を改善するため必要な措置を講じ、当該場所の管理区分が第一管理区分又は第二管理区分となるようにしなければならない。
②　事業者は、前項の規定による措置を講じたときは、その効果を確認するため、同項の場所について当該有機溶剤の濃度を測定し、及びその結果の評価を行わなければならない。
③　事業者は、第1項の場所については、労働者に有効な呼吸用保護具を使用させるほか、健康診断の実施その他労働者の健康の保持を図るため必要な措置を講ずるとともに、前条第2項の規定による評価の記録、第1項の規定に基づき講ずる措置及び前項の規定に基づく評価の結果を次に掲げるいずれかの方法によつて労働者に周知させなければならない。
1　常時各作業場の見やすい場所に掲示し、又は備え付けること。
2　書面を労働者に交付すること。
3　事業者の使用に係る電子計算機に備えられたファイル又は電磁的記録媒体（電磁的記録（電子的方式、磁気的方式その他人の知覚によつては認識することができない方式で作られる記録であつて、電子計算機による情報処理の用に供されるものをいう。）に係る記録媒体をいう。以下同じ。）をもって調製するファイルに記録し、かつ、各作業場に労働者が当該記録の内容を常時確認できる機器を設置すること。
④　事業者は、第1項の場所において作業に従事する者（労働者を除く。）に対し、当該場所については、有効な呼吸用保護具を使用する必要がある旨を周知させなければならない。

第28条の3の2　事業者は、前条第2項の規定による評価の結果、第三管理区分に区分された場所（同条第1項に規定する措置を講じていないこと又は当該措置を講じた後同条第2項の評価を行つていないことにより、第一管理区分又は第二管理区分となつていないものを含み、第5項各号の措置を講じているものを除く。）については、遅滞なく、次に掲げる事項について、事業場における作業環境の管理について必要な能力を有すると認められる者（当該事業場に属さない者に限る。以下この条において「作業環境管理専門

附録

家」という。）の意見を聴かなければならない。

1　当該場所について、施設又は設備の設置又は整備、作業工程又は作業方法の改善その他作業環境を改善するために必要な措置を講ずることにより第一管理区分又は第二管理区分とすることの可否

2　当該場所について、前号において第一管理区分又は第二管理区分とすることが可能な場合における作業環境を改善するために必要な措置の内容

② 事業者は、前項の第三管理区分に区分された場所について、同項第1号の規定により作業環境管理専門家が第一管理区分又は第二管理区分とすることが可能と判断した場合は、直ちに、当該場所について、同項第2号の事項を踏まえ、第一管理区分又は第二管理区分とするために必要な措置を講じなければならない。

③ 事業者は、前項の規定による措置を講じたときは、その効果を確認するため、同項の場所について当該有機溶剤の濃度を測定し、及びその結果を評価しなければならない。

④ 事業者は、第1項の第三管理区分に区分された場所について、前項の規定による評価の結果、第三管理区分に区分された場合又は第1項第1号の規定により作業環境管理専門家が当該場所を第一管理区分若しくは第二管理区分とすることが困難と判断した場合は、直ちに、次に掲げる措置を講じなければならない。

1　当該場所について、厚生労働大臣の定めるところにより、労働者の身体に装着する試料採取器等を用いて行う測定その他の方法による測定（以下この条において「個人サンプリング測定等」という。）により、有機溶剤の濃度を測定し、厚生労働大臣の定めるところにより、その結果に応じて、労働者に有効な呼吸用保護具を使用させること（当該場所において作業の一部を請負人に請け負わせる場合にあつては、労働者に有効な呼吸用保護具を使用させ、かつ、当該請負人に対し、有効な呼吸用保護具を使用する必要がある旨を周知させること。）。ただし、前項の規定による測定（当該測定を実施していない場合（第1項第1号の規定により作業環境管理専門家が当該場所を第一管理区分又は第二管理区分とすることが困難と判断した場合に限る。）は、前条第2項の規定による測定）を個人サンプリング測定等により実施した場合は、当該測定をもつて、この号における個人サンプリング測定等とすることができる。

2　前号の呼吸用保護具（面体を有するものに限る。）について、当該呼吸用保護具が適切に装着されていることを厚生労働大臣の定める方法により確認し、その結果を記録し、これを3年間保存すること。

3　保護具に関する知識及び経験を有すると認められる者のうちから保護具着用管理責任者を選任し、次の事項を行わせること。

イ　前二号及び次項第1号から第3号までに掲げる措置に関する事項（呼吸用保護具に関する事項に限る。）を管理すること。

ロ　有機溶剤作業主任者の職務（呼吸用保護具に関する事項に限る。）について必要な指導を行うこと。

ハ　第1号及び次項第2号の呼吸用保護具を常時有効かつ清潔に保持すること。

4　第1項の規定による作業環境管理専門家の意見の概要、第2項の規定に基づき講ずる措置及び前項の規定に基づく評価の結果を、前条第3項各号に掲げるいずれかの方法によつて労働者に周知させること。

⑤ 事業者は、前項の措置を講ずべき場所について、第一管理区分又は第二管理区分と評価されるまでの間、次に掲げる措置を講じなければならない。こ

の場合においては、第28条第２項の規定による測定を行うことを要しない。

1　6月以内ごとに１回、定期に、個人サンプリング測定等により有機溶剤の濃度を測定し、前項第１号に定めるところにより、その結果に応じて、労働者に有効な呼吸用保護具を使用させること。

2　前号の呼吸用保護具（面体を有するものに限る。）を使用させるときは、１年以内ごとに１回、定期に、当該呼吸用保護具が適切に装着されていることを前項第２号に定める方法により確認し、その結果を記録し、これを３年間保存すること。

3　当該場所において作業の一部を請負人に請け負わせる場合にあつては、当該請負人に対し、第１号の呼吸用保護具を使用する必要がある旨を周知させること。

⑥　事業者は、第４項第１号の規定による測定（同号ただし書の測定を含む。）又は前項第１号の規定による測定を行つたときは、その都度、次の事項を記録し、これを３年間保存しなければならない。

1　測定日時
2　測定方法
3　測定箇所
4　測定条件
5　測定結果
6　測定を実施した者の氏名
7　測定結果に応じた有効な呼吸用保護具を使用させたときは、当該呼吸用保護具の概要

⑦　事業者は、第４項の措置を講ずべき場所に係る前条第２項の規定による評価及び第３項の規定による評価を行つたときは、次の事項を記録し、これを３年間保存しなければならない。

1　評価日時
2　評価箇所
3　評価結果
4　評価を実施した者の氏名

第28条の３の３　事業者は、前条第４項各号に掲げる措置を講じたときは、遅滞なく、第三管理区分措置状況届（様式第２号の３）を所轄労働基準監督署長に提出しなければならない。

第28条の４　事業者は、第28条の２第１項の規定による評価の結果、第二管理区分に区分された場所については、施設、設備、作業工程又は作業方法の点検を行い、その結果に基づき、施設又は設備の設置又は整備、作業工程又は作業方法の改善その他作業環境を改善するため必要な措置を講ずるよう努めなければならない。

②　前項に定めるもののほか、事業者は、同項の場所については、第28条の２第２項の規定による評価の記録及び前項の規定に基づき講ずる措置を次に掲げるいずれかの方法によつて労働者に周知させなければならない。

1　常時各作業場の見やすい場所に掲示し、又は備え付けること。
2　書面を労働者に交付すること。
3　事業者の使用に係る電子計算機に備えられたファイル又は電磁的記録媒体をもつて調製するファイルに記録し、かつ、各作業場に労働者が当該記録の内容を常時確認できる機器を設置すること。

（健康診断）

第29条　令第22条第１項第６号の厚生労働省令で定める業務は、屋内作業場等（第三種有機溶剤等にあつては、タンク等の内部に限る。）における有機溶剤業務のうち、第３条第１項の場合における同項の業務以外の業務とする。

②　事業者は、前項の業務に常時従事する労働者に対し、雇入れの際、当該業務への配置替えの際及びその後６月以内ごとに１回、定期に、次の項目について医師による健康診断を行わなければならない。

1　業務の経歴の調査
2　作業条件の簡易な調査

3　有機溶剤による健康障害の既往歴並びに自覚症状及び他覚症状の既往歴の有無の検査、別表の下欄に掲げる項目（尿中の有機溶剤の代謝物の量の検査に限る。）についての既往の検査結果の調査並びに別表の下欄（尿中の有機溶剤の代謝物の量の検査を除く。）及び第５項第２号から第５号までに掲げる項目についての既往の異常所見の有無の調査

4　有機溶剤による自覚症状又は他覚症状と通常認められる症状の有無の検査

③　事業者は、前項に規定するもののほか、第１項の業務で別表の上欄に掲げる有機溶剤等に係るものに常時従事する労働者に対し、雇入れの際、当該業務への配置替えの際及びその後６月以内ごとに１回、定期に、別表の上欄に掲げる有機溶剤等の区分に応じ、同表の下欄に掲げる項目について医師による健康診断を行わなければならない。

④　前項の健康診断（定期のものに限る。）は、前回の健康診断において別表の下欄に掲げる項目（尿中の有機溶剤の代謝物の量の検査に限る。）について健康診断を受けた者については、医師が必要でないと認めるときは、同項の規定にかかわらず、当該項目を省略することができる。

⑤　事業者は、第２項の労働者で医師が必要と認めるものについては、第２項及び第３項の規定により健康診断を行わなければならない項目のほか、次の項目の全部又は一部について医師による健康診断を行わなければならない。

1　作業条件の調査

2　貧血検査

3　肝機能検査

4　腎（じん）機能検査

5　神経学的検査

⑥　第１項の業務が行われる場所について第28条の２第１項の規定による評価が行われ、かつ、次の各号のいずれにも該当するときは、当該業務に係る直近の連続した３回の第２項の健康診断（当該労働者について行われた当該連続した３回の健康診断に係る雇入れ、配置換え及び６月以内ごとの期間に関して第３項の健康診断が行われた場合においては、当該連続した３回の健康診断に係る雇入れ、配置換え及び６月以内ごとの期間に係る同項の健康診断を含む。）の結果（前項の規定により行われる項目に係るものを含む。）、新たに当該業務に係る有機溶剤による異常所見があると認められなかつた労働者については、第２項及び第３項の健康診断（定期のものに限る。）は、これらの規定にかかわらず、１年以内ごとに１回、定期に、行えば足りるものとする。ただし、同項の健康診断を受けた者であつて、連続した３回の同項の健康診断を受けていない者については、この限りでない。

1　当該業務を行う場所について、第28条の２第１項の規定による評価の結果、直近の評価を含めて連続して３回、第一管理区分に区分された（第４条の２第１項の規定により、当該場所について第28条の２第１項の規定が適用されない場合は、過去１年６月の間、当該場所の作業環境が同項の第一管理区分に相当する水準にある）こと。

2　当該業務について、直近の第２項の規定に基づく健康診断の実施後に作業方法を変更（軽微なものを除く。）していないこと。

鉛中毒予防規則（抄）

（昭和47年労働省令第37号）

第３条の２　この省令（第39条、第46条、第６章及び第７章の規定を除く。）は、事業場が次の各号（令第22条第１項第４号の業務に労働者が常時従事していない事業場については第４号を除く。）に該当すると当該事業場の所在地を管轄する都道府県労働局長（以下この条において「所轄都道府県労働局長」という。）が認定したときは、令別表第

４第１号から第８号まで、第10号及び第16号に掲げる鉛業務（前条の規定により、この省令が適用されないものを除く。）については、適用しない。

１　事業場における化学物質の管理について必要な知識及び技能を有する者として厚生労働大臣が定めるもの（第５号において「化学物質管理専門家」という。）であつて、当該事業場に専属の者が配置され、当該者が当該事業場における次に掲げる事項を管理していること。

イ　鉛に係る労働安全衛生規則（昭和47年労働省令第32号）第34条の２の７第１項に規定するリスクアセスメントの実施に関すること。

ロ　イのリスクアセスメントの結果に基づく措置その他当該事業場における鉛による労働者の健康障害を予防するため必要な措置の内容及びその実施に関すること。

２　過去３年間に当該事業場において鉛等による労働者が死亡する労働災害又は休業の日数が４日以上の労働災害が発生していないこと。

３　過去３年間に当該事業場の作業場所について行われた第52条の２第１項の規定による評価の結果が全て第一管理区分に区分されたこと。

４　過去３年間に当該事業場の労働者について行われた第53条第１項及び第３項の健康診断の結果、新たに鉛による異常所見があると認められる労働者が発見されなかつたこと。

５　過去３年間に１回以上、労働安全衛生規則第34条の２の８第１項第３号及び第４号に掲げる事項について、化学物質管理専門家（当該事業場に属さない者に限る。）による評価を受け、当該評価の結果、当該事業場において鉛による労働者の健康障害を予防するため必要な措置が適切に講じられていると認められること。

６　過去３年間に事業者が当該事業場について労働安全衛生法（以下「法」という。）及びこれに基づく命令に違反していないこと。

②　前項の認定（以下この条において単に「認定」という。）を受けようとする事業場の事業者は、鉛中毒予防規則適用除外認定申請書（様式第１号の２）により、当該認定に係る事業場が同項第１号及び第３号から第５号までに該当することを確認できる書面を添えて、所轄都道府県労働局長に提出しなければならない。

③　所轄都道府県労働局長は、前項の申請書の提出を受けた場合において、認定をし、又はしないことを決定したときは、遅滞なく、文書で、その旨を当該申請書を提出した事業者に通知しなければならない。

④　認定は、３年ごとにその更新を受けなければ、その期間の経過によつて、その効力を失う。

⑤　第１項から第３項までの規定は、前項の認定の更新について準用する。

⑥　認定を受けた事業者は、当該認定に係る事業場が第１項第１号から第５号までに掲げる事項のいずれかに該当しなくなつたときは、遅滞なく、文書で、その旨を所轄都道府県労働局長に報告しなければならない。

⑦　所轄都道府県労働局長は、認定を受けた事業者が次のいずれかに該当するに至つたときは、その認定を取り消すことができる。

１　認定に係る事業場が第１項各号に掲げる事項のいずれかに適合しなくなつたと認めるとき。

２　不正の手段により認定又はその更新を受けたとき。

３　鉛に係る法第22条及び第57条の３第２項の措置が適切に講じられていないと認めるとき。

⑧　前三項の場合における第１項第３号の規定の適用については、同号中「過去３年間に当該事業場の作業場所について行われた第52条の２第１項の規定による評価の結果が全て第一管理区分に区分された」とあるのは、「過去３

年間の当該事業場の作業場所に係る作業環境が第52条の２第１項の第一管理区分に相当する水準にある」とする。

（掲示）

第51条の２　事業者は、鉛業務に労働者を従事させるときは、次の事項を、見やすい箇所に掲示しなければならない。

１　鉛業務を行う作業場である旨

２　鉛により生ずるおそれのある疾病の種類及びその症状

３　鉛等の取扱い上の注意事項

４　次に掲げる場所にあつては、有効な保護具等を使用しなければならない旨及び使用すべき保護具等

イ　第23条の３第１項の許可に係る作業場であつて、次条第１項の測定の結果の評価が第一管理区分でなかつた作業場及び第一管理区分を維持できないおそれがある作業場

ロ　第52条の２第１項の規定による評価の結果、第三管理区分に区分された場所

ハ　第52条の３の２第４項及び第５項の規定による措置を講ずべき場所

ニ　令別表第４第９号に掲げる鉛業務を行う作業場

ホ　第58条第３項各号に掲げる業務を行う作業場

ヘ　第58条第５項各号に掲げる業務を行う作業場（有効な局所排気装置、プッシュプル型排気装置、全体換気装置又は排気筒（鉛等若しくは焼結鉱等の溶融の業務を行う作業場所に設ける排気筒に限る。）を設け、これらを稼動させている作業場を除く。）

ト　第59条第１項の業務を行う作業場

（評価の結果に基づく措置）

第52条の３　事業者は、前条第１項の規定による評価の結果、第三管理区分に区分された場所については、直ちに、施設、設備、作業工程又は作業方法の点検を行い、その結果に基づき、施設又は設備の設置又は整備、作業工程又は作業方法の改善その他作業環境を改善するため必要な措置を講じ、当該場所の管理区分が第一管理区分又は第二管理区分となるようにしなければならない。

②　事業者は、前項の規定による措置を講じたときは、その効果を確認するため、同項の場所について当該鉛の濃度を測定し、及びその結果の評価を行わなければならない。

③　事業者は、第１項の場所については、労働者に有効な呼吸用保護具を使用させるほか、健康診断の実施その他労働者の健康の保持を図るため必要な措置を講ずるとともに、前条第２項の規定による評価の記録、第１項の規定に基づき講ずる措置及び前項の規定に基づく評価の結果を次に掲げるいずれかの方法によつて労働者に周知させなければならない。

１　常時各作業場の見やすい場所に掲示し、又は備え付けること。

２　書面を労働者に交付すること。

３　事業者の使用に係る電子計算機に備えられたファイル又は電磁的記録媒体（電磁的記録（電子的方式、磁気的方式その他人の知覚によつては認識することができない方式で作られる記録であつて、電子計算機による情報処理の用に供されるものをいう。）に係る記録媒体をいう。以下同じ。）をもつて調製するファイルに記録し、かつ、各作業場に労働者が当該記録の内容を常時確認できる機器を設置すること。

④　事業者は、第１項の場所において作業に従事する者（労働者を除く。）に対し、当該場所については、有効な呼吸用保護具を使用する必要がある旨を周知させなければならない。

第52条の３の２　事業者は、前条第２

項の規定による評価の結果、第三管理区分に区分された場所（同条第1項に規定する措置を講じていないこと又は当該措置を講じた後同条第2項の評価を行つていないことにより、第一管理区分又は第二管理区分となつていないものを含み、第5項各号の措置を講じているものを除く。）については、遅滞なく、次に掲げる事項について、事業場における作業環境の管理について必要な能力を有すると認められる者（当該事業場に属さない者に限る。以下この条において「作業環境管理専門家」という。）の意見を聴かなければならない。

1　当該場所について、施設又は設備の設置又は整備、作業工程又は作業方法の改善その他作業環境を改善するために必要な措置を講ずることにより第一管理区分又は第二管理区分とすることの可否

2　当該場所について、前号において第一管理区分又は第二管理区分とすることが可能な場合における作業環境を改善するために必要な措置の内容

②　事業者は、前項の第三管理区分に区分された場所について、同項第1号の規定により作業環境管理専門家が第一管理区分又は第二管理区分とすることが可能と判断した場合は、直ちに、当該場所について、同項第2号の事項を踏まえ、第一管理区分又は第二管理区分とするために必要な措置を講じなければならない。

③　事業者は、前項の規定による措置を講じたときは、その効果を確認するため、同項の場所について当該鉛の濃度を測定し、及びその結果を評価しなければならない。

④　事業者は、第1項の第三管理区分に区分された場所について、前項の規定による評価の結果、第三管理区分に区分された場合又は第1項第1号の規定により作業環境管理専門家が当該場所を第一管理区分若しくは第二管理区分とすることが困難と判断した場合は、直ちに、次に掲げる措置を講じなければならない。

1　当該場所について、厚生労働大臣の定めるところにより、労働者の身体に装着する試料採取器等を用いて行う測定その他の方法による測定（以下この条において「個人サンプリング測定等」という。）により、鉛の濃度を測定し、厚生労働大臣の定めるところにより、その結果に応じて、労働者に有効な呼吸用保護具を使用させること（当該場所において作業の一部を請負人に請け負わせる場合にあつては、労働者に有効な呼吸用保護具を使用させ、かつ、当該請負人に対し、有効な呼吸用保護具を使用する必要がある旨を周知させること。）。ただし、前項の規定による測定（当該測定を実施していない場合（第1項第1号の規定により作業環境管理専門家が当該場所を第一管理区分又は第二管理区分とすることが困難と判断した場合に限る。）は、前条第2項の規定による測定）を個人サンプリング測定等により実施した場合は、当該測定をもつて、この号における個人サンプリング測定等とすることができる。

2　前号の呼吸用保護具（面体を有するものに限る。）について、当該呼吸用保護具が適切に装着されていることを厚生労働大臣の定める方法により確認し、その結果を記録し、これを3年間保存すること。

3　保護具に関する知識及び経験を有すると認められる者のうちから保護具着用管理責任者を選任し、次の事項を行わせること。

イ　前二号及び次項第1号から第3号までに掲げる措置に関する事項（呼吸用保護具に関する事項に限る。）を管理すること。

ロ　鉛作業主任者の職務（呼吸用保護具に関する事項に限る。）について必要な指導を行うこと。

ハ　第１号及び次項第２号の呼吸用保護具を常時有効かつ清潔に保持すること。

４　第１項の規定による作業環境管理専門家の意見の概要、第２項の規定に基づき講ずる措置及び前項の規定に基づく評価の結果を、前条第３項各号に掲げるいずれかの方法によつて労働者に周知させること。

⑤　事業者は、前項の措置を講ずべき場所について、第一管理区分又は第二管理区分と評価されるまでの間、次に掲げる措置を講じなければならない。この場合においては、第52条第１項の規定による測定を行うことを要しない。

１　６月以内ごとに１回、定期に、個人サンプリング測定等により鉛の濃度を測定し、前項第１号に定めるところにより、その結果に応じて、労働者に有効な呼吸用保護具を使用させること。

２　前号の呼吸用保護具（面体を有するものに限る。）を使用させるときは、１年以内ごとに１回、定期に、当該呼吸用保護具が適切に装着されていることを前項第２号に定める方法により確認し、その結果を記録し、これを３年間保存すること。

３　当該場所において作業の一部を請負人に請け負わせる場合にあつては、当該請負人に対し、第１号の呼吸用保護具を使用する必要がある旨を周知させること。

⑥　事業者は、第４項第１号の規定による測定（同号ただし書の測定を含む。）又は前項第１号の規定による測定を行つたときは、その都度、次の事項を記録し、これを３年間保存しなければならない。

１　測定日時

２　測定方法

３　測定箇所

４　測定条件

５　測定結果

６　測定を実施した者の氏名

７　測定結果に応じた有効な呼吸用保護具を使用させたときは、当該呼吸用保護具の概要

⑦　事業者は、第４項の措置を講ずべき場所に係る前条第２項の規定による評価及び第３項の規定による評価を行つたときは、次の事項を記録し、これを３年間保存しなければならない。

１　評価日時

２　評価箇所

３　評価結果

４　評価を実施した者の氏名

第52条の３の３　事業者は、前条第４項各号に掲げる措置を講じたときは、遅滞なく、第三管理区分措置状況届（様式第１号の４）を所轄労働基準監督署長に提出しなければならない。

第52条の４　事業者は、第52条の２第１項の規定による評価の結果、第二管理区分に区分された場所については、施設、設備、作業工程又は作業方法の点検を行い、その結果に基づき、施設又は設備の設置又は整備、作業工程又は作業方法の改善その他作業環境を改善するため必要な措置を講ずるよう努めなければならない。

②　前項に定めるもののほか、事業者は、同項の場所については、第52条の２第２項の規定による評価の記録及び前項の規定に基づき講ずる措置を次に掲げるいずれかの方法によつて労働者に周知させなければならない。

１　常時各作業場の見やすい場所に掲示し、又は備え付けること。

２　書面を労働者に交付すること。

３　事業者の使用に係る電子計算機に備えられたファイル又は電磁的記録媒体をもつて調製するファイルに記録し、かつ、各作業場に労働者が当該記録の内容を常時確認できる機器を設置すること。

（健康診断）

第53条　事業者は、令第22条第１項第４号に掲げる業務に常時従事する労働

者に対し、雇入れの際、当該業務への配置替えの際及びその後６月（令別表第４第17号及び第１条第５号リからルまでに掲げる鉛業務又はこれらの業務を行う作業場所における清掃の業務に従事する労働者に対しては、１年）以内ごとに１回、定期に、次の項目について、医師による健康診断を行わなければならない。

1　業務の経歴の調査
2　作業条件の簡易な調査
3　鉛による自覚症状及び他覚症状の既往歴の有無の検査並びに第５号及び第６号に掲げる項目についての既往の検査結果の調査
4　鉛による自覚症状又は他覚症状と通常認められる症状の有無の検査
5　血液中の鉛の量の検査
6　尿中のデルタアミノレブリン酸の量の検査

②　前項の健康診断（定期のものに限る。）は、前回の健康診断において同項第５号及び第６号に掲げる項目について健康診断を受けた者については、医師が必要でないと認めるときは、同項の規定にかかわらず、当該項目を省略することができる。

③　事業者は、令第22条第１項第４号に掲げる業務に常時従事する労働者で医師が必要と認めるものについては、第１項の規定により健康診断を行わなければならない項目のほか、次の項目の全部又は一部について医師による健康診断を行わなければならない。

1　作業条件の調査
2　貧血検査
3　赤血球中のプロトポルフィリンの量の検査
4　神経学的検査

④　第１項の業務（令別表第４第17号及び第１条第５号リからルまでに掲げる鉛業務並びにこれらの業務を行う作業場所における清掃の業務を除く。）が行われる場所について第52条の２第１項の規定による評価が行われ、かつ、次の各号のいずれにも該当するときは、当該業務に係る直近の連続した３回の第１項の健康診断の結果（前項の規定により行われる項目に係るものを含む。）、新たに当該業務に係る鉛による異常所見があると認められなかつた労働者については、第１項の健康診断（定期のものに限る。）は、同項の規定にかかわらず、１年以内ごとに１回、定期に、行えば足りるものとする。

1　当該業務を行う場所について、第52条の２第１項の規定による評価の結果、直近の評価を含めて連続して３回、第一管理区分に区分された（第３条の２第１項の規定により、当該場所について第52条の２第１項の規定が適用されない場合は、過去１年６月の間、当該場所の作業環境が同項の第一管理区分に相当する水準にある）こと。
2　当該業務について、直近の第１項の規定に基づく健康診断の実施後に作業方法を変更（軽微なものを除く。）していないこと。

粉じん障害防止規則（抄）

（昭和54年労働省令第18号）

（適用の除外）

第３条の２　この省令（第24条及び第６章の規定を除く。）は、事業場が次の各号（粉じん作業に労働者が常時従事していない事業場については、第４号を除く。）に該当すると当該事業場の所在地を管轄する都道府県労働局長（以下この条において「所轄都道府県労働局長」という。）が認定したときは、特定粉じん作業（設備による注水又は注油をしながら行う場合における前条各号に掲げる作業を除く。）については、適用しない。

1　事業場における粉じんに係る管理について必要な知識及び技能を有する者として厚生労働大臣が定めるもの（第５号において「化学物質管理専門家」という。）であつて、当該事業場に専属の者が配置され、当該

附録

者が当該事業場における次に掲げる事項を管理していること。

イ　粉じんに係るリスクアセスメント（法第28条の２第１項の危険性又は有害性等の調査をいう。）の実施に関すること。

ロ　イのリスクアセスメントの結果に基づく措置その他当該事業場における粉じんにさらされる労働者の健康障害を防止するため必要な措置の内容及びその実施に関すること。

２　過去３年間に当該事業場において特定粉じん作業による労働者が死亡する労働災害又は休業の日数が４日以上の労働災害が発生していないこと。

３　過去３年間に当該事業場の作業場所について行われた第26条の２第１項の規定による評価の結果が全て第一管理区分に区分されたこと。

４　過去３年間に当該事業場において常時粉じん作業に従事する労働者について、じん肺法第７条から第９条の２まで、第11条ただし書、第15条第１項又は第16条第１項の規定によるじん肺健康診断の結果、じん肺管理区分が決定された者（新たに管理二、管理三又は管理四に決定された者、管理一と決定されていた者であつて管理二、管理三又は管理四と決定された者、管理二と決定されていた者であつて管理三又は管理四と決定された者、管理三イと決定されていた者であつて管理三ロ又は管理四と決定された者及び管理三ロと決定されていた者であつて管理四と決定された者に限る。）がいないこと。

５　過去３年間に１回以上、第１号イのリスクアセスメントの結果及び当該リスクアセスメントの結果に基づく措置の内容について、化学物質管理専門家（当該事業場に属さない者に限る。）による評価を受け、当該評価の結果、当該事業場において粉じんにさらされる労働者の健康障害を防止するため必要な措置が適切に講じられていると認められること。

６　過去３年間に事業者が当該事業場について法及びこれに基づく命令に違反していないこと。

②　前項の認定（以下この条において単に「認定」という。）を受けようとする事業場の事業者は、粉じん障害防止規則適用除外認定申請書（様式第１号の２）により、当該認定に係る事業場が同項第１号及び第３号から第５号までに該当することを確認できる書面を添えて、所轄都道府県労働局長に提出しなければならない。

③　所轄都道府県労働局長は、前項の申請書の提出を受けた場合において、認定をし、又はしないことを決定したときは、遅滞なく、文書で、その旨を当該申請書を提出した事業者に通知しなければならない。

④　認定は、３年ごとにその更新を受けなければ、その期間の経過によつて、その効力を失う。

⑤　第１項から第３項までの規定は、前項の認定の更新について準用する。

⑥　認定を受けた事業者は、当該認定に係る事業場が第１項第１号から第５号までに掲げる事項のいずれかに該当しなくなつたときは、遅滞なく、文書で、その旨を所轄都道府県労働局長に報告しなければならない。

⑦　所轄都道府県労働局長は、認定を受けた事業者が次のいずれかに該当するに至つたときは、その認定を取り消すことができる。

１　認定に係る事業場が第１項各号に掲げる事項のいずれかに適合しなくなつたと認めるとき。

２　不正の手段により認定又はその更新を受けたとき。

３　粉じんに係る法第22条及び第28条の２第１項の措置が適切に講じられていないと認めるとき。

⑧　前三項の場合における第１項第３号の規定の適用については、同号中「過去３年間に当該事業場の作業場所につ

いて行われた第26条の２第１項の規定による評価の結果が全て第一管理区分に区分された」とあるのは、「過去３年間の当該事業場の作業場所に係る作業環境が第26条の２第１項の第一管理区分に相当する水準にある」とする。

（掲示）

第23条の２　事業者は、粉じん作業に労働者を従事させるときは、次の事項を、見やすい箇所に掲示しなければならない。

１　粉じん作業を行う作業場である旨

２　粉じんにより生ずるおそれのある疾病の種類及びその症状

３　粉じん等の取扱い上の注意事項

４　次に掲げる場合にあつては、有効な呼吸用保護具を使用しなければならない旨及び使用すべき呼吸用保護具

イ　第７条第１項の規定により第４条及び第６条の２から第６条の４までの規定が適用されない場合

ロ　第７条第２項の規定により第５条から第６条の４までの規定が適用されない場合

ハ　第８条の規定により第４条の規定が適用されない場合

ニ　第９条第１項の規定により第４条の規定が適用されない場合

ホ　第24条第２項ただし書の規定により清掃を行う場合

ヘ　第26条の３第１項の場所において作業を行う場合

ト　第26条の３の２第４項及び第５項の規定による措置を講ずべき場合

チ　第27条第１項の作業を行う場合（第７条第１項各号又は第２項各号に該当する場合及び第27条第１項ただし書の場合を除く。）

リ　第27条第３項の作業を行う場合（第７条第１項各号又は第２項各号に該当する場合を除く。）

（評価の結果に基づく措置）

第26条の３　事業者は、前条第１項の規定による評価の結果、第三管理区分に区分された場所については、直ちに、施設、設備、作業工程又は作業方法の点検を行い、その結果に基づき、施設又は設備の設置又は整備、作業工程又は作業方法の改善その他作業環境を改善するため必要な措置を講じ、当該場所の管理区分が第一管理区分又は第二管理区分となるようにしなければならない。

②　事業者は、前項の規定による措置を講じたときは、その効果を確認するため、同項の場所について当該粉じんの濃度を測定し、及びその結果の評価を行わなければならない。

③　事業者は、第１項の場所については、労働者に有効な呼吸用保護具を使用させるほか、健康診断の実施その他労働者の健康の保持を図るため必要な措置を講ずるとともに、前条第２項の規定による評価の記録、第１項の規定に基づき講ずる措置及び前項の規定に基づく評価の結果を次に掲げるいずれかの方法によつて労働者に周知させなければならない。

１　常時各作業場の見やすい場所に掲示し、又は備え付けること。

２　書面を労働者に交付すること。

３　事業者の使用に係る電子計算機に備えられたファイル又は電磁的記録媒体（電磁的記録（電子的方式、磁気的方式その他人の知覚によつては認識することができない方式で作られる記録であつて、電子計算機による情報処理の用に供されるものをいう。）に係る記録媒体をいう。以下同じ。）をもって調製するファイルに記録し、かつ、各作業場に労働者が当該記録の内容を常時確認できる機器を設置すること。

④　事業者は、第１項の場所において作業に従事する者（労働者を除く。）に対し、当該場所については、有効な呼吸用保護具を使用する必要がある旨を

周知させなければならない。

第26条の3の2　事業者は、前条第2項の規定による評価の結果、第三管理区分に区分された場所（同条第1項に規定する措置を講じていないこと又は当該措置を講じた後同条第2項の評価を行つていないことにより、第一管理区分又は第二管理区分となつていないものを含み、第5項各号の措置を講じているものを除く。）については、遅滞なく、次に掲げる事項について、事業場における作業環境の管理について必要な能力を有すると認められる者（当該事業場に属さない者に限る。以下この条において「作業環境管理専門家」という。）の意見を聴かなければならない。

1　当該場所について、施設又は設備の設置又は整備、作業工程又は作業方法の改善その他作業環境を改善するために必要な措置を講ずることにより第一管理区分又は第二管理区分とすることの可否

2　当該場所について、前号において第一管理区分又は第二管理区分とすることが可能な場合における作業環境を改善するために必要な措置の内容

②　事業者は、前項の第三管理区分に区分された場所について、同項第1号の規定により作業環境管理専門家が第一管理区分又は第二管理区分とすることが可能と判断した場合は、直ちに、当該場所について、同項第2号の事項を踏まえ、第一管理区分又は第二管理区分とするために必要な措置を講じなければならない。

③　事業者は、前項の規定による措置を講じたときは、その効果を確認するため、同項の場所について当該粉じんの濃度を測定し、及びその結果を評価しなければならない。

④　事業者は、第1項の第三管理区分に区分された場所について、前項の規定による評価の結果、第三管理区分に区分された場合又は第1項第1号の規定により作業環境管理専門家が当該場所を第一管理区分若しくは第二管理区分とすることが困難と判断した場合は、直ちに、次に掲げる措置を講じなければならない。

1　当該場所について、厚生労働大臣の定めるところにより、労働者の身体に装着する試料採取器等を用いて行う測定その他の方法による測定（以下この条において「個人サンプリング測定等」という。）により、粉じんの濃度を測定し、厚生労働大臣の定めるところにより、その結果に応じて、労働者に有効な呼吸用保護具を使用させること（当該場所において作業の一部を請負人に請け負わせる場合にあつては、労働者に有効な呼吸用保護具を使用させ、かつ、当該請負人に対し、有効な呼吸用保護具を使用する必要がある旨を周知させること。）。ただし、前項の規定による測定（当該測定を実施していない場合（第1項第1号の規定により作業環境管理専門家が当該場所を第一管理区分又は第二管理区分とすることが困難と判断した場合に限る。）は、前条第2項の規定による測定）を個人サンプリング測定等により実施した場合は、当該測定をもつて、この号における個人サンプリング測定等とすることができる。

2　前号の呼吸用保護具（面体を有するものに限る。）について、当該呼吸用保護具が適切に装着されていることを厚生労働大臣の定める方法により確認し、その結果を記録し、これを3年間保存すること。

3　保護具に関する知識及び経験を有すると認められる者のうちから保護具着用管理責任者を選任し、次の事項を行わせること。

イ　前二号及び次項第1号から第3号までに掲げる措置に関する事項（呼吸用保護具に関する事項に限る。）を管理すること。

ロ　第１号及び次項第２号の呼吸用保護具を常時有効かつ清潔に保持すること。

４　第１項の規定による作業環境管理専門家の意見の概要、第２項の規定に基づき講ずる措置及び前項の規定に基づく評価の結果を、前条第３項各号に掲げるいずれかの方法によつて労働者に周知させること。

⑤　事業者は、前項の措置を講ずべき場所について、第一管理区分又は第二管理区分と評価されるまでの間、次に掲げる措置を講じなければならない。この場合においては、第26条第１項の規定による測定を行うことを要しない。

１　６月以内ごとに１回、定期に、個人サンプリング測定等により粉じんの濃度を測定し、前項第１号に定めるところにより、その結果に応じて、労働者に有効な呼吸用保護具を使用させること。

２　前号の呼吸用保護具（面体を有するものに限る。）を使用させるときは、１年以内ごとに１回、定期に、当該呼吸用保護具が適切に装着されていることを前項第２号に定める方法により確認し、その結果を記録し、これを３年間保存すること。

３　当該場所において作業の一部を請負人に請け負わせる場合にあつては、当該請負人に対し、第１号の呼吸用保護具を使用する必要がある旨を周知させること。

⑥　事業者は、第４項第１号の規定による測定（同号ただし書の測定を含む。）又は前項第１号の規定による測定を行つたときは、その都度、次の事項を記録し、これを７年間保存しなければならない。

１　測定日時
２　測定方法
３　測定箇所
４　測定条件
５　測定結果
６　測定を実施した者の氏名
７　測定結果に応じた有効な呼吸用保護具を使用させたときは、当該呼吸用保護具の概要

⑦　事業者は、第４項の措置を講ずべき場所に係る前条第２項の規定による評価及び第３項の規定による評価を行つたときは、次の事項を記録し、これを７年間保存しなければならない。

１　評価日時
２　評価箇所
３　評価結果
４　評価を実施した者の氏名

第26条の３の３　事業者は、前条第４項各号に掲げる措置を講じたときは、遅滞なく、第三管理区分措置状況届（様式第５号）を所轄労働基準監督署長に提出しなければならない。

第26条の４　事業者は、第26条の２第１項の規定による評価の結果、第二管理区分に区分された場所については、施設、設備、作業工程又は作業方法の点検を行い、その結果に基づき、施設又は設備の設置又は整備、作業工程又は作業方法の改善その他作業環境を改善するため必要な措置を講ずるよう努めなければならない。

②　前項に定めるもののほか、事業者は、同項の場所については、第26条の２第２項の規定による評価の記録及び前項の規定に基づき講ずる措置を次に掲げるいずれかの方法によつて労働者に周知させなければならない。

１　常時各作業場の見やすい場所に掲示し、又は備え付けること。
２　書面を労働者に交付すること。
３　事業者の使用に係る電子計算機に備えられたファイル又は電磁的記録媒体をもつて調製するファイルに記録し、かつ、各作業場に労働者が当該記録の内容を常時確認できる機器を設置すること。

四アルキル鉛中毒予防規則（抄）

（昭和47年労働省令第38号）

（健康診断）

第22条　事業者は、令第22条第１項第５号に掲げる業務に常時従事する労働者に対し、雇入れの際、当該業務への配置替えの際及びその後６月以内ごとに１回、定期に、次の項目について医師による健康診断を行わなければならない。

1　業務の経歴の調査
2　作業条件の簡易な調査
3　四アルキル鉛による自覚症状及び他覚症状の既往歴の有無の検査並びに第５号及び第６号に掲げる項目についての既往の検査結果の調査
4　いらいら、不眠、悪夢、食欲不振、顔面蒼（そう）白、倦（けん）怠感、盗汗、頭痛、振顫（せん）、四肢（し）の腱（けん）反射亢（こう）進、悪心、嘔（おう）吐、腹痛、不安、興奮、記憶障害その他の神経症状又は精神症状の自覚症状又は他覚症状の有無の検査
5　血液中の鉛の量の検査
6　尿中のデルタアミノレブリン酸の量の検査

②　前項の健康診断（定期のものに限る。）は、前回の健康診断において同項第５号及び第６号に掲げる項目について健康診断を受けた者については、医師が必要でないと認めるときは、同項の規定にかかわらず、当該項目を省略することができる。

③　事業者は、令第22条第１項第５号に掲げる業務に常時従事する労働者で医師が必要と認めるものについては、第１項の規定により健康診断を行わなければならない項目のほか、次の項目の全部又は一部について医師による健康診断を行わなければならない。

1　作業条件の調査
2　貧血検査
3　赤血球中のプロトポルフィリンの量の検査
4　神経学的検査

④　第１項の業務について、直近の同項の規定に基づく健康診断の実施後に作業方法を変更（軽微なものを除く。）していないときは、当該業務に係る直近の連続した３回の同項の健康診断の結果（前項の規定により行われる項目に係るものを含む。）、新たに当該業務に係る四アルキル鉛による異常所見があると認められなかつた労働者については、第１項の健康診断（定期のものに限る。）は、同項の規定にかかわらず、１年以内ごとに１回、定期に、行えば足りるものとする。

石綿障害予防規則（抄）

（平成17年厚生労働省令第21号）

（評価の結果に基づく措置）

第38条　事業者は、前条第１項の規定による評価の結果、第三管理区分に区分された場所については、直ちに、施設、設備、作業工程又は作業方法の点検を行い、その結果に基づき、施設又は設備の設置又は整備、作業工程又は作業方法の改善その他作業環境を改善するため必要な措置を講じ、当該場所の管理区分が第一管理区分又は第二管理区分となるようにしなければならない。

②　事業者は、前項の規定による措置を講じたときは、その効果を確認するため、同項の場所について当該石綿の濃度を測定し、及びその結果の評価を行わなければならない。

③　事業者は、第１項の場所については、労働者に有効な呼吸用保護具を使用させるほか、健康診断の実施その他労働者の健康の保持を図るため必要な措置を講ずるとともに、前条第２項の規定による評価の記録、第１項の規定に基づき講ずる措置及び前項の規定に基づく評価の結果を次に掲げるいずれかの方法によって労働者に周知させなければならない。

1　常時各作業場の見やすい場所に掲示し、又は備え付けること。
2　書面を労働者に交付すること。

3　事業者の使用に係る電子計算機に備えられたファイル又は電磁的記録媒体（電磁的記録（電子的方式、磁気的方式その他人の知覚によっては認識することができない方式で作られる記録であって、電子計算機による情報処理の用に供されるものをいう。）に係る記録媒体をいう。以下同じ。）をもって調製するファイルに記録し、かつ、各作業場に労働者が当該記録の内容を常時確認できる機器を設置すること。

④　事業者は、第１項の場所において作業に従事する者（労働者を除く。）に対し、同項の場所については、有効な呼吸用保護具を使用する必要がある旨を周知させなければならない。

第39条　事業者は、第37条第１項の規定による評価の結果、第二管理区分に区分された場所については、施設、設備、作業工程又は作業方法の点検を行い、その結果に基づき、施設又は設備の設置又は整備、作業工程又は作業方法の改善その他作業環境を改善するため必要な措置を講ずるよう努めなければならない。

②　前項に定めるもののほか、事業者は、同項の場所については、第37条第２項の規定による評価の記録及び前項の規定に基づき講ずる措置を次に掲げるいずれかの方法によって労働者に周知させなければならない。

1　常時各作業場の見やすい場所に掲示し、又は備え付けること。

2　書面を労働者に交付すること。

3　事業者の使用に係る電子計算機に備えられたファイル又は電磁的記録媒体をもって調製するファイルに記録し、かつ、各作業場に労働者が当該記録の内容を常時確認できる機器を設置すること。

令和8年 10月施行

有機溶剤中毒予防規則、鉛中毒予防規則、特定化学物質障害予防規則、粉じん障害防止規則は、「有機溶剤中毒予防規則等の一部を改正する省令」（令和６年厚生労働省令第44号）により、下記の条項の新設などの改正がなされ、令和８年10月1日より施行。

有機溶剤中毒予防規則

第28条の３の４　事業者は、第28条の３の２第４項第１号及び第５項第１号に規定する個人サンプリング測定等については、次に掲げる区分に応じ、それぞれ次に定める者に行わせなければならない。

1　デザイン及びサンプリング　作業環境測定法（昭和50年法律第28号。以下この項において「作環法」という。）第２条第４号に規定する作業環境測定士であつて、都道府県労働局長の登録を受けた者が行うデザイン及びサンプリングに関する講習を修了したもの又はこれと同等以上の能力を有する者

2　サンプリング（前号のサンプリングのうち、前号の者がサンプリングごとに指定する方法により行うものに限る。）　前号の者又は都道府県労働局長の登録を受けた者が行うサンプリングに関する講習を修了した者

3　分析　個人サンプリング測定等により測定しようとする有機溶剤に応じた試料採取及び分析に必要な機器及び設備を保有する者であつて、次のいずれかに該当するもの

イ　作環法第２条第５号に規定する第一種作業環境測定士（ロにおいて「第一種作業環境測定士」という。）

ロ　作環法第２条第７号に規定する作業環境測定機関（当該機関に所属する第一種作業環境測定士が分析を行う場合に限る。）

ハ　職業能力開発促進法施行規則（昭和44年労働省令第24号）別表第11の３の３に掲げる検定職種のうち、化学分析に係る一級の技能検定に合格した者（当該者が所属する事業場で採取された試料の分析を行う場合に限る。）

②　前項第１号及び第２号の講習の実施について必要な事項は、厚生労働大臣が定める。

鉛中毒予防規則

第52条の３の４　事業者は、第52条の３の２第４項第１号及び第５項第１号に規定する個人サンプリング測定等については、次に掲げる区分に応じ、それぞれ次に定める者に行わせなければならない。

1　デザイン及びサンプリング　作業環境測定法（昭和50年法律第28号。以下この項において「作環法」という。）第２条第４号に規定する作業環境測定士であつて、都道府県労働局長の登録を受けた者が行うデザイン及びサンプリングに関する講習を修了したもの又はこれと同等以上の能力を有する者

2　サンプリング（前号のサンプリ

ングのうち、前号の者がサンプリングごとに指定する方法により行うものに限る。）　前号の者又は都道府県労働局長の登録を受けた者が行うサンプリングに関する講習を修了した者

3　分析　個人サンプリング測定等により測定しようとする鉛の試料採取及び分析に必要な機器及び設備を保有する者であつて、次のいずれかに該当するもの

イ　作環法第２条第５号に規定する第一種作業環境測定士（ロにおいて「第一種作業環境測定士」という。）

ロ　作環法第２条第７号に規定する作業環境測定機関（当該機関に所属する第一種作業環境測定士が分析を行う場合に限る。）

ハ　職業能力開発促進法施行規則（昭和44年労働省令第24号）別表第11の３の３に掲げる検定職種のうち、化学分析に係る一級の技能検定に合格した者（当該者が所属する事業場で採取された試料の分析を行う場合に限る。）

②　前項第１号及び第２号の講習の実施について必要な事項は、厚生労働大臣が定める。

特定化学物質障害予防規則

第36条の３の４　事業者は、第36条の３の２第４項第１号及び第５項第１号に規定する個人サンプリング測定等については、次に掲げる区分に応じ、それぞれ次に定める者に行わせなければならない。

1　デザイン及びサンプリング　作業環境測定法（昭和50年法律第28号。以下この項において「作環法」という。）第２条第４号に規定する作業環境測定士であつて、都道府県労働局長の登録を受けた者が行うデザイン及びサンプリングに関する講習を修了したもの又はこれと同等以上の能力を有する者

2　サンプリング（前号のサンプリングのうち、前号の者がサンプリングごとに指定する方法により行うものに限る。）　前号の者又は都道府県労働局長の登録を受けた者が行うサンプリングに関する講習を修了した者

3　分析　個人サンプリング測定等により測定しようとする特定化学物質に応じた試料採取及び分析に必要な機器及び設備を保有する者であつて、次のいずれかに該当するもの

イ　作環法第２条第５号に規定する第一種作業環境測定士（ロにおいて「第一種作業環境測定士」という。）

ロ　作環法第２条第７号に規定する作業環境測定機関（当該機関に所属する第一種作業環境測定士が分析を行う場合に限る。）

ハ　職業能力開発促進法施行規則（昭和44年労働省令第24号）別表第11の３の３に掲げる検定職種のうち、化学分析に係る一級の技能検定に合格した者（当該者が所属する事業場で採取された試料の分析を行う場合に限

る。）

② 前項第１号及び第２号の講習の実施について必要な事項は、厚生労働大臣が定める。

（金属アーク溶接等作業に係る措置）

第38条の21 （略）

②～⑫ （略）

⑬ 第36条の３の４の規定は、第２項及び第４項に規定する測定について準用する。この場合において、同条第１項中「第36条の３の２第４項第１号及び第５項第１号に規定する個人サンプリング測定等」とあり、及び同項第３号中「個人サンプリング測定等」とあるのは「第38条の21第２項及び第４項に規定する測定」と、同号中「特定化学物質に応じた」とあるのは「溶接ヒュームの」と読み替えるものとする。

粉じん障害防止規則

第26条の３の４ 事業者は、第26条の３の２第４項第１号及び第５項第１号に規定する個人サンプリング測定等については、次に掲げる区分に応じ、それぞれ次に定める者に行わせなければならない。

１ デザイン及びサンプリング 作業環境測定法（昭和50年法律第28号。以下この項において「作環法」という。）第２条第４号に規定する作業環境測定士であつて、都道府県労働局長の登録を受けた者が行うデザイン及びサンプリングに関する講習を修了したもの又はこれと同等以上の能力を有する者

２ サンプリング（前号のサンプリングのうち、前号の者がサンプリングごとに指定する方法により行うものに限る。） 前号の者又は都道府県労働局長の登録を受けた者が行うサンプリングに関する講習を修了した者

３ 分析 個人サンプリング測定等により測定しようとする粉じんの試料採取及び分析に必要な機器及び設備を保有する者であつて、次のいずれかに該当するもの

イ 作環法第２条第５号に規定する第一種作業環境測定士（ロにおいて「第一種作業環境測定士」という。）

ロ 作環法第２条第７号に規定する作業環境測定機関（当該機関に所属する第一種作業環境測定士が分析を行う場合に限る。）

ハ 職業能力開発促進法施行規則（昭和44年労働省令第24号）別表第11の３の３に掲げる検定職種のうち、化学分析に係る一級の技能検定に合格した者（当該者が所属する事業場で採取された試料の分析を行う場合に限る。）

② 前項第１号及び第２号の講習の実施について必要な事項は、厚生労働大臣が定める。

参考資料リンク先一覧

■各種対象物質の一覧■

○労働安全衛生法に基づくラベル表示及びＳＤＳ交付義務対象物質（令和６年４月１日現在　896 物質（群））
https://anzeninfo.mhlw.go.jp/anzen/gmsds/label_sds_896list_20240401.xlsx

○労働安全衛生法に基づくラベル表示・ＳＤＳ交付の義務対象物質一覧（令和５年８月 30 日改正政令、令和５年９月 29 日改正省令公布、令和７年４月１日及び令和８年４月１日施行）
https://www.mhlw.go.jp/content/11300000/001168179.xlsx

○安衛則第 577 条の２の規定に基づき作業記録等の 30 年間保存の対象となる化学物質の一覧（令和５年４月１日及び令和６年４月１日適用分）
https://www.mhlw.go.jp/content/11300000/001064830.xlsx

○労働安全衛生規則第 577 条の２第２項の規定に基づき厚生労働大臣が定める物及び厚生労働大臣が定める濃度の基準等（一覧）（令和６年５月８日更新）
https://www.mhlw.go.jp/content/11300000/001252610.xlsx

○皮膚等障害化学物質（安衛則第 594 条の２（令和６年４月１日施行））及び特別規則に基づく不浸透性の保護具等の使用義務物質リスト
https://www.mhlw.go.jp/content/11300000/001164701.xlsx

■厚生労働省による Q&A ■

○化学物質による労働災害防止のための新たな規制（労働安全衛生規則等の一部を改正する省令（令和４年厚生労働省令第 91 号（令和４年５月 31 日公布））等の内容）に関するＱ＆Ａ
https://www.mhlw.go.jp/content/11300000/FAQ_20240228.pdf

○リスクアセスメント対象物健康診断に関する Q&A
https://www.mhlw.go.jp/content/11300000/001181772.pdf

■各種検討会報告書等■

○職場における化学物質等の管理のあり方に関する検討会報告書（令和3年7月19日公表）
https://www.mhlw.go.jp/content/11300000/000945999.pdf

○化学物質の自律的管理におけるリスクアセスメントのためのばく露モニタリングに関する検討会報告書（令和4年5月　独立行政法人労働者健康安全機構労働安全衛生総合研究所化学物質情報管理研究センター）
https://www.mhlw.go.jp/content/11300000/000945998.pdf

○令和4年度化学物質管理に係る専門家検討会中間とりまとめ（令和4年11月21日公表）
https://www.mhlw.go.jp/content/11305000/001015453.pdf

○令和4年度化学物質管理に係る専門家検討会 報告書（令和5年2月10日公表）
報告書（本文）
https://www.mhlw.go.jp/content/11300000/001056657.pdf

報告書（別紙）
https://www.mhlw.go.jp/content/11300000/001056658.pdf

○皮膚等障害化学物質の選定のための検討会報告書（令和5年4月　独立行政法人労働者健康安全機構労働安全衛生総合研究所）
https://www.mhlw.go.jp/content/11300000/001161362.pdf

○化学物質の自律的な管理における健康診断に関する検討報告書（令和5年8月　独立行政法人労働者健康安全機構労働安全衛生総合研究所）
https://www.mhlw.go.jp/content/11300000/001171298.pdf

○令和5年度化学物質管理に係る専門家検討会中間とりまとめ（令和5年11月21日公表）
https://www.mhlw.go.jp/content/11305000/001169517.pdf

○令和5年度 化学物質管理に係る専門家検討会 報告書(本文)
(令和6年1月31日公表)
報告書（本文）
https://www.mhlw.go.jp/content/11305000/001200797.pdf

報告書（別紙）
https://www.mhlw.go.jp/content/11305000/001200799.pdf

■関連テキスト、マニュアル■

○厚生労働省が委託事業により作成、公表した「リスクアセスメント対象物製造事業場向け化学物質管理者テキスト」（令和５年３月公表）
https://www.mhlw.go.jp/content/11300000/001107730.pdf

○皮膚障害等防止用保護具の選定マニュアル（令和６年２月 第１版）

マニュアル 本文
https://www.mhlw.go.jp/content/11300000/001216985.pdf

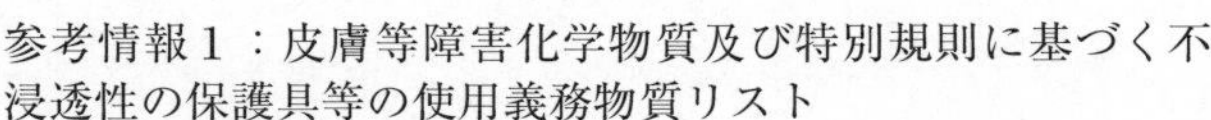

参考情報１：皮膚等障害化学物質及び特別規則に基づく不浸透性の保護具等の使用義務物質リスト
https://www.mhlw.go.jp/content/11300000/001216990.pdf

参考情報２：耐透過性能一覧表
https://www.mhlw.go.jp/content/11300000/001216988.pdf

○化学物質管理専門家指導用マニュアル（令和６年３月公表）
https://www.mhlw.go.jp/content/11300000/001240052.pdf

○作業環境管理専門家指導用マニュアル（令和６年３月公表）
https://www.mhlw.go.jp/content/11300000/001240051.pdf

■厚生労働省ホームページ■

「職場における化学物質対策について」

化学物質による労働災害防止のための新たな規制について

https://www.mhlw.go.jp/stf/seisakunitsuite/bunya/0000099121_00005.html

労働安全衛生規則の解説　～化学物質の自律的な管理関係～

令和６年５月31日　第１版第１刷発行

編　者　中央労働災害防止協会
発行者　平山　剛
発行所　中央労働災害防止協会
〒108-0023
東京都港区芝浦 3-17-12
吾妻ビル９階
電話　販売　03(3452)6401
　　　編集　03(3452)6209

印刷・製本　㈱丸井工文社
表紙デザイン　ア・ロゥデザイン

乱丁・落丁本はお取り替えいたします。
©JISHA 2024
ISBN978-4-8059-2150-0　C3032
中災防ホームページ　https://www.jisha.or.jp

本書の内容は著作権法によって保護されています。本書の全部または一部を複写（コピー）、複製、転載すること（電子媒体への加工を含む）を禁じます。